財務管理（第二版）

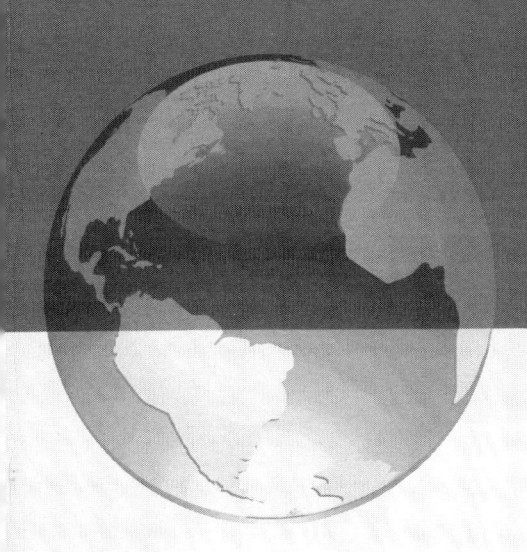

主　編　章道云、羅華偉
副主編　孫維章、張才志、王文兵、張正國

財經錢線

再版修訂時，我們堅持下列原則：第一，保留原教材的體系，基本不做大的變動；第二，增加反應本學科最新研究的成果，補充最新案例；第三，在板塊設計上，每章設置"學習目標"和"本章內容"，使學生在學習之前對本章內容和學習要求有一個全面、清晰的瞭解；第四，為了實現啓發式教學，在每章後面增加了"課後思考和練習"，思考題忠實於教材，但又超越教材，練習題能夠更好幫助學生理解和掌握教材內容。

修訂大綱是由主編羅華偉教授擬定後經編委會集體討論確定的，初稿完成後，羅華偉負責修改、補充、總纂、定稿工作。

由於客觀條件和作者水平所限，書中難免存在某些不足、疏漏和錯誤，懇請讀者批評、指正。

編者

目 錄

第一章　總論 ·· (1)
　　第一節　財務管理要素 ·· (1)
　　第二節　財務管理的目標 ····································· (7)
　　第三節　財務管理學的產生與發展 ······················· (13)
　　第四節　企業財務管理的環節 ····························· (16)
　　第五節　企業財務管理的環境 ····························· (19)
　　第六節　企業財務管理的組織 ····························· (23)

第二章　財務管理的價值觀念 ······························ (28)
　　第一節　時間價值 ··· (28)
　　第二節　風險價值 ··· (36)
　　第三節　利息率 ·· (42)

第三章　資本成本與資本結構 ······························ (46)
　　第一節　資本成本 ··· (46)
　　第二節　財務管理槓桿效應 ································ (54)
　　第三節　資本結構 ··· (61)

第四章　籌資管理概述 ·· (72)
　　第一節　企業籌資概述 ······································· (72)
　　第二節　資金需要量預測 ··································· (76)
　　第三節　財務預算 ··· (81)

第五章　短期籌資管理 ·· (89)
　　第一節　流動負債籌資概述 ································ (89)

1

第二節　短期借款 ·· (93)
　　第三節　商業信用 ·· (101)
　　第四節　短期籌資的其他方式 ··· (106)

第六章　長期籌資管理 ·· (111)
　　第一節　吸收直接投資 ··· (111)
　　第二節　發行股票 ·· (114)
　　第三節　發行債券 ·· (122)
　　第四節　長期借款 ·· (128)
　　第五節　融資租賃籌資 ··· (134)

第七章　投資管理概述 ·· (140)
　　第一節　企業投資概述 ··· (140)
　　第二節　投資環境分析 ··· (145)
　　第三節　投資策略與組合 ·· (152)
　　第四節　投資風險與收益 ·· (157)

第八章　短期投資管理 ·· (162)
　　第一節　現金管理 ·· (162)
　　第二節　短期證券投資管理 ··· (169)
　　第三節　應收帳款管理 ··· (171)
　　第四節　存貨管理 ·· (177)

第九章　內部長期投資管理 ··· (187)
　　第一節　項目投資 ·· (187)
　　第二節　固定資產管理 ··· (208)
　　第三節　無形資產管理 ··· (215)

第十章　對外長期投資管理 ……………………………………（221）
第一節　股票投資 …………………………………………（221）
第二節　債券投資 …………………………………………（224）
第三節　基金投資 …………………………………………（229）

第十一章　盈餘及其分配管理 …………………………………（234）
第一節　營業收入管理 ……………………………………（234）
第二節　營業成本與費用管理 ……………………………（240）
第三節　盈餘管理 …………………………………………（249）
第四節　利潤分配管理 ……………………………………（257）

第十二章　財務分析與評價 ……………………………………（265）
第一節　財務分析與評價概述 ……………………………（265）
第二節　財務分析方法 ……………………………………（272）
第三節　財務比率分析 ……………………………………（277）
第四節　綜合分析法 ………………………………………（291）

附　表 …………………………………………………………（303）

第一章　總論

學習目標

　　要求學生通過本章學習，瞭解財務管理要素、財務管理學的產生與發展，認識和理解企業財務管理的環節、環境和組織，領會現代企業財務管理目標的科學表達，並對企業目標與財務目標的聯繫與區別有一個基本的認識。

本章內容

　　財務管理要素：企業資金運動，企業財務，企業財務管理；**財務管理的目標**：財務管理目標與企業管理目標的關係，企業管理目標，財務管理的目標，影響企業財務管理目標實現的因素，財務目標的選擇；**財務管理學的產生與發展**：財務管理學的產生，財務管理學的發展，中國企業財務管理的發展；**企業財務管理的環節**：財務預測，財務決策，財務計劃，財務控制，財務分析與評價；**企業財務管理的環境**：經濟環境，法律環境，政治環境，金融市場環境，人口環境，資源環境；**企業財務管理的組織**：企業的組織形式，財務機構的設置，財務人員的配備，財務管理制度體系。

　　現代財務管理是在市場經濟條件下逐步形成、完善的，已形成了以財務管理目標為核心的理論體系，以籌資決策、投資決策、分資決策為主要內容的方法體系。本章介紹社會主義市場經濟條件下企業財務管理的基本內容和特點，財務管理學的基本概念、產生與發展以及財務管理體制特徵等。

第一節　財務管理要素

　　財務管理是企業組織財務活動，處理財務關係的一項經濟管理工作。為此，要瞭解什麼是財務管理，就必須先考察企業資金運動，分析企業的財務活動和財務關係。

一、企業資金運動

　　在商品經濟條件下，擁有一定數量的資金，是企業進行生產經營活動的必要條件。企業的生產經營過程，從實物形態來看表現為物資運動，從價值形態來看表現為資金運動。隨著企業再生產過程的不斷進行，資金不斷地運動，從貨幣資金形態開始，順次通過供、產、銷三個過程，分別轉化成為儲備資金、生產資金、成品資金等不同形態，最後又回到貨幣資金形態。周而復始的不斷重複的資金循環，構成了資金運動。

　　經營資金在其運動過程中，必然引起資金的籌集、運用、耗費、收入、分配五個方面的經濟內容，構成了一個相互作用的資金運行系統。

1. 資金籌集

企業要進行生產經營活動，首先應籌集一定數量的資金。企業從各種渠道籌集的資金，是資金運動的起點。這時的資金一般處於貨幣資金形態。

2. 資金運用

企業籌集的資金，必須通過使用才能帶來增值。所籌集的資金要通過購建等過程，才能形成各種生產資料。一方面，企業興建房屋建築物、購置機器設備等，形成生產所必需的各種勞動手段；另一方面，企業通過支付貨幣資金或商業信用購進生產所需要的原材料、燃料、輔助材料等勞動對象。這樣，企業的資金就從貨幣資金形態轉化成為固定資金和生產儲備資金形態。

3. 資金耗費

在生產過程中，企業要發生各種材料、固定資產的消耗，還要支付職工工資和其他費用；在購銷過程中也要發生一定資金耗費。這樣，生產中耗費的固定資產、儲備資金和用於支付工資及其他費用的貨幣資金，先轉化成為在產品成本的生產資金，隨著產品製造完工，再轉化成為成品資金。

4. 資金收入

企業將生產的產品對外銷售，按產品價格取得銷售收入。在這一過程中，企業的資金從成品資金形態轉化成為貨幣資金形態。

5. 資金分配

企業取得的產品銷售收入，一部分用於彌補生產過程中的耗費，其餘部分作為企業純收入要按《企業會計準則——基本準則》規定在國家、企業、職工、投資者之間進行分配。首先，要依法納稅；其次，要用來彌補虧損，提取公積金和公益金；最後，向投資者分配利潤。用於彌補生產耗費和虧損的資金，又從貨幣形態開始，繼續參加生產週轉，實現簡單再生產；提取的盈餘公積金轉增資本金部分，再投入生產週轉，實現自我累積；上繳國家的稅金、提取的公益金、分配給投資者的利潤，則從企業經營資金運動過程中退出。

上述資金運動過程，可簡括如圖 1.1 所示。

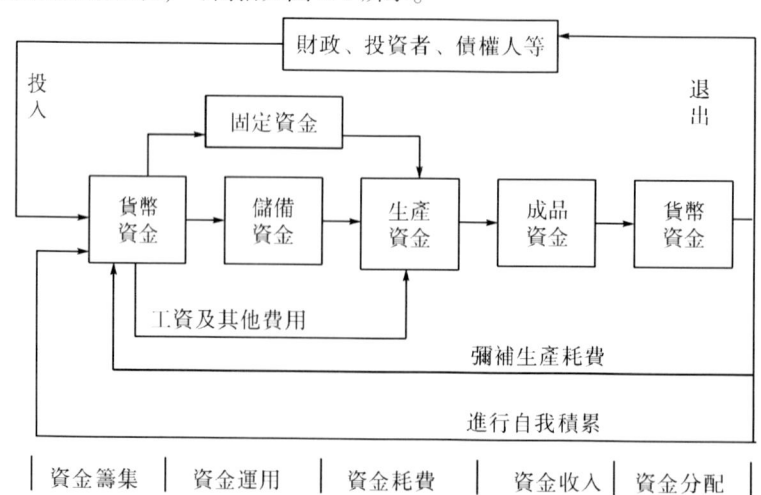

圖 1.1　資金運動示意圖

二、企業財務

企業財務是指企業財務活動及其所體現的財務關係的總稱。它存在於企業生產經營過程的資金運行系統。

1. 企業財務活動

企業財務活動又稱企業理財活動，是指企業為生產經營需要而進行的資金籌集、資金運用和資金分配以及日常資產管理等活動。

（1）資金籌集引起的財務活動。企業通過發行股票或吸收直接投資而從所有者那裡籌集的資金，稱為權益資本；以發行債券或通過借款、租賃、商業信用等方式從債權人那裡籌集的資金，稱為負債資本。籌集資金表現為企業資金收入；償還借款、支付利息或股利以及支付各種籌資費用等，表現為企業資金支出。這種因籌集資金而產生的資金收支，便形成籌資財務活動。

（2）資金運用引起的財務活動。資金運用又稱為投資活動。企業把籌集到的資金投資於企業內部用於購建固定資產、無形資產、流動資產以及支付工資和其他費用，便形成企業內部投資；企業把籌集到的資金投資於購買其他單位的股票、債券或與其他企業聯營而進行的投資，便形成企業對外投資。投資會引起資金支出，收回投資會引起資金收入。這種因投資而產生的資金收支，便形成資金運用財務活動。

（3）資金耗費與回收引起的財務活動。企業在生產經營過程中，一方面要發生物化勞動和活勞動耗費，另一方面要生產出產品。前者的貨幣表現稱為費用或成本，形成資金支出；後者的貨幣表現稱為商品的價值，通過銷售商品後回收資金耗費，形成資金收入。這種因生產和銷售而產生的資金收支，構成了資金耗費與回收的財務活動。

（4）資金分配引起的財務活動。企業因生產經營活動、對外投資以及直接計入當期利潤的利得和損失而形成的淨利潤，表現為資金的增值或獲取了投資報酬；企業實現的淨利潤要按規定程序進行分配，引起資金支出。這種因利潤形成與分配而產生的資金收支，便形成資金分配財務活動。

（5）日常資產管理引起的財務活動。日常資產管理是指企業對固定資產和流動資產等進行的日常管理，其目的是提高資產使用效率，獲得較高的經濟效益。企業在日常資產管理中，也要經常發生資金收支，從而引起財務活動。

以上五個方面的財務活動是相互聯繫、相互依存的，共同構成了完整的企業財務活動，也是企業財務管理的基本內容。

2. 企業財務關係

企業的財務活動只是企業財務的形式特徵，要揭示企業財務的本質特徵，需要對企業財務活動所體現的財務關係進行深入分析。企業的財務關係是指企業在組織財務活動過程中與各方面發生的經濟利益關係。財務關係的內容和本質特徵是由經濟體制決定的。在市場經濟條件下，企業的財務關係可以概括為以下幾個方面：

（1）企業與所有者之間的財務關係。企業與所有者之間的財務關係是各種財務關係中最根本的財務關係，這種關係是企業所有者對企業投資、參與企業收益分配以及直接計入所有者權益的利得和損失等所形成的投資與分配關係。這種關係體現著所有權的性質，反應著經營權與所有權的關係。

（2）企業與債權人之間的財務關係。企業與債權人之間的財務關係是指企業向債權人借入資金，並按借款合同的規定按時支付利息和償還本金而形成的債務清償關係。

企業的債權人主要有債券持有者、提供貸款的金融機構、商業信用提供者、其他出借資金給企業的單位或個人，以及國家稅務機關。這種關係體現的是債務與債權關係。

（3）企業與其被投資單位之間的財務關係。這種關係是指企業將其閒置資金以購買股票或直接投資的形式向其他單位投資，按約定履行出資義務後，有權參與被投資單位的利潤分配。這種關係體現的是所有者性質投資與受資的關係。

（4）企業與債務人之間的財務關係。這種關係是指企業將其資金以購買債券、提供借款或商業信用等形式出借給其他單位後，有權要求債務人按約定的條件支付利息和償還本金而形成的債權清償關係。這種關係體現的是債權與債務的關係。

（5）企業內部各單位之間的財務關係。這種關係是指企業內部各單位之間在生產經營各環節中相互提供產品或勞務所形成的經濟關係。企業在實行內部經濟核算制的條件下，供、產、銷各部門以及各生產單位之間，相互提供產品或勞務要進行計價結算。這種內部結算關係體現了內部各單位之間的經濟利益關係。

（6）企業與職工之間的財務關係。這種關係是指企業向職工支付工資、津貼、獎金、補貼、福利費、住房公積金、工會經費、教育經費，以及各種社會保險費等方面的薪酬而形成的經濟關係。它體現了企業為獲得職工提供的服務而給予各種形式的報酬以及其他相關支出所形成的分配與債務關係。

以上各種財務關係都是通過企業日常財務活動來表現和處理的。隨著市場經濟的不斷完善，企業與各方面的聯繫日益廣泛，企業的財務活動和財務關係將日趨複雜，如何處理好企業與各方面的財務關係，將成為企業生存和發展的關鍵問題。

三、企業財務管理

企業財務管理，簡單地講，就是企業對組織財務活動、處理財務關係所實施的管理。

1. 企業財務管理的內容

企業財務管理既然是對企業財務所實施的管理，而企業財務又存在於企業經營過程的資金運行系統，那麼就應該從加強企業財務各子系統的管理入手。相應的企業財務管理的內容應當反應其資金運動的全過程，包括以下五個主要方面：

（1）資金籌集管理。企業首先應以需要與節約兼顧為原則，採用先進合理的方法，確定資金的合理需求量；然後，在考慮資金成本、籌資風險等的前提下，及時、節約地保證企業資金的供應。

（2）資金運用管理。企業根據生產經營活動的需要，將籌集的資金用於內部投資購建固定資產、無形資產、流動資產以及支付工資和其他費用；用於外部投資購買其他單位的有價證券或與其他單位聯營。資金運用管理的重點在於根據資金時間價值、投資風險等因素進行投資決策，提高資金運用效果。

（3）資金耗費管理。這主要是對費用發生和成本形成過程的管理。企業應嚴格遵守費用開支標準和成本開支範圍標準，實行目標成本控制，挖掘降低成本潛力，落實責任成本考核，提高企業經濟效益。

（4）資金回收管理。這主要是商品銷售收入管理。企業應合理確定商品銷售價格，編製營業收入計劃，加強營業收入日常管理。

（5）分資管理。分資管理是項政策性非常強的管理工作。首先，企業應遵守稅法規定，按時足額繳納稅款；其次，企業應按現行財務制度規定的程序分配淨利潤。

除上述財務管理的內容外，還有一些特定情況下的財務管理問題，如企業合併、分立、兼併、清算和破產等特定情況下財務活動的管理問題。這些特殊情況對企業來講，並不經常發生，但如發生，對企業影響極大。因此，對這些特殊情況下的財務管理問題，企業應給予一定關注。財務分析與評價，也是財務管理的重要組成部分。

2. 企業財務管理的特點

企業財務管理是企業管理的組成部分。企業生產經營活動是一個複雜系統，其管理包括生產管理、技術管理、勞動管理、物資管理、設備管理、銷售管理、財務管理等多方面的內容，各項管理工作既相互聯繫、緊密配合，又相互獨立、嚴密分工，各有其自身特點。財務管理與其他管理工作相比，具有以下特點：

（1）綜合性。財務管理是一項綜合性管理工作。企業管理中的各專業管理，根據分工、分權逐步形成了各自管理的重點，有的側重於使用價值管理，有的側重於價值管理，有的側重於勞動要素管理，有的側重於信息管理。社會經濟的發展，要求財務管理主要運用價值形式對經營活動實施管理，通過價值形式，把企業的一切物質條件、經營過程和經營結果都合理加以規劃和控制，達到不斷提高經濟效益的目的。因此，企業財務管理既是企業管理的一個獨立方面，又是一項綜合性的管理工作。

（2）廣泛性。財務管理與企業各方面具有廣泛的聯繫。一切與資金收支有關的經濟活動，都與財務管理相聯繫。企業的每一個部門通過資金的使用都會與財務部門產生聯繫，同時，各部門合理使用資金、節約資金支出等又都要接受財務部門的指導和監督，以保證企業經濟效益的提高。

（3）及時性。財務管理能迅速反應企業生產經營狀況。在企業管理中，決策是否得當、經營是否合理、技術是否先進、產銷是否順暢、資金週轉快慢等，都能迅速地在企業財務指標中得以反應。財務管理工作既有其獨立性，又受整個企業管理工作的制約。財務部門應通過自己的工作，向企業領導及時通報有關財務指標的變化情況，以便把各部門的工作都納入提高經濟效益的軌道，努力實現財務管理的目標。

3. 企業財務管理的任務

財務管理的任務取決於財務管理對象的特點和財務管理工作的客觀要求。企業財務管理的任務主要有以下五個方面：

（1）合理籌集資金，及時滿足需要。資金是企業賴以生存和發展的前提條件。財務管理的首要任務是從各方面合理地籌集資金，滿足企業生產經營對資金的需要。企業在籌集資金時，要全面考慮籌資渠道、籌資方式、籌資規模和時間、資金結構和籌資成本等因素。

（2）統一規劃企業的長短期投資，合理配置企業資源。企業籌資的目的是為了投資。確定企業的投資方向和投資規模，制訂企業長短期投資計劃，並據以進行項目投資決策，是財務管理的核心任務之一。它不僅關係到企業有限資源能否合理配置、有效運用，而且直接關係到企業未來的發展方向、發展規模和發展前景，對企業的生存和發展具有決定性的意義。

（3）加強日常資金管理，提高資金使用效率。企業在日常資金管理中，應保持資金收支平衡，及時處理閒散資金，加速資金週轉，合理節約使用資金，提高資金使用效率。

（4）合理分配收益，協調經濟利益關係。協調各方面經濟利益關係是企業財務管理的一項重要任務。企業財務管理在處理經濟利益關係時，首先要處理好企業與所有者的利益關係。但是，保障所有者的利益不能以損害其他方面的利益為代價。相反，要從根本上保障所有者的利益，就必須正確合理地處理好企業與各方面的利益關係。只有在各方面的利益關係協調的前提下，企業所有者的利益才能從根本上得到保證。

（5）進行財務監督，維護財經紀律。財務監督是通過財務收支和財務指標對企業的生產經營活動進行審查和控制。財務監督要求企業嚴格遵守和執行國家的財經法規制度，制定企業內部財務管理制度和規定費用開支標準，設置財務管理機構，配備財務管理人員，對各項收支進行嚴格的審查和控制；通過對日常各項收支的審查和控制，消除不合理與不合法的收支，達到維護財經紀律、杜絕貪污浪費現象、保證資金安全完整的目的。

4. 企業財務管理的原則

財務管理的原則是企業財務管理工作必須遵循的準則。財務管理原則是從企業理財實踐中抽象出來的並在實踐中證明是正確的行為規範，它反應著理財活動的內在要求。財務管理尚未制定統一的準則，相應其原則也屬於探討之中，理論界對此亦無統一定論。企業財務管理一般說來包括以下幾項原則：

（1）系統性原則。系統是由若干個相互作用、互相依存的部分有機結合而成的整體。財務管理從資金籌集開始，到資金收回為止，經歷了資金籌集、資金使用、資金耗費、資金收回與資金分配等幾個階段，而這幾個階段互相聯繫、互相作用，組成一個整體，具有系統的性質。為此，做好財務管理工作，必須從財務管理系統的內部和外部聯繫出發，從各組成部分的協調和統一出發，這就是財務管理的系統性原則。在財務管理中應用系統性原則，中心是在管理中體現系統的基本特徵。①系統具有目的性。要體現財務管理系統的目的性，企業就必須確定正確的財務管理目標，因為目標決定著財務管理的內容和方法，影響著企業的財務行為。如果企業確定了錯誤的目標，必然導致財務管理系統的紊亂。②系統具有整體性。財務管理系統可以從不同角度分解成不同的子系統，各個子系統從總體上來說目標是一致的，但有時也會產生矛盾。因此，必須把財務管理系統作為一個整體來進行分析，只有整體目標才是系統的最高目標，只有整體功能最佳才是最佳的管理系統。③系統具有層次性。財務管理由若干個子系統組成，每個子系統又由若干分系統組成，形成不同的系統層次，各層次既有不同職能，又有不同的責權利關係，若打亂了合理的層次界限就會導致系統處於無序狀態。在財務管理實踐中，分級歸口管理、目標利潤管理、投資項目可行性分析等，就是系統性原則的具體運用。

（2）成本與效益原則。企業的根本目的在於實現最佳經濟效益，使企業投資者財富達到最佳，因此成本與效益原則就是企業財務管理的一項重要原則。它要求企業在經濟活動中講求投入和產出的比較，要求以盡可能少的勞動墊付和勞動消耗，創造出盡可能多和盡可能好的勞動成果，滿足社會不斷增長的物質和文化需要。在社會主義市場經濟條件下，這種勞動墊付、勞動消耗和勞動成果的計算和比較，是以貨幣價值指標來綜合反應的。勞動墊付和勞動消耗的貨幣綜合反應，就是企業的資金占用和成本費用；勞動成果的貨幣綜合反應，就是企業實現的收入和利潤。企業資金的籌集、運用、分配等財務活動，必須充分考慮成本和效益。財務管理就是要在講求效益的基礎上節約資金占用和降低成本費用，在節約資金占用和降低成本費用的前提下不斷提高經濟效益和社會效益。只有這樣，企業才能實現在資本金保全基礎上努力提高資本金利潤率，實現投資者財富最佳。

（3）風險與收益均衡原則。財務管理中的風險，通常是指企業經營活動的不確定性影響財務成果的不確定性。企業為了獲得較多的收益，往往需冒較大的風險；相反，風險較小的活動收益也較少。風險與收益均衡原則要求企業不能只顧追求最大收益而不顧風險，風險越大，預期收益也應越高，使風險與收益適當均衡，並採取措施分散風險，趨利避害，提高利潤率，爭取最大的收益。企業在提高預期收益率的同時，盡可能考慮降低經營風險和財務風險。

（4）財務狀況總體衡量原則。企業在正常經營期間，既要提高營運能力和盈利能力，又要保持良好的支付能力和償債能力。在利潤率（包括成本費用利潤率、銷售收入利潤率、資本金利潤率等）不斷提高的同時，盡可能維持資產負債率、流動比率、速動比率指標的良好狀態，提高應收帳款週轉率和存貨週轉率，加速資金週轉。

（5）依法理財原則。為了適應中國社會主義市場經濟發展的需要，規範企業財務行為，加強財務管理和經濟核算，財政部根據有關法律和法規，制定了《企業財務通則》和《企業會計制度》，明確規定中國境內的國有企業、集體企業、私營企業、外商投資企業和股份制企業的一切財務活動都必須遵守國家的法律、法規和有關制度的規定，接受財政稅務機關的檢查和監督。各類企業都必須以財務通則、財務制度、會計制度的規定為依據，根據生產經營特點合理組織財務活動，建立健全企業內部財務管理制度（尤其是企業內部責權利分配與協調制度），做好財務基礎工作；依法合理籌集資金並有效使用資金，嚴格遵守國家規定的各項財務開支範圍和標準，做好財務收支計劃預測、控制核算和分析考核工作，努力提高經濟效益；正確計算企業經營成果和如實反應企業財務狀況，依法計算和繳納稅金，按規定程序和要求分配利潤，保證投資者利益不受侵犯。

5. 企業財務管理的方法

財務管理的方法是反應財務活動內容、執行和完成財務管理任務的手段。財務管理的基本方法包括財務預測、財務決策、財務計劃、財務控制、財務分析與評價。具體內容詳見本章第三節。

此外，財務管理與會計核算有著十分密切的聯繫。會計核算運用一整套特有的方法，對企業日常發生的經濟活動進行連續、系統、全面、綜合反應和控制，形成系統的財務會計信息。會計核算提供的信息是進行財務預測與決策、編製財務計劃、進行財務控制、開展財務分析與評價的重要依據。因此，會計核算是搞好財務管理的前提和基礎。

第二節　財務管理的目標

一、財務管理目標與企業管理目標的關係

企業作為一個經濟組織有特定的目標，企業目標可以分為經濟目標和非經濟目標。經濟目標就是追求自身利益最大化，而非經濟目標主要是企業應盡的社會責任。所以財務目標屬於企業目標中的經濟目標，而不屬於非經濟目標。財務目標的實現通過資金在不斷的轉換與交換中實現增值而實現，而財務活動也是一種管理資金運動的活動。由此可見財務目標是企業經濟目標的一部分。雖然財務目標在企業的經濟目標中占主

導,但財務目標不能代替企業目標。所以,財務目標應與企業的經濟目標保持一致,同時也受到企業非經濟目標的影響。財務管理作為一種價值管理,應當維護企業財務狀況最優化,這是實現財務目標的前提和保證。

任何管理工作都需要一個確定的目標,如果沒有一個確定的目標,管理工作就無從談起。財務管理作為一項以價值為基礎的管理工作,也必須有其確定的管理目標。由於財務管理是整個企業管理工作的組成部分,因此其工作目標不能與企業管理目標相背離。企業的經營目標一旦確定,企業內部所有職能部門、人員與工作(包括財務機構、財務人員以及他們承擔的財務管理工作)都應緊密圍繞企業目標的實現做出自己的貢獻。

企業財務管理的目標,是指企業財務管理在一定環境和條件下所應達到的預期結果,它是企業整個財務管理工作的定向機制、出發點和歸宿。企業的財務管理是基於企業這個實體的存在為前提而進行的一系列理財活動。這使得企業的財務管理成為企業管理的一部分,財務管理的目標取決於企業總目標。企業是根據市場反應的社會需要來組織和安排商品生產和交換的社會經濟組織,企業必須有自己的經營目標。企業一旦成立,就要面臨競爭,並處於生存和倒閉、發展和萎縮的矛盾之中。企業必須生存下去才可能獲利,而只有發展才能求得生存。因此,企業的目標可概括為生存、發展和獲利,其中獲利最大化應該是企業的終極經濟目標。

資本提供者出資辦企業的動機儘管在事實上未必都是為了營利,但"企業以營利為目標"這一基本經濟學假定,通常情況下確實是符合實際的。否則,企業就無法生存和發展,因而也違背了企業的基本屬性。如果我們承認這個基本假定,將資本提供者視為"經濟人",那麼,它所決定的企業終極目標就是實現企業的盈利。企業管理是一個龐大複雜的控制系統,財務管理是該系統的一個子系統,子系統必須服從系統的整體效益。目標整體性要求協調整體目標與子系統目標的關係,以實現整體目標的最優。從這個意義上說,財務管理的總目標與企業管理的整體目標是統一的。

二、企業管理的目標

企業財務管理是企業管理的一部分,是有關資金的獲得和有效使用的管理工作。因此,企業財務管理的目標離不開企業的總目標,並且受企業財務管理本身特點的影響。

企業管理的總目標可以概括為生存、發展和獲利。

1. 生存

企業要生存就必須具備兩個基本條件:①以收抵支;②到期償債。

以收抵支要求企業通過銷售商品或提供服務所獲得的貨幣收入要大於所付出的貨幣;否則企業就沒有足夠的貨幣從市場換取必要的維持企業再生產所需要的資源,企業就會萎縮,直到企業無法維持最低的生存條件為止。如果企業長期虧損且前景暗淡,為避免發生更大的損失,股東就會決定終止企業。因此,企業長期虧損是企業終止的直接原因。

同樣,企業如果不能按期償還到期債務,就可能被債權人接管或被法院判定破產。長期虧損的企業如扭虧無望,遲早會不能償還到期債務。即使是盈利企業,也可能由於財務安排不當使企業沒有足夠的現金償還到期債務而使企業終止。因此,不能按期償還到期債務是企業終止的直接原因。

力求保持以收抵支和償還到期債務，使企業持續經營下去，減少企業破產的風險，是對企業財務管理的第一個要求。

2. 發展

企業只有在發展中才能求得生存。企業經營猶如逆水行舟，不進則退。企業的停滯是其死亡的前奏。企業為了發展，一要加強研究與開發，推出更好、更新、更受顧客歡迎的產品；二要加強市場營銷的力度，不斷提高企業的市場份額。

企業的發展需要大量的資金投入，因此，擁有籌集資金的能力是對企業財務管理的第二個要求。

3. 獲利

企業只有獲利，才有存在的價值。企業不同於其他組織，建立企業的目的就是為了獲利。已經建立起來的企業雖然有改善勞動條件、增加職工收入、提高產品質量和減少環境污染等多重目標，但是獲利是最具綜合能力的目標。獲利不僅是企業的出發點和歸宿，而且可以概括為其他目標的實現程度，並且有助於其他目標的實現。通過合理、有效地使用資金使企業獲利，是對企業財務管理的第三個要求。

由此可見，企業管理的三大目標中，獲利是關鍵。企業只有實現利潤，才能談生存、發展，才能進一步談承擔一定的社會責任，為解決社會性問題、優化社會與自然環境、保障社會進步做出應有的貢獻。

三、財務管理的目標

上述企業的總目標對財務管理的要求，可以統一起來概括為企業財務管理的目標。現代企業財務管理目標的綜合表達有以下幾種觀點：

(一) 利潤最大化

這種觀點是一種傳統的觀點。這種觀點認為企業是營利性組織，所以企業必須追求利潤最大化。將利潤最大化作為企業財務管理的目標有其合理性。其理由主要有：①利潤是企業新創造的價值，是企業生存和發展的必要條件；②利潤是一個綜合性指標，它反應了企業綜合運用各種經濟資源的能力和經營管理的效率；③企業追求利潤最大化是市場經濟體制發揮作用的基礎。

但是，將利潤最大化作為企業財務管理的目標也有其缺點。具體表現為：①沒有充分考慮利潤的取得時間，例如，今年獲利100萬元和明年獲利100萬元，哪一個更符合企業目標呢？如果不考慮貨幣的時間價值，就很難做出正確的判斷。②沒有考慮為獲得利潤而承擔的風險，例如，企業有兩個投資方案，一個會使企業獲得確定的收入200萬元；另一個方案可以使企業獲得有風險的收入200萬元，哪一個方案符合企業的目標？同樣，如果不考慮風險因素，也很難做出正確的判斷。③忽視了所獲得的利潤與所投入的資本之間的關係。

(二) 滿意的利潤水平

這種觀點認為，企業必須以利潤最大化作為自己的目標，但現實經濟生活中存在著許多不確定的因素，人們無法確定一個最佳的利潤水平，或需要花費很大的代價。因此，企業財務管理的目標應修正為達到一個滿意的利潤水平。這種觀點從根本上是與利潤最大化的目標一致的，並沒有避免利潤最大化目標的缺點。

(三) 每股盈餘最大化

這種觀點將企業的利潤和股東投入企業的資本聯繫起來考察,所以用每股盈餘來概括企業財務管理的目標,可以避免以上兩種觀點中沒有考慮所獲得的利潤與所投入的資本之間的關係的缺點。但這種觀點仍然存在以下兩個缺點:①仍然沒有考慮每股盈餘取得的時間;②仍然沒有考慮每股盈餘的風險。

(四) 股東權益最大化

股東權益最大化亦稱股東財富最大化。它的理論依據是資本的強權理論和股東利益與社會利益相統一理論。資本強權理論認為,資本的專用性、非流動性、稀缺性和信號顯示功能等,決定了企業的"剩餘控制權"或所有權天然地歸資本所有者所有,"資本雇傭勞動"是最合理的企業制度,因此企業的財務自然也應當以股東利益為基本取向。股東利益與社會利益相統一的理論認為,最大限度地為股東賺錢,就能極大地增進社會福利。

股東權益最大化財務目標的優點是:它考慮了貨幣的時間價值和風險報酬;它注重企業利益的長遠性;它和企業的價值最大化有一定的一致性。它的缺點是:隨著產權的交易,股東憑藉自己的有利地位侵犯其他利益主體的行為時有發生,平等保護各產權主體利益的要求則不容置疑,股東權益最大化的財務目標從經濟學和社會學的角度來說都是不負責任的,也不符合商業道德原則,因為它忽略了利益相關人的重要性。

(五) 企業價值最大化

企業價值最大化亦稱企業財富最大化,這是當前學術界比較認可的一種觀點。與股東權益最大化相比,這種觀點同樣充分考慮了不確定性和時間價值,強調風險與報酬的均衡,並將風險限制在企業可以承受的範圍之內,而且它還有著更為豐富的內涵:①營造企業與股東之間的協調關係,努力培養安定性股東;②創造和諧的工作環境,關心職工利益,培養職工的認同感;③加強與債權人的聯繫,重大財務決策邀請債權人參與,培養可靠的資金供應者;④關心政府政策的變化並嚴格執行,努力爭取參與政府制定政策的有關活動。

但是,強調企業價值最大化也存在不足:

第一,"企業價值最大化"是一個十分抽象而很難具體確定的目標。從非上市企業來看,其未來財富或價值只能通過資產評估才能確定,但這種評估要受到其標準或方法的影響,因而難以準確地予以確定。再從上市企業來看,其未來財富或價值雖然可通過股票價格的變動來顯示,但股票價格的變動不是公司業績的唯一反應,而是受諸多因素影響的"綜合結果",因而股票價格的高低實際上不可能反應上市公司財富或價值的大小。所以,"價值最大化"目標在實際工作中讓企業管理當局和財務管理人員難以捉摸。

第二,上市企業大都相互參股,其目的在於控股或穩定購銷關係,可以說,法人股東似乎並不把股價最大化作為其財務管理追求的唯一目標。

第三,"企業價值最大化"目標在實際工作中可能導致企業所有者與其他利益主體之間的矛盾。企業是所有者的企業,其財富最終都歸其所有,所以"企業價值最大化"目標直接反映了企業所有者的利益,是企業所有者所希望實現的利益目標。這可能與其他利益主體如債權人、經理人員、內部職工、社會公眾等所希望的利益目標產生矛盾。

四、影響企業財務管理目標實現的因素

企業股票的價格受外部環境和管理決策兩個方面因素的影響。外部環境對企業財務管理目標的影響，將在第四節進行討論，這裡首先說明企業管理當局可以控制的因素。從企業管理當局可以控制的因素看，企業價值的高低取決於企業的報酬和風險；而企業的報酬和風險又是由企業的投資項目、資本結構和股利政策決定的。因此，投資報酬率、風險、投資項目、資本結構和股利政策這五個因素影響企業財務管理目標的實現。

1. 投資報酬率

投資報酬率可以用每股盈餘指標來表示，即：

$$每股盈餘 = 稅後淨利潤 \div 流通在外的普通股股數$$

在風險相同的情況下，投資報酬率可以反應股東財富的大小。

2. 企業風險

任何投資活動都是面向未來的，會有或多或少的風險。企業在進行財務決策時，必須在報酬和風險之間進行權衡。

3. 投資項目

企業投資項目是決定企業報酬率和風險的首要因素。在市場經濟中，一般是高風險、高報酬。報酬和風險的相互替代是企業財務管理中需要解決的核心問題。

4. 資本結構

資本結構是指債權人權益和股東權益之間的比例關係，會影響企業的報酬和風險。當企業借款的利息率低於投資的預期報酬率時，通過負債會提高企業的每股盈餘，但同時增加了預期每股盈餘的風險，即如果市場不景氣使得企業的實際報酬率低於企業借款的利息率時，將會大幅度地減小每股盈餘的數額。選擇什麼樣的資本結構仍然是收益和風險的轉換問題。

5. 股利分配政策

對企業的股東來說，企業減少當前股利分配的數額，由企業將資金用於再投資，可以增加未來股利的分配數額，是一種高風險、高報酬的方案；企業如果加大當前股利分配的比例，減少了股東的風險，同時也犧牲了未來每股盈餘增長的前景，是一種低風險、低報酬的投資方案。

綜上所述，企業財務管理的核心問題是選擇適當的投資項目、資本結構和股利分配政策，進行報酬和風險的轉換，以實現企業價值最大化的目標。

五、財務管理目標的選擇

從利潤最大化、股東權益最大化到利益相關者利益最大化、企業價值（財富）最大化，我們可以看出推動財務目標理論發展的兩條線索：一是財務管理目標理論本身的缺陷性——這是推動財務管理目標理論發展的內在因素，二是產權制度及其發展——這是推動財務管理目標理論發展的外在因素。

當前理論界對財務管理的目標的提法都是極端化的表述，帶有濃厚的單邊治理的色彩，在企業多邊治理的情況下，這既不利於財務理論的研究，也不利於以此目標指導實務。這主要表現在：①企業所有權與經營權的分離，使股東不可能追求到利益或

價值的最大化；②經營者受到外界的干擾和自身的約束，也缺乏實現股東或企業價值最大化的激勵；③產權殘缺使企業利益相關者追求自身利益時受到限制，最終不能實現利益最大化。

　　財務管理作為企業管理的組成部分，必須從實際出發選擇其目標。事實上，不同國家的企業面臨的財務管理環境存在著差異，因而其財務管理的目標也並非完全一致；即使同一企業由於其財務活動涉及不同利益主體的利益，其財務管理的目標也不是唯一的。

　　企業性質不同，財務目標會有所差異。企業的規模和企業的生命週期也會對財務目標的確定產生重要影響。

　　財務管理目標應分為總體目標和具體目標。總體財務管理目標應著眼於企業的長期利益，以企業利益的可持續增長為目標，與企業經營目標一致。由於企業的情況各不相同，在企業的相關利益各方博弈過程中，就可能出現不同的企業有不同的財務目標的情況。所以總體財務目標會因企業的不同而不同。但它們的共性在於總體財務目標都應注重企業的長期利益；而具體的財務目標則應該是財務成果最大化、財務狀況最優。無論企業的性質如何和規模大小或者處於什麼樣的發展階段，只有實現財務成果最大化、財務狀況最優化才能實現企業利潤最大化或者經濟效益最大化的企業目標。所以具體的財務目標是實現企業總體財務目標的前提和保證；而總體財務目標則是具體財務目標的必然結果。企業只有實現了具體的財務目標，才能實現總體的財務目標。具體的財務目標的特點在於它的具體性、可理解性、可操作性；而總體的財務目標的特點在於它的整體性、前瞻性。

　　在社會主義市場經濟環境下，企業財務管理行為作為協調有關各方經濟利益的一種方式，為之服務的對象便呈現出多元化格局。企業為了實現其生存、發展和獲利之目標，就必須要求其財務管理完成籌措資金、有效使用資金之重任；企業的所有者為了實現其資本保值與增值之目的，就必須要求企業財務管理提高資金使用效益，維護其合法權益；企業的債權人為了實現其到期收回本金並獲得利息收入之目的，就必須要求企業財務管理提高資金的使用效益和流動性，維護其合法權益；社會管理者為了建立一個規範、公平的企業理財環境，防止企業財務活動中違規行為的發生，就必須要求企業財務管理貫徹執行國家有關經濟法規，履行其監督職能，維護社會公眾利益。綜合這些因素，並結合現代企業財務管理的職能，我們認為，在中國市場經濟環境下，企業財務管理的具體目標從其實現的客觀效果來看，應由三個部分構成：

　　一是提高企業經濟效益目標。從資本保全、資本保值增值、利潤和經濟效益四者的關係來看，提高企業經濟效益是關鍵、是核心。因為沒有經濟效益，就沒有利潤；沒有利潤，就沒有資本保值與增值；沒有資本保值，就沒有資本保全。

　　二是提高企業財務能力目標。即要科學有效地組織企業財務活動，不斷提高企業的營運能力、盈利能力和償債能力。其中：營運能力是指企業根據外部市場環境的變化，合理配置各項生產要素的能力，它對盈利能力的持續增長和償債能力的不斷提高均有著決定性的影響；盈利能力是指企業賺取利潤的能力，它是償債能力的基礎；償債能力是指企業償還各種到期債務的能力。企業的所有者、債權人、經營者等有關方面都十分重視這三個能力，企業只有具備了這三個能力，才能在市場競爭中立於不敗之地。

　　三是維護利益目標。即要正確地處理與協調企業同各方面的財務關係，維護它們的合法利益。

上述三個目標的關係是：要提高企業經濟效益，就必須科學合理地組織財務活動，提高財務能力，也必須以各種財務關係協調發展、各方的合法利益不受損害為前提；對財務活動實施科學而有效的決策與管理，實質上是經濟效益方面的決策與管理，提高財務能力實質上是提高經濟效益的具體化；維護各方的合法利益實質上是使各方的經濟效益和諧統一。因此，提高企業經濟效益目標，是企業財務管理的根本目標，而提高企業"三個能力"的目標和維護利益目標，則是企業財務管理的直接目標或基本目標。

第三節　財務管理學的產生與發展

要瞭解財務管理的現狀，就必須研究財務管理思想和實務的歷史發展。財務管理學與其他管理學科一樣，是由於社會實踐的客觀需要而產生的，是社會分工、生產力及生產關係發展變化的結果。在19世紀以前，無論是在中國還是在西方國家，財務管理都是依附於其他學科，與其他學科相結合的。後來由於社會經濟的發展，經濟管理分工越來越細，財務管理學才逐漸分離成為獨立的學科。

一、財務管理學的產生

現代財務管理學產生於19世紀末的西方發達資本主義國家。西方國家在18世紀產業革命後，過去的作坊、工場手工業的生產方式被工廠化的機器生產方式所代替，社會生產力得到巨大發展，生產規模迅速擴大。社會生產力的發展，促進了生產關係的變革，企業的組織形式逐步由獨資企業、合夥企業發展成為以股份公司為主的形式。當企業採取獨資或合夥等組織形式時，企業的規模較小，組織結構比較簡單，財務關係也比較單純，其財務活動大多由業主憑經驗和習慣親自管理，沒有一定的理論作指導。到了19世紀末期，股份公司已占國民經濟的主導地位，企業的規模越來越大，生產經營所需資金顯著增多，財務關係日益複雜。股份公司出現後，企業的經營管理權與所有權分離，所有者不再親自進行企業管理。同時，企業財務關係日益複雜，金融市場興旺，企業發行股票、債券的籌資活動十分頻繁，財務管理工作日益繁重，迫使各公司紛紛設立專門的財務管理機構和配備專門的財務管理人員，使財務管理工作從企業管理中分離形成一項獨立的專門工作。財務管理實務的發展，又促進了財務管理理論的興起。股份公司迅速發展後，既需要大量專業化的財務管理人才，又迫切需要財務管理理論作指導，於是財務管理教材和理論著作應運而生。1897年，美國著名經濟學家格林（Green）出版了《公司財務》一書。該書是世界上最早的財務管理理論著作之一，它標誌著財務管理學科的初步形成。

現代財務管理的產生是社會生產力發展的結果，其直接原因是代表著現代化大生產的股份公司的產生並發展成為主要的企業組織形式，且在相當大程度上改變了社會生產關係。

二、財務管理學的發展

20世紀以來，西方國家的企業又經歷了巨大的變革，與此相適應，企業財務管理工作的職能也發生了很大的變化，促進了財務管理學科的迅速發展和成熟。財務管理學的發展過程，就是其職能的不斷深化和理論的不斷完善過程。財務管理職能的發展和理論的逐步成熟主要經歷了以下幾個階段：

第一階段，傳統的籌資財務管理理論階段。從19世紀末到20世紀30年代，自由競爭資本主義發展成為壟斷資本主義階段（即帝國主義階段），此期的企業大多處於迅速發展壯大時期。壟斷並沒有消除競爭，相反使競爭更加激化。企業資本家為了在競爭中立於不敗之地，亟須籌措大量的資本。在財務管理方面，企業最重要的任務是如何籌集資本，相應財務管理職能的重點是有效籌集資本和合理安排資本結構。這樣，圍繞著企業籌資產生了諸如資金有哪些來源、怎樣籌資及籌資數額多少、籌資方式如何選擇、籌資成本高低等問題，於是便產生了籌資財務管理理論。第一部以籌資為中心的企業財務管理著作是美國的米德（E. S. Meade）於1910年出版的《公司財務》一書，其內容包括了公司盈餘的決定、固定資產維持與折舊、週轉資本管理、盈餘分配等問題，後來其他學者進一步完善了這一理論。這就是傳統的籌資財務管理理論，又稱為傳統型公司財務論。

第二階段，以資產管理為中心的內部控制財務管理理論階段。20世紀30年代，資本主義世界發生了全面性經濟大危機，無數企業相繼破產倒閉。生存成為企業投資者和債權人的頭等大事，由此財務管理的重點由擴張性外部融資轉向防禦性的企業生存。企業償債能力的保持，企業破產、清算和重組等財務問題成為當時財務管理研究的重點。相應的企業財務管理職能的重點轉移到資金的運用、加強財務監督、注意資金的使用效果以及降低財務風險等方面。在這樣的經濟環境下，經濟學家逐漸認識到財務管理的主要問題不僅在於籌措資金，還在於用科學的管理方法管理資金的使用，從而要將資金籌集和運用進行統一研究。既重視企業資金籌集，又重視資金的科學管理，從理論上把財務管理向前推進了一步。這就是以資產管理為中心的內部控制財務管理理論，以拉夫（W. H. Long）1917年出版的《企業財務》最早涉及此內容為標誌。

第三階段，現代的投資財務管理理論階段。自20世紀50年代末期以來，財務管理進入了現代階段。在這一時期中，企業技術進步速度明顯加快、勞動生產率進一步提高、產品更新換代週期縮短、市場競爭加劇、企業利益關係更為複雜、跨國公司進一步發展。所有這些變化，都對財務管理提出了更高的要求；而現代管理技術和管理方法的發展，又為財務管理的變革提供了可能。財務管理的職能發生了變化：重視資金的時間價值，管理重點由資金籌集、運用轉向風險條件下的投資決策，改事後管理為主的形式為重視事前財務控制。相應的財務管理理論也得到前所未有的發展，逐漸趨於成熟。

20世紀50年代末期，在內部控制財務管理理論的基礎上，財務管理人員已開始理解和掌握投資者及債權人如何根據公司的盈利能力、資本結構、股利政策、經營風險等因素來評估企業的價值，以及某一特定決策如何影響對企業價值的評估。企業總價值理論得到財務界人士的普遍重視。

20世紀60年代財務管理理論的另一重大成就，是投資組合理論的發展及其最終在財務管理中的應用。馬克維茨（Markowitz）最早提出投資組合理論。他認為在一投資組合中，某一證券的估價取決於該證券對由各種證券構成的投資組合總體風險所做的邊際貢獻。在此理論影響下，許多學者對金融市場的作用做了大量的理論和實證研究，取得了成就。夏普（Sharpe）認為，投資者可以通過股票的組合投資來分散企業的個別風險，並創立了反應證券風險、報酬關係的計量模型——資本資產定價模型。

20世紀70年代是財務管理大發展的時期，突出表現在兩個方面：一是羅斯（Ross）等人通過實證研究對資本資產定價模型提出挑戰，並創立了套利定價理論的新資本資產計價模型；二是以布萊克（Black）和斯科爾氏（Scholes）為首創立的用於評估財務要求權的選擇權理論，這在一定程度上推動了財務管理理論的發展和完善。1972年，法瑪（Fama）和米勒（Miller）出版的《財務理論》一書，集財務管理理論之大成，標誌著財務管理理論進入成熟階段。

20世紀80年代以後，財務管理理論的重點逐漸轉移到不確定條件下企業價值的確定，以及市場不完善性對企業價值的影響等方面。信息經濟學為人們研究金融工具的市場行為指明了方向，財務信息說已引起人們的日益注意。目前，財務管理學已形成了比較完善的理論體系和方法論體系，如證券價值理論、資本結構理論、財務槓桿理論、風險與收益原理等。在理論和方法的研究中，財務管理學大量採用定量分析，使許多財務管理方法數學模型化，形成了風險分析模型、證券組合模型、資本資產價格模型、負債水平模型等。此外，人們近年來還成功地研製出大量的財務管理應用軟件，如各種財務預測軟件、可行性研究軟件、證券市場分析軟件等。所有這些都標誌著財務管理學科走向了成熟。

三、中國企業財務管理的發展

新中國成立後，企業財務管理的發展大致經歷了三個階段。

第一階段，從20世紀50年代初到20世紀70年代後期。這一時期國家對企業實行統收統支的財務體制，企業財務依附於國家財政。由於受財務體制限制，企業財務缺乏必要的獨立，財務管理工作對外從屬於財政，對內與會計核算相結合。因此，這一時期的財務管理工作主要是按照國家下達的財務計劃任務，核定定額、編製內部財務計劃、進行日常資金收支和核算、定期編製報表、檢查分析計劃與定額的執行情況。財務管理的職能沒有得到應有的發揮。

第二階段，從20世紀70年代末到20世紀90年代初。這一時期國家實行經濟改革和對外開放政策，企業財務活動出現了許多新情況。第一，企業與國家的分配關係發生了變化。國家先後對企業實行了企業基金、利潤留成、利改稅以及承包經營、租賃經營、利稅分流等利潤分配制度。第二，改變了企業籌資渠道和籌資方式。企業的籌資渠道除國家撥款和銀行貸款外，還有非銀行金融機構貸款、其他單位借款、職工與民間借款、企業內部累積、外商投資等。同時，企業籌資方式也出現多樣化，除國家撥款、銀行貸款和企業累積外，還有股票、債券、租賃、聯營、商業信用等社會籌資方式。第三，涉外財務活動日益增多。外商投資企業、"三來一補"企業大量湧現，對外貿易、對外投資、跨國經營等活動迅猛發展，促使企業涉外財務活動十分頻繁。在這些新情況下，財務管理工作的重點轉移到資金運用和收益分配的管理，企業初步開展資金籌集工作。但是，由於企業沒有真正成為自主經營、自負盈虧的經濟實體，不能完全自主理財，資金的籌集和使用不能由企業自主決定，加之企業產權關係不清、分配關係不順，財務管理工作受到限制，不能充分發揮企業財務管理職能。所以，這一階段，企業財務管理仍處於初級階段。

第三階段，從20世紀90年代起到現在。黨的十四大確定了建立社會主義市場經濟的改革目標，使中國經濟體制改革進入了新階段。隨著企業經營機制的逐步轉換，企業財務管理也進入一個新的歷史發展時期。市場經濟體制的建立，對企業財務管理工作產生了巨大影響。第一，企業成為自主理財的理財主體。市場經濟要求企業成為自主經營、自負盈虧、自我發展、自我約束的經濟實體，相應地企業就必須自主理財，自主決定資金籌集、資金運用和收益分配方式，這樣才能自主經營、自我發展。第二，企業理財內容發生變化。企業財務管理不再局限於編製財務計劃、進行日常資金管理，而是根據企業發展規劃進行籌資、投資等財務決策，編製財務計劃，實施財務控制等，並處理各種財務活動和財務關係。第三，企業的理財環境發生了變化。隨著市場經濟體制的建立與完善，影響企業財務活動和財務關係的客觀環境和因素也發生了巨大變化，如金融體制改革及金融市場建立、財政體制改革及新稅收體系實施、會計準則的頒布實施、市場機制逐步完善、對外開放深入發展等，都將對企業財務管理產生巨大影響。第四，企業承擔全部財務風險。在市場經濟條件下，企業享有理財自主權，同時也必須承擔理財過程中可能發生的一切損失。企業進行財務決策時，不僅要考慮收益，更要權衡風險。風險管理必將成為企業財務管理研究的重要課題。

中國現處於社會主義初級階段，建立和完善市場經濟體制需要一個相當長的時期，現階段的企業財務管理手段、方法較原始，管理水平較低，管理人員素質也有待於進一步提高。因此，加強中國企業財務管理理論研究，迅速提高財務管理水平，使之適應市場經濟發展需要，已成為一項十分緊迫的任務。

第四節　企業財務管理的環節

企業財務管理的環節，是指企業財務管理工作的各個階段。企業財務管理包括財務預測、財務決策、財務計劃、財務控制和財務分析與評價五個基本環節。這些管理環節相互配合，緊密聯繫，構成完整的企業財務管理工作體系。

一、財務預測

財務預測是財務人員根據歷史資料，依據現實條件，運用特定的方法對企業未來的財務活動和財務成果所做出的科學預計和測算。準確的財務預測是做出正確財務決策的前提，是編製財務計劃的基礎，並為進行財務控制提供科學依據。財務預測的內容包括資金來源與運用的預測、成本預測、銷售收入預測和利潤預測。企業在進行各項內容預測時，應選用科學的方法，保證預測結果盡可能準確。近年來，由於預測越來越受到重視，預測方法迅速發展，據國外統計，預測方法已達100多種。顯然，企業在預測時應根據具體情況選擇適當的方法。常用的財務預測方法有專家意見法、專家調查法（德爾菲法）、趨勢預測法、因果預測法、曲線預測法、迴歸預測法、指數預測法等。財務預測過程一般包括以下工作內容：

1. 確定預測的目的和對象

明確預測的目的，將關係到預測方法的選擇和預測期限的確定。有了明確具體的目的，便可以確定預測對象，決定對哪些指標進行預測，並分析預測對象所處的環境。

2. 收集和整理資料

根據預測的目的和對象，企業要廣泛收集有關資料。不同的預測內容對資料的要求不同。對於縱向資料，即以前的歷史資料，要求具備完整性和連貫性；對於橫向資料，即預測當時與預測對象有關的資料，要求具有廣泛性和代表性。企業對所收集的資料，還要進行歸類、匯總、調整等加工處理，使資料符合預測的需要。

　　3. 選擇預測方法進行預測

　　預測的方法必須與預測的目的、對象適應，企業要根據所收集資料的情況以及預測要求的精度和客觀可能性，選擇適當的方法進行預測，取得初步的預測結果。常用的定量預測方法有移動平均法、趨勢預測法、指數平滑法、迴歸分析法、比率預測法、因果預測法等。

　　4. 研究預測結果，編寫預測報告

　　預測是建立在各種假定之上的估算，可能會有誤差。因此，相關人員要對初步的預測結果與今後發展的形勢估計結合起來，進行綜合判斷，並進行修正，根據修正後的預測結果，即可編寫出預測報告。

二、財務決策

　　財務決策是在科學的財務預測基礎上，對可供企業選擇的多個備選方案進行計算、分析、評價和選優的過程。財務決策包括籌資決策、投資決策、收益分配決策，以及生產經營中的資金使用和管理決策等。財務決策是企業財務管理工作的決定性環節。企業經營管理的關鍵是經營決策，經營決策的核心是財務決策，財務決策的正確與否直接關係到財務管理工作的成敗乃至企業的興衰。因此，企業必須遵循財務管理的基本原理，按照嚴格的決策程序，採用科學的決策方法進行財務決策。常用的財務決策方法有差量對比法、指標對比法、損益決策法、概率決策法、線性規劃法等。財務決策一般包括以下步驟：

　　1. 提出問題，確定目標

　　發現問題並提出問題，是決策的前提。企業進行財務決策首先應根據財務預測的信息提出問題，並確定目標。

　　2. 擬訂解決問題的方案

　　根據提出的問題及確定的目標，即可擬訂各種不同的解決問題、達到目標的備選方案。一個決策方案必須具備如目標、途徑、時間、數量、限制性條件、決策性條件等基本要素，並允分體現這些要素的綜合利用。

　　3. 評價方案

　　評價方案便是對各個備選方案根據所占的各種數據資料，計算出有關評價指標，並加入必要的非計量因素進行綜合的定性思考，分析評價其可行性及其經濟意義。常用的方法有優選對比法、數學微分法、線性規劃法、概率決策法、損益決策法等。

　　4. 選擇最優方案

　　企業根據各可行方案的財務效果的大小進行比較篩選，確定最優方案。最優方案應當是有助於財務狀況的優化，並在正常條件下經過努力能夠完成的方案。

三、財務計劃

　　財務計劃是在一定的計劃期內以貨幣形式反應生產經營活動所需要的資金及其來源、財務收支、財務成果及分配的計劃。財務計劃是以財務決策確立的方案和財務預測提供的信息為基礎來編製的，是財務預測和財務決策的具體化，是控制財務活動的依據。財務計劃一般包括資金籌集計劃、資金運用計劃、財務收支及平衡計劃、成本費用計劃、銷售計劃、利潤計劃等。財務計劃的編製過程，實際上就是確定計劃指標、進行平衡的過程。確定財務計劃指標常用的方法有平衡法、因素法、比例法、定額法等。財務計劃工作一般包括以下內容：

1. 全面安排計劃指標

企業要按照國家宏觀計劃（規劃）和產業政策的要求，根據供產銷條件和企業生產能力，分析主客觀條件，制定出主要的計劃指標。

2. 進行綜合平衡

企業要科學安排人力、物力、財力，使之與生產經營目標的要求相適應，並對需要進行協調，實現綜合平衡。常用的方法有平衡法、因素法、比例法、定額法等。

3. 編製計劃表格

企業在計算出企業計劃期各項計劃指標並檢查、核對各項有關計劃指標是否密切銜接、協調平衡之後，即可採用一定的格式編製出計劃表。

四、財務控制

財務控制是指在財務管理過程中，利用有關信息和特定手段，對企業的財務活動施加影響或調節，以便實現計劃所規定的財務目標。財務控制是企業財務管理的極為重要的環節，是實現企業財務目標的基本手段。財務計劃只是反應對計劃年度財務運行系統的要求與期望，但能否達到這一財務目標主要取決於財務控制是否有效。財務控制的方法有很多，最常見的有防護控制法、前饋控制法、反饋控制法等。財務控制的一般工作步驟為：

1. 制定標準

沒有標準，控制便無從進行。因此，首先就是要制定控制標準。控制標準必須覆蓋整個資金運行系統。控制標準可以是目標、限額，甚至是一種限制或期望。在實際工作中，通常是按照責權利相結合的原則，將計劃任務以標準或指標的形式層層分解，落實到各責任中心直到班組乃至個人。

2. 執行標準

企業要在財務運行中進行事先控制。凡符合控制標準的，予以支持；凡不符合控制標準的，加以限制，並採取措施進行處理。

3. 確定差異

企業要依靠信息系統反饋的實際財務運行狀況，對照控制標準，及時確定差異的程度和性質，並通過對實際財務運行的考察，及時預測出可能出現的偏差。

4. 消除差異

企業要深入分析差異形成的原因及責任歸屬，採取有效措施，消除差異，使資金運行系統按預定目標運行。企業消除差異常採用防護性控制、前饋性控制、反饋性控制等方法。

五、財務分析與評價

財務分析是根據企業的各種財務報表，評價企業財務狀況並進而改進企業財務管理工作的活動。財務分析的直接目的是評價企業財務狀況，而根本目的是改進企業財務管理工作。企業通過財務分析，可以掌握各項財務計劃指標的完成情況，評價財務狀況，研究和掌握企業財務活動的規律性，改善財務預測、決策、計劃和控制，提高企業經濟效益，改善企業管理水平。財務分析與評價常用的方法有對比法、因素分析法、比率分析法、綜合分析法、指標評價法等。財務分析與評價的一般程序是：

1. 進行對比，做出評價

對比分析是發現問題的基本方法。將彼此相聯繫的指標進行比較，確定差異，以評價企業財務狀況。將實際與計劃比較，以檢查財務計劃的執行情況；將本期與前期比較，以瞭解財務指標的變動趨勢；將本企業與外單位比較，以找出差距，有助於學習先進，更好地挖掘企業潛力。

2. 進行因素分析

進行對比分析，可以找出差距，而進行因素分析，則是說明出現差異的原因，即分析出影響財務指標出現差異的各因素及其影響方向和影響程度，以便分清責任和有針對性地採取改進措施。常使用的方法有對比分析法、比率分析法、連環替代法、綜合分析法等。

3. 制定改進措施

財務分析的根本目的是改進企業財務管理工作。根據因素分析的結果，企業應有針對性地提出明確具體的切實可行的改進措施，並確定負責人員，規定實現的期限，以保證改進措施的執行。

財務預測、財務決策、財務計劃、財務控制和財務分析與評價是企業財務管理的基本環節。這五個環節的運行，構成了一個企業財務管理的循環過程。財務預測是財務決策的前提，財務計劃是財務預測和財務決策的系統化、正規化的表達方式，財務控制和財務分析與評價是對財務計劃的執行情況和結果的管理。在這一循環中，財務預測、財務決策、財務計劃是企業資金運行前的管理，財務控制是企業資金運行中的管理，財務分析與評價是企業資金運行後的管理。它們互相配合，構成了一個完整的企業財務管理工作體系。

第五節　企業財務管理的環境

企業財務管理的環境，又稱理財環境。它是指企業財務管理過程中所面臨的各種影響企業財務活動的客觀條件或因素。在現代社會中，理財環境錯綜複雜，變化迅速，因此，企業必須進行理財環境的研究，把握理財環境，為開展財務活動提供便利和機遇，適應理財環境變化對開展財務活動的要求，盡量消除不利影響，趨利除弊，以提高財務管理工作對理財環境的適應能力、應變能力和利用能力，實現企業的財務管理目標。企業的財務管理環境主要包括經濟、法律、政治、金融、人口、資源六個方面。

一、經濟環境

企業財務管理的經濟環境是指企業進行財務活動時所面臨的宏觀經濟狀況，以及企業自身的組織形式和管理體制。

1. 經濟發展狀況

經濟發展狀況對企業理財有重大影響。經濟繁榮時期，企業不僅能因銷售額增加帶來更多的收益，而且會因為要擴大生產經營規模而增加資金籌集規模；在經濟衰退時期，銷售額下降，成品資金占用增多，資金週轉不靈。

2. 經濟政策

經濟政策是指國家為了調控經濟活動所採取的各種方針政策。主要包括財稅政策、金融政策、價格政策、產業政策、對外貿易政策等。國家不同時期的經濟政策，都直接影響企業的籌資、投資等財務活動。如國家為了發展某一產業，在稅收、信貸等方面都會給予一定優惠（通過利息率、稅率來調整），在價格上也會對其產品實行保護，從而引導企業籌集資金向這一產業進行投資。

3. 通貨膨脹

通貨膨脹會給企業理財帶來很大困難。在通貨膨脹時期，投資風險增大，利潤虛增而引起資金流失；存貨價值量占用增加引起資金需求增長；而資金供應緊缺、有價證券價格下降使籌資成本陡升，給籌資帶來困難。

4. 市場競爭

激烈的市場競爭對企業來說既是機會又是挑戰。企業為了在競爭中取勝，可能採取降低價格、賒銷、分期收款等措施，這就會減少企業的收益。企業為了取勝可能擴大經營規模，但若投資失利則可能導致更加被動不利。市場競爭也會促使企業提高產品質量，改善生產結構，開發名優特新產品，盡可能降低產品成本，這樣不僅能使企業獲取競爭勝利，而且對整個國民經濟的發展也起促進作用。

此外，企業管理體制與組織形式對財務管理也有影響。企業的不同組織形式，內部管理機制不同，擁有的投資決策權和籌資來源渠道不同。

二、法律環境

企業財務管理的法律環境，是指企業與外部發生經濟關係時所應遵守的各種法律、法規和規章。企業在生產經營過程中，必然要與國家、投資者、受資者、債權人、債務人、客戶以及內部各單位和職工之間發生經濟關係。國家管理企業和協調各種經濟關係，是通過行政手段、經濟手段和法律手段來完成的。在市場經濟條件下，行政手段逐步減少，經濟手段和法律手段日益增多。國家運用法律手段，可以把各種經濟關係和經濟活動的準則用法律形式固定下來，使得大家有法可依，從而有效地維持經濟秩序，協調各種經濟關係。財務管理人員必須熟悉各種經濟法規，遵守法律並利用法律保護企業的合法權益，實現企業財務管理的目標。

企業在進行經濟活動和處理各種經濟關係時，要遵守的法律規範包括三個方面：

1. 企業組織法規

企業組織必須依法成立。組建不同企業，要依據不同的法律規範，各企業應按照相應企業法規來進行理財活動。企業組織方面的法規主要有公司法、各類企業法等。不同經濟類型的企業，法律規範的籌資渠道、籌資方式以及資本金標準、自主經營權限等不同。

2. 經濟活動法規

企業在生產經營過程中，涉及財務管理方面的經濟活動法規主要有證券法、證券交易法、財政法、銀行法、會計法、統計法、審計法、稅法、債券管理條例等。這些法規有的影響企業資金籌集，如銀行法、財政法、證券交易法等；有的影響未來投資收益及交易，如稅法、商法等。特別是稅收法規對企業財務管理影響更為直接。不同企業、不同納稅環節，繳納不同稅金；不同的稅金在企業財務處理上又不同，有的計入資產價值，有的計入產品成本，有的作為銷售支出，有的作為抵減所得稅，有的作為淨利潤開支。顯然，企業繳納稅金而增加現金流出，不僅直接影響投資收益，還影響企業採取什麼方式籌集資金。財務管理人員應熟悉經濟活動法規，在不違背法規的前提下盡可能維護企業權益。

3. 企業財務法規

財務法規是規範企業財務行為的法律規範，是企業財務管理的工作準則。中國實行的是社會主義市場經濟，逐步建立一整套與市場經濟相適應的企業財務管理法規、制度體系，是財務管理工作的客觀要求。目前，中國的企業財務管理法規制度體系包括三個層次：

（1）《企業財務通則》。它是企業財務管理法規制度體系中最基本和最高層次的法規，是企業從事財務活動、實施財務管理的基本原則和規範。《企業財務通則》主要對企業的資金籌集、資產管理、成本開支範圍、收益及分配等問題做出了明確規定。

（2）行業財務制度。它是根據《企業財務通則》的規定，由財政部根據不同行業的特點和管理要求制定的法律規範。目前，行業財務制度涵蓋工業、運輸、商品流通、郵電、金融、旅遊飲食服務、農業、對外經濟合作、施工和房地產開發、電影和新聞出版十個行業，各制度都對從資金籌集到企業清算等全過程的具體內容和要求做出了明確規定。

（3）企業內部財務管理制度。它是各企業根據《企業財務通則》和行業財務制度的規定，結合本企業的特點和內部管理的需要，制定的適合企業內部管理的財務管理制度。在市場經濟條件下，企業在財務管理上應具有充分的自主權，制定企業內部管理制度是獨立商品生產經營者、市場競爭者以及轉換企業經營機制的需要。

以上三個層次的財務法規制度相互聯繫，形成一個有機整體。它們之間的關係是：以《企業財務通則》為基本原則，以行業財務制度為主體，以企業內部財務管理制度為補充，共同構成統一體系。

三、政治環境

任何一個國家，為了維護統治階級的利益，都要制定一系列的方針、政策、法規來宏觀管理企業。從政治因素上看，不同的政治制度對籌資、投資、分配管理體制有極大的影響，特別是在國際政治鬥爭中更為突出。在社會主義市場經濟體制下，企業的生產經營活動雖然由市場調節，國家不再直接干預，但是其籌資、投資、分配活動必須符合國家統一發展規劃（國有企業更應如此），接受國家的宏觀監督和調節，不能偏離國家的產業政策和發展方向，堅持四項基本原則。

四、金融市場環境

金融市場是資金供應者和資金需求者雙方借助金融工具融通資金達成交易的場所。企業籌資和投資活動必須通過金融市場完成，因此，金融市場環境如何，對企業理財活動有很大的影響。金融市場由三大要素構成：①資金供應者、資金需求者、金融仲介機構。資金供應者可以是國家、金融機構、法人單位、外商、居民等；資金需求者即籌資者；金融機構有銀行、非銀行金融組織、財務公司、證券交易所等。②信用工具。股票、債券、票據、可轉讓存單、借款合同、抵押契約等，都是資金交易的工具。③市場機制。調節融資活動的市場機制，主要是發揮市場利率的調節作用。

金融市場可按不同標準進行分類：按交易對象分為資金市場、外匯市場、黃金市場；按償還期限分為短期金融市場和長期金融市場；按長期證券的具體功能分為發行市場和流通市場。金融市場的分類及相互關係，可用圖 1.2 表示。

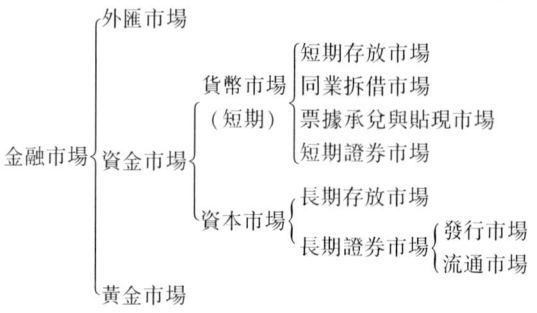

```
                        ┌ 外匯市場
                        │                      ┌ 短期存放市場
                        │          ┌ 貨幣市場  │ 同業拆借市場
                        │          │ （短期）  │ 票據承兌與貼現市場
金融市場 ┤ 資金市場 ┤          └ 短期證券市場
                        │          │
                        │          │          ┌ 長期存放市場
                        │          └ 資本市場 │                    ┌ 發行市場
                        │                      └ 長期證券市場 ┤ 流通市場
                        └ 黃金市場
```

圖 1.2　金融市場分類圖

金融市場環境對企業財務管理的影響，主要表現在：

1. 金融市場是企業籌資和投資的場所

企業需要資金，可以通過金融市場籌集，如發行股票、債券等。企業有了剩餘資金，也可以通過金融市場進行投資，如購買股票、債券、國庫券、短期融資券等。

2. 企業通過金融市場使長短期資金相互轉化

企業持有的股票、債券等長期投資，在金融市場上轉讓變現，轉化成為短期資金。企業以短期資金在金融市場上購入股票、債券等，即可使其轉化成為長期資金。企業可根據需要，通過金融市場進行長短期資金轉化，形成資金的合理、靈活結構。

3. 金融市場為企業理財提供有用信息

金融市場上利率的變動，可以反應出資金的供求關係；有價證券市場價格漲落，能夠反應出企業財務狀況。企業進行籌資、投資決策時，就可以利用金融市場提供的這些有用信息進行分析、評價，以便做出正確的選擇。

五、人口環境

企業進行各種籌資、投資的社會效果及經濟效益，在很大程度上還取決於社會人口的數量、質量、構成及其發展變化等因素，尤其是在中國這樣一個人口眾多的農業大國更為突出。

1. 人口數量

生產活動總是以一定勞動資料和勞動手段為基礎的，離開了一定的物質基礎，人們的生產將無法完成。人口數量的增加，一方面要求社會追加新投資來滿足新增人口的就業，另一方面，消費需求增加而相應要求投資增加。可見，人口數量的變化，影響企業的籌資和投資規模。

2. 人口素質

人口素質提高，現代科學技術進一步發展，就要求企業以性能更好、技術更先進的勞動工具代替現有設備，就需要再投資來實現設備更新。同時，人口素質的提高，消費結構、消費水平質量將發生改變，迫使企業進行技術改造，生產名優特新產品，這也需要追加投資。

3. 人口構成

人們的消費總是與其構成相關。人口素質高、收入高必然導致消費高，而高消費又能刺激投資的增長、經濟的繁榮。此外，不同年齡層次消費者的需求也不同。所以，人口構成對企業籌資、投資的影響表現在收入層次和年齡構成兩個因素導致市場容量的增減變化上。

六、資源環境

資源，一般理解為"財源"，即資財之源、財富之源，包括自然賦予的自然資源和人類社會勞動的社會資源。馬克思在《資本論》中將資源高度概括為"勞動力和土地"，認為這是"形成財富的兩個原始要素"，是"一切財富的源泉"。但聯合國環境規劃署對資源定義為：所謂資源，特別是自然資源，是指在一定時間、地點條件下能夠產生經濟價值，以提高人類當前和將來福利的自然環境因素和條件。

1. 自然資源

自然資源是指自然界進入生產過程的各種物質資源，主要包括金屬與非金屬礦藏、農用土地、森林用地，以及為人類提供服務的林產品、森林、自然風景、江河湖海水域、大氣層等。企業擁有這些資源的程度不同，就決定了其生產範圍和生產規模不同，相應制約著其資金籌集和資金使用。尤其是農業企業，土地作為其主要勞動資料，它的地理位置、肥沃程度、土壤結構等直接影響到農業投入。此外，自然氣候的變化也影響投入。

2. 社會資源

社會資源是指人類自身通過勞動提供的資源，集中體現為勞動力資源。人口數量增加、素質提高、構成優化，必然導致消費數量增長，消費質量提高，消費結構趨於合理，使企業不斷追加投資進行生產技術改造和生產結構調整。

第六節 企業財務管理的組織

要實現企業財務管理的目標，就要組織財務活動，實施財務管理。而要組織財務活動並實施財務管理，首先必須建立財務管理的組織機構，配備財務管理人員。而且，企業的生產經營規模越大，經營活動的範圍越廣，企業財務管理的內容就越複雜，企業財務管理的組織就越重要。

企業財務管理的組織，主要包括財務機構的設置，財務人員的配備，財務管理制度的建立與完善，而這些內容都與企業的組織形式、內部財務管理體制密切相關。

一、企業的組織形式

企業的組織形式是指企業的性質及體制。企業財務管理受企業組織形式的制約和決定。不同形式的企業，財務管理的側重點及內容有較大差別。根據有關法規規定及當前企業的實際情況，企業的組織形式主要有以下幾類：

1. 股份有限公司

股份有限公司（簡稱股份公司）是指全部資本由等額股份構成，並通過發行股票籌集資本的企業法人。中國的股份公司是近年來按市場經濟的客觀要求進行經濟體制改革試點的產物。股份公司在短短幾年中得到了迅速發展，顯示出其強大的生命力。可以預料，股份公司在不久的將來將成為中國主要的企業組織形式。股份公司的主要特點是：①資本由等額股份構成，通過發行股票籌集資本；②公司規模大，註冊資本不得少於 1,000 萬元人民幣；③公司的所有權與經營權分離；④公司的產權關係及分配關係明確，公司淨資產歸全體股東所有，按股分利，同股同利；⑤股東對公司負債的責任以其出資額為限。

2. 有限責任公司

有限責任公司是指由兩個以上股東共同出資，股東以其出資額為限對公司承擔責任，公司以其全部資產對公司債務承擔責任的法人式企業。有限責任公司是近年來經濟體制改革的產物，是按照現代產權關係設計的一種企業組織形式。《中華人民共和國公司法》規定，組建企業時，凡是投資者以出資額為限承擔責任的法人式企業，但又達不到股份公司條件，不能發行股票的，均按有限責任公司的形式成立。有限責任公司的基本特徵是：①公司的全部資本不劃分為等額股份；②公司不得發行股票，僅向股東簽發出資證明書；③公司股份的轉讓受到嚴格限制；④股東數量較少，一般不超過 50 個；⑤股東以其出資比例享受相應的權利和承擔相應的義務。

3. 外商投資企業

外商投資企業是指有外國資金投入、依照外商投資企業的有關法律規定、在中國大陸註冊成立的企業，包括中外合資經營企業、中外合作經營企業和外商獨資企業。發展外商投資企業是中國利用外資的主要方式。改革開放以來，這類企業從無到有，發展十分迅速，為中國經濟建設、經濟體制改革和對外開放等都做出了很大貢獻。外商投資企業的主要特徵為：①有外商投入資本和參與管理；②企業成立時通常都規定具體的經營期限，期滿後解散。

4. 國有企業

國有企業是指由國家直接投資創辦的企業。到目前為止，這類企業仍是中國企業的主體。當前，國有企業仍是經濟體制改革的重要對象，仍在不斷變化發展之中。按照黨的十八大精神，建立現代企業制度是國有企業改革的方向。要按照"產權清晰、權責明確、政企分開、管理科學"的要求，對國有大中型企業實行規範化的公司制改革，使企業成為適應市場的法人實體和競爭主體。大中型企業以資本為紐帶，通過市場形成具有較強競爭力的跨地區、跨行業、跨所有制和跨國經營的大企業集團；小型企業採取改組、聯合、兼併、租賃、承包經營和股份合作制，以及出售等形式放開搞活。

5. 集體企業

集體企業是指由農村的鄉鎮村或城市的街道集體自籌資金創辦的企業。集體企業不需要國家投資，有利於搞活城鄉經濟，因而國家給予其比較優惠和靈活的政策，使其得以迅速發展。集體企業的主要特徵是：①企業資金全部來自集體自籌資金；②企業的管理機制比較靈活，受國家政策約束較少；③大多數企業規模較小，主要為勞動密集型企業。

6. 私營企業

私營企業是指由國內個人出資舉辦的具有法人資格的企業。私營企業的特點是：①企業資金全部由業主個人投入；②企業的規模較小，管理靈活；③企業成立及解散較為頻繁。

7. 聯營企業

聯營企業是指兩個以上不同單位聯合投資而形成的一種新的經濟組織。其重要特徵是：①一般具有法人資格；②聯合各方以出資額為限承擔經濟責任。

此外，中國還存在為數眾多的個體工商戶，它們是以個人的名義進行經營，以個人的名義繳納稅金。個體工商戶不屬於法人，不是獨立的經濟組織。

以上各類型企業中，股份公司和有限責任公司是按市場經濟的要求組建的規範性企業。隨著市場經濟的深入發展，中國作為世界貿易組織（WTO）成員國，應按照國際慣例組建現代企業，將國有企業、集體企業以及其他類型企業逐步改造為股份公司或有限責任公司。

二、財務機構的設置

財務機構是指組織領導和直接從事財務管理工作的職能部門。按照財會法規規定，任何獨立核算的企業，都必須設置財務機構進行財務管理。由於在實際工作中財務與會計的關係非常密切，很難截然分開，所以常將它們合二為一設置機構。企業財務管理機構的設置，應注意以下幾個問題：

第一，企業財務管理機構的級別與層次，應貫徹集中領導、分級管理的原則，與企業管理層次和企業內部財務管理體制相適應。財務管理體制是對財務與會計工作的組織機構、管理層次和企業資金的籌集、運用、分配等財務活動的運行方式所做的系統的規定，它包括國家與企業之間的財務管理體制和企業內部的財務管理體制兩個方面。企業內部財務管理體制又有一級核算、二級核算、三級核算等方式。企業財務管理機構的設置，要與企業內部財務管理體制相適應，如大型企業實行總公司、分公司、廠三級管理與核算，其財務管理機構也可相應設三級。

第二，企業財務管理機構的權力和責任，應與企業內部各級單位的經濟權力和經濟責任相適應，同時，要根據重要性原則適當調整。

第三，企業財務管理機構的人員編製，應與企業財務管理工作量相適應。財務管理工作量小的，設財務負責人和若干財務管理人員抓各項工作；工作量大的，則可設置工作小組來分工抓好各項工作。典型的公司財務管理機構設置如圖 1.3 所示。

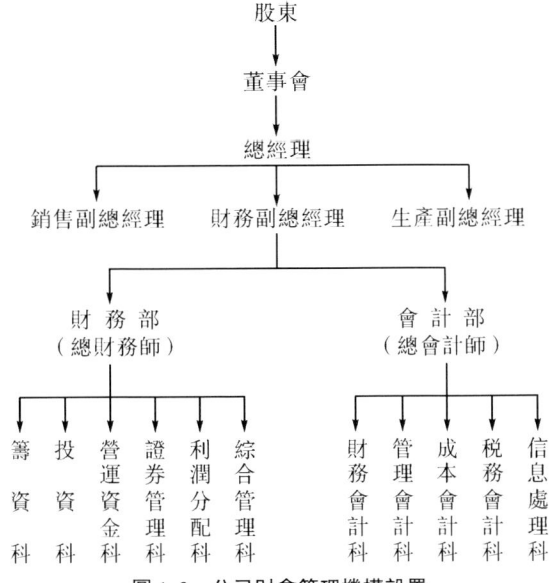

圖 1.3　公司財會管理機構設置

三、財務人員的配備

財務人員是指具有專門技能、從事財務管理工作的專業技術人員。財務管理人員是搞好企業財務管理工作的決定性因素，在加強管理、提高經濟效益、促進國民經濟發展方面起著重要作用。企業在財務人員的配備方面，應抓好兩個方面的工作：

1. 財務人員的選擇

企業財務管理水平的高低，首先取決於財務管理人員的素質高低。財務管理人員應具備良好的政治素質、知識素質、思想素質和理財能力素質。政治素質是財務管理人員應具備的首要的、根本的素質，包括政治覺悟品質、理論水平和政策水平等；財務管理人員必須熟悉各種經濟政策，掌握財務管理基本理論、基本知識和基本方法，應具備文化科學、經濟理論、經濟法規、經濟管理、經濟核算、財務管理等知識；思想觀念素質要求財務管理人員樹立正確的理財觀念，如經濟效益觀念、時間價值觀念、財務信息觀念、風險觀念、財務系統觀念、財務公共關係觀念、政策法制觀念、責權利相結合觀念等；理財能力素質，實際上是一種綜合性的素質，包括預測能力、決策能力、組織能力、分析能力、公關能力等多方面。

2. 財務管理人員的管理

企業應根據有關法規、制度的要求，加強對財務管理人員的管理。企業應根據財務管理人員的實際工作能力，具體安排財務管理工作；建立健全崗位責任制，賦予財務管理人員相應的權力，保證其完成各項任務；提高財務管理人員素質，加強財務管理人員的進修、培訓、學習。

四、財務管理制度體系

企業財務管理制度是對企業財務管理工作的原則和要求做出的統一規定，是財務管理的工作準則。中國實行的是社會主義市場經濟，逐步建立一套與市場經濟相適應的企業財務管理制度體系是財務管理工作的客觀要求。目前，中國的企業財務管理制度體系包括三個層次：《企業財務通則》、行業財務制度和企業內部財務管理制度。具體內容詳見本章第三節。

課後思考與練習

1. 中國有"世界加工廠"之稱，但產業層次低、產品利潤薄，面臨產品升級換代等結構調整問題。結合財務管理環境，談談你對當前出現的企業經營困難、大量企業外遷或倒閉的看法。在這樣的環境之下，應注重企業資金運動的哪些環節、財務活動的哪些方面，避免哪些風險，才能使企業走出困境。

2. 在社會主義市場經濟的條件下，中國以建設綠色安全製造信息化示範區為契機，搶抓信息經濟發展機遇，加快經濟新常態下發展方式轉變，大力扶持電子信息等新興產業發展，引導企業加強自主創新，增強產業核心競爭力，以有效推動電子信息業的快速健康發展。中國的新興電子企業應怎樣樹立其財務目標？該怎樣做到生存、獲利和發展？

3. 企業利益相關者的利益與股東的利益是否存在矛盾？

4. 中國現處於社會主義初級階段，建立和完善市場經濟體制需要一個相當長的時期，企業財務管理工作需要怎樣的變革？

5. 在全球經濟一體化的大環境下，越來越多的中國企業開始實施企業的全球化經營，如聯想公司、華為公司、海爾公司等。在這過程中，為了支持企業各種資源的全球配置就勢必要求企業的信息技術（IT）系統能夠提供有力的信息技術保障，於是這些中國企業對IT的投入逐年遞增，從供應鏈IT系統、客戶管理IT系統，到整合企業全部資源的企業資源計劃（ERP）系統（如SAP）等，這些IT系統動輒需要上千萬美元的投入，而且每年還需要價格不菲的日常維護費用。中國IT行業面臨的問題，從企業財務管理環節的角度該如何解決？

6. 在中國目前的金融市場條件下，近期股票市場震盪波動，對企業的財務管理及決策有何影響？

7. 中國大多數的中小企業缺乏明確的產業發展方向，對項目投資缺乏科學論證，資金短缺，融資困難，管理模式僵化，管理觀念陳舊，管理基礎薄弱，內部控制不嚴格，財會人員素質偏低，高級財務管理人員缺乏，財務機構設置不合理。從企業財務管理組織這方面的角度考慮，企業該怎麼做？

8. 企業價值最大化與利益相關者財富最大化有什麼關係？如何協調所有者與經營者之間的矛盾？

9. 有兩家企業：A企業，盈利200萬元，已發行的普通股股數為300萬股；預期A公司股票在未來1年的投資期間中，若運氣好可獲得高達30%的報酬率，運氣一般的時候也可以獲得15%的報酬率，運氣差的時候則能獲得5%的報酬率；同時該年度減少股利分配1,000萬元。B企業，盈利100萬元，已發行的普通股股數為100萬股；預期B公司股票在未來1年的投資期間中，一半可能運氣好可獲得高達25%的報酬率，否則可以獲得15%的報酬率；同時該年度增加股利分配1,000萬元。

試問在不考慮外部環境的情況下，哪家企業財務管理目標實現得更好？

第二章　財務管理的價值觀念

學習目標

　　要求學生通過本章學習，對貨幣時間價值和風險報酬這兩個概念有一個全面、深刻的理解和掌握，包括貨幣時間價值的含義與計算、風險與風險報酬的定義及衡量。

本章內容

　　時間價值：時間價值的意義，時間價值的確定，時間價值計算中的特殊問題；**風險價值**：風險及其種類，風險的衡量，風險價值的確定；**利息率**：利息率的概念與種類，影響利息率水平的基本因素，利率水平的構成要素。

　　時間價值、風險報酬和利息率是現實財務活動中客觀存在的經濟現象，也是企業資金籌集、資金投放、收益分配等財務活動中必須考慮的重要方面，並在財務實踐中被廣泛應用。樹立時間價值觀念、風險報酬觀念，合理預測利率水平的變化是財務工作者應具有的最基本的素質。

第一節　時間價值

一、時間價值的意義

　　1. 時間價值的含義

　　時間價值，又稱貨幣的時間價值，是指貨幣在資金週轉過程中，由於時間因素而形成的差額價值。即隨著時間的推移，一定量資金所產生的增值。資金週轉使用中會產生時間價值，是由於資金使用者將資金投入生產經營活動，可以帶來利潤，實現價值增值。週轉使用的時間越長，獲得的利潤越多，實現的增值額越大。

　　時間價值有絕對數（時間價值額）和相對數（時間價值率）兩種表示形式，財務管理中一般採用相對數的形式表示。

　　2. 資金時間價值實質

　　（1）西方經濟學者對貨幣的時間價值的產生有不同的理解。英國經濟學家凱恩斯從資本家和消費者心理出發，高估現在貨幣的價值，低估未來貨幣的價值，從而認為時間價值主要取決於流動偏好、消費傾向、邊際效用等心理因素。在這種思想指導下，"時間利息論"者認為，時間價值產生於人們對現有貨幣的評價高於對未來貨幣的評價，它是價值時差的貼水；"流動偏好論"者認為，時間價值是放棄流動偏好的報酬；"節欲論"者則認為，時間價值是貨幣所有者不將貨幣用於生活消費所得的報酬。雖然表述不盡相同，但歸結起來，貨幣時間價值的實質，是貨幣作為資本在資本週轉使用後所產生的增值。

（2）正確理解資金時間價值的產生原因。馬克思認為，貨幣只有被當作資本投入生產和流通後才能增值。並不是所有的貨幣都有時間價值，貨幣只有作為資金投入生產經營活動才能產生時間價值。時間價值是在生產經營活動中產生的，不作為資金投入生產經營過程的貨幣，是沒有時間價值可言的。全部生產經營中的資金都具有時間價值，這是資金運動的一種客觀規律性。

（3）正確認識資金時間價值的真正來源。在發達商品經濟條件下，商品流通運動公式是 G—W—G′，這一運動的特點是始點和終點都是貨幣，雖沒有質的區別，但有量的變化，即 G′=G+ΔG。這個增值額（ΔG）就是剩餘價值。如果把生產過程和流通過程結合起來分析，資金運動的全過程則為 G—W…P…W′—G′。由此可以看出，處於終點的 G′ 是 W′ 實現的結果，而 W′ 中包含增值額在內的全部價值是在生產過程中形成的，其中增值部分是工人創造的剩餘價值。因此，時間價值不可能由"時間"創造，而是由工人的勞動創造。時間價值的真正來源是工人創造的剩餘價值。

（4）合理解決資金時間價值的計量。馬克思在《資本論》中精闢地論述了剩餘價值是如何轉化為利潤，利潤又如何轉化為平均利潤的，並指出到最後投資於不同行業的資金，將獲得大體上相當於社會平均資金利潤率的投資報酬。在通貨膨脹的客觀存在下，資金利潤率除包括時間價值以外，還包括風險報酬和通貨膨脹，時間價值率是扣除風險報酬和通貨膨脹貼水後的社會平均資金利潤率；時間價值額是資金在生產經營中帶來的增值額，即一定數額的資金與時間價值率的乘積。在利潤不斷資本化的條件下，資本將按幾何級數增長，計算資本的累積需按複利方式進行。

3. 時間價值在財務管理中的意義

（1）資金時間價值是衡量企業經濟效益、考核經營成果的重要依據。研究資金時間價值就是要考察企業資金在週轉使用一定時期以後所增值（或貶值）的程度。資金時間價值代表著無風險的社會平均資金利潤率水平，後者應是企業資金利潤率的最低限度，而企業資金利潤率正是反應企業資金利用效果的綜合指標，在一定程度上也是企業經濟效益的集中表現。沒有資金時間價值觀念，就缺乏衡量企業資金利用效果的標準。而且，企業的各項財務收支都是在一定的時點發生的，離開了資金時間價值的觀念和具體計算，就無法正確估量不同時期的財務收支，也就無法正確評價企業的盈虧。

（2）時間價值是企業進行籌資決策、評價籌資效益的重要依據。在籌資活動中，時間價值是進行籌資決策、評價籌資效益的重要依據。籌資時機的選擇、舉債期限的選擇、資本成本的確定、資本結構的決策等均要考慮貨幣時間價值因素。

（3）時間價值是進行投資決策、評價投資效益的重要依據。在投資活動中，樹立時間價值觀念也具有重要的意義。首先，利用時間價值原理，投資者能夠從動態上比較投資項目的各種方案在不同時期的投資成本、投資報酬，避免從靜態上簡單地進行比較，從而提高投資決策的正確性。其次，樹立時間價值觀念，投資者能夠有意識地加強投資經營管理；降低投資成本，爭取更大的貨幣時間價值。最後，樹立時間價值觀念，有利於縮短投資項目建設期，早日投產，從時間上為項目投產後的經營爭取更大的效益。

（4）時間價值是進行收益分配決策中必須考慮的一個重要因素。企業在收益分配決策中，根據各項現金流出和現金流入的時間確定現金的運轉情況，可以合理選擇現金股利（分派現金）、股票股利（送股、轉股）、股票配售（配股）等股利分配方式。

（5）時間價值是企業進行生產經營決策的重要依據。分期付款銷售的定價決策、商品發運結算時間的決策、積壓物資的降價處理決策以及流動資本週轉速度的決策等，都必須考慮時間價值。

二、時間價值的確定

為了正確進行財務決策，企業必須明確在不同時點上資金時間價值之間的數量關係，掌握資金時間價值確定的方法。

1. 單利時間價值的確定

單利是計算利息的一種方法。按照這種方法，只要本金在貸款期獲得利息，不管時間多長，所生利息均不加入本金重複計算。這裡所說的"本金"是指帶給別人以收取利息的原本金額。"利息"是指借款人付給貸款人超過本金部分的金額。

（1）單利利息的計算。單利利息的計算公式為：

$$I = P \cdot i \cdot n \qquad (2.1)$$

式中：I 表示利息額；P 表示本金，即以後年度收到或付出資金的現在（第一年初）的價值，也稱現值；i 表示利率；n 表示時間，通常以年為單位。

（2）單利終值的計算。單利終值的計算公式為：

$$F = P(1 + i \cdot n) \qquad (2.2)$$

式中：F 表示終值，也就是本利和，即第 n 年年末的價值。

（3）單利現值計算。由（2.2）式，我們可以得到單利現值。其計算公式為：

$$P = F(1 + i \cdot n)^{-1} \qquad (2.3)$$

（4）年金終值計算。每年年初存入或付出金額為 A，n 年年末本利和（終值）應為：

$$F = A \sum_{t=1}^{n} [1 + i \times (n - t + 1)] \qquad (2.4)$$

2. 複利終值和複利現值的確定

複利也是計算利息的一種方法，按照這種算法，每經過一個計息期，要將所生利息加入本金中再生利息，逐期滾算。這裡所說"計息期"是指相鄰兩次計息的時間間隔（如年、月、日），除非特別說明，計息期一般為一年。

（1）複利終值，是指一定數量資金若干期後的本利和。複利終值的計算公式為：

$$F = P(1 + i)^n \qquad (2.5)$$

（2）複利現值，是指未來一定數量資金折合成現在的價值。複利現值的計算公式為：

$$P = F(1 + i)^{-n} \qquad (2.6)$$

上式中 $(1+i)^n$ 和 $(1+i)^{-n}$ 分別稱為複利終值係數和複利現值係數，用 $(F/P, i, n)$ 和 $(P/F, i, n)$ 表示，在實際工作中可查閱複利終值係數表和複利現值係數表獲得。

（2.5）式、（2.6）式也可改寫為：

$$F = P \cdot (F/P, i, n) \qquad (2.7)$$
$$P = F \cdot (P/F, I, n) \qquad (2.8)$$

［例2.1］某企業現存入本金1,000萬元，在年利率7%時，5年後的本利和為：

$$F = P \cdot (F/P, i, n) = 1,000 \times (1 + 7\%)^5 = 1,000 \times 1.403 = 1,403 （萬元）$$

［例2.2］某企業準備在4年後購置價值為40,000元設備一臺，按年利率6%計算，

則現在應存入款項為：

$$P = F \cdot (P/F, i, n) = 40,000 \times (1+6\%)^{-4} = 40,000 \times 0.729 = 31,680 \text{（元）}$$

3. 年金終值和年金現值的確定

年金是指在一定時期內每期期末（或期初）收、付款相等的金額。現實生活中的折舊、租金、保險金等通常採用年金的形式。按照年金發生的時點不同，年金可分為普通年金、即付年金、遞延年金和永續年金四種類型。

（1）普通年金終值與現值。普通年金，也稱為後付年金，是指在每期期末收到或支付相等金額的年金形式。普通年金是社會經濟生活中最常見的年金形式，其他的年金形式均可通過普通年金予以表示。

[例2.3] 某人每年年末存入款項1,000元，年利率為10%，則5年後各年存入款項的終值分別為：

第1年年末存入1,000元，第5年年末終值：$1,000 \times (1+10)^4 = 1,464$（元）
第2年年末存入1,000元，第5年年末終值：$1,000 \times (1+10)^3 = 1,331$（元）
第3年年末存入1,000元，第5年年末終值：$1,000 \times (1+10)^2 = 1,210$（元）
第4年年末存入1,000元，第5年年末終值：$1,000 \times (1+10)^1 = 1,100$（元）
第5年年末存入1,000元，第5年年末終值：$1,000 \times (1+10)^0 = 1,000$（元）

上述各項呈現為一種等比數列，每年年末存入1,000元在第5年年末的複利總和為6,105元（1,464元+1,331元+1,210元+1,100元+1,000元）。我們也可運用等比數列求和的方法來確定第5年本利總和，即普通年金終值。普通年金終值是指每期期末收付相等金額在最後一期期末的本利總和，也就是每期期末收付複利終值總和。普通年金終值的一般公式為：

$$F_A = A \sum_{t=1}^{n} (1+i)^{t-1} \tag{2.9}$$

式中：F_A 為年金終值；A 為普通年金。

運用等比數列求和的原理，上式可變為以下形式：

$$F_A = A \left[\frac{(1+i)^n - 1}{i} \right] \tag{2.10}$$

式中 $\sum_{t=1}^{n} (1+i)^{t-1}$ 和 $\frac{(1+i)^n - 1}{i}$ 稱作普通年金終值系數，記為 $(F/A, i, n)$，年金終值的計算公式可改寫為：

$$F_A = A \cdot (F/A, i, n) \tag{2.11}$$

從（2.10）式可知，在 F_A、i、n 已知的情況下，可確定 A，計算公式為：

$$A = \frac{F}{\sum_{t=1}^{n}(1+i)^{t-1}} = \frac{F}{\frac{(1+i^n)-1}{i}} = F \times \frac{i}{(1+i)^n - 1} \tag{2.12}$$

上式中 $\frac{1}{\sum_{t=1}^{n}(1+i)^{t-1}}$ 和 $\frac{i}{(1+i)^n - 1}$ 稱作償債基金系數，A 稱作年償債基金。償債基金是為了在約定的未來某一時點清償某筆債務或累積一定數額的資金而必須分次等額提取的存款準備。呈現為一種年金形式，其未來應償還債務或應累積的資金為年金終值（F_A）。償債基金系數與年金終值系數互為倒數關係，在實際應用中可通過查閱年金終值系數表來確定償債基金系數。

[例2.4] 某人出國3年請你代為支付房租,每年租金100元,當銀行存款利率為10%時,他應在出國時給你在銀行存入多少錢?

此時我們需要計算其每年租金的現值總和,也就是:

第一年年末租金100元的現值=100×(1+10%)$^{-1}$=90.91(元)
第二年年末租金100元的現值=100×(1+10%)$^{-2}$=82.64(元)
第三年年末租金100元的現值=100×(1+10%)$^{-3}$=75.13(元)

故3年租金的現值總和應為:

P=100元×(1+10%)$^{-1}$+100元×(1+10%)$^{-2}$+100元×(1+10%)$^{-3}$=
100元×[(1+10%)$^{-1}$+(1+10%)$^{-2}$+(1+10%)$^{-3}$]=100元×2.486,8=248.68元

本例是已知A、i、n確定現值P的基本過程。此時現值稱作普通年金現值,記作P_A,是指每期期末取得或支付相等金額款項的現在價值。

普通年金現值的一般公式為:

$$P_A = A \cdot \sum_{t=1}^{n} (1+i)^{-t} \tag{2.13}$$

運用等比數列求和原理,可轉換為:

$$P_A = A \cdot \frac{1-(1+i)^{-n}}{i} \tag{2.14}$$

式中$\sum_{t=1}^{n}(1+i)^{-t}$和$\frac{1-(1+i)^{-n}}{i}$稱作普通年金現值系數,記為$(P/A, i, n)$。普通年金現值計算公式又可表示為:

$$P_A = A \cdot (P/A, i, n) \tag{2.15}$$

在普通年金現值運用中,若已知P/A,i,n時,可確定A為:

$$A = P_A \cdot \frac{i}{1-(1+i)^{-n}} \tag{2.16}$$

$$A = P_A/(P/A, i, n) \tag{2.17}$$

式中$\frac{i}{1-(1+i)^{-n}}$稱為資本回收系數,A為年資本回收額。資本回收系數與年金現值系數互為倒數關係,在實際應用中可通過查閱年金現值系數表來確定資本回收系數。

(2)即付年金終值與現值。即付年金,也稱為先付年金,是指在每期期初收到或支付相等金額的年金形式,即付年金與普通年金現金流量比較見圖2.1。

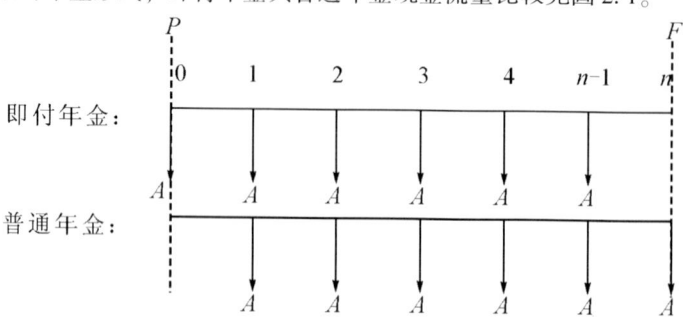

圖2.1 即付年金與普通年金現金流量比較

由圖 2.1 可知，即付年金與普通年金在現金流入或流出的時間上相差一個期間，收、付款期數相同。計算即付年金終值比普通年金終值要多一個計息期；計算即付年金現值比普通年金現值要少一個貼現期。據此，即付年金終值計算公式可表示為：

$$F_A = A \cdot (F/A, i, n) \cdot (1+i) \tag{2.18}$$

$$F_A = A \cdot \frac{(1+i)^n - 1}{i}(1+i) \tag{2.19}$$

即付年金現值計算公式為：

$$P_A = A \cdot (P/A, i, n) \cdot (1+i) =$$

$$A \cdot \frac{1-(1+i)^{-n}}{i} \cdot (1+i) = A \cdot \left[\frac{1-(1+i)^{-(n-1)}}{i} + 1\right] \tag{2.20}$$

$$P_A = A \cdot [(F/A, i, n-1) + 1] \tag{2.21}$$

$\left[\frac{(1+i)^{n+1}}{i} - 1\right]$ 稱作即付年金終值系數，它與普通年金終值系數相比，存在著期數加1，而系數減1的關係。$\left[\frac{1-(1+i)^{-(n-1)}}{i} + 1\right]$ 稱作即付年金現值系數，它與普通年金現值系數相比，存在著期數減1，而系數加1的關係。在應用時，可以運用普通年金終值和現值系數來確定年金終值和現值系數。

〔例2.5〕某人每年年初存入款項2,000元，年利率7%，則5年後本利和應為：

$$F_A = A\left[\frac{(1+i)^{(n+1)}}{i} - 1\right] = A\left[(F/A, i, n+1) - 1\right]$$

$$= 2,000 \times \left[\frac{(1+7\%)^{(5+1)}}{7\%} - 1\right]$$

$$= 2,000 \times [F/A, 7\%, (5+1) - 1]$$

$$= 2,000 \times [7.153 - 1] = 12,306 \text{（元）}$$

〔例2.6〕某人6年分期付款購物，每年年初支付200元，銀行利率為10%，則分期付款所購物品的價值應為：

$$P_A = A[(P/A, i, n-1) + 1] = A\left[\frac{1-(1+i)^{-(n-1)}}{i} + 1\right]$$

$$= 200 \times [(P/A, 10\%, 6-1) + 1]$$

$$= 200 \times (3.791 + 1) = 958.20\text{（元）}$$

（3）永續年金現值的計算。永續年金是指無期支付的年金。在實際經濟生活中，優先股股利、存本取息基金等被視為永續年金。永續年金由於沒有終止時間，也就沒有終值。永續年金現值是普通年金現值的特殊形式，即 n 為無窮大時的年金現值。永續年金現值的計算公式為：

$$P = A\sum_{t=1}^{\infty}(1+i)^{-t} = A \cdot \frac{1}{i} = \frac{A}{i} \tag{2.22}$$

（4）遞延年金現值的計算。遞延年金是指最初若干期沒有收付款，而隨後若干期有等額的系列收付數額。m 期以後的 n 期的即付年金現值，可以用圖（2.2）表示：

遞延年金在延期的 m 期後的 n 年的年金與 n 年的年金相比，兩者收付款期數相同，但該遞延年金現值的 n 期年金現值，還需要再貼現 m 期。因此，為計算 m 期後的 n 期年金現值，要先計算出該項年金在 n 期期初（m 期期末）的現值，再將它作為 m 期的

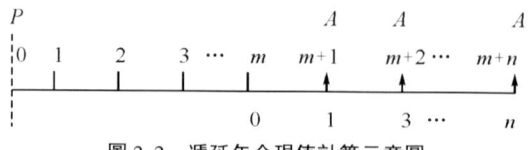

```
           P                        A     A        A
           |0  1   2   3  ···  m   m+1   m+2 ···  m+n
                                    |
                                    0    1    3  ···  n
```

圖 2.2 遞延年金現值計算示意圖

終值貼現至 m 期期初的現值，計算公式如下：

$$P_A = A(P/A, i, n) \times (P/F, i, m) \qquad (2.23)$$

此外，還可先求出 $m+n$ 期普通年金現值，減去沒有付款的前 m 期的普通年金現值，即為近期 m 期的 n 期普通年金現值，計算公式如下：

$$P_A = A(P/A, i, m+n) - A(P/A, i, m) \qquad (2.24)$$

〔例 2.7〕某投資項目 1996 年動工，由於施工期為 5 年，於 2001 年年初投產，從投產之日起每年得到收益 400,000 元，按年利率 10% 計算，則 10 年收益於 1996 年年初的現值為：

$$P_A = 40(P/A, 10\%, 10) \times (P/F, 10\%, 5)$$
$$= 40 \times 7.36 \times 0.747$$
$$= 219.917 \text{（萬元）}$$

或

$$P_A = 40 \times [(P/A, 10\%, 10+5) - (P/A, i, 5)]$$
$$= 40 \times [9.712 - 4.212]$$
$$= 220 \text{（萬元）}$$

(5) 資金時間價值計算公式之間的關係。以下通過圖 2.3 比較說明時間價值確定過程各計算公式的關係。

三、時間價值計算中的特殊問題

以上所述時間價值的基本原理，是對一般情況而言的。在現實經濟生活中，時間價值會呈現不同的形式。以下就時間價值計算中有關特殊問題加以說明。

1. 不等額系列收付款的現值、終值計算

不等額系列收付款是針對年金而言的，在現時生活中企業每年獲取的盈利、股東每年收到的股利等雖然在時間上與年金具有相同的一面，但其每期收付款的金額並不一定相等，也就是說，並不一定呈現為一種年金。

為了確定不等額系列收付款的現值，我們可以將每期收付款的現值求和而得到。計算公式如下：

$$P = U_1(1+i)^{-1} + U_2(1+i)^{-2} + \cdots\cdots + U_n(1+n)^{-n} = \sum_{t=1}^{n} Ut(1+i)^{-t} \qquad (2.25)$$

式中，U_n 為每年年末收付款金額，$U_1 \neq U_2 \neq U_3 \cdots\cdots \neq U_n$。

2. 年金與不等額系列付款混合情況下的現值

如果在一組不等額的系列付款中，有一部分現金流量為連續等額的付款，則可分段計算其年金現值，然後加總就是該組不等額系列的現值。

3. 短於一年的計息期

計息期就是每次計算利息的期限。在單利計算中通常按年計息，不足一年的可根據年利，以日數除以 365 天來計算。所以不需要單獨規定計息期。在複利計算中存在

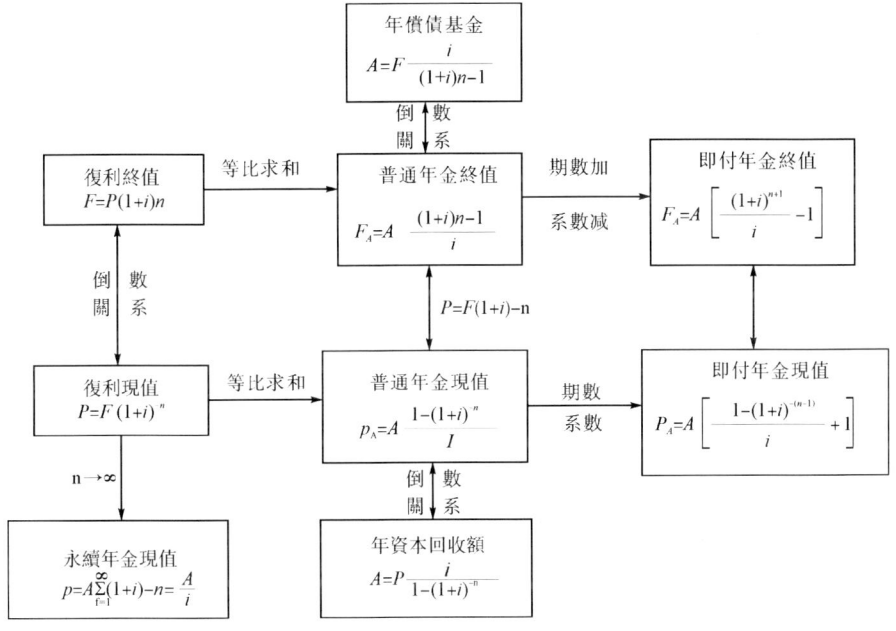

```
                        ┌─────────────────┐
                        │   年償債基金      │
                        │      A=F i       │
                        │   ─────────      │
                        │    (1+i)n-1      │
                        └─────────────────┘
                              倒↕數
                               關係
┌──────────┐         ┌─────────────────┐        ┌──────────────────────┐
│  復利終值  │ 等比求和 │   普通年金終值    │ 期數加  │   即付年金終值         │
│ F=P(1+i)n │────────│ F_A=A (1+i)n-1  │───────│ F_A=A[(1+i)^(n+1)/i -1]│
│          │         │      ─────      │ 系數減  │                      │
└──────────┘         │        i        │        └──────────────────────┘
    ↕倒                └─────────────────┘
    數
    關係                     P=F(1+i)-n
    ↕
┌──────────┐         ┌─────────────────┐        ┌──────────────────────┐
│  復利現值  │ 等比求和 │   普通年金現值    │ 期數   │   即付年金現值         │
│ P=F(1+i)ⁿ│────────│ p_A=A 1-(1+i)^n │ 系數   │ P_A=A[1-(1+i)^(-(n-1))/i +1]│
└──────────┘         │       ─────     │        └──────────────────────┘
                     │         I       │
     n→∞             └─────────────────┘
                          倒↕數
                           關係
┌──────────┐              ┌─────────────────┐
│永續年金現值│              │   年資本回收額   │
│p=A∑(1+i)-n=A/i│          │ A=P i/(1-(1+i)^-n)│
└──────────┘              └─────────────────┘
```

圖 2.3　時間價值計算關係圖

著按年計息、按季計息、按日計息等計息方式，不同計息方式下一年中複利的次數是不同的，如按季計息時每年有四個計息期。計息期越短一年中複利的次數就越多，利息額就會越高，在借貸協議中往往事先規定了計息期的長短。

按國際慣例，通常的利率在未加特殊說明的情況下，就是指年利率。當計息期短於一年時，則期利率和計息期數應加以換算，公式如下：

$$r = i \div m \tag{2.26}$$
$$t = m \times n \tag{2.27}$$

式中：r 表示期利率；m 表示一年複利期數；t 表示複利總期數。

經過換算後的期利率和計息期數，就可直接用於時間價值的計算。在這種情況下，規定的年利率小於分期計算的年利率，故上述期利率換算公式為近似計算公式。分期計算的年利率 k 按下列公式計算：

$$k = (1+r)^m - 1 = (1+i/m)^m - 1 \tag{2.28}$$

4. 貼現率和期數的確定

以上所述時間價值中，假定貼現率和期數都是確定的。在實際經濟生活中，有時僅知道計息期數、終值和現值，要求確定貼現率，如投資項目的內含報酬率的計算；有時僅知道貼現率、終值和現值，要求計算貼現期數。

根據前述有關終值和現值計算公式，可得下列各種系數：

$$(F/P, i, n) = F/P \quad (P/F, i, n) = P/F$$
$$(P_A/A, i, n) = P/A \quad (F_A/A, i, n) = F/A$$

第二節　風險價值

一、風險及其種類

1. 風險及風險價值的概念

風險是指實際狀況偏離預期目標的可能性，或者說實際結果將不如預期結果而遭受損失的可能性。風險價值是指投資者冒風險投資而獲得的超過時間價值的額外報酬，又稱投資風險收益、投資風險報酬。

風險價值有兩種表示方法：風險收益額和風險收益率。投資者冒風險投資獲得的超過時間價值的額外收益，稱為風險收益額；風險收益額與投資額的比率，稱為風險收益率。風險價值通常指風險收益率。

風險是客觀的，是不以人的意志為轉移的。風險大小與收益成正比：風險越大收益越高，風險越小收益越低，無風險亦無風險收益。投資者是否冒風險，該冒多大風險，是可以選擇的，是由其主觀決定的。

2. 風險性與確定性、不確定性的關係

確定性或無風險是指人們在進行某向活動時事先肯定只有一種結果，並且這種結果的可能性是肯定的，出現的概率為100%。與風險聯繫的另一個概念是不確定性，即人們事先知道所有可能結果，但不知道出現的可能性是多少或兩者都不知道，而且只能對兩種情況做粗略的估計。

在財務管理中，為了將財務分析建立在科學的基礎上，對不確定性的決策不得不依靠決策者的知覺判斷設想幾種可能性，並給出主觀概率，使不確定性的決策轉化為風險決策。風險確定性與不確定性的關係如表 2.1 所示。

表 2.1　　　　　　　　　　風險確定性與不確定性的關係

投資決策關係	決策結果	概率
確定性投資決策	唯一結果	概率已知：100%
風險性投資決策	多種結果	概率已知
不確定性投資決策	多種結果或結果未知	概率未知

意外損失和突發性災害不屬於風險範疇。意外損失和突發性災害是由不確定的情況所致，即人們對全部情況都不知情，可能是由於不懂，也可能是由於信息不通。突發事件所造成的損失，通常是不易控制、不易管理的，因而難以避免。既然是生產經營中不可避免的損失，意外損失就可以視為必要損失或不正常支出。所以意外損失在理論上就屬於成本支出。巨額的意外損失則屬保險範疇。風險投資和風險管理所造成的損失則是由決策失誤、技術管理等問題所致，理論上屬於企業盈餘支出。所以，風險理論是關於意料之內事件運行及其操作的理論，即關於各種已知事件及其不肯定結果的運作原理。保險則是關於意外事件的運作原理，一般企業的保險事件則是保險公司的風險。

3. 風險的種類

從個別投資主體的角度看，風險分為市場風險和公司特別風險兩類。

(1) 市場風險，也稱作系統性風險、不可分散風險，是指那些對所有的公司產生影響的因素引起的風險，如戰爭、經濟衰退、通貨膨脹、高利率等。這類風險涉及所有的投資對象，不能通過多元化投資來分散，因此又稱不可分散風險或系統性風險。

(2) 公司特別風險。公司特別風險（也稱作非系統風險、可分散風險），是指特有事件造成的風險，如罷工、新產品開發失敗、沒有爭取到重要合同、訴訟失敗等。這類事件是隨機發生的，因而可以通過多角度投資來分散。所以這類風險可稱為可分散風險或非系統性風險。

4. 對風險的態度

人們對待風險的態度是有差別的。從理論上講，人們對待風險可能採取三種態度：喜歡風險、厭惡風險、對風險既不喜歡也不厭惡。假定在風險較高和風險較低，但預期收益相同的項目間進行選擇，風險喜歡者總會選擇風險高的項目，而風險厭惡者總會選擇風險低的項目。實踐證明，一般的投資者都在迴避風險，他們不願意進行只有一半成功機會的賭博。尤其是作為不分享利潤的經營管理者，在冒險成功時報酬大多歸於股東，冒險失敗時他們的聲望下降，職業的前景受到威脅。因此，西方財務理論認為，風險厭惡假設是財務管理中運用許多決策模型的基礎。在風險厭惡的假設下，人們選擇高風險項目的基本條件是：它必須有足夠高的預期投資報酬率。也就是在風險相同時，人們總會選擇預期投資報酬率高的方案；在預期投資報酬率相同時，人們總會選擇風險較低的方案；對於風險高而預期報酬率也高的項目的選擇，要看報酬是否高得值得去冒險，以及投資人對風險的態度。

二、風險的衡量

對風險的衡量需要借助於概率與統計方法。

1. 確定概率分佈

在經濟活動中，某一事件在相同的條件下可能發生也可能不發生，這類事件稱為隨機事件。概率就是用來表示隨機事件發生可能性大小的數值，記為 P_i。隨機事件的概率是客觀存在的，具有以下特點：

(1) 任何時間的概率不大於1，不小於零，即 $0 \leqslant P_i \leqslant 1$；

(2) 所有可能結果之和等於1，即 $\sum_{i=1}^{n} P_i = 1$；

(3) 必然事件的概率為1，不可能事件的概率為0。

把事件所有可能的結果都列示出來，且每一結果都給一種概率，就構成了概率分佈。

［例2.8］某公司有兩個投資機會，A項目是一種高新科技產品項目，B項目是一種老產品並且是必需品項目。假設未來的經濟情況只有三種：繁榮、一般、衰退。有關的概率分佈和預期報酬率見表2.2。

表2.2　　　　　　　　　　　　公司未來經濟情況表

經濟情況 (i)	經濟情況發生概率 (P_i)	A項目預期報酬率 (K_{Ai})	B項目預期報酬率 (K_{Bi})
繁榮	0.3	90%	20%
一般	0.4	15%	15%
衰退	0.3	-60%	10%
合計	1.0		

2. 計算期望值

隨機變量的各個取值，以相應的概率為權數的加權平均數，叫作隨機變量的期望值（預期值或均值），它反應隨機變量取值的平均數。投資報酬率的期望值：

$$\bar{K} = \sum_{i=1}^{n} P_i K_i \tag{2.29}$$

式中：$\bar{K}$為期望報酬率；P_i表示第i結果出現的概率；K_i表示第i種結果出現後的報酬率；n表示所有可能結果的數目。

上例中：A項目期望報酬率K_A = 0.3×90%+0.4×15%+0.3×(-60%) = 15%，B項目期望報酬率K_B = 0.3×20%+0.4×15%+0.3×10% = 15%。

以上兩個投資項目的期望值都是15%。但應注意的是，雖然兩個項目的期望報酬率相同，但它們的概率分佈是不同，見圖2.4。相比之下，B項目在不同經濟情況下的報酬率的概率分佈相對穩定集中，變動幅度在10%~20%；而A項目概率分佈卻比較分散，變動範圍在60%~90%。這表明B項目的投資風險相對較小，A項目投資風險較大。

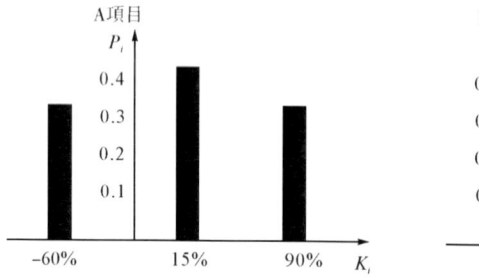

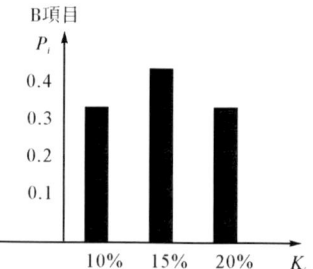

圖2.4　A、B項目報酬率的概率分佈比較

3. 計算標準離差（標準差）

概率分佈的集中與分散程度在概率與統計學中常用方差和標準離差來衡量。方差（δ^2）就是一組變量與其平均值（期望值）偏差平方和的平均數，是測定變量離散程度常用的一種統計量；標準離差是方差的平方根。報酬率的概率分佈越集中，方差和標準離差就越小，風險就越小；反之，風險就越大。方差和標準離差計算公式如下：

$$\delta^2 = \sum_{i=1}^{n} (\bar{K} - K_i)^2 \cdot P_i \tag{2.30}$$

$$\delta = \sqrt{\sum_{i=1}^{n} (\bar{K} - k_i)^2 \cdot P_i} \tag{2.31}$$

式中：δ^2為方差；δ為標準離差。

上例中 A 項目的標準差是 62.75%，B 項目的標準差是 4.183,3%；由計算可知，A 項目的風險大於 B 項目。計算過程見表 2.3、表 2.4。

表 2.3　　　　　　　　　A 項目的標準離差計算表

$(k_i - k)$	$(k_i - k)^2$	$(k_i - k)^2 P_i$
90%−15%	0.562,5	0.562,5×0.3=0.168,75
15%−15%	0	0×0.4=0
−60%−15%	0.562,5	0.562,5×0.4=0.225
方差 (δ^2)		0.393,75
標準差 (δ)		62.75%

表 2.4　　　　　　　　　B 項目的標準離差計算表

$(k_i - k)$	$(k_i - k)^2$	$(k_i - k)^2 P_i$
20%−15%	0.002,5	0.002,5×0.3=0.000,75
15%−15%	0	0×0.4=0
10%−15%	0.002,5	0.002,5×0.4=0.001
方差 (δ^2)		0.001,75
標準差 (δ)		4.183,3（%）

4. 置信概率和置信區間

根據概率與統計原理可知，在概率為正態分佈的情況下，隨機變量出現在期望值±1 個標準差範圍內的概率為 68.2%；出現在期望值±2 個標準差的範圍內的概率為 95.44%；出現期望值±3 個標準差範圍內的概率為 99.72%，如表 2.5 所示。我們把期望值±X 個標準差稱為置信區間，把相應的概率稱為置信概率。在已知置信區間概率時利用分佈表便可以查出相應的置信區間；反之亦然。

表 2.5　　　　　　　　　置信概率與置信區間表

置信概率	A 項目的置信區間	B 項目的置信區間
99.72%	15%±3×58.09%	15%±3×3.87%
95.44%	15%±2×58.09%	15%±2×3.87%
68.26%	15%±1×58.09%	15%±1×3.87%

由表 2.5 可以看出，A 項目的實際報酬有 68.26% 的可能性是在 15%±62.75% 的範圍內，風險較大；B 項目的實際報酬率有 68.26% 的可能性在 15%±4.18% 範圍內，風險較小。這說明兩個項目的平均報酬相同，但風險大小不同，A 項目可能取得較高的報酬，虧損的可能性也大；B 項目取得較高報酬的可能性小，虧損的可能性也小。

置信區間與置信概率的圖示如圖 2.5 所示。

5. 計算標準離差率

標準離差是反應隨機變量離散程度的一個指標，它作為絕對數，只能用來比較期望值相同的各項目的風險程度，而多個項目在期望投資報酬率不同時，標準離差也不同，此時，必須借助於作為相對數的標準離差率，用以衡量期望值不同的各項目的風險程度。

標準離差率（V）是標準離差（δ）與期望報酬率（$\bar{k}$）之比，計算公式如下：

圖 2.5　置信區間與置信概率

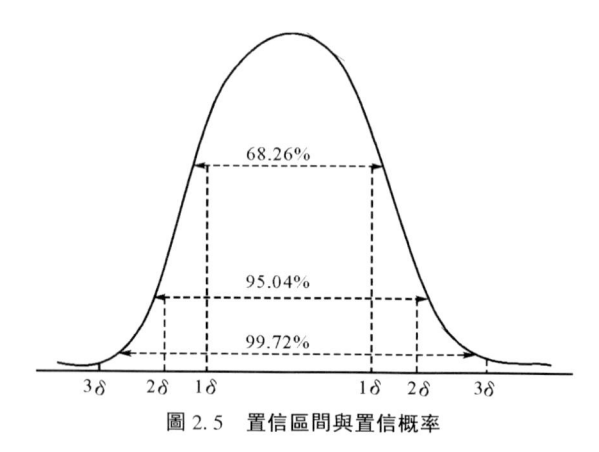

$$V = \delta \div \bar{k} \times 100\% \tag{2.32}$$

A 項目的標準離差率為 418.33%（62.75%÷15%）；B 項目的標準離差率為 27.87%（4.18%÷15%）。A 項目的標準離差率大於 B 項目的標準離差率，由此可知，A 項目的風險明顯高於 B 項目。

三、風險價值的確定

1. 風險價值的概念

風險價值，也稱為風險報酬，是投資者由於冒風險進行投資而獲得的超過資金時間價值的額外收益。它有兩種表達形式，即風險報酬額和風險報酬率。財務管理中，一般使用風險報酬率。在不考慮物價變動情況下，投資報酬率（即投資報酬額與投資額之比）包括兩部分：一部分是資金時間價值，它是不經受投資風險而得到的價值，即無風險報酬率；另一部分是風險報酬，即風險報酬率。三者的關係可表示為：

$$K = R_F + R_R \tag{2.33}$$

式中：K 表示投資報酬率；R_F 表示無風險報酬率；R_R 表示風險報酬率。

2. 風險報酬的計算

（1）應得風險報酬額和報酬率。應得風險報酬額和報酬率，是指投資者在進行投資過程中所要求的與所承擔風險相對應的風險報酬，它的取值既與投資項目的風險大小有關，也與投資人對待風險的態度有關。如果投資項目的風險報酬不能達到投資者所要求的應得風險報酬，投資者就不會投資或將資金投向其他項目。前述投資報酬率的標準離差率，表示投資者所承擔風險的大小，反應了投資者所冒風險的程度，但還不是報酬率，必須轉化為報酬率的形式才能進行比較。一般來說，投資者可承擔的風險越大（即標準離差率 V 越大），應得到的風險報酬率 R_R 也就越高。風險報酬應與反應風險程度的標準離差率成正比例關係。將報酬率的標準離差率轉化為投資風險報酬率，還需引進反應投資者對待風險態度的一個參數，即風險報酬系數（b）。應得風險報酬率與風險報酬系數、風險之間的關係可表示為：

$$R_R = bV;\quad K = R_F + bV$$

其關係如圖 2.6 所示。

正是因為無風險報酬率和風險報酬率的共同作用，投資者才會獲得一定的收益。

图 2.6 风险报酬构成

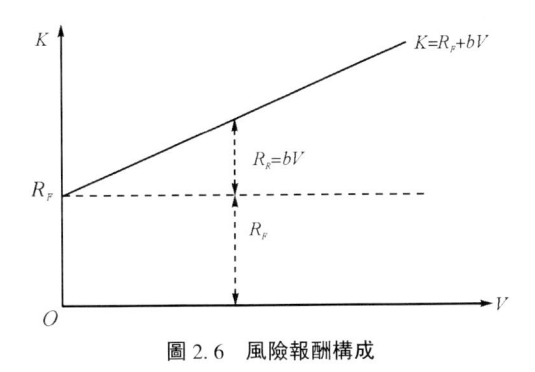

所以，应得风险报酬额应按其在投资报酬率中的比例大小在期望投资报酬中予以分配。应得风险报酬额可表示为：

$$P_R = \bar{E} \times \frac{R_R}{R_R + R_F} \tag{2.34}$$

$$\bar{E} = T \cdot \bar{K} = \sum_{i=1}^{n} T \cdot K_i \cdot P_i \tag{2.35}$$

式中：T 为项目投资额；$\bar{K}$ 为项目期望投资率；$\bar{E}$ 表示期值收益额，它是 T 与 $\bar{K}$ 之积；P_R 表示投资赢得的风险投资额。

（2）预测风险报酬额和报酬率的计算。应得风险报酬率是在现有风险程度下要求的风险报酬率，为了对投资项目的可行性进行评价，可以将预测风险报酬率同应得风险报酬率进行比较，判断预测风险收益率是否大于应得风险收益率。对于投资者来说，预测的风险收益率越高越好。应得风险报酬率和应得风险报酬额的计算公式为：

$$R_R' = \bar{K} - R_F \tag{2.36}$$

$$P_R' = \bar{E} \times \frac{R_R'}{R_R' + R_F} \tag{2.37}$$

式中：R_R' 表示预测风险报酬率；P_R' 表示预测风险报酬额。

（3）投资项目评价。投资者在确定预测风险报酬率、风险报酬额后，可以与应得风险收益率（报酬额）进行比较，对投资方案进行评价，确定方案可行或不可行。投资者对投资方案评价时应对其风险与报酬进行权衡。

（4）风险报酬系数（b）。从应得风险报酬率（R_R）与应得风险报酬额（P_R）确定过程中，我们可以看出风险报酬系数（b）所具有的作用，合理确定风险报酬系数对项目评价起着关键的作用。风险报酬系数反应了投资者的风险迴避态度。如果投资者愿意冒险，风险报酬系数可取较小值；如果投资者不愿冒险，风险报酬系数就应取较大值。

风险报酬系数的大小，可根据投资者的经验以及其他因素加以确定。主要有以下几种方法：

①根据以往同类项目的有关数据确定。例如，企业进行某项投资，其同类项目的投资报酬率为 10%，无风险收益率为 6%，报酬标准利差为 50%。根据公式 $K = R_F + bV$，可表示为：$B = (K - R_F)/V = (10\% - 6\%)/50\% = 8\%$。

②由企业领导或有关专家确定。如果现在进行的投资项目缺乏同类项目的历史资

料，則可根據主觀的經驗加以確定。具體可由企業組織有關專家（總經理、財務副總經理、財務主管等）研究確定。此時，風險報酬系數的確定在很大程度上取決於企業對風險的態度。

③由國家有關部門組織專家確定。國家財政、銀行、證券等政府部門可組織有關專家，根據各行各業的條件和有關因素，確定各行業的風險報酬系數，並定期向社會公布。投資者根據國家公布的風險報酬系數，並結合其對風險的態度確定合適的風險系數。

3. 風險管理

（1）風險管理的目的。風險可能使企業獲得利益，也可能使企業遭受損失。風險管理就是預先確定一系列的政策、措施，使那些可能導致利潤減少的風險降到最低程度，從而保證企業經營活動按預定的目標進行。由於風險的大小與風險的價值是成正比例的，因此，風險管理的目的不在於一味追求降低風險，而在於在收益和風下之間做出恰當的選擇。

（2）風險管理的程序。①確定風險，即確定風險性能和風險類型，並確定風險發生的可能性。②設立目標，即對可能的風險進行分析研究，分析其對企業財務活動的影響程度和影響範圍，在此基礎上設立風險管理的目標。③制定策略。為了保證風險管理的目標得以實現，企業應針對風險的性質、種類及其對企業財務活動的影響，制定相應的風險管理策略，避免可能出現的各種損失。④實施評價，即將制定的風險管理策略付諸實踐，在實施中，企業應對照風險管理目標，定期或經常進行檢查，並對風險管理工作的績效進行評價和考核。

（3）風險管理的策略。①迴避風險策略。這是一種保守的風險管理策略。那些厭惡風險的決策者，常常把那些可能發生風險的被選方案拒之於外。這種策略儘管較為穩健、簡便易行，但並不被經常採用，因為風險總是和收益聯繫在一起的，沒有風險也就沒有豐厚的收益。一個成功的經營者往往很少採用這種策略。②減少風險策略，即在風險管理中，採取相應的措施，減少因發生風險可能給企業帶來的損失，也稱為控制風險策略。這種策略在實踐中經常被採用。③接受風險策略。這種策略是指對可能發生的風險，提前做好準備，以應付風險帶來的損失，如實踐中的提取壞帳準備、資產減值準備等就是這種策略的具體運用。④轉移風險策略。這種策略是指對某些可能發生風險損失的財產或項目，用轉讓的方式轉出企業，並交換回較為保險的財產或項目。例如，用轉手承包的形式把有風險的項目轉包給他人；以參加保險的形式，通過支付保險費，把風險轉移給保險公司；把風險大的股票拋出購回風險小的股票；等等。

第三節 利息率

時間價值和風險報酬，都是以利息率的形式表現出來的。這裡所說的利息率是指廣義利息率。馬克思曾指出，利息不外乎是一部分利潤的特別名稱、特別項目，執行職能的資本家不能把這部分利潤裝進自己的腰包，而必須把它支付給資本的所有者。在任何方式下，利息都是勞動者創造的剩餘產品價值的一部分，即利潤的一部分。利息率是進行財務決策的基本依據，無論進行籌資決策還是進行投資決策都不能離開利息率因素，否則就不可能達到預期的理財目標。

一、利息率的概念與種類

1. 利息率的概念

利息率簡稱利率，是資金的增值額同投入資金價值之比率，是衡量資金增值程度的指標。從資金的借貸關係來看，利率是特定時期運用資金這一資源的交易價格。資金作為一種特殊商品，在資金市場上的買賣，以利率作為價格標準，資金的融通實質上是資源通過利率這個價格在市場機制作用下進行再分配。因此，利率在資金分配及企業財務決策中起著重要作用。

2. 利息率的種類

利率可按照不同標準劃分，主要有以下幾類：

（1）按利率之間的換算關係，分為基準利率和套算利率。基準利率（又稱基本利率）是指在多種利率並存的條件下起決定作用的利率。基本利率變動，其他利率也相應變動。基準利率在西方通常是中央銀行的再貼現率，在中國是中國人民銀行對商業銀行貸款的利率。套算利率是指基準利率確定後，各金融機構根據基準利率和借貸款項的特點而換算出的利率。例如，某金融機構規定，AAA 級、AA 級、A 級企業的貸款利率，應分別在基準利率基礎上加 1%、1.5% 和 2%，若基準利率是 6%，則 AAA 級、AA 級和 A 級企業貸款利率則分別是 7%、7.5% 和 8%。

（2）按投資者取得的報酬情況，可分為實際利率和名義利率。實際利率是指在無通貨膨脹情況下的利率，或是指在物價有變化時扣除通貨膨脹補償後的利息率。名義利率是指包含對通貨膨脹貼水在內的利率。物價上漲是一種普遍的現象，所以，名義利率一般都高於實際利率。兩者之間的關係可用公式表示如下：

$$K = K_o + IP \qquad (2.38)$$

式中：K 為名義利率；K_o 為實際利率；IP 為預計通貨膨脹率。

（3）根據利率是否隨市場資金供求關係而變化，可分為固定利率與浮動利率。固定利率是指在借貸期內固定不變的利息率。這種利率對借貸雙方確定成本和收益十分方便，但在通貨膨脹時期，實行固定利率會使債權人利益受到損害，因此西方國家逐步放棄固定利率政策。浮動利率是指在借貸期內可以根據貸款人信用等級、貸款風險等因素調整的利率，根據借貸雙方的協定，由一方在規定的時間依據某種市場利率進行調整。採用浮動利率可使債權人減少損失，但計算手續繁雜，工作量比較大。

（4）根據利率變動與市場的關係，可分為市場利率和法定利率。市場利率是指根據資金市場上的供求關係，隨市場規律而自由變動的利率。法定利率是指由政府金融管理部門或者中央銀行確定的利率，又稱官定利率、管理利率。法定利率是國家進行宏觀調控的一種手段。中國的利率屬於法定利率，由國務院統一制定，中國人民銀行統一管理。

二、影響利息率水平的基本因素

與實物商品價格一樣，資金這種特殊商品的價格——利率，也是由資金的供給與需求來決定的。從資金供給角度來看，總是希望較高的利息率，利息率水平與資金供給量成正比，即利息率水平越高資金供給量越大，利息率水平越低資金供給量越小；從資金需求角度來看，總是希望較低的利息率，利息率水平與資金需求量成反比，即利息率水平越高資金需求量越小，利息率水平越低資金需求量越大。

資金供應和需求是影響利息率的兩個基本因素。除此以外，經濟週期、通貨膨脹、國家貨幣政策和財政政策、國際經濟政治關係、國家利率管制程度等對利率的變動均有不同程度的影響。這些因素有些也是通過影響資金的供應和需求而影響利息率的。政府在宏觀金融調控中，常用利率槓桿來調節中央銀行及商業銀行資金供給與市場資金需求的平衡。因此，在財務管理中必須重視資金的供應和需求關係對利率的影響。

三、利率水平的構成要素

金融市場上利息率水平的決定因素，只是從理論上解釋利率會發生變動。分析利率的構成有助測算在未來特定條件下的利率水平。利率通常由純利率、通貨膨脹補償（或稱通貨膨脹貼水）和風險報酬三部分構成。其中風險報酬又分為違約風險報酬、流動性風險報酬和期限風險報酬三種。利率的一般計算公式可表示如下：

$$K = K_o + IP + DP + LP + MP \tag{2.39}$$

式中，K 為利率（指名義利率）；K_o 為純利率；IP 為通貨膨脹補償；DP 為違約風險報酬；LP 為流動性風險報酬；MP 為期限風險報酬。

（1）純利率。純利率是指沒有風險和沒有通貨膨脹情況下的平均利率。例如，在無通貨膨脹時，國庫券的利率可以看作純利率。純利率的高低受資金供應和需求關係影響。因利息作為利潤的一部分，所以利息率依存於利潤率，並受利潤率的制約。一般來講，利息率隨利潤率的提高而提高，利息率最高不能超過平均利潤率，否則，企業無利可圖，不會借入資金；利息率的最低限度應大於零，不能等於或小於零，否則提供資金的人不會提供資金。利息率占平均利潤率的比重取決於金融業與工商業的競爭結果。精確地測定純利率是非常困難的，在實際工作中，通常以無通貨膨脹情況下的無風險證券利率來代表純利率。

（2）通貨膨脹補償。持續的通貨膨脹，會降低貨幣的實際購買力，對投資項目的投資報酬率也會產生影響。資金的供應者在通貨膨脹的情況下，必然要求提高利率水平以補償其購買力損失。所以，即使是無風險證券的利率，除純利率之外還應加上通貨膨脹因素。例如，政府發行的短期無風險證券的利率就是由這兩部分組成的，即短期無風險證券利率 K_F = 純利率 K_o + 通貨膨脹補償 IP。假設純利率為 3%，預計下一年度的通貨膨脹率是 7%，則一年期無風險證券的利率應為 10%。

計入利率的通貨膨脹率，並不是過去實際達到的通貨膨脹水平，而是對未來通貨膨脹的預期值，這是未來時期的平均數。其計算方法有算術平均法和幾何平均法兩種。

①算術平均法，即用各年通貨膨脹率之和與年數的比率來計算平均通貨膨脹率。計算公式為：

$$IP = (x_1 + x_2 + x_3 + \dots + x_n)/n \tag{2.40}$$

式中：x_i 為第 i 年的通貨膨脹率；n 為年數；IP 為平均通貨膨脹率。

②幾何平均法，即利用統計學中的幾何平均原理來計算平均通貨膨脹率。計算公式為：

$$IP = [(1+x_1) \cdot (1+x_2) \cdot (1+x_3) \cdots (1+x_n)]^{1/n} - 1 \tag{2.41}$$

利息率的變化與通貨膨脹率的變化並不是完全同步的，一般而言，利息率變化滯後於通貨膨脹率變化。另外，無風險利率的計算也不一定完全像上述計算公式中那樣精確。但是，隨著通貨膨脹率的提高，利率有上升的趨勢，這一點是毫無疑義的。

（3）違約風險報酬。違約風險是指借款人無法按時支付利息或償還本金而給投資人帶來的風險。違約風險反應著借款人按期支付本金、利息的信用程度。借款人如經常不能按期支付本利，說明這個借款人的違約風險高。為了彌補違約風險，必須提高利息率，否則，投資人不會進行投資。國庫券等證券由政府發行，可以看作沒有違約風險，其利率在到期日和流動性等因素相同的情況下，各信用等級債券的利率水平同國庫券利率之間的差額，便是違約風險報酬率。

（4）流動性風險報酬。流動性是指某項資產能夠迅速轉化為現金的可能性。一項資產能迅速轉化為現金，說明其變現能力強，流動性好；反之，則說明其變現能力弱，流動性不好，流動性風險大。政府債券、大公司的股票與債券，由於信用好，變現能力強，所以流動性風險小；而一些不知名的中小企業發行的證券，流動性風險則較大。一般而言，在其他因素相同的情況下，流動性風險小的證券與流動性風險大的證券相比，利率高1%~2%，這就是所謂的流動性風險報酬。

（5）期限風險報酬。期限風險報酬，是指因到期時間長短不同而形成的利率差別。一項負債，到期日越長，債權人承受的不肯定因素就越多，承擔的風險也越大。期限風險報酬正是為了彌補這種風險而增加的利率水平。由此可見，長期利率一般高於短期利率，高出的利率便是期限性風險報酬。當然，在利率劇烈波動的情況下，也會出現短期利率高於長期利率的情況，但這只是一種偶然的情況。

課後思考與練習

1. 貨幣的時間價值如何影響投資？
2. 為何風險也被稱之為機會？區分風險的種類對公司的投資有什麼意義？
3. 利率的變化對公司的投資有什麼影響？
4. 如果要在10年後還清200,000元債務，從現在起，每年年末等額存入銀行一筆款項。假設銀行存款利率為4%，每年需要存入多少元錢？
5. 某企業打算購買一處建築用房，財務部門提出兩種付款方案：
（1）從現在起，每年年初支付10萬元，連續支付10次，共100萬元；
（2）從第6年開始，每年年初支付15萬元，連續支付10次，共150萬元。
假設企業的資金成本率（即最低報酬率）為10%，該公司應選擇哪個方案？
6. 某人以8%的利率借款500萬元，投資於某個壽命為12年的項目，每年至少要收回多少現金才是有利的？
7. 有二種投資組合，相關資料如表2.6所示。

表2.6　　　　　　　　　　三種投資組合

項目	A	B	C
報酬率	10%	18%	22%
標準差	12%	20%	24%
投資比例	0.5	0.3	0.2

A和B的相關係數是0.2；B和C的相關係數是0.4；A和C的相關係數是0.6。
要求：計算投資於A、B和C的組合報酬率以及組合風險。
8. A公司向銀行借款，有兩種計息方式：①年利率8%，按月計息；②年利率8.5%，按半年計息。請問：A公司應選擇哪種計息方式？它的實際利率是多少？

第三章　資本成本與資本結構

學習目標

要求學生通過本章學習，認識資本成本的意義，熟悉資本成本估算的基本方法，理解經營槓桿、財務槓桿及複合槓桿的含義及度量，掌握資本結構理論的基本框架，以及企業目標資本結構確定的基本思路、方法及考慮因素。

本章內容

資本成本：資本成本的概念及性質，資本成本的計算；**財務管理槓桿效應**：槓桿效應原理，經營槓桿與經營風險，財務槓桿與財務風險，複合槓桿與複合風險；**資本結構**：資本結構的意義，資本結構與資本成本的關係，資本結構決策方法。

第一節　資本成本

一、資本成本的性質與構成

(一) 資本成本的概念及性質

1. 資本成本的概念

資本成本是一種機會成本，指公司可以從現有資產獲得的，符合投資人期望的最小收益率。在市場經濟條件下，企業籌集資本的渠道，主要是所有者投資和向債權人舉債，通過前者籌集的資本稱為自有資本，通過後者籌集的資本稱為借入資本。投資人將資金用於投資是為了取得一定的投資報酬，債權人將資金貸出是為了獲得利息收入。由此可見，作為資金的使用者，其所籌集的資金不論是來自投資者，還是來自債權人，都必須為此付出一定的代價，這裡的"代價"就是資本成本。因此，資本成本可定義為：企業因籌集或使用資金而支付的各種費用的總和，包括資本籌集費用和資本使用費用兩部分。

在企業財務管理中，資本成本的作用十分重要。從企業籌資的角度看，資本成本是籌資決策的主要依據，企業一般盡可能地選擇資本成本最低的籌資方式。從企業投資的角度看，資本成本是決定投資項目取捨的重要標準，一個投資項目，其投資收益率必須高於資本成本，才具有經濟可行性，因此，企業一般將資本成本視作投資項目的最低收益率。從企業經營角度看，資本成本可以作為評價企業整個經營業績的基準，利潤率大於資本成本，經營有利，反之業績不佳。

2. 資本成本的屬性

(1) 資本成本是商品經濟條件下資本所有權和使用權分離的必然結果。資本是一種特殊商品，其特殊性表現在它與其他經營要素結合後能使自身價值增值。商品經濟的發展和借貸關係的普遍存在，使資本的所有權與使用權產生分離。資本使用者使用資本，必須付出一定的代價。資本使用者無論是直接取得資本還是通過資本市場間接取得資本，都必須支付給所有者和仲介人一定的報酬，這些報酬是資本在週轉使用中發生的價值增值的一部分。因此，資本成本實質是勞動者的剩餘勞動所創造的價值的一部分，體現了資本使用者和資本所有者之間的利益分配關係。

（2）資本成本具有一般商品成本的基本屬性，但又有不同於一般商品成本的某些特性。一般商品的生產成本需要從其收入中予以補償。資本成本作為企業因使用資本而發生的支出，需要由企業的收益補償，通常並不直接表現為生產成本。

（3）資本成本與資金時間價值是不同的概念。資本成本不僅包含了資金時間價值，還包含了投資的風險價值、通貨膨脹貼水和取得成本等。資本成本是資金時間價值和風險價值的統一，資金時間價值是資本成本的基礎。

(二) 資本成本的構成要素

資本成本由籌資費用和用資費用兩部分構成。

1. 籌資費用

籌資費用是指企業在籌集資本活動中為獲得資本而支付的各項費用，主要包括銀行借款手續費，發行股票和債券支付的各項代理費（如印刷費、廣告費、擔保費、註冊費、資產評估費、公證費等）。籌資費用通常是在籌資時一次性支付的，在獲得資本後的用資過程中不再發生，而且支付數額通常與資本使用期限無直接聯繫，因而屬於固定性資本成本，可視為籌資額的一項扣除。

2. 用資費用

用資費用是指企業使用資本而承擔的費用，即在生產經營、投資過程中因使用資本而支付給資本所有者的報酬，主要包括支付給股東的股利、向債權人支付的利息等。用資費用是經常性的，並隨使用資本數量的多少和期限的長短而變動，因而屬於變動性資本成本。

(三) 資本成本的表示方法

資本成本的表示，可用絕對數表示，也可用相對數表示。

1. 絕對數表示的資本成本

絕對數表示的資本成本有年資本成本和資本成本總額。年資本成本是企業為使用資本每年支付的費用數額，如每年支付的債券利息、每年分給股東的股利等。年資本成本中一般只包括用資費用，不包括籌資費用。資本成本總額是企業為籌集和使用資本需支付的費用總額，包括支付的籌資費用和各期支付的用資費用總額。如考慮資金的時間價值，則某項籌資的資本成本總額應為該項籌資所發生的全部籌資費用和用資費用按一定折現率計算的現值之和。

2. 相對數表示的資本成本

相對數表示的資本成本即資本成本率，它是資本成本額與籌集資本總額的比率。由於籌資費用數額一般較小，因而一般將其作為籌資額的減項處理。資本成本率計算公式如下：

$$資本成本 = \frac{年用資費用}{籌資總額 - 籌資費用}$$

籌資費用作為籌資總額的扣減項的原因：

（1）籌資費用在籌資前已作為一次性費用發生了耗費，不屬於資金使用期內預計持續付現項目。

（2）可被企業利用的資金是籌資淨額而非籌資總額，按配比原則，只有籌資淨額才能與使用費用配比。

（3）從出讓資金的投資者來看，資本成本即為投資報酬，投資報酬主要表現為在投資期間獲得的收益額，顯然，投資費用並非投資者的收益。

在企業財務管理中，資本成本通常用相對數來表示，這便於對不同籌資方式下的資金成本進行比較分析。以下所討論的資本成本也僅指資本成本率。

二、資本成本的計算

（一）資本成本的種類

資本成本按計量形式不同，分為個別資本成本、綜合資本成本、邊際資本成本等多種形式。在企業籌資決策中不同形式的資本成本分別用於不同的決策項目。

（1）個別資本成本，是指使用各種長期資金的成本，具體分為債券成本、長期借款成本、普通股成本、優先股成本、留存收益成本等。個別資本成本的高低，是企業評價籌資方式優劣、選擇資本來源的重要依據。

（2）綜合資本成本，是企業全部長期資金以一定的標準為權數計算的加權平均資本成本。綜合資本成本的高低，是企業比較籌資組合方案、確定最佳資本結構的重要依據。

（3）邊際資本成本，是資金每增加一個單位所增加的成本。邊際資本成本是企業需追加籌資時，比較籌資方案的重要依據。

（二）個別資本成本的計算

個別資本成本是指各種長期資本的成本，包括債務成本與權益成本。其中債務成本指長期借款成本與債券成本，權益成本包括優先股成本、留存收益成本和普通股成本。

1. 長期借款成本

（1）不考慮貨幣時間價值影響。長期借款成本的構成包括借款利息和借款籌資費用。借款利息在稅前支付，可以抵稅，因此在計算長期借款資本成本時，用資費用應為已抵稅後的借款利息。借款籌資費用主要是借款手續費，當費用很小時，也可以忽略不計。一次還本、分期付息的長期借款成本計算公式為：

$$K_i = \frac{I \times (1-T)}{L \times (1-f)} = \frac{i \times (1-T)}{1-F} \tag{3.1}$$

式中，K_i 為長期借款資本成本；i 為長期借款利率；L 為長期借款總額；I 為長期借款年利息；T 為所得稅稅率；f 為長期借款費用率；F 為長期借款費用。

［例3.1］某企業向銀行取得 800 萬元的長期借款，年利息率為 5%，期限 3 年，每年付息一次，到期一次還本。假定籌資費率為 0.2%，所得稅稅率為 25%，不考慮貨幣時間價值影響，則該筆長期借款的成本可計算如下：

$$K_i = \frac{800 \times 5\% \times (1-25\%)}{800 \times (1-0.2\%)} = 3.76\%$$

長期借款的籌資費用主要是借款手續費，一般數額相對很小，為了簡化計算，也可忽略不計。這樣，長期借款成本可按下列公式計算：

$$K_i = i \times (1 - T) = 5\% \times (1 - 25\%) = 3.75\%$$

上述計算長期借款資本成本的方法比較簡單，但缺點在於沒有考慮貨幣的時間價值。

（2）考慮貨幣時間價值影響。債務的成本是使下式成立的 K_d（內含報酬率）：

$$P_0 \times (1 - f) = \sum \frac{I_i \times (1 - T)}{(1 + K_d)^i} + \frac{P_n}{(1 + K_d)^n} \quad (3.2)$$

式中：P_0 為長期借款本金，即債務的現值；f 為籌資費用率；P_n 為到期償還的本金；I_i 第 i 年年末支付的利息；n 為借款期限，通常以年表示；K_d 為長期借款資本成本；T 為所得稅稅率。

［例 3.2］續例 3.1，考慮貨幣時間價值影響時，債務的成本是使下式成立的 K_d（內含報酬率）：

$$800 \times (1 - 0.2\%) = \frac{40 \times (1 - 25\%)}{(1 + K_d)} + \frac{40 \times 5\% \times (1 - 25\%)}{(1 + K_d)^2}$$
$$+ \frac{40 \times 5\% \times (1 - 25\%)}{(1 + K_d)^3} + \frac{800}{(1 + K_d)^3}$$

採用內插法計算 K_d 之值如下：

$$左邊 = 800 \times (1 - 0.2\%) = 798.4（萬元）$$

右邊當 $K_d = 4\%$ 時有：

$$\frac{40 \times (1 - 25\%)}{(1 + 4\%)} + \frac{40 \times (1 - 25\%)}{(1 + 4\%)^2} + \frac{40 \times (1 - 25\%)}{(1 + 4\%)^3} + \frac{800}{(1 + 4\%)^3} = 794.453 < 左邊$$

右邊當 $K_d = 3\%$ 時有：

$$\frac{40 \times (1 - 25\%)}{(1 + 3\%)} + \frac{40 \times (1 - 25\%)}{(1 + 3\%)^2} + \frac{40 \times (1 - 25\%)}{(1 + 3\%)^3} + \frac{800}{(1 + 3\%)^3} = 816.938 > 左邊$$

$$K_d = 3\% + \frac{(798.4 - 794.453)}{(798.4 - 794.453) + (816.938 - 798.4)} = 3.18\%$$

值得注意的是，在估計債務成本時，要正確區分債務的歷史成本和未來成本。作為投資決策和企業價值評估依據的資本成本，只能是未來借入新債務的成本。現有債務的歷史成本主要用於對過去業績的分析，對於未來的決策是不相關的沉沒成本。

2. 債券成本

（1）不考慮貨幣時間價值影響。發行債券的成本主要指債券利息和籌資費用。債券利息的處理與長期借款利息的處理相同，應以稅後的債務成本為計算依據。債券的籌資費用一般比較高，不可在計算成本時省略。按照一次還本、分期付息的方式，債券資本成本的計算公式為：

$$K_b = \frac{I \times (1 - T)}{B \times (1 - f_b)} \quad (3.3)$$

式中：K_b 為債券資本成本；I 為債券的年利息額；B 為債券的籌資總額，按實際發行價格確定；f_b 為債券籌資費用率；T 為所得稅稅率。

［例 3.3］假設某長期債券的總面值為 100 萬元，溢價發行，發行總價為 105 萬元，

期限為3年，票面利率為11%，每年年末付息一次，到期一次還本。手續費為發行總價的2%。所得稅稅率為30%。不考慮貨幣時間價值影響，則該債務的稅後成本為：

$$K_i = \frac{100 \times 11\% \times (1-30\%)}{100 \times (1-2\%)} = 7.86\%$$

（2）考慮貨幣時間價值影響。上述計算債券成本的方式，同樣沒有考慮貨幣的時間價值。如果將時間價值考慮在內，債券成本的計算與長期借款成本的計算一樣。

［例3.4］續例3.3，考慮貨幣時間價值影響時，債務的成本是使下式成立的R_b（內含報酬率）：

$$105 \times (1-2\%) = \frac{100 \times 11\% \times (1-30\%)}{(1+Rb)} + \frac{100 \times 11\% \times (1-30\%)}{(1+Rb)^2} + \frac{100 \times 11\% \times (1-30\%)}{(1+Rb)^3} + \frac{100}{(1+Rb)^3}$$

求得$K_d = 6.603\%$。

3. 優先股成本

優先股成本的構成包括優先股股利和優先股發行費用。優先股股利一般是固定支付的，其發行費用也較高。與債券不同的是，股利從稅後利潤中支付，不能抵稅，而且沒有固定到期日。優先股成本可以按以下公式計算：

$$K_P = \frac{D_P}{P_P(1-F_P)} \tag{3.4}$$

式中：K_p為優先股成本；D_p為優先股年股利；P_p為優先股籌資額（按發行價格確定）；F_p為優先股籌資費率。

［例3.5］某公司發行優先股10萬股，每股面值10元，固定年股利率為10%，按每股20元的價格發行，發行費率為6%。則優先股成本為：

$$K_p = \frac{100,000 \times 10元 \times 10\%}{100,000 \times 20元 \times (1-6\%)} = 5.32\%$$

由於優先股的股利是從稅後利潤中支付的，不能抵稅，故優先股成本一般要比長期借款成本和債券成本高。

4. 普通股成本

普通股成本的構成包括普通股股利和普通股發行費用。普通股與優先股一樣，股利也是從稅後利潤中支付，沒有固定的到期日，需支付很高的發行費用；所不同的是普通股的股利一般不是固定的，它隨企業的經營狀況而改變。計算普通股的方法很多，常用的方法有兩種：資本資產定價模式和現金流量法。

（1）資本資產定價模式。根據資本資產定價模式，普通股的資本成本被視為普通股股東對股票投資的期望收益率，用以下公式表示：

$$K_c = K_f + \beta(K_m - K_f) \tag{3.5}$$

式中：K_c為普通股成本；K_f為無風險收益率；β為股票的風險係數；K_m為市場股票平均收益率。

無風險報酬率一般採用國庫券利率，風險係數反應該股票的風險相對於股票市場平均風險的波動倍數。

［例3.6］某期間A公司普通股的β值為1.5，市場股票平均收益率為12%，國庫

券利率為8%。A公司的普通成本為：
$$K_c = 8\% + 1.5 \times (12\% - 8\%) = 14\%$$

（2）現金流量法。現金流量法是根據股票估價公式，將股票的資本成本視為使股票籌資的現金流入現值等於其現金流出現值的貼現率。計算公式如下：

$$P_c(1 - F_c) = \sum_{t=1}^{\infty} \frac{D_t}{(1 + K_c)^t} \tag{3.6}$$

式中：K_c為普通股成本；D_t為普通股年股利；P_c為普通股市價；F_c為普通股籌資費率；t為股利支付期。

假定下一年的股利為D_1，以後各期股利按某一比率g逐年穩定增長，則普通股成本可按下列公式計算：

$$K_c = \frac{D_1}{P_c(1 - F_c)} + g \tag{3.7}$$

［例3.7］某企業新發行普通股，每股市場價格為10元，發行費率為股票市價的6%，預計第一年股利為0.8元，未來各年股利將按5%的比率增長。該企業新發行普通股的成本為：

$$K_c = \frac{0.8 \text{元}}{10 \text{元} \times (1 - 6\%)} + 5\% = 13.51\%$$

假定股利長期穩定，每期股利為D_c，則普通股成本可按下列公式計算

$$K_c = \frac{D_c}{P_c(1 - F_c)} \tag{3.8}$$

［例3.8］仍按例3.7的資料，若每年股利固定為1元，長期保持不變，該企業新發行普通股的成本為：

$$K_c = \frac{1 \text{元}}{10 \text{元} \times (1 - 6\%)} = 10.64\%$$

由於普通股沒有固定的到期日，股利一般也不固定，對投資者而言，投資於普通股比投資於其他方面所承擔的風險更大，因而要求的投資報酬也更高。所以，在各種籌資形式中，普通股的資本成本是最高的。

5. 留存收益成本

留存收益是企業未把稅後利潤全部分派給股東，而將其中的一部分留存於企業形成的，它屬於普通股股東所有。從表面上看，企業留用利潤並未發生成本支出，但實質上股東未將利潤作股利支取而留存於企業是股東對企業的追加投資，股東對這部分追加投資與原先繳納股本一樣，也是要求有相應報酬的。所以，留存收益籌資也有成本。

留存收益成本的計算方法與普通股成本的計算方法基本相同，但不用考慮籌資費用。股利按一定比率長期穩定增長的企業，其留存收益成本按下式計算：

$$K_s = \frac{D_1}{P_c} + g \tag{3.9}$$

式中：K_s為留存收益成本；D_1為普通股預計下一年股利；P_c為普通股市價；g為股利年固定增長率。

股利保持長期穩定不變的企業，其留存收益成本按下式計算：

$$K_s = \frac{D_c}{P_c} \tag{3.10}$$

式中：D_c 為普通股年股利。

企業利用留存收益方式籌集長期資金不需支付籌資費用，故其資本成本比普通股低。

(三) 綜合資本成本的計算

企業的資本結構一般都不是單一的，企業可從多種渠道，以多種方式籌集資本。為使企業價值最大化，企業必須優化資本結構，而綜合資本成本是確定最佳資本結構的重要依據。綜合資本成本是以各種資本在全部資本中所占比重為權數，對個別資本進行加權平均後確定的，也稱加權平均資本成本。所謂"加權平均資本成本"也就是指企業全部長期資金的總成本。影響綜合資本成本的因素有兩個：一是各種來源資本的個別資本成本，二是資本來源的結構。它一般是以各種個別資本資金占全部資金的比重作為權數，並對個別資本成本進行加權，從而確定加權平均資本成本（即綜合資本成本）。其計算如下：

$$\overline{K_R} = \sum_{i=1}^{n} K_{R_i} W_i \tag{3.11}$$

式中：$\overline{K_R}$ 為加權平均資本成本率；K_{Ri} 為某一個別資本成本率；W_i 為相應的個別資金權數；n 為企業籌資種類數；$\sum_{i=1}^{n} W_i = 1$。

由上述公式可以看出，綜合資本成本的計算是由兩大因素構成的，即各個別資本和該資金的權數。因此在實際計算時，我們可分三個步驟進行：第一步，先計算個別資本成本；第二步，計算各個資金的權數；第三步，利用上面公式計算出綜合資本成本。

［例 3.9］某公司擬籌資 4,000 萬元，其中發行票面利率為 12% 的債券 1,000 萬元，償還期限為 5 年，發行手續費率為 3%；發行優先股股票 10 萬股，每股 100 元，固定年股息率為 15%，支付發行費 3 萬元；發行普通股股票 20 萬股，每股 100 元，假定一年期國庫券利率為 11%，市場組合收益率為 16%，該公司貝塔系數為 1.3，公司所得稅稅率為 33%。試計算籌資 4,000 萬元的資本成本。如預期投資報酬率為 16%，試分析該投資方案是否可行。

(1) 計算各籌資方式資本成本

債券的資本成本 = 1,000×12% ×（1−33%）/ [1,000 ×（1−3%）] = 8.29%

優先股資本成本 = 10 ×100 ×15% /（10×100 − 3）= 15.05%

普通股資本成本 = 11% +（16% − 11%）×1.3 = 17.5%

(2) 計算加權平均資本成本

R_a = 1,000/4,000 ×8.29% + 1,000/4,000 × 15.05% + 2,000/4,000 ×17.5%

= 14.85%

(3) 判斷

預期投資報酬率為 16%，超過 14.58% 的加權平均資本成本，說明該投資方案可行。

上述計算中，W_i 是按資金的帳面價值計算的資金的權數，其資料容易取得。但當資本的帳面價值與市場價值差別較大時，如股票、債券的市場價格發生較大變動，計算結果會與實際有較大的差距，從而貽誤籌資決策。為了避免這一缺陷，個別資本占全部資本比重的確定還可以按市場價值或目標價值確定，也可選用平均價格。

目標價值權數是指債券、股票以未來預計的目標市場價值確定權數。這種權數能體現期望的資本結構，而不是像帳面價值權數和市場價值權數那樣只反應過去和現在的資本結構，所以按目標價值權數計算的加權平均資本成本更適用於企業籌措新資金。然而，企業很難客觀合理地確定證券的目標價值，使這種計算方法不易推廣。

(四) 邊際資本成本的計算

邊際資本成本，是指資金每增加一個單位而增加的成本。邊際資本成本採用加權平均法計算，其權數為市場價值權數，而不應使用帳面價值權數。當企業擬籌資進行某項目投資時，應以邊際資本成本作為評價該投資項目可行性的經濟指標。

計算確定邊際資本成本可按如下步驟進行：①確定公司最優資本結構。②確定各種籌資方式的資本成本。③計算籌資總額分界點。籌資總額分界點是某種籌資方式的成本分界點與目標資本結構中該種籌資方式所占比重的比值，反應了在保持此資本成本的條件下，可以籌集到的資金總限度。一旦籌資額超過籌資分界點，企業即使維持現有的資本結構，其資本成本也會增加。④計算邊際資本成本。根據計算出的分界點，可得出若干組新的籌資範圍，對各籌資範圍分別計算加權平均資本成本，即可得到各種籌資範圍的邊際資本成本。

[例 3.10] 甲公司目前擁有長期資本 400 萬元，其中長期借款 60 萬元，長期債券 100 萬元，普通股（含留存收益）240 萬元。公司為了滿足追加投資的需要，擬籌集新的長期資本。試確定新籌集長期資本的資本成本（為計算方便，假設債券發行額可超過淨資產的 40%）。

(1) 公司經過分析，測定了各類資本的資本成本分界點及各個別資本成本籌資範圍內的個別資本成本率，如表 3.1 所示。

表 3.1　　　　　　　　　　甲公司籌資成本測算表

資本種類	資本成本分界點 （萬元）	個別資本籌資範圍 （萬元）	資本成本 （%）
長期借款	4.5 9.0	4.5 以內 4.5~9.0 9.0 以上	3 5 7
長期債券	20 40	20 以內 20~40 40 以內	10 11 12
普通股	30 60	30 以內 30~60 60 以內	13 14 15

(2) 公司決定，籌集新資本仍保持現行的資本結構，即長期借款占 15%，長期債券占 25%，普通股占 60%。

(3) 計算追加籌資總額的突破點，並劃分追加籌資總額的各段範圍。

所謂籌資突破點，是指企業在保持其資本結構不變的條件下可以籌集到的資本總額。換言之，企業在籌資突破點以內籌資，資本成本不會改變，一旦超過了籌資突破點即使保持原有的資本結構，其資本成本也會增加。籌資突破點的計算公式為：

$$籌資突破點 = \frac{可用某一特定成本率籌集到某種資本最大數額}{該種資本在資本結構中所占的比重}$$

根據上述資料，計算出若干籌資突破點如下：

4.5/15% = 30；9/15% = 60；20/25% = 80

40/25% = 160；30/60% = 50；60/60% = 100

由此可得七組追加籌資總額範圍：30 萬元以內；30 萬~50 萬元；50 萬~60 萬元；60 萬~80 萬元；80 萬~100 萬元；100 萬~160 萬元；160 萬元以上。

（4）分組計算邊際資本成本。計算結果見表 3.2 所示。

表 3.2　　　　　　　　甲公司邊際資本成本計算表

籌資範圍	資本種類	資本結構	個別資本成本	綜合資本成本
30 萬元以內	長期借款 長期債券 普通股	15% 25% 60%	3% 10% 13%	10.75%
30 萬~ 50 萬元	長期借款 長期債券 普通股	15% 25% 60%	*5% 10% 13%	11.05%
50 萬~ 60 萬元	長期借款 長期債券 普通股	15% 25% 60%	5% 10% *14%	11.65%
60 萬~ 80 萬元	長期借款 長期債券 普通股	15% 25% 60%	*7% 10% 14%	11.95%
80 萬~ 100 萬元	長期借款 長期債券 普通股	15% 25% 60%	7% *11% 14%	12.20%
100 萬~ 160 萬元	長期借款 長期債券 普通股	15% 25% 60%	7% 11% *15%	12.80%
160 萬元以上	長期借款 長期債券 普通股	15% 25% 60%	7% *12% 15%	13.05%

註：以上帶有 * 符號的數字比上一組籌資範圍中相應的個別資本成本有所變動。

第二節　財務管理槓桿效應

一、槓桿效應原理

槓桿效應是一個應用非常廣泛的概念，在工程技術、技術經濟學、經濟學等很多學科中都常使用。槓桿理論在財務管理中的應用，反應的是產量、收入、利息及稅前利潤和每股收益之間的關係。槓桿可定義為：由自變量 x 的百分比變動而引起的因變量 y 的百分比變動的幅度或結果，或稱兩者百分比變動之比。其基本原理為：

設：Δx 為自變量 x 的變動值，Δy 為因變量 y 的相應變動值。則有：

$$\frac{Q_y}{Q_x} = \frac{\frac{\Delta y}{y}}{\frac{\Delta x}{x}} \qquad (3.12)$$

這裡的 Q_y/Q_x 就稱為 x 相關的 y 的槓桿系數。例如，假設某公司的銷售額取決於廣告費預算額的多少，現公司每支出 10,000 元廣告費（自變量），銷售收入為 400 萬元（因變量）。公司測算，計劃增加廣告費 1,000 元，銷售收入因此會增加 100 萬元。則銷售槓桿系數為：

$$\frac{Q_y}{Q_x} = \frac{\frac{100}{400}}{\frac{1,000}{10,000}} = 2.5$$

銷售槓桿系數 2.5 表示，銷售量變動幅度是廣告費的變動幅度的 2.5 倍。

所以，財務管理的槓桿效應就表現為：由於特定費用的存在而導致的，當某一財務變量以較小幅度變動時，另一相關財務變量以較大幅度變動。財務管理中的槓桿效應主要有三種形式：經營槓桿、財務槓桿、複合槓桿。

二、經營槓桿與經營風險

（一）經營槓桿

企業的經營成本可分為固定成本和變動成本。由於固定成本的存在，銷售量的變化與營業利潤的變化並不成比例。固定成本在一定銷售量範圍內不隨銷售量的增加而增加，所以隨著銷售量增加，單位銷售量所負擔的固定成本會相對減少，從而給企業帶來額外收益；相反，隨著銷售量的下降，單位銷售量所負擔的固定成本會相對增加，從而給企業帶來額外損失。如果不存在固定成本，總成本隨產銷量變動且成比例變化，則企業營業利潤變動率就會同產銷量變動率完全一致。

經營槓桿（亦稱營業槓桿）就是指由於企業經營成本中固定成本的存在而造成的營業利潤變動率大於產銷量變動率的現象。在銷售量上升時，經營槓桿的作用表現為經營槓桿利益；在銷售量下降時，經營槓桿作用表現為經營槓桿損失。這就是經營槓桿效應的具體表現。企業可以通過擴大銷售量來獲得經營槓桿利益，避免減少銷售量而遭受經營槓桿損失。

經營槓桿效應的大小是通過經營槓桿系數來反應的。它是企業計算利息和所得稅之前的利潤（簡稱息前稅前利潤，用 $EBIT$ 表示）變動率與銷售量變動率之間的比率。計算公式為：

$$DOL = \frac{\frac{\Delta EBIT}{EBIT}}{\frac{\Delta S}{S}} = \frac{\frac{\Delta EBIT}{EBIT}}{\frac{\Delta Q}{Q}} \qquad (3.13)$$

式中：DOL 為經營槓桿系數；$\Delta EBIT$ 為息前稅前利潤變動額；$EBIT$ 為變動前息前稅前

利潤；ΔQ 為銷售量變動數；Q 為變動前銷售量；ΔS 為銷售額變動數；S 為變動前銷售額。

根據息稅前利潤與銷售量、銷售單價、單位變動成本、固定成本總額的關係，可以得到以下 DOL 的簡化計算公式。

因為：
$$EBIT = Q \times (P - V) - F$$
$$\Delta EBIT = \Delta Q \times (P - V)$$

所以：
$$DOL_Q = \frac{Q(P-V)}{Q(P-V) - F} \tag{3.14}$$

$$DOL_S = \frac{S - VC}{S - VC - F} \tag{3.15}$$

$$DOL_S = \frac{EBIT + F}{EBIT} \tag{3.16}$$

式中：Q 為銷售量；P 為單位銷售價格；V 為單位變動成本；F 為固定成本總額；S 為銷售額；VC 為變動成本總額。

理解經營槓桿系數應注意以下幾點：

一是經營槓桿系數反應的是息稅前利潤變動率相當於銷售額變動率的倍數，而不是息稅前利潤變動額相當於銷售額變動額的倍數；二是經營槓桿系數越大說明經營風險越大，是指在其他經營風險因素不變的條件下，即 DOL 高但其他因素變化不大的企業的經營風險，可能低於 DOL 但其他因素變化大的企業的經營風險，只有在其他影響風險的因素不變時，經營風險才會隨 DOL 的增大而增大；三是經營槓桿系數不是固定不變的，當上述計算 DOL 公式中的固定成本（F）、單位變動成本（V）、銷售價格（P）、銷售數量（Q）等因素發生變化時，經營槓桿系數也會發生變化；四是在影響經營槓桿系數的四個因素中，銷售量和銷售價格與經營槓桿系數大小呈反方向變化，而單位變動成本和固定成本與經營槓桿系數大小呈同方向變化。

[例3.11] 光華公司的固定成本總額為 80 萬元，單位銷售價格為 0.3 萬元，變動成本率為 60%，在銷售量為 1,200 單位（即銷售額為 360 萬元）時，息前稅前利潤為 64 萬元，則公司的經營槓桿系數為：

$$DOL_Q = \frac{1,200 \times (0.3 - 0.3 \times 60\%)}{1,200 \times (0.3 - 0.3 \times 60\%) - 80} = 2.25$$

$$或 \frac{360 - 360 \times 60\%}{360 - 360 \times 60\% - 80} = 2.25$$

$$或 \frac{64 + 80}{64} = 2.25$$

經營槓桿系數 2.25 的含義是：當公司銷售額增長 1 倍時，息稅前利潤增長 2.25 倍；反之，當銷售額下降 1 倍時，息稅前利潤也下降 2.25 倍。

(二) 經營風險

經營風險是指因生產經營方面的原因給企業盈利帶來的不確定性。由於企業生產經營的許多方面都會受到來源於企業外部和內部諸多因素的影響，因此具有很大的不確定性，而這些不確定性，會引起企業的利潤或利潤率的高低變化，從而給企業帶來風險。經營風險變化情況來源於企業外部，儘管如此，企業仍應採用有效的內控措施加以防範。影響企業經營風險的因素很多，包括公司的成本結構、產品需求特徵和行業內部的競爭地位等，主要有：

(1) 產品需求。市場對企業產品的需求越穩定，經營風險越小；反之經營風險越大。

(2) 產品售價。產品售價變動小，則經營風險小；產品售價變動大，則經營風險大。

(3) 產品成本。收入減去成本得利潤，成本變動會導致利潤不穩，成本變動大，則經營風險大；反之則經營風險小。

(4) 固定成本比重。在全部成本中，固定成本所占的比重較大時，則產銷量變動引起利潤變動的幅度也越大，經營風險就大；反之則經營風險就小。

(三) 經營槓桿與經營風險的關係

影響企業經營風險的因素很多，其中經營槓桿系數所反應的經營風險是總經營風險的一個重要組成部分，因為經營槓桿系數將放大其他因素對營業利潤變化性的影響。但經營槓桿系數本身並非是這種"變化性"的來源。如果企業保持固定的銷售規模和固定的成本結構，再高的經營槓桿系數也沒有意義。因此，不能將經營槓桿系數作為經營風險的同義語。但事實上企業的銷售規模是經常變動的，經營槓桿系數就會放大營業利潤的變動性，也就放大了企業的經營風險。所以，對經營槓桿系數的正確理解應該是，經營槓桿系數應當僅被看作是對"潛在風險"的衡量，這種"潛在風險"只有在銷售規模的變動性存在的條件下才會被"激活"。

一般而言，經營槓桿系數越大，經營風險水平亦越高，較高的經營風險會使企業發生虧損。當企業銷售量高於盈虧平衡點時，企業的經營槓桿系數越大，其銷售量(額)就越接近盈虧平衡點，因而，其槓桿利益和風險也就越大（在銷售量處於盈虧平衡狀況時，經營槓桿系數達到最大值，此時若銷售量稍有增加，企業就可獲得盈利；但若銷售量稍有減少，企業也就會出現虧損）。特別地，當經營槓桿系數接近於1（但大於1）時，其息稅前利潤將達到最大值，而企業的經營風險將降至最小。有效的經營槓桿系數（即銷售量高於盈虧平衡點時的經營槓桿系數）之值在（1，+∞）之間。

三、財務槓桿與財務風險

(一) 財務槓桿

財務槓桿又稱融資槓桿，是指企業對資本成本固定的籌資方式的利用程度。

在固定成本取得的資金總額一定的情況下，從稅前利潤中支付的固定性資本成本是不變的。因此當息稅前利潤增加時，每一元息稅前利潤所負擔的固定性資本成本就會降低，扣除所得稅後屬於普通股的利潤就會增加，從而給所有者帶來額外的收益。相反，當息稅前利潤減少時，每一元息稅前利潤所負擔的固定性成本就會上升，扣除所得稅後屬於普通股的利潤就會減少，從而給所有者帶來額外的損失。由於這種額外收益或損失並不是由擴大生產經營、增加投資規模等經營因素所致，而是由改變財務結構所引起的，故我們將這種僅支付固定性資本成本的籌資方式對增減普通股收益的現象，稱之為財務槓桿效應。

所以，財務槓桿效應是指因籌資成本中固定資本成本的存在，普通股收益的變動率（增長或下降）大於息稅前利潤的變動率（增長或下降）的現象。在息稅前利潤增加時，財務槓桿效應表現為財務槓桿利益；在息稅前利潤減少時，財務槓桿效應表現為財務槓桿損失。企業可以通過調節資本結構，獲得財務槓桿利益，避免財務槓桿損失。

財務槓桿效應的大小通常用財務槓桿系數（DFL）表示。財務槓桿系數，是普通股每股稅後收益的變動率對息稅前收益的變動率的倍數。財務槓桿系數越大，表明財務槓桿作用越大，財務風險也就越大；財務槓桿系數越小，表明財務槓桿作用越小，財務風險越小。財務槓桿系數的計算公式為：

$$DFL = \frac{\frac{\Delta EPS}{EPS}}{\frac{\Delta EBIT}{EBIT}} \quad (3.17)$$

式中：DFL 為財務槓桿系數；ΔEPS 為普通股每股收益變動額；EPS 為變動前的普通股每股收益；$\Delta EBIT$ 為息前稅前利潤變動額；$EBIT$ 為變動前的息前稅前利潤。

根據每股收益與息稅前利潤、債務利息、所得稅稅率和普通股股數之間的關係，可以得到 DFL 的簡化計算公式。

因為：

$$EPS = \frac{(EBIT - I)(1 - T) - D}{N}$$

所以：

$$DFL = \frac{EBIT}{EBIT - I - \frac{D}{1 - T}} \quad (3.18)$$

式中：I 為債務利息；T 為所得稅稅率；D 為優先股股息。

我們理解財務槓桿系數應注意以下幾點：一是財務槓桿系數反應的是普通股每股收益變動率相當於息稅前利潤變動率的倍數，而不是普通股每股收益變動額相當於息稅前利潤變動額的倍數；二是財務槓桿系數不是固定不變的，當計算 DFL 公式中的 $EBIT$、I、P 和 T 發生變化時，DFL 也會發生相應的變化；三是在影響財務槓桿系數的四個因素中，息稅前利潤和所得稅稅率與財務槓桿系數大小呈同方向變化；而利息費用和優先股股息與財務槓桿系數呈反方向變化；四是在影響財務風險的其他因素（資本供求、利率水平、獲利能力、資本結構等）不變的條件下，財務槓桿系數越大，說明企業財務風險越大。

［例 3.12］假設甲、乙、丙三個公司的長期資本都為 1,000 萬元。甲公司無負債，無優先股，全部為普通股股本；乙公司借入資本為 300 萬元（利率 10%），普通股股本為 700 萬元，無優先股；丙公司借入資本為 500 萬元（利率 10%），優先股為 100 萬元（股息率 12%），普通股股本為 400 萬元。假定預期息前利潤均為 200 萬元，所得稅稅率為 30%。分別計算三個公司的財務槓桿系數及普通股收益率如下。

甲公司：

$DFL = 200 \div 200 = 1$，稅後利潤為 140 萬元，普通股股本利潤率為 14%（140÷1,000）。

乙公司：

利息費用=30萬元，$DFL=200\div(200-30)=1.18$，稅後利潤為119萬元，普通股股本利潤率為17%（119÷700）。

丙公司：

利息費用=50萬元，股息=12萬元，$DFL=1.5$，稅後利潤為105萬元，普通股股本利潤率為23.25%（93÷400）。

可見，在長期資本結構中固定性資本成本占比重越大，財務槓桿系數就越大，普通股股本利潤率也隨之增長。其根本原因就是由於三個公司的投資報酬率20%大於利息率10%，大於股息率12%，從而導致隨著固定性資本成本比重增加，財務槓桿利益增長。

(二) 財務風險

財務風險又稱籌資風險，是指由於舉債而給企業財務成果帶來的不確定性。企業舉債經營，全部資金中除自有資金外還有一部分借入資金，這會對企業自有資金的盈利能力造成影響；同時，借入資金需還本付息，一旦無力償還到期債務，企業便會陷入財務困境甚至破產。當企業息稅前資金利潤率高於借入資金利息率時，使用借入資金獲得利潤除了補償利息外還有剩餘，因而使自有資金利潤率提高。但是，若企業息稅前資金利潤率低於借入資金利潤率，這時，企業使用借入資金獲得的利潤還不夠支付利息，還需要動用自有資金的一部分利潤來支付利息，從而使自有資金利潤降低，發生虧損，甚至招致破產的危險。這種風險即為籌資風險。這種風險程度的大小受借入資金對自有資金比例的影響，借入資金比例越大，風險程度隨之增大，借入資金比例越小，風險程度也隨之減少。企業對財務風險的控制，關鍵是要保證有一個合理的資金結構，維持適當的負債水平，既要充分利用舉債經營這一手段獲取財務槓桿收益，提高自有資金盈利能力，又要注意防止過度舉債而引起財務風險的增大，這是企業內部控制的重要環節，必須採取必要的措施防範籌資風險。

具體而言，影響財務風險的因素主要有如下幾個方面：

（1）債務比例的大小。如果企業不發行債券，不借款，就不存在財務風險。企業運用債務的比例上升，財務風險就增大。

（2）企業清償債權的順序。投資者的債權排列順序越靠後，無法收回本金和利息（股息）的可能性就越大，即其投資風險越大。因此，籌資企業的資本成本提高，籌資風險加大。

（3）收支的匹配程度。如果企業的現金流入量與債務本金和利息的支付不匹配，財務風險就會上升。流動負債所占的比例越大，無法按時還本付息的可能性越大，財務風險也就越大。

(三) 財務槓桿與財務風險的關係

只要有負債或優先股資本經營的企業，就肯定有財務風險，而負債經營或優先股資本的存在是產生財務槓桿的直接原因，因此財務風險和財務槓桿具有密切的關係。財務槓桿大小表示了息稅前利潤變動對每股收益變動的影響程度，而每股收益的變動又反應了財務風險。因此財務槓桿的大小在一定程度上反應了財務風險的大小。財務槓桿系數反應著財務槓桿的大小，進而也可以反應財務風險的大小。財務槓桿系數越小，對每股收益的影響程度就越小，此時企業的財務風險也就越小；反之，財務槓桿係數越大，對每股收益的影響程度就越大，此時企業的財務風險也就越大。

但是我們必須注意：財務槓桿並不是導致財務風險的唯一因素，財務槓桿的大小並不能完全反應財務風險的大小。財務槓桿大，財務風險並非一定大，財務槓桿的存在只是對企業財務風險產生潛在的影響，關鍵是要看息稅前利潤如何變化。財務槓桿可能發生正的作用，也可能發生負的作用，它只是起了一個放大鏡的作用，它放大了息稅前利潤變動對每股收益變動的影響，放大了各種因素對企業的影響，加大了企業的財務風險。

四、複合槓桿與複合風險

（一）複合槓桿

從以上介紹可知，經營槓桿通過擴大銷售影響息前稅前盈餘，而財務槓桿通過擴大息前稅前盈餘影響收益。如果兩種槓桿共同起作用，那麼銷售稍有變動就會使每股收益產生更大的變動。我們通常把這兩種槓桿的連鎖作用稱為總槓桿效應。

複合槓桿又稱總槓桿，是指經營槓桿與財務槓桿同時起作用對企業收益的綜合影響。其影響程度可用複合槓桿系數（DTL）表示，它是經營槓桿系數和財務槓桿系數的乘積。其計算公式為：

$$DTL = DOL \cdot DFL = \frac{\frac{\Delta EBIT}{EBIT}}{\frac{\Delta Q}{Q}} \times \frac{\frac{\Delta EPS}{EPS}}{\frac{\Delta EBIT}{EBIT}} = \frac{\frac{\Delta EPS}{EPS}}{\frac{\Delta Q}{Q}} \quad (3.19)$$

假定企業的成本—銷量—利潤保持線性關係，可變成本在銷售收入中所占的比例不變，固定成本也保持穩定，則：

$$DTL = \frac{Q(P-V)}{Q(P-V) - F - I} = \frac{S - VC}{S - VC - F - I} = \frac{EBIT + F}{EBIT - I - D/(1-T)} \quad (3.20)$$

[例3.13] 甲公司長期資本總額為200萬元，其中長期負債占50%，利率為10%，無優先股。公司銷售額為50萬元，固定成本總額為5萬元，變動成本率為60%，則複合槓桿系數可計算如下：

$$EBIT = 50 - 5 - 50 \times 60\% = 15 \text{（萬元）}$$
$$I = 200 \times 50\% \times 10\% = 10 \text{（萬元）}$$
$$DCL = \frac{EBIT + F}{EBIT - I - D/(1-T)} = \frac{15 + 5}{15 - 10} = 4$$

若先分別計算經營槓桿系數和財務槓桿系數，可得：DOL=1.333，DFL=3，DCL=1.333×3=4。

顯然，複合槓桿的作用大於經營槓桿與財務槓桿的單獨影響作用。而兩種槓桿又可以有多種組合。一般情況下，企業將複合槓桿系數即總風險控制在一定範圍內，這樣經營槓桿系數較高（低）的企業只能在較低（高）的程度上使用財務槓桿。

（二）複合風險

複合風險又稱為總風險，是指經營槓桿帶來的經營風險和財務槓桿帶來的財務風險的總和。經營風險表現為EBIT增長的不確定性，財務風險表現為EPS增長的不確定性。因此，在建立財務戰略時，企業面臨的是它對所願意承擔風險程度的決策。從原則上講，企業通過改變財務結構或改變資產結構，都可達到任一風險水平。固定資產所占的比例越高，經營槓桿越高，這樣的企業會採用比較保守的財務槓桿比率。因此，企業可在總風險確定的情況下，確定經營風險和財務風險的比例關係。

(三) 複合槓桿與複合風險的關係

由於企業總槓桿率（DTL）是經營槓桿率（DOL）和財務槓桿率（DFL）的乘積，所以要實現某種程度的總槓桿作用，有多種固定營業成本和固定資本成本的組合可供選擇。例如，某企業較多地使用了財務槓桿，為了達到或維持某種適度的總槓桿率，就可用較低的經營槓桿率來抵銷財務槓桿率較高的影響；反之，假如企業過多地發揮了經營槓桿的作用，可通過減少使用財務槓桿來加以平衡。

企業為追求普通股每股淨收益的增長而使用經營槓桿和財務槓桿，在數量上並不是毫無限制的。因為隨著企業總槓桿率的增大，其綜合風險也越來越突出，而向企業提供資本的債權人和投資者決定其要求的貸款利率和預期的投資報酬率時，毫無例外地都要考慮風險因素。企業的綜合風險越大，債權人和投資者要求的利率和預期的報酬就越高。換句話說，過多使用總槓桿的企業將不得不為此付出較高的固定成本，而較高的成本支出反過來又在一定程度上抵銷了公司普通股股東因企業發揮經營槓桿和財務槓桿的作用而獲得的收益。

第三節　資本結構

一、資本結構的意義

(一) 資本結構的含義

資本結構是指企業各種資本的構成及其比例關係。企業用各種籌資方式籌措資金時，付出的代價是不相同的；而且，用不同的籌資方式籌集資本還會給企業帶來不同的風險。為了降低籌資成本和籌資風險，提高籌資效益，企業有必要研究資本來源的構成問題。

企業資本來源的構成有兩種含義：一種是指企業全部資本來源的構成比例，稱為財務結構；另一種是指長期資本來源的構成比例，稱為資本結構。資本來源的構成及含義如圖 3.1 所示。

$$財務結構\begin{cases} 短期負債 \\ 長期負債 \\ 所有者權益 \end{cases} \Bigg\} 資本結構$$

圖 3.1　企業資金來源構成圖

結合中國的具體情況，我們一般把財務結構和資本結構統稱為資本結構。

由於企業籌資的目標是既要籌集到所需要的資金，又要使資本成本最低、風險最小，為此，合理地確定資本結構就成為企業理財的重要問題，它也是做出籌資決策的基礎。

資本結構的安排涉及三個比例關係：第一是權益資本（自有資本）與債務資本（借入資本）的比例；第二是長期資本（長期負債和所有者權益）與短期資本（流動

負債）的比例；第三是權益資本構成比例。

1. 權益資本與債務資本比例

企業的資本一般都由權益資本和債務資本組成。權益資本與債務資本的比例（簡稱負債比率）是資本結構的核心問題。一般來說，權益資本的資本成本高、籌資風險低；債務資本的資本成本低，但籌資風險高。所以，企業對權益資本和債務資本構成的安排不僅會影響企業的風險，還會對企業所有者的收益產生不同的影響。

由於財務槓桿的效應，當債務資本的利息率小於投資收益率時，企業用投資收益支付利息後的剩餘部分，全部記作權益資本收益，舉債使權益資本得到了擴大。但是，如果債務資本的利息率大於投資收益率，負債越多，權益資本收益率越小。也就是說，當債務資本的投資收益還不足以支付利息時，必須用權益資本的投資收益予以彌補，此時權益資本收益率就會下降，甚至會因負債過多而出現虧損。因此，確定權益資本與債務資本的比例時，應計算權益資本收益率。

權益資本與債務資本具體比例的確定還應視企業自身的條件（如舉債能力、經營業務內容）以及各個時期的經濟發展狀況、國家政策因素來確定，並根據實際執行結果進行調整。除此以外，比例安排是否恰當，還可以以投資人的態度來判斷，上市公司還可視企業發行證券價格變動情況來衡量。因為企業債務過重，必然會增加投資人的投資風險，所以，投資人對企業權益資本與債務資本比例十分關心。在較為完善的資本市場上，投資人的態度又必然會在證券價格變動中反應出來。為此，財務人員應密切注意資本市場信息，並根據資本市場信息調整負債數額和比例，使資本結構保持在最佳水平。

2. 長期資本與短期資本的比例

長期資本與短期資本的比例又稱為資本組合。不同的資本組合對企業收益和風險會產生程度不同的影響。

企業籌集的資本一般用於購建固定資產和購置流動資產，兩類資產的資金占用情況各不相同。固定資產占用資金時間長，數額比較穩定，如從長期看，固定資產占用資金額將會隨企業擴展而逐漸增大。流動資產占用資金的情況較為複雜，有一部分流動資產（如企業的基本存貨）占用資金時間較長，數額比較穩定，可稱為"永久性"流動資產；另一部分流動資產占用資金的時間和數額不穩定（如銀行存款、應收帳款等），可稱為"波動性"流動資產。

企業資本組合的決策，實際是對各類資產佔有資金的期限和各種資本期限相配比的過程。

再看企業資本組合情況，企業一部分資本是長期資本，包括所有者權益和長期負債。這部分資本一經取得就可以長期使用，財務風險小，但資金成本較高，還會給企業帶來定期支付利息和發放股利的負擔。企業的另一部分資本是短期資本，主要是流動負債。這部分資本的取得和使用成本較低，使用靈活性強，企業不使用時可隨時歸還。但是，短期資本使用時間短，財務風險大。另外，短期資本的借入、歸還頻繁，還會增加財務人員的工作負擔，而且一旦遇到信用緊縮，企業資金的週轉會發生困難。

根據上述情況，企業在安排長期資本與短期資本時，有以下三種確定方法：

第一，全部固定資產和"永久性"流動資產所需資金用長期資本解決，"波動性"流動資產則可用短期資本——流動負債解決。企業這樣安排能使資金的占用時間和負債的償還時間配合，可以降低到期無法償還債務的風險。但這種安排的綜合資金成本較高。

第二，全部固定資產和部分"永久性"流動資產所需資金用長期資本解決，其餘部分流動資產需要的資金用短期資本——流動負債滿足。企業採用這種方法安排資本組合可以降低資金成本，提高資金使用效率；但是，財務風險也會相應提高，尤其是在短期債務不能延期或企業利用其他方式再籌資的能力較差時，就會面臨無法償還債務的風險。另外，如果利率在企業資金使用期內提高，企業還會面臨利息加大、負擔加重的風險。

第三，全部資金都用長期資本滿足。這種安排風險最小，但成本也最高。此外，由於企業流動資產中有一部分為"波動性"流動資產，若企業某個時期對這部分資產的需求下降，就會出現資金的閒置浪費。雖然企業也可以將閒置資金進行短期證券投資來獲取收益，但在短期投資收益小於長期資本的資本成本時，同樣會給企業造成損失。

由此可知，各種安排方式既有優點也有缺點，企業在具體安排時主要取決於管理人員對風險的態度。另外，安排方式還受如下其他因素的影響：

其一，企業信譽。企業信譽好，籌資能力強，就可以適當增加短期資本比重。

其二，企業與債權人的關係。若企業與債權人關係良好，當企業由於一時資金調度不靈而償付不了債務時，能得到債權人諒解；當企業臨時需要資金時，能得到債權人的支持。在此情況下，企業也可以適當增加短期資本的比重。

其三，企業財務管理水平。財務人員如能做到靈活調度資金，使收支配合緊密，並能採用各種方法提高資金使用效率，說明企業財務管理水平較高。在此情況下，企業也可以增加短期資本的比重。

3. 權益資本構成比例

權益資本構成比例是指各投資主體在企業所占的產權比例，又稱為投資比例，一般是指各投資主體在註冊資本中所占的比例。該比例的大小直接關係到各投資主體在企業的控制權、決策權和收益分配權。因此，它也是安排資本結構時必須考慮的重要比例關係。例如，《中華人民共和國公司法》規定，生產某些特殊產品的公司和軍工企業，應由國家獨資經營，其權益資本全部由國家授權投資的機構或由國家授權的部門單獨投資形成，對這類企業國家享有全部控制權、決策權和收益分配權。又如，國家為了發揮國有經濟在國民經濟中的主導作用和擴大其影響範圍，對支柱產業和基礎產業中的骨幹企業投入較多的資金，一旦國家投資比例占50%以上時，也能掌握企業的控制權和決策權。再如，國家為了吸引國外資金，吸取先進技術和先進管理經驗，在《中華人民共和國中外合資經營企業法》中規定："合營企業的註冊資本中，外國合營者的投資比例一般不低於25%。"

由此可知，權益資本構成比例主要決定於企業的性質、經營內容、經營範圍以及適時的國家政策。企業在安排這一比例時，應考慮上述因素後再作決定。

(二) 資本結構優化

現代企業財務學中的"資本結構"是指長期資金來源之間的比例關係，即長期負債與所有者權益間的比例關係，而不包括短期資金來源。一般來說，衡量一個企業資本結構是否最優的標準主要包括：所有者權益最大化；企業總價值最大化；企業綜合資本成本最小化；企業財務風險最小化；有助企業治理結構效率提高；企業資金的流動性好等。但在實際中,要使企業資本結構完全符合上述要求是十分困難的,企業只有權衡利弊實現資本結構較優。

1. 資本結構理論

(1) 淨收益理論,認為由於負債資本成本低於權益資本成本,利用債務籌資可以降低企業的綜合資本成本,負債程度越高,綜合資本成本就越低,企業價值越大。當負債比率達到100%時,企業價值將最大。

(2) 淨營業收益理論,認為企業增加成本較低的債務資本的同時,企業權益資本的風險會增加,導致權益資本成本上升,從而抵銷財務槓桿作用帶來的好處,企業綜合資本成本仍固定不變。依此,我們將推出"企業不存在最優資本結構"的結論。

(3) 傳統理論。它是介於淨收益理論和淨營業收益理論之間的一種折中理論。該理論認為企業在一定負債限度內利用財務槓桿作用時,儘管權益成本會上升,但並不能完全抵銷利用資本成本較低的債務資本帶來的好處,因而綜合資本成本下降,企業價值上升。但一旦超過這一限度,權益成本的上升就不再能為債務的低成本所抵銷,綜合資本成本又會上升。此後,債務成本也會上升,從而使綜合資本成本加快上升。綜合資本成本處在下降變為上升的轉折點時,企業資本結構最優。

(4) MM理論。①不考慮所得稅的MM理論,認為企業在不考慮企業所得稅、市場完全有效且經營風險相同等一系列假設前提下,企業不可能因資本結構的不同而改變其總價值和資本成本。②考慮所得稅的MM理論,認為在企業所得稅的影響下,負債會因利息是可減稅支出而增加企業價值,負債越多,企業價值越大,權益資本的所有者所獲收益也越大。

(5) 權衡理論。它以MM理論為基礎,將市場均衡理論納入了資本結構的理論分析之中。該理論認為由於免稅優惠政策,企業雖可通過適度的負債抵稅來增加企業的價值,但只要運用負債經營就可能會發生代理成本、財務拮據成本和破產成本,從而抵銷一部分負債的減稅好處。當節稅利益與代理成本、財務拮據成本和破產成本相互保持平衡時,最優資本結構方能確定。

(6) 優序融資理論。它的分析基礎是非對稱信息論。該理論認為由於破產風險和代理成本的存在,發行新股融資會被投資者認為企業經營出現了不良狀況,從而低估企業的市值。因而,企業融資的"優序"是先內部融資,再債務融資,最後採取股票融資。依據優序融資理論,企業沒有最優資本結構,因為同是構成主權資本的留存收益和發行新股,只不過是位於融資順序的兩端而已。

2. 企業資本結構優化的主要影響因素

(1) 宏觀經濟環境。企業能否盈利以及盈利多少在很大程度上受到宏觀經濟環境的制約,宏觀經濟環境決定了企業的生存和發展。一國的中長期發展規劃、產業結構政策、貨幣政策、稅收政策等,不但會影響企業當前的資本結構,而且也為企業確定今後的資本結構提供了指導。

(2) 市場競爭環境。在相同的宏觀環境下,企業因各自處在的市場環境不同而負債水平也就不盡相同。一般來說,在市場競爭中處於相對壟斷地位的企業,由於其銷售穩定,生產經營波動小,負債比率可適度提高;反之,處在市場競爭大的環境中的企業,銷售受市場的影響大,價格易於波動,企業利潤難以穩定,不宜過多地採用債權融資,應傾向於採用股權融資。

(3) 行業因素。實際工作中,不同行業以及同一行業的不同企業在運用債務融資的方式和方法上大相徑庭，從而資本結構也各不相同。企業在確定資本結構的過程中，應充分瞭解同行的資本結構的一般水平以做參考，分析自身與同行間的差別以確定資本結構。同時，資本結構並不是一成不變的，應隨著時空的轉變而適時調整和優化。

（4）資產結構。企業資產結構的不同也影響著企業融資方式和資本結構。固定資產擁有量大的企業，一般採取長期借款和發行股票的方式融資；存貨和應收帳款等流動資產擁有較多的企業，一般採取流動資金負債的方式融資；高新技術企業負債較少，一般採取股權資本融資方式。

（5）所有者與管理人員的態度。股票的發行會稀釋股本的控制權，如果企業所有者不願使控制權被削弱，一般會盡量避免採用普通股融資，而採用優先股或負債方式融資。倘若企業管理人員風險意識較強，管理方式趨於穩健，一般比較關注企業的資本結構，不會過分追求較高的財務槓桿而使企業的負債過高；相反，樂於冒風險的管理人員則可能會追求較高的負債比例。

3. 資本結構優化的方法

（1）存量優化。所謂存量調整是指在不改變現有資產規模的基礎上，根據目標資本結構要求，對現有資本結構進行必要的調整。具體方式有：①在債務資本過高時，將部分債務資本轉化為權益資本。例如，將可轉換債券換為普通股票。②在債務資本過高時，將長期債務收兌或提前歸還，而籌集相應的權益資本額。③在權益資本過高時，通過減資並增加相應的負債額，來調整資本結構。不過這種方式很少被採用。

（2）增量優化。它是指通過追加籌資量，從而增加總資產的方式來調整資本結構。具體方式有：①在債務資本過高時，通過追加主權資本投資來改善資本結構，如將公積金轉換為資本，或者直接增資。②在債務資本成本過低時，通過追加負債籌資規模來提高籌資比重。③在權益資本過低時，通過籌措權益資本來擴大投資，提高權益資本比重。

（3）減量優化。它是指通過減少資產總額的方式來調整資本結構。具體方式有：①在權益資本過高時，通過減資來降低其比重（股份公司則可回購部分普通股票等）。②在債務資本過高時，利用稅後留存歸還債務，用以減少總資產，並相應減少債務比重。

二、資本結構與資本成本的關係

在通常情況下，企業的資本結構由長期債務資本和權益資本構成。資本結構指的就是長期債務資本和權益資本各占多大比例。短期資金的需要量和籌集是經常變化的，且在整個資金中所占比重不穩定，因此不列入資本結構管理範圍，而僅作為營運資金管理。

淨收入理論認為，負債可以降低企業的資本成本，負債程度越高，企業的價值越大。這是因為債務利息和權益資本成本均不受財務槓桿影響，無論負債程度多高，企業的債務資本成本和權益資本成本都不會變化。因此，只要債務成本低於權益成本，那麼負債越多，企業的加權平均資本成本就越低，企業價值就越大。當負債比率為100%時，企業加權平均資本成本最低，企業價值將達到最大值。

淨營運收入理論認為，不論財務槓桿如何變化，企業加權平均資本成本都是固定的，因而企業的總價值也是固定不變的。但由於企業加大了權益的風險，也會使權益成本上升，加權平均資本成本不會因為淨負債比率的提高而降低，而是維持不變。按照這種理論推論，企業不存在最佳資本結構，籌資決策也就無關緊要。可見，淨營運收入理論和淨收入理論是完全相反的兩種理論。

傳統理論是一種介於淨收入理論和淨營運收入理論之間的理論。傳統理論認為，企業利用財務槓桿儘管會導致權益成本上升，但在一定程度上卻不會完全抵銷利用成本率低的債務所獲得的好處，因此會使加權平均資本成本下降，企業總價值上升。但是，企業利用財務槓桿超過一定程度，權益成本的上升就不再為債務的低成本所抵銷，加權平均資本成本便會上升。以後，債務成本也會上升，它和權益成本的上升共同作用，使加權平均資本成本上升加快。加權平均資本成本從下降變為上升的轉折點，是加權平均資本成本的最低點，這時的負債比率就是企業的最佳資本結構。

要使企業資本成本最低，企業資本結構必須得到最大程度的優化；同樣，資本結構最佳能使企業綜合資本成本最低和企業價值最大。資本結構優化決策的根本目的之一就是使企業綜合資本成本最低，而不同籌資方式的資本成本又是不同的，企業進行資本結構優化必須充分考慮資本成本因素。然而，決定資本成本高低的因素又是多方面的，既受外部環境（包括國家的宏觀經濟政策、資金市場供求形勢、市場利率和通貨膨脹狀況等因素）的制約，又與企業本身條件和工作有關。

良好的資本結構其綜合資本成本較低，卻能幫助企業實現價值最大化。企業使用債務資本可以降低企業資本成本。由於債務利息率會低於股票股利率，而且債務利息從稅前支付，企業可減少所得稅，這就是通常所說的所得稅抵稅效應。因此，在一定限度內合理提高債務資本的比率，就可降低企業的綜合資本成本；反之，若降低債務資本的比率，綜合資本成本就會上升。企業使用債務資本還可以獲取財務槓桿利益。由於債務利息通常都是固定不變的，當息稅前利潤增大時，每一元利潤所負擔的固定利息就會相應減少，從而可分配給企業所有者的稅後利潤也會相應增加。運用債務籌資雖然具有上述優點，但同時也給企業帶來一定的財務風險，包括定期付息還本的風險和可能導致所有者權益下降的風險。因此，適度負債對企業的生存和發展至關重要，它是企業籌資決策的核心問題，其關鍵在於確定合理的資本結構。

綜合資本成本率的高低，除了取決於個別資本成本率這一因素以外，還取決於各種資金來源在資金總額中所占的比重。就一般情況而言，長期債券的資本成本率最低，而普通股成本率則最高。如果企業將其資金結構中長期債券的比重提高到一定程度，既不明顯增加債券成本率，對普通股的成本率也不會產生多大影響，這樣就可能降低綜合的資本成本率，因而是可取的。但是，如果企業長期債券的增加超過了一定限度，債券在全部資金中比重增大，債券和普通股的風險都會增加，兩者的資本成本率也都會提高，企業綜合成本率也就要隨之提高。正是因為超過了一定限度，成本最低的資金來源（長期債券），就成為最不經濟的了。

資本結構理論為企業融資決策提供了有價值的參考，可以指導決策行為。但是，由於融資活動本身和外部環境的複雜性，目前仍難以準確地顯示出存在於財務槓桿、每股收益、資本成本及企業價值之間的關係，所以在一定程度上融資決策還要依靠有關人員的經驗和主觀判斷。

三、資本結構決策方法

（一）比較資本成本法

這種方法就是指企業管理人員通過計算和比較企業的各種可能的籌資組合方案的綜合資本成本，選擇綜合資本成本最低的方案。該方案下的資本結構即為最優資本結構。這種方法側重於從資本投入的角度對資本結構進行優選分析。

[例 3.14] 甲公司需籌集 100 萬元長期資本，可以從貸款、發行債券、發行普通股三種方式籌集，其個別資本成本率已分別測定，有關資料如表 3.3 所示。

表 3.3　　　　　　　　　　甲公司資本結構數據

籌資方式	資本結構			個別資本成本率
	A 方案	B 方案	C 方案	
貸款	40%	30%	20%	6%
債券	10%	15%	20%	8%
普通股	50%	55%	60%	9%
合計	100%	100%	100%	

首先，分別計算三種方案的綜合資本成本 K。
A 方案：$K=40\%\times6\%+10\%\times8\%+50\%\times9\%=7.7\%$
B 方案：$K=30\%\times6\%+15\%\times8\%+55\%\times9\%=7.95\%$
C 方案：$K=20\%\times6\%+20\%\times8\%+60\%\times9\%=8.2\%$

其次，應根據企業籌資評價的其他標準，考慮企業的其他因素，對各個方案進行修正；之後，再選擇其中成本最低的方案。本例中，我們假設其他因素對方案選擇影響甚小，則 A 方案的綜合資本成本最低。這樣，該公司的資本結構為貸款 40 萬元，發行債券 10 萬元，發行普通股 40 萬元。

(二) 無差別點法

它是通過分析槓桿利益對融資方案的影響，利用每股收益無差別點來確定資本結構。每股收益無差別點指每股收益不受融資方式影響的銷售水平。當預計的息稅前利潤等於每股收益無差別點時，不管採取何種方案，每股收益均相等；當預計息稅前利潤小於每股收益無差別點時，應採取以權益融資為主的資本結構；當預計息稅前利潤大於每股收益無差別點時，應採取以負債融資為主的資本結構。該方法只考慮了資本結構對每股收益的影響，忽視了資本結構對風險的影響。隨著負債的增加，投資者風險增大，股票價格和企業價值會有下降的趨勢，企業如果僅僅依靠每股收益分析方法，有時不一定符合企業價值最大化的要求。

每股收益無差別點可以通過計算得出，每股收益（EPS）的計算公式為：

$$ESP = \frac{(S-VC-F-I)(1-T)-D}{N} = \frac{(EBIT-I)(1-T)-D}{N} \quad (3.21)$$

式中：S 為銷售額；VC 為變動成本；F 為固定成本；I 為負債利息；T 為所得稅稅率；N 為流通在外的普通股股數；$EBIT$ 為息前稅前利潤；D 為優先股股息。

在每股收益無差別點上，無論是採用負債融資，還是採用權益融資，每股收益都是相等的。若以 EPS_1 代表負債融資，以 EPS_2 代表權益融資，有：

$$EPS_1 = EPS_2$$

$$\frac{(S_1-VC_1-F_1-I_1)(1-T)-D_1}{N_1} = \frac{(S_2-VC_2-F_2-I_2)(1-T)-D_2}{N_2} \quad (3.22)$$

在每股收益無差別點上，$S_1=S_2$，則：

$$\frac{(S-VC_1-F_1-I_1)(1-T)-D_1}{N_1}=\frac{(S-VC_2-F_2-I_2)(1-T)-D_2}{N_2} \quad (3.23)$$

能使得上述條件公式成立的銷售額（S）為每股收益無差別點銷售額。

決策的方法：只要追加籌資以後的息稅前利潤大於無差別點的息稅前利潤，那就選擇負債來籌資；如果小於無差別點的息稅前利潤，就選擇增發股票來籌資。

［例 3.15］甲公司目前資本結構為：長期資本總額為 600 萬元，其中債務為 200 萬元，普通股股本為 400 萬元，每股面值為 100 萬元，4 萬股全部發行在外，目前市場價為每股 300 元。債務利息率為 10%，所得稅稅率為 33%。公司由於擴大業務追加籌資 200 萬元，有兩種籌資方案：

甲方案：全部發行普通股，向現有股東配股，4 配 1，每股配股價 200 元，配發 1 萬股。

乙方案：向銀行取得長期借款 200 萬元，因風險增加，銀行要求的利息率為 15%。

根據會計人員的測算，追加籌資後銷售額可望達到 800 萬元，變動成本率為 50%，固定成本為 180 萬元。

甲方案：$EPS = \dfrac{(S-0.5S-180-20)\times(1-33\%)}{4+1}$

乙方案：$EPS = \dfrac{(S-0.5S-180-50)\times(1-33\%)}{4}$

令上述兩式相等，求得：S = 700（萬元）。700 萬元為兩個方案的籌資無差別點。在此點上，兩個方案的每股收益相等，均為 21.10 萬元。企業的預期銷售額 800 萬元大於無差別點銷售額，所以資本結構中負債比重較高的方案即乙方案為較優方案。

這種方法只考慮了資金結構對每股利潤的影響，並假定每股利潤最大，股票價格也就最高。最佳資金結構亦即每股利潤最大的資金結構。

（三）比較公司價值法

從根本上講，財務管理的目標在於追求企業價值的最大化或股價的最大化。然而只有在風險不變的情況下，每股利潤的增長才會導致股價的上升，實際上經常是隨著每股利潤的增長，風險也在加大。如果每股收益的增長不足以補償風險所增加的報酬，股價仍會下降。因此，企業的最佳資本結構應當是企業的總價值最大，而不一定是每股利潤最大的資本結構。同時，在企業總價值最大的資本結構下，企業的資本成本也是最低的。

這種方法的基本步驟為：

（1）計算股票的資本成本

$$K_S = R_F + \beta(R_m - R_F) \quad (3.24)$$

式中，K_S 為股票的資本成本；R_F 為無風險報酬率；β 為股票的貝塔系數；R_m 為平均風險股票必要報酬率。

（2）計算企業的市場總價值

①債務價值。債務的價值一般用其面值。

②股票市場價值。假設企業的經營利潤是可以永續的，股東和債權人的投入及要求的回報不變，股票的市場價值則可表示為：

$$S = \frac{(EBIT - I)(1 - T)}{K_s} \quad (3.25)$$

式中，S 為股票市場價值；$EBIT$ 為息前稅前利潤；I 為年利息額；T 為企業所得稅稅率；K_s 為權益資本成本。

③企業的市場總價值 V 等於股票市場價值 S 加上債務價值 B，即：$V = S + B$。

（3）計算綜合資本成本

企業的資本成本，應用加權平均資本成本（K_W）來表示。其公式為：

加權平均資本成本 = 稅前債務資本成本 × 債務額占總資本比重 × (1 − 所得稅稅率) + 權益資本成本 × 股票額占總資本比重

［例3.16］甲企業年息前稅前盈餘為500萬元，資金全部由普通股資本組成，股票帳面價值為2,000萬元，所得稅稅率為40%。該企業認為目前的資本結構不夠合理，準備用發行債券購回部分股票的辦法予以調整。經諮詢調查，目前的債務利率和權益資本的成本情況見表3.4所示。

表3.4　不同債務水平對企業債務資本成本和權益資本成本的影響

債券的市場價值 B（萬元）	稅前債務資本成本 K_b	股票 β 值	無風險報酬率 R_F	平均風險股票必要報酬率 R_m	權益資本成本 K_s
0	—	1.20	10%	14%	14.8%
200	10%	1.25	10%	14%	15%
400	10%	1.30	10%	14%	15.2%
600	12%	1.40	10%	14%	15.6%
800	14%	1.55	10%	14%	16.2%
1,000	16%	2.10	10%	14%	18.4%

根據上表的資料，我們即可計算出籌措不同金額的債務時企業的價值和資本成本（見表3.5）。

表3.5　企業市場價值和資本成本

債券的市場價值 B（萬元）	股票的市場價值 S（萬元）	企業的市場價值 V（萬元）	稅前債務資本成本 K_b	權益資本成本 K_s	加權平均資本成本 K_W
0	2,027	2,027	—	14.8%	14.80%
200	1,920	2,120	10%	15%	14.15%
400	1,816	2,216	10%	15.2%	13.54%
600	1,646	2,246	12%	15.6%	13.36%
800	1,437	2,237	14%	16.2%	13.41%
1,000	1,109	2,109	16%	18.4%	14.23%

從表3.5中可以看到，在沒有債務的情況下，企業的總價值就是其原有股票的市場價值。當企業用債務資本部分地替換權益資本時，一開始企業總價值上升，加權平均資本成本下降；在債務達到600萬元時，企業總價值最高，加權平均資本成本最低；債務超過600萬元後，企業總價值下降，加權平均資本成本上升。因此，債務為600萬元時的資本結構是該企業的最佳資本結構。

課後思考與練習

一、思考題

1. 企業資本成本的高低取決於哪些因素？
2. 資金成本、綜合資本成本和邊際資本成本有哪些區別與聯繫？
3. 槓桿效應的三種分類及其區別與聯繫是什麼？
4. 什麼是最佳資本結構？在企業確定最佳資本結構時需要考慮哪些因素？

二、選擇題

1. 【多選】以下關於資本成本的理解中不正確的有（　　）。
   A. 從資本成本的計算與應用價值看，資本成本屬於實際成本
   B. 資本成本與企業的籌資活動和投資活動有關
   C. 企業通過向所有投資人和債權人舉債進行籌資，前者為借入資本後者為自有資本
   D. 資本成本是指企業因籌集或使用資金而支付的各種費用的總和，包括資本籌集費用和資本使用費用兩部分
   E. 企業一般將資本成本視作投資項目的最高收益率

2. 【多選】以下關於財務槓桿的表述，錯誤的有（　　）。
   A. 財務槓桿系數是由企業資本結構決定的，在其他條件不變時，債務資本比率越高，財務槓桿系數越小
   B. 財務槓桿系數反應財務風險，即財務槓桿系數越大，財務風險越大
   C. 財務槓桿效益指利用債務籌資給企業自有資金帶來的額外收益
   D. 財務槓桿系數可以反應息稅前利潤隨著每股收益的變動而變動的幅度

3. 【多選】下列表述中正確的有（　　）。
   A. 在經營槓桿系數一定的條件下，權益乘數與總槓桿系數成正比
   B. 從某種意義上講，一項資產或新項目是沒有財務風險的，只有企業自身才有財務風險
   C. 當經營槓桿系數趨近於無窮大時，企業的營業利潤率也趨近於無窮大
   D. 當財務槓桿系數為1時，企業沒有固定性融資費用

4. 【多選】以下關於資本結構理論的表述中，正確的有（　　）。
   A. 依據無稅的 MM 理論，無論企業負債程度如何，加權平均資本成本不變，企業價值也不變
   B. 依據代理理論，企業應在權衡理論模型基礎上進一步考慮企業債務的代理成本與代理收益
   C. 依據有稅的 MM 理論，負債程度越高，加權平均資本成本越低，企業價值越小
   D. 依據權衡理論，當債務抵稅收益與財務困境成本相平衡時，企業價值最大

5. 【單選】可以通過降低經營槓桿系數，從而降低企業經營風險的途徑是（　　）。
   A. 提高資產負債率　　　　　　B. 提高權益乘數
   C. 減少產品銷售量　　　　　　D. 節約固定成本開支

6. 【單選】"過度投資問題"是指（　　）。
   A. 企業面臨財務困境時，企業超過自身資金能力投資項目，導致資金匱乏

B. 企業面臨財務困境時，不選擇淨現值為正的新項目投資
C. 企業面臨財務困境時，管理者和股東有動機投資於淨現值為負的高風險項目
D. 企業面臨財務困境時，管理者和股東有動機投資於淨現值為正的項目

7.【單選】下列措施有利於降低複合槓桿系數，從而使企業複合風險降低的是（　　）。

A. 降低產品銷售單價　　　　　B. 提高資產負債率
C. 節約固定成本支出　　　　　D. 減少產品銷售量

三、計算題

1. 某公司需要對資本成本進行估價，估計資本成本的有關資料如下：

（1）公司目前有面值為1,000元，票面利率為12%，每半年付息的不可贖回債券；該債券還有5年到期，目前市價為1,051.19元；不考慮發行成本。

（2）公司目前有面值為100元，股息率為10%的優先股，當前市價為116.79元。

（3）公司目前有普通股，當前市價為50元，最近一次支付的股利為4.19元/股，預期股利的永續增長率為5%，該股票的β系數為1.2。公司不準備發行新的普通股。

（4）在資本市場上，國債收益率為7%，市場平均風險溢價估計為6%。

（5）使用的企業所得稅稅率為40%。

求：（1）債券的稅後資本成本。

（2）優先股資本成本。

（3）普通股資本成本。用資本定價模型和股利增長模型兩種方法估計，以兩者的平均值作為普通股資本成本。

（4）假設目標資本結構是40%的長期債券，10%的優先股，50%的普通股，估計公司的平均資本成本。

2. 某企業全部固定成本和費用為200萬元（含利息），企業資產總額為4,000萬元，資產負債率為30%，負債平均利息為5%，淨利潤為550萬元，企業使用的所得稅稅率為25%。

求：（1）計算DOL、DFL和DTL。

（2）預計營業收入增長20%，則企業每股收益增長多少？

3. 某公司目前有兩種可供選擇的資本結構：

（1）方案一：公司的資產負債率為20%，其負債利息率為10%，股東要求的必要報酬率為10%。

（2）方案二：公司的資產負債率為50%，則其負債利息率為10%，股東要求的必要報酬率為20.50%。

（3）該公司適用的所得稅稅率為25%。

要求：

（1）利用加權平均資本成本進行判斷，公司應採用哪種資本結構？（百分位保留兩位小數）

（2）假設公司目前處於除存在所得稅外，其餘滿足完美資本市場假設前提的資本市場中，要求判斷所得稅是否影響了資本市場的均衡。

4. 市場的無風險報酬率為8%，平均風險股票報酬率為10%，某公司的普通股β值為1.2，求普通股的資本成本。

第四章　籌資管理概述

學習目標

　　要求學生通過本章學習，瞭解企業籌資的動機、原則，籌資的渠道與方式，掌握財務預算的各種編製方法，尤其是現金預算的編製。

本章內容

　　企業籌資概述：企業籌資的動機，企業籌資的原則，企業籌資的分類，籌資渠道與方式；**資金需要量預測**：定性預測法，資金習性預測法，趨勢預測法，銷售百分比法；**財務預算**：財務預算的意義和作用，財務預算的編製，財務預算的方法。

　　資本是企業組織生產經營活動的前提條件，也是再生產活動的必要保證。籌集資本對保證企業生產經營需要，促進企業發展有著重要作用。籌集資金也是企業財務活動的起點，籌資管理是企業財務活動的重要內容。

第一節　企業籌資概述

　　企業籌資是指企業在國家宏觀調控政策的指導下，根據自身的生產經營活動現狀和未來發展需要，經過預測，選用合適的籌資渠道和籌資方式取得資本的過程。籌資既是企業理財的起點，也制約著資本的投放和使用。

一、企業籌資的動機

　　企業籌資的基本目的是為了自身的生存和發展。具體說來，企業籌資的動機有以下幾種：

　　（1）設立性籌資動機，是企業設立時為取得資本金而產生的籌資動機。

　　（2）擴張性籌資動機，是企業為擴大生產經營規模或增加對外投資而產生的追加籌資的動機。

　　（3）調整性籌資動機，是企業因調整現有資本結構的需要而產生的籌資動機。

　　（4）混合性籌資動機，是企業同時既為擴張規模又為調整資本結構而產生的籌資動機。

二、企業籌資的原則

　　企業籌資決策涉及籌資渠道與方式、籌資數量、籌資時機、籌資結構、籌資風險、籌資成本等。其中籌資渠道受到籌資環境的制約，外部的籌資環境和企業的籌資人共同決定了企業的籌資方式；籌資數量和籌資時機受到企業籌資戰略的影響，反應了企業發展戰略目標；籌資結構取決於企業所處的發展階段，是企業通過控制和利用財務風險來實現企業價值最大化的決策，它和企業的經營風險以及財務風險大小有關。企業籌資應當有利於實現企業順利健康成長和企業價值最大化。企業籌資制度必須在宏觀籌資體制的框架下做出選擇，因此受到國家金融制度安排的約束。

具體來說，企業籌資應當遵循以下基本原則：

1. 合理確定資金需要量

企業的資金需要量往往是不斷波動的。企業財務人員要認真分析科研、生產經營狀況，採用一定的方法，預測資金的需要量。這樣，既能避免因資金籌集不足影響生產經營的正常進行，又可防止資金籌集過多造成資金閒置。

2. 適時取得資金

同等數量的資金，在不同時點上具有不同的價值。企業財務人員在籌集資金時，必須熟知資金時間價值的原理和計算方法，以便根據資金需求的具體情況，合理安排資金的籌集時間，適時獲取所需資金。這樣，既能避免過早籌集資金形成資金投放前的閒置，又能防止取得資金的時間滯後，錯過資金投放的最佳時間。

3. 認真選擇資金來源

資金的來源渠道和資金市場為企業提供了資金的源泉和籌資場所，它反應了資金的分佈狀況和供求關係，決定著籌資的難易程度。不同來源的資金，對企業的收益和成本有不同影響，因此，企業應認真研究資金來源渠道和資金市場，合理選擇資金來源。

4. 確定最優的籌資方式

在確定籌資數量、籌資時間、資金來源的基礎上，企業在籌資時還必須認真研究各種籌資方式。企業籌集資金必然要付出一定的代價，不同籌資方式條件下的資金成本有高有低。為此，企業就需要對各種籌資方式進行分析、對比，選擇經濟、可行的籌資方式。與籌資方式相聯繫的問題是資金結構問題，企業應確定合理的資金結構，以便降低成本，減少風險。

三、企業籌資的分類

企業籌集的資金可按多種標準進行分類。

1. 按照資金的來源渠道不同，分為權益籌資和負債籌資

企業通過發行股票、吸收直接投資、內部累積等方式籌集的資金都屬於企業的所有者權益或稱為自有資金。企業通過發行債券、向銀行借款、融資租賃等方式籌集的資金屬於企業的負債或稱為借入資金。企業採用吸收自有資金的方式籌集資金，財務風險小，但付出的資金成本相對較高；企業採用借入資金的方式籌集資金，一般承擔風險較大，但相對而言，付出的成本相對較低。

2. 按照資金取得的方式不同，分為內源籌資和外源籌資

內源籌資，是指企業將自身的儲蓄（折舊和留存收益）轉化為投資的過程。內源籌資具有原始性、自主性、低成本性和抗風險性等特點，是企業生存與發展不可或缺的重要組成部分。其中，折舊是以貨幣形式表現的固定資產在生產過程中發生的有形和無形損耗，它主要用於重置損耗的固定資產的價值；留存收益是投資或債務清償的主要資金來源。企業以留存收益作為融資工具，不需要實際對外支付利息或股息，不

會減少企業的現金流量，也不需要支付融資費用。外源籌資，是指企業吸收其他經濟主體的閒置資金，使之轉化為自己投資的過程，包括股票發行、債券發行、商業信貸等。外源籌資具有高效性、靈活性、大量性和集中性等特點。

3. 按照所籌資金使用期限的長短，分為短期資金籌集和長期資金籌集

按照資金使用期限的長短，可把企業籌集的資金分為短期資金與長期資金。短期資金一般是指供 1 年以內使用的資金。短期資金主要投資於現金、應收帳款、存貨等，一般在短期內可收回。短期資金常採取利用商業信用和取得銀行流動資金借款等方式來籌集。長期資金一般是指供 1 年以上使用的資金。長期資金主要投資於新產品的開發和推廣、生產規模的擴大、廠房和設備的更新，一般需要幾年甚至十幾年才能收回。長期資金通常採用吸收投資、發行股票、發行公司債券、長期借款、融資租賃和內部累積等方式來籌集。

四、籌資渠道與方式

企業籌資活動需要通過一定的渠道並採用一定的方式來完成。

1. 籌資渠道

籌資渠道是指客觀存在的籌措資金的來源方向與通道。認識和瞭解各籌資渠道及其特點，有助於企業充分拓寬和正確利用籌資渠道。中國企業目前籌資渠道主要包括以下幾類：

（1）銀行信貸資金

銀行對企業的各種貸款，是中國目前各類企業最為重要的資金來源。中國銀行分為商業性銀行和政策性銀行兩種。商業性銀行是以營利為目的、從事信貸資金投放的金融機構，它主要為企業提供各種商業貸款。政策性銀行是為特定企業提供政策性貸款。

（2）其他金融機構資金

其他金融機構主要指信託投資公司、保險公司、租賃公司、證券公司、財務公司等。它們所提供的各種金融服務，既包括信貸資金投放，也包括物資的融通，還包括為企業承銷證券等金融服務。

（3）其他企業資金

企業在生產經營過程中，往往形成部分暫時閒置的資金，並為一定的目的而進行相互投資；另外，企業間的購銷業務可以通過商業信用方式來完成，從而形成企業間的債權債務關係，形成債務人對債權人的短期信用資金占用。企業間的相互投資和商業信用的存在，使其他企業資金也成為企業資金的重要來源。

（4）居民個人資金

企業職工和居民個人的結餘貨幣，作為"遊離"於銀行及非銀行金融機構之外的個人資金，可用於對企業進行投資，形成民間資金來源渠道，從而為企業所用。

（5）國家財政資金

國家對企業的直接投資是國有企業特別是國有獨資企業獲得資金的主要渠道。現有國有企業的資金來源小，其資本部分大多是由國家財政以直接撥款方式形成的，除此以外，還有些是國家對企業"稅前還貸"或減免各種稅款而形成的。不管是何種形式形成的，從產權關係上看，它們都屬於國家投入的資金，產權歸國家所有。

（6）企業內部資金

它是指企業內部形成的資金，也稱企業內部留存，主要包括提取公積金和未分配

利潤等。這些資金的重要特徵之一是，它們無須企業通過一定的方式去籌集，而直接由企業內部自動生成或轉移。

各種籌資渠道在體現資金供應量的多少時，存在著較大的差別。有些渠道的資金供應量多，如銀行信貸資金和非銀行金融機構資金等，而有些相對較少，如企業留存資金等。這種資金供應量的多少，在一定程度上取決於財務管理環境的變化，特別是宏觀經濟體制、銀行體制和金融市場發展速度等因素。

2. 籌資方式

籌資方式是指可供企業在籌措資金時選用的具體籌資形式。它屬於企業資金籌集的主觀能力。企業籌資管理的重要內容是如何針對客觀存在的籌資渠道，選擇合理的籌資方式進行籌資。中國企業目前籌資方式主要有以下幾種：①吸收直接投資；②發行股票；③利用留存收益；④向銀行借款；⑤利用商業信用；⑥發行公司債券；⑦融資租賃；⑧槓桿收購。其中，利用①～③方式籌集的為權益資本；利用④～⑧方式籌集的為負債資本。

3. 籌資渠道與籌資方式的對應關係

籌資渠道解決的是資金來源問題，籌資方式解決的是通過何種方式取得資金的問題。它們之間存在一定的對應關係：一定的籌資方式可能只適用於某一特定的籌資渠道，但是同一渠道的資金往往可採用不同的方式去取得。其對應關係見表 4.1。

表 4.1　　　　　　　　　　籌資渠道與籌資方式的對應關係

籌資方式＼籌資渠道	吸收直接投資	發行股票	銀行借款	發行債券	商業信用	融資租賃
國家財政資金	√	√				
銀行信貸資金			√			
其他金融機構資金	√	√	√	√		√
其他企業資金	√	√		√	√	√
居民個人資金	√	√		√		
企業留存資金	√					

4. 各種籌資方式的比較及其優缺點

（1）發行普通股票是公司籌集資金的一種基本方式。其優點主要有：能提高公司的信譽；沒有固定的到期日，不用償還，沒有固定的利息負擔；籌資風險小，發行限制少。其主要缺點是：資本成本較高，容易分散控制權，新股東分享公司前期盈餘累積，稀釋普通股淨收益，可能引起股價下跌。

（2）銀行借款是企業經常採用的一種籌資方式。其主要優點是：籌資速度快，籌資成本低，借款彈性好。其主要缺點有：財務風險較大，限制條件較多，籌資數額有限。

（3）發行企業債券是企業籌集負債資本的一種重要方式。其主要優點有：資金成本較低，具有財務槓桿效應，能保障控制權。其主要缺點是：財務風險高，限制條件多，籌資額有限。

（4）融資租賃是由租賃公司按承租單位要求出資購買設備，在較長的契約或合同期內提供給承租單位使用的信用業務。它是以融通資金為主要目的的租賃。一般借貸的對象是資金，而融資租賃的對象是實物，融資租賃是融資與融物相結合的、帶有商品銷售性質的借貸活動，是企業籌集資金的一種新方式。融資租賃的主要特點是：出租的設備按承租企業提出的要求，由租賃公司選購後再租給承租企業使用；租賃期較長，接近於資產的有效使用期，在租賃期間雙方無權取消合同；由承租企業負責設備的維修、保養和保險，承租企業無權拆卸改裝設備；租賃期滿，按事先約定的方法處理設備，包括退還租賃公司，繼續租賃，企業留購，即以很少的"名義貨價"（相當於設備殘值的市場售價）買下設備。通常採用企業留購辦法，這樣，租賃公司也可以免除處理設備的麻煩。

其主要優點是：能迅速獲得所需資產，限制少，減少設備陳舊風險，分期支付租金減輕支付風險，且租金稅前列支享受免稅利益。其主要缺點有：資本成本較高，定期支付固定租金負擔重，存在設備殘值的機會損失。

第二節　資金需要量預測

企業籌集資金，首先要對資金需要量進行預測，即對企業未來組織生產經營活動的資金需要量進行估計、分析和判斷。由於企業資金主要用於固定資產和流動資產，而這兩項資產的性質、用途和占用資金的數額並不相同，所以應分別測算。

企業固定資產資金需要量的預測，一般是通過投資決策和編製資本預算來完成的。投資決策、資本預算的編製有一套特殊的方法，如進行可行性研究、計算項目投資的淨現值等。

在企業正常經營的情況下，資金需要量預測是對流動資金需要量進行測算。測算方法可以分為定性預測法和定量預測法兩類。

一、定性預測法

1. 定性預測法的概念

定性預測是指預測者依靠熟悉業務知識、具有豐富經驗和綜合分析能力的人員與專家，根據已掌握的歷史資料和直觀材料，運用個人的經驗和分析判斷能力，對事物的未來發展做出性質和程度上的判斷，然後，再通過一定形式綜合各方面的意見，作為預測未來的主要依據。

定性預測法特別適合於對預測對象的數據資料（包括歷史的和現實的）掌握不充分，或影響因素複雜，難以用數字描述，或對主要影響因素難以進行數量分析等情況。

定性預測偏重於對市場行情的發展方向和施工中各種影響施工項目成本因素的分析，能發揮專家經驗和主觀能動性，比較靈活，而且簡便易行，可以較快地提出預測結果。但是企業在進行定性預測時，也要盡可能地收集數據，運用數學方法，從數量上做出測算。

定性預測的特點在於：①著重對事物發展的性質進行預測，主要憑藉人的經驗以及分析能力；②著重對事物發展的趨勢、方向和重大轉折點進行預測。

定性預測的優點在於：注重對事物發展在性質方面的預測，具有較大的靈活性，易於充分發揮人的主觀能動作用，且簡單迅速，省時省費用。定性預測的缺點是：易受主觀因素的影響，比較側重於人的經驗和主觀判斷能力，從而易受人的知識、經驗和能力的束縛和限制，尤其是缺乏對事物發展作數量上的精確描述。

定量預測的優點在於：注重對事物發展在數量方面的分析，重視對事物發展變化的程度作數量上的描述，更多地依據歷史統計資料，較少受主觀因素的影響。定量預測的缺點在於：比較機械，不易處理有較大波動的資料，更難預測事物的變化。

定性預測和定量預測並不是相互排斥的，而是可以相互補充的，在實際預測過程中應該把兩者正確地結合起來使用。

2. 定性預測法的步驟

第一步，由熟悉財務情況和生產經營情況的專家，根據以往所累積的經驗，進行分析判斷，提出預測的初步意見。

第二步，通過召開座談會或發出表格等形式，對預測的初步意見進行修正補充。

第三步，反覆第二步，得出預測的最終結果。

3. 定性預測常用的方法

定性預測法也稱判斷分析法，包括人的主觀經驗判斷法和客觀的市場調查分析法。下面介紹有關的幾種常用方法：

（1）個人經驗判斷法。個人經驗判斷法是預測人員憑藉個人的知識經驗和分析綜合能力，對預測目標做出未來發展趨勢的推斷。推斷的成功和準確與否取決於個人所掌握的資料，以及分析、綜合和邏輯推理能力。

①相關推斷法。相關推斷法是預測人員根據因果性原理，從已知的相關經濟現象和經濟指標，去推斷預測目標的未來發展趨勢。例如，農村用電的普及和收入的提高與農村電視機的銷量相關。預測人員在調查到農村通電的戶數和收入的增加率時，就可以推斷出農村電視機的銷售量增加額。兒童玩具的需要量增加，可從兒童人數和購買力的提高去推斷。

預測人員運用相關推斷法，應先根據理論分析和實踐經驗，找出影響預測目標的主要因素；再根據因果性原理，進行具體的推斷。

②對比類推法。對比類推法是預測人員依據類比性原理，從已知的相類似經濟事件去推斷預測目標的將來發展趨勢。例如，預測人員需要預測今後一段時間全國照相機市場需求狀況，只需選取若干大、中、小城市及一些有代表性的農村地區進行調查分析，以類推全國總需求的情況。這是一種應用較廣汎的局部總體類推法，除此之外，對比類推法還有產品類推法（根據產品的相似性類推）、地區類推法（根據地區的相似性類推）、行業類推法（根據行業的相似性類推）等。

在應用對比類推法時，應注意相似事物之間的差異。因相似不等於相等，預測人員在進行類推時，根據相似事物的差異往往要作一定的修正，才能提高類推預測的精度。

（2）企業集體經驗判斷法。企業集體經驗判斷法是由預測人員召集企業內部有經驗的管理者（如經理、科長）、業務人員（如銷售員、採購員）和職能部門人員（如會計人員、統計人員）等，組成一個小組，對未來市場的發展趨勢做出判斷預測，最後由預測人員把小組中每個成員的預測意見集中起來，進行綜合處理，得出最後預測結果。小組內的人員可以單獨進行各自的預測，也可以在會上進行充分的討論並調整各自原來的預測結果。企業集體經驗判斷法，相對於個人經驗判斷法有十分明顯的優點，它利用了集體的經驗和智慧，避免了個人掌握的信息量有限和看問題片面的缺點。

企業集體經驗判斷法，又稱為專家小組意見法。很顯然，凡是有豐富經驗和一定預測能力的人員均可成為這裡的"專家"。

預測意見的綜合處理一般分兩步進行：第一步採用主觀概率統計法計算出每個預測者的預測期望值；第二步運用加權平均法或算術平均法計算預測最終結果。

二、資金習性預測法

資金習性預測法是根據資金習性預測未來資金需要量的一種方法。所謂資金習性，是指資金變動與產銷量變動之間的依存關係。按照資金習性可將資金分為固定資金、變動資金和半變動資金。

資金習性預測法就是根據資金占用總額同產銷量的關係來預測資金需要量，採用先分項後匯總的方式預測資金需要量。

設產銷量為自變量 x，資金占用量為因變量 y，它們之間的關係可用公式表示：

$$y = a + bx \tag{4.1}$$

式中：a 為固定資金，b 為單位產銷量所需變動資金。它們之值可用高低點法和迴歸直線法求得。

1. 迴歸直線法

用迴歸直線法估計 a 和 b，可以通過解如下方程組得到：

$$\begin{cases} \sum y = na + b \sum x \\ \sum xy = a \sum x + b \sum x^2 \end{cases} \tag{4.2}$$

解方程組可得 a、b 之值：

$$\begin{cases} b = \dfrac{n \sum y - \sum x \sum y}{n \sum x^2 - (\sum x)^2} \\ a = \dfrac{\sum x^2 \sum y - \sum x \sum xy}{n \sum x^2 - (\sum x)^2} \end{cases} \tag{4.3}$$

2. 高低點法

根據兩點可以決定一條直線的原理，用高點和低點代入直線方程就可以求出 a 和 b。這裡的高點是指產銷業務量最大點及其對應的資金占用量，低點是指產銷業務量最小點及其對應的資金占用量。將高點和低點代入直線方程：

最大產銷業務量對應的資金占用量 $= a + b \times$ 最大產銷業務量

最小產銷業務量對應的資金占用量 $= a + b \times$ 最小產銷業務量

解方程得：

$$b = \frac{最大產銷量對應的資金占用量 - 最小產銷量對應的資金占用量}{最大產銷量 - 最小產銷量}$$

$a =$ 最大產銷業務量對應的資金占用量 $- b \times$ 最大產銷業務量

或 $=$ 最小產銷業務量對應的資金占用量 $- b \times$ 最小產銷業務量

注意：高點產銷業務量最大，但對應的資金占用量可能最大，也可能不是最大；同樣，低點產銷業務量最小，但對應的資金占用量可能最小，也可能不是最小。

三、趨勢預測法

趨勢預測法是根據事物發展變化的趨勢和有關資料推測未來的方法，適用於事物發展變化呈長期穩定的上升或下降趨勢的情況。趨勢預測法又稱趨勢分析法，是指自變量為時間，因變量為時間的函數的模式。趨勢移動平均法就是典型的代表。

趨勢移動平均法以最近實際值的一次移動平均值為起點，以二次移動平均值估計趨勢變化的斜率，建立預測模型，即：

$$a_t = 2m_t^{(1)} - m_t^{(2)}$$
$$b_t = \frac{2}{n-1}[m_t^{(1)} - m_t^{(2)}] \quad (4.4)$$

式中，a_t 為預測直線的截距；b_t 為預測直線的斜率；n 為每次移動平均的長度；t 為期數；m 為實際數。

趨勢移動平均法的預測模型為：

$$y_{t+k} = a_t + b_t \times k \quad (4.5)$$

式中，k 為趨勢預測期數；y_{t+k} 為第 $t+k$ 期預測值。

［例4.1］取 $n=5$，計算出二次移動平均值如表4.2所示。試用趨勢平均法求第13~15期的預測值。

表4.2　　　　　　　　經營資金占用額及移動平均值計算表

月份	時期 t	實際銷售額	一次移動平均 $m_t^{(1)}$ ($n=5$)	二次移動平均 $m_t^{(2)}$ ($n=5$)
1	1	1,024		
2	2	1,040		
3	3	1,052		
4	4	1,056		
5	5	1,060	1,046.40	
6	6	1,044	1,050.40	
7	7	1,064	1,055.20	
8	8	1,072	1,059.20	
9	9	1,080	1,064.00	1,055.04
10	10	1,088	1,069.60	1,059.68
11	11	1,096	1,080.00	1,065.60
12	12	1,092	1,085.60	1,071.68
次年1月	13	-	-	-

解：取 $t=12$，則 $m_t^{(1)}$、$m_t^{(2)}$ 分別為 1,085.60 和 1,071.68。

$$a_t = 2 \times 1,085.60 - 1,071.68 = 1,099.52$$
$$b_t = 0.5 \times (1,085.60 - 1,071.68) = 6.96$$
$$y_{t+1} = 1,099.53 + 6.96 \times 1 = 1,106.49$$
$$y_{t+2} = 1,099.53 + 6.96 \times 2 = 1,113.45$$

$$y_{t+3} = 1,099.53+6.96×3 = 1,120.41$$

四、銷售百分比法

銷售百分比法是一種以資產負債表中各項目與銷售額之間的變動關係為基礎，利用會計恒等式"資產＝負債＋所有者權益"，對企業預測期的外部籌資額進行預測的一種方法。

銷售百分比法的應用，建立在較為嚴格的假設基礎之上，一旦有關因素發生變動，導致某些假設條件不能滿足，就會使預測的結果與實際資金需求產生重大偏差，引起錯誤的決策。

1. 銷售百分比法的若干假設

任何方法都是建立在一定的假設基礎上的，銷售百分比法也不例外。歸納起來，銷售百分比法的假設條件有以下幾個：

（1）資產負債表的各項目可以劃分為敏感項目與非敏感項目。凡是隨銷售變動而變動並呈現一定比例關係的項目，稱為敏感項目；凡不隨銷售變動而變動的項目，稱為非敏感項目。敏感項目在短時期內隨銷售的變動而發生成比例變動，其隱含的前提是：現有的資產負債水平對現在的銷售是最優的，即所有的生產能力已經全部使用。這個條件直接影響敏感項目的確定。例如，只有當固定資產利用率已經達到最優狀態，產銷量的增加將導致機器設備、廠房等固定資產增加，此時固定資產淨值才應列為敏感資產；如果目前固定資產的利用率並不完全，則在一定範圍內的產量增加就不需要增加固定資產的投入，此時固定資產淨值不應列為敏感項目。

（2）敏感項目與銷售額之間成正比例關係。這一假設又包含兩方面意義：一是線性假設，即敏感項目與銷售之間為正相關；二是直線過原點，即銷售額為零時，項目的初始值也為零。這一假設與現實的經濟生活不相符，比如現金的持有動機除了與銷售有關的交易動機外，還包括投機動機和預防動機，所以即使銷售額為零企業也應持有一部分現金。又如存貨應留有一定數量的安全庫存以應付意外情況，這也導致存貨與銷售額並不總呈現正比例關係。

（3）基期與預測期的情況基本不變。這一假設包含三重含義：一是基期與預測期的敏感項目和非敏感項目的劃分不變；二是敏感項目與銷售額之間成固定比例，或稱比例不變；三是銷售結構和價格水平與基期相比基本不變。由於實際經濟情況總是處於不斷變動之中，基期與預測期的情況不可能一成不變。一般來說，各個項目的利用不可能同時達到最優，所以基期與預測期的敏感項目與非敏感項目的劃分會發生一定的變化，同樣，敏感項目與銷售額的比例也可能發生變化。

（4）企業的內部資金來源僅包括留用利潤，或者說，企業當期計提的折舊在當期全部用來更新固定資產。但是，企業固定資產的更新是有一定週期的，各期計提的折舊在未使用以前可以作為內部資金來源使用，與之類似的還有無形資產和遞延資產的攤銷費用。

（5）銷售的預測比較準確。銷售預測是銷售百分比法應用的重要前提之一，只有銷售預測準確，才能比較準確地預測資金需要量。但是，產品的銷售受市場供求、同業競爭以及國家宏觀經濟政策等的影響，銷售預測不可能是一個準確的數值。

2. 預測的步驟

預測人員進行預測的步驟：

第一步，對歷史數據資料進行審核以判斷哪些財務報表項目與銷售成比例變化，並計算出相關項目與銷售額的百分比。

第二步，運用一定方法預測銷售額。

第三步，借助推斷出的歷史百分比和最新估計的銷售額，估計預測期的單個財務報表項目。

第四步，根據會計恆等公式估計預測期的融資需求量。

預測人員運用銷售百分比法，一般需要借助預計損益表和預計資產負債表。

（1）預計損益表

預計損益表是運用銷售百分比法的原理預測留用利潤的一種報表。預測人員通過編製預計損益表，可以預測留用利潤這種內部籌資的數額，也可以為編製預計資產負債表預測外部籌資數額提供依據。

預測人員運用預計損益表法的基本步驟：

第一步，收集基年實際損益表資料，計算確定損益表各項目與銷售額的百分比。

第二步，確定預測年度銷售額預計數，根據基年實際損益表各項目與實際銷售額的比率，計算預測年度預計損益表各項目的預計數，並編製預測年度預計損益表。

第三步，根據預測年度淨利潤預計數和預定的留用比例，測算留用利潤的數額。

（2）預計資產負債表

預計資產負債表是運用銷售百分比法的原理預測外部籌資額的一種報表。預測人員通過編製預計資產負債表，可以預測資產和負債及留用利潤等相關項目的數額，進而預測企業需要外部籌資的數額。

預測人員運用預計資產負債表法的基本步驟：

第一步，取得基年資產負債表資料，並計算其敏感項目與銷售收入的百分比。

第二步，確定預測年度銷售收入預計數，編製預測年度預計資產負債表。

第三步，利用預測年度預計資產負債表中預計資產負債總額和預計負債總額及所有者權益總額的差額，預算預測年度需要外部籌資的數額。

預測人員根據預計資產負債表和各項目的銷售百分比確定預計資產、預計負債、預計所有者權益；根據預計損益表確定預計留存收益增加額，然後，再確定外部融資需求量。計算公式如下：

預計留存收益增加額＝預計銷售額×銷售淨利率×（1－股利支付率）

外部融資需求數額＝預計總資產－預計總負債－預計所有者權益

＝資產增加額－負債自然增加額－留存收益增加額

＝新增銷售額×（資產銷售百分比－負債銷售百分比）－留存收益增加額

第三節　財務預算

一、財務預算的意義和作用

1. 財務預算的意義

財務預算是一系列專門反應企業未來一定預算期內財務狀況、經營成果及現金收支等價值指標的各種預算的總稱。財務預算具體包括營業預算、狹義財務預算和資本支出預算三大部分。

營業預算是指對企業日常的生產經營活動所編製的預算，包括銷售預算、生產預算、直接材料預算、直接人工預算、製造費用預算、生產成本預算、銷售及管理費用預算等。狹義財務預算是對有關現金收支、企業財務狀況、經營成果的預算。資本支出預算是指對企業投資性活動的預算。

2. 財務預算的作用

財務預算具有以下作用：

（1）規劃。財務預算使管理階層在制訂經營計劃時更具前瞻性。

（2）溝通和協調。企業通過預算編製讓各部門的管理者更好地扮演縱向與橫向溝通的角色。

（3）資源分配。由於企業資源有限，企業通過財務預算可將資源分配給獲利能力相對較高的相關部門或項目產品。

（4）營運控制。預算可視為一種控制標準，將實際經營成果與預算相比較可讓管理者找出差異，分析原因，改善經營。

（5）績效評估。企業通過預算建立績效評估體系可幫助各部門管理者做好績效評估工作。

二、財務預算的編製

編製財務預算是企業財務管理的一項重要工作。財務預算的編製需要以財務預測的結果為根據，並受到財務預測質量的制約；財務預算必須服從決策目標的要求，使決策目標具體化、系統化、定量化。財務預算的編製方法有固定預算、彈性預算、零基預算、概率預算和滾動預算。

根據企業的經營目標，科學合理地規劃、預計及測算未來經營成果、現金流量增減變動和財務狀況，並以財會會計報告的形式將有關數據系統地加以反應的工作流程，稱為財務預算編製。財務預算由預算損益表、預算現金流量表、預算資產負債表組成。財務預算的期間一般為一年，並與企業的會計年度保持一致，以便於企業在實際的經營過程中，對財務預算執行情況進行監督、檢查、分析。

1. 編製財務預算的準備

（1）確定財務預算的目標。財務預算要以企業經營目標為前提。企業經營目標包括：利潤目標以及為實現這一目標的相關目標，如銷售收入目標、成本控制目標、費用控制目標等。對相關的經營目標及財務預算指標，要進行綜合分析及平衡。

（2）資料的收集。企業在編製財務預算以前，要收集編製財務預算的有關資料，要充分收集企業內部及外部的歷史資料，掌握目前的經營及財務狀況以及未來發展趨勢等相關資料，並對資料採用時間序列分析及比率分析的方法，研究分析企業對各項資產運作的程度及運轉效率，判斷有關經濟指標及數據的增減變動趨勢及相互間的依存關係，測算出可能實現的預算值。

（3）匯總企業業務方面的預算。企業各部門編製的各項業務預算，如銷售預算、生產預算、成本費用預算、材料、低值易耗品採購預算、直接人工預算等，是編製財務預算的重要依據。企業在編製財務預算前，應將匯總的各項業務預算的數據及經濟指標，加以整理、分析，經相互勾稽確認後，作為財務預算各表的有關預算數。

（4）財務預算的編製程序。企業編製財務預算，首先應以銷售預算的銷售收入為起點，以現金流量的平衡為條件，最終通過預算損益表及資產負債表綜合反應企業的經營成果及財務狀況。財務預算的一系列報表及數據，環環緊扣、相互關聯、互相補充，形成了一個完整的體系。

2. 財務預算的編製

（1）預算損益表

預算損益表綜合反應企業在預算期間的收入、成本費用及經營成果的情況。由於整個財務預算是以營業收入為起點，因此，在預算損益表中只有確定了營業收入，才能進一步對與營業收入配比的營業成本進行規劃和測算。營業收入超過營業成本的部分稱為毛利，而毛利是確定企業盈利的關鍵。企業經營費用、管理費用、財務費用的支出，利潤的實現，都依賴於毛利。預算損益表的構成要素、數據來源及平衡關係如下：

項目數據來源：

A：營業收入（銷售預算及預測）；

B：營業成本（成本預算及預測）；

C：毛利等於 A-B；

D：銷售費用（銷售費用預算及預測）；

E：管理費用（管理費用預算及預測）；

F：財務費用（預算現金流量表中"發生籌資費用及償付利息所支付的現金"）；

G：投資收益（被投資企業的財務預算或者通過對被投資企業歷年經濟效益及投資回報的資料分析）；

H：利潤等於 C-D-E-F+F；

I：所得稅等於 H×稅率；

J：淨利潤等於 H-I。

（2）預算現金流量表

現金流量預算是以經營活動、投資活動、籌資活動產生的現金流入及流出量，反應企業預算期間現金流量的方向、規模和結構的。現金流入、流出的淨值反應企業的支付能力和償債能力。企業通過編製現金流量預算，合理地安排、處理現金收支及資金調度的業務，保證企業現金正常流轉及相對平衡。

企業編製現金流量預算，以企業期初現金的結存額為基點，充分考慮預算期間的現金收入，預計期末的理想現金結存額，確定預算期間的現金支出。相互的關係可用公式表示為：

$$\text{期初現金結存額} + \text{預算期間的現金收入} - \text{預算期末理想的現金結存餘額} = \text{預算期間的現金支出}$$

①期初現金結存數據，來源於預算資產負債表貨幣資金的期初數。

②現金收入由以下三個方面組成：經營活動、投資活動、籌資活動產生的現金收入。

A. 經營活動產生的現金收入，主要來源於銷售商品或提供勞務的現金收入、租金收入、其他與經營活動有關的收入。它等於銷售收入及其他經營收入，加或減應收、預收款項的期末與期初的差額。

B. 投資活動產生的現金收入，主要來源於對外投資收到的回報，收回投資，處置固定資產、無形資產和其他長期資產收到的現金。其中，對外投資收到的現金，由預算損益表的投資收益，加或減有關應收、預收款項的期末與期初的差額；收回投資收到的現金，根據董事會收回投資的決議，預計長期投資、短期投資的減少數，加或減有關應收、預收款項的期末與期初的差額；處置固定資產或無形資產收到的現金，由處置固定資產或無形資產的淨收益，加或減有關應收、預收款項的期末與期初的差額。

C. 籌資活動產生的現金收入，由吸收權益性投資收到的現金、發行債券收到的現金、借款收到的現金構成。其中，吸收權益性投資收到的現金，為增資配股金額，加或減有關應收、預收款項的期末與期初的差額；借款收到的現金，由預算期間的現金支出與現金收入（不含借款收到的現金淨加數）及期末與期初貨幣資金的差額計算。

③現金支出包括經營活動、投資活動和籌資活動的現金支出。

A. 經營活動的現金支出，包括購買商品或接受勞務支付的現金，支付職工工資以及為職工支付的現金，經營租賃所支付的現金，支付稅金及其他與經營活動有關的現金。

企業在確定購買商品支付的現金時，以材料、低值易耗品採購預算為基礎，要分清現購和賒購，分析賒購的付款時間及金額。購買商品及接受勞務支付的現金，等於採購商品物資及接受勞務金額，加或減應付、預付款項的期末與期初的差額。

企業在確定支付職工工資以及為職工支付的現金時，可在分析往年實際支付直接生產人員、銷售人員、管理人員、其他間接人員工資、獎金及其他各種補助，往年實際為職工支付的住房公積金、醫療保險、養老保險、應付福利費等支出金額的基礎上，調整有關的數據，計算出本期支付職工工資以及為職工支付的現金。它等於預算期間應付職工工資及為職工支付的住房公積金、醫療保險、養老保險等現金支出，加或減應付工資、應付福利費及其他應付款期末與期初的差額。

經營租賃所支付的現金，等於合同或協議確定的應付租金的金額，加或減應付款（租金）的期末與期初的差額。

支付稅金的現金，等於預算期間應付增值稅、營業稅、所得稅和其他稅金及附加，加或減應付稅金及應付稅金附加的期末與期初的差額。

B. 投資活動的現金支出，包括購建固定資產、無形資產和其他長期資產支付的現金，企業權益性投資及債權性投資支付的現金，其他與投資活動有關的現金等支出。它等於投資預算確定的固定資產、無形資產和其他長期資產投資額，加或減涉及投資活動的應付及預付款項變動數。

C. 籌資活動的現金支出，包括分配股利或利潤所支付的現金、支付利息所支付的現金、支付其他與籌資活動有關的現金。支付利息及支付其他與籌資活動有關的現金支出，等於貸款的期初與期末的平均數或籌資活動產生的現金收入乘以利率（或單位籌資成本）。分配股利或利潤所支付的現金，等於董事會或股東大會決議確定的應分配利潤金額，加或減應付股利（利潤）期末與期初的差額。我們將企業現金流入、流出的項目和金額，參照現金流量表的格式填列，即編製成預算現金流量表。

(3) 預算資產負債表

預算資產負債表反應企業在預算期末的資產、負債和所有者權益的全貌及財務狀況。

企業編製預算資產負債表以資產負債表期初數為基點，充分考慮預算損益表、預算現金流量表的相關數據對資產、負債、所有者權益期初數的影響，採用平衡法加以增減後計得。其公式可表示如下：

資產及負債的期末數＝期初餘額＋預算期增加數－預算期減少數
所有者權益期末數＝期初餘額＋預算期增加數
（包括預算期實現的淨利潤）－預算期分紅數

可按資產負債表的分類和順序，把資產、負債和所有者權益的期末數據，予以適當排列後，編製成預算資產負債表。

財務預算編製是建立在一系列預算的假設及管理者的經驗判斷的基礎上的，雖然企業在編製財務預算的過程中，對企業內部或外部的不確定因素作了盡可能周詳的考慮，但是，很難做出全面正確的估計，使財務預算仍然存在一定的局限性。在推行預算過程中如果出現非人為原因的較大差異時，企業應對財務預算作適當修正，以提高財務預算的合理性、客觀性和正確性，發揮財務預算在企業經營管理中的作用。

三、財務預算的方法

財務預算的編製方法有多種，包括定期預算與滾動預算、固定預算與彈性預算、定值預算與概率預算、現基預算與零基預算等。

1. 固定預算

（1）固定預算的含義

固定預算，又稱靜態預算，是指在編製預算時，只將預算期內正常的、可實現的某一固定業務量（如生產量、銷售量）水平作為唯一基礎來編製預算的一種方法。在這種方法下，企業首先確定預算期銷售量（根據市場預測或銷售合同並結合企業生產能力確定的），其次根據固定的銷售量預算銷售收入、產品成本（其中製造費用有部分是固定費用），再次按預算期的可預見變化情況調整計算（以過去實際數額為基礎）營業費用及管理費用，最後編製預算資產負債表和利潤表。

（2）固定預算的缺點

①過於機械呆板。在此方法下，不論未來預算期內實際業務量水平是否發生波動，企業都只按事先預計的某一個確定的業務量水平作為編製預算的基礎。

②可比性差。這也是固定預算方法的致命弱點。當實際業務量與編製預算所依據的預計業務量發生較大差異時，有關預算指標的實際數與預算數之間就會因業務量基礎不同而失去可比性。因此，按照固定預算方法編製的預算不利於正確地控制、考核和評價企業預算的執行情況。

（3）固定預算的適用範圍

一般來說，固定預算方法只適用於業務量水平較為穩定的企業或營利組織編製預算時採用。對於那些未來業務量不穩定、其水平經常發生波動的企業來說，如果採用固定預算方法，就可能會對企業預算的業績考核和評價產生扭曲甚至誤導作用。

例如某成本預算的預計業務量為生產能力的100%，而實際執行結果為120%時，那麼在成本方面實際脫離預算的差異就會包括本不該在成本分析範疇內出現的非主觀因素——業務量增長造成的差異（對成本來說只要分析單位用量差異和單價差異就夠了，業務量差異無法控制，分析也沒有意義）。

2. 彈性預算

（1）彈性預算的含義

彈性預算，又稱變動預算或滑動預算，是為克服固定預算方法的缺陷而設計的，以業務量、成本和利潤之間的依存關係為依據，以預算期可預見的各種業務量水平為基礎，編製能夠適應多種預算的一種方法。

企業編製彈性預算需將成本按成本性態區分為變動成本和固定成本兩部分；選擇經營活動水平的計量單位，一般選用一個最能代表本部門生產經營活動水平的業務量計量，如實物數量、人工工時、機器工時等；確定適用的業務量範圍，一般可定為正常生產能力的70%~110%，或以歷史最高業務量和最低業務量為其上下限；然後根據量本利之間的數量關係，計算出各種業務量水平下的預算數，並通過多水平法（列表方式）或公式法表達出來。

（2）彈性預算的優點

與固定預算相比，彈性預算具有如下兩個顯著的優點：

①預算範圍寬。彈性預算方法能夠反應預算期內與一定相關範圍內的可預見的多種業務量水平相對應的不同預算額，從而擴大了預算的適用範圍，便於預算指標的調整。因為彈性預算不再是只適應一個業務量水平的一組預算，而是能夠隨業務量水平的變動作機動調整的一組預算。

②可比性強。在彈性預算方法下，如果預算期實際業務量與計劃業務量不一致，可以將實際指標與實際業務量相應的預算額進行對比，從而能夠使預算執行情況的評價與考核建立在更加客觀和可比的基礎上，便於更好地發揮預算的控制作用。

（3）彈性預算方法的適用範圍

由於未來業務量的變動會影響成本、費用、利潤等各個方面，因此，彈性預算方法從理論上講適用於編製全面預算中所有與業務量有關的各種預算。但從實用角度看，彈性預算方法主要用於編製彈性成本費用預算和彈性利潤預算等。在實務中，由於收入、利潤可按概率的方法進行風險分析預算，直接材料、直接人工可按標準成本制度進行預算，只有製造費用、銷售費用和管理費用等間接費用應用彈性預算方法的頻率較高，以至於有人將彈性方法誤認為只是編製費用預算的一種方法。

3. 零基預算

零基預算的全稱為"以零為基礎編製計劃和預算的方法"，又稱零底預算，是指企業在編製成本費用預算時，不考慮以往會計期間所發生的費用項目或費用數額，而是將所有的預算支出均以零為出發點，一切從實際需要與可能出發，逐項審議預算期內各項資金的內容及開支標準是否合理，在綜合平衡的基礎上編製費用預算的一種方法。

零基預算不同於傳統的現基預算。現基預算是在上期的基礎上結合預算期的情況，加以適當調整而編製的預算。這種預算方法以過去為基礎，承認過去的就是合理的，雖然編製簡便，但容易導致企業安於現狀，不求進取。

零基預算以零為基礎，首先，要求對各項業務需要的人力、物力和財力進行估算，並說明其效果；其次，進行"成本—效益"分析，將所有項目按性質和輕重緩急及成本效益排列先後順序，一般將必不可少的項目排在前面；最後，將可動用的資本，按排定的順序進行分配投資。這種方法避免了原來不合理支出對預算的影響，有利於充分發揮各級管理人員的積極性，減少資金浪費，特別適用於那些較難分辨其產出的服務性部門。但是，零基預算編製的工作量大，企業一般每隔幾年編製一次，其他年份略作調整。

4. 概率預算

概率預算是企業根據各因素在一定範圍內的變動及在這個範圍內有關數值出現的

概率，計算有關變量在預算期內的期望值來編製預算的方法。概率預算是相對於定值預算而言的。固定預算只考慮了一種業務量水平；彈性預算雖然考慮了多種業務量水平，但在各種不同的業務量水平下的價格、變動成本、固定成本等都是確定不變的。而實際上構成預算的各種變量是不確定的，概率預算正是考慮了這種不確定性，因而編製的預算接近於實際情況，同時還能幫助企業管理者對各種經營情況及結果出現的可能性進行估計，做到心中有數。

5. 滾動預算方法

滾動預算是指預算期始終保持在12個月，即每過一個月就在原預算基礎上補充一個月，從而逐期向後滾動的預算。一般預算的期限是一年，且與會計年度一致，這樣有利於在年度結束時將實際數與預算數進行比較，分析、評價預算執行情況。但因預算是在上一會計年度結束前編製，預算期較長，誤差較大，且管理人員重視預算期，缺乏長遠打算，不利於企業的長期穩定發展。

滾動預算的預算期為一年，一般前幾個月的預算比較詳細具體，後幾個月的預算較籠統。隨著時間的推移，企業經營環境的變化，滾動預算逐漸調整，並自動後續一個月。這樣能保持預算的完整，使企業管理人員對未來一年的經營活動進行持續不斷的計劃，有利於保證企業的經營管理工作穩定而有序地進行。但滾動預算的編製工作比較繁重，編製時可以按月滾動，也可以按季滾動。

課後思考與練習

一、思考題

1. 企業籌資對企業的發展有什麼作用？籌資方式與籌資渠道的對應關係有哪些？
2. 資金需要量的預測有哪幾種方法？各自的優缺點是什麼？
3. 預算損益表、預算現金流量表與預算總資產表各自的著重點是什麼？
4. 混合籌資籌集的是混合性資金。中國上市公司目前取得的混合性資金的主要方式有哪些？

二、練習題

1. 甲公司採用銷售百分比法預測資金需要量，預計2015年的銷售收入為9,000萬元，預計銷售成本、銷售費用、管理費用、財務費用佔銷售收入的百分比分別為60%、2%、15%、1%，適用企業所得稅稅率為25%。若甲公司2015年計劃股利支付率為70%，則該公司2015年留存收益的增加額應為多少？

2. 某企業2011—2014年銷售收入和各項資產、負債如表4.3所示：

表4.3　　　某企業2011—2014年銷售收入和各項資產、負債情況　　　單位：萬元

年度	銷售收入	現金	應收帳款	存貨	固定資產	流動負債
2011	1,550	1,340	1,020	340	500	1,000
2012	1,500	1,500	1,000	1,000	500	1,150
2013	1,680	1,620	830	800	500	1,100
2014	1,700	1,600	1,100	1,100	500	1,250

要求：採用高低點法建立資金預測模型，並預測當2015年銷售收入為1,800萬元

時，企業資金需要總量。

3. 某公司根據歷史資料統計的業務量與資金需求量的有關情況如表4.4所示。已知該公司2012年預計的業務量為100萬件。

表4.4　　　　　　　　某公司歷年業務量與資金需求量　　　　　　單位：萬元

年度	2007	2008	2009	2010	2011
業務量（萬件）	80	95	86	75	92
資金需求量（萬元）	165	180	173	150	190

要求：採用迴歸直線法預測該公司2012年的資金需求量。

4. 某企業在上年度資金平均占用額是3,200萬元，經分析得到，其中不合理的資金占用有200萬元，預計本年的銷售增長率為5%，資金週轉速度增長率為2%，那麼該企業的資金需要量為多少？

5. 已知某企業產銷量與資本需要量如表4.5所示，求2015年的資本需要量。

表4.5　　　　　　　　某企業產銷量與資本需要量　　　　　　單位：萬元

年度	產銷量（萬件）	資本量（萬元）
2010	6.0	500
2011	5.5	475
2012	5.0	450
2013	6.5	520
2014	7.0	550
2015	7.8	x

6. 已知某企業近四年的產銷量和資本需求量如表4.6所示，假定2015年產銷量為6萬件，預計2015年的資本需求量。

表4.6　　　　　　某企業近四年的產銷量和資本需求量　　　　　單位：萬元

年度	產銷量 x（萬件）	資本需要量 y（萬元）	xy	x^2
2010	6.0	500	3,000	36
2011	5.5	475	2,612.5	30.25
2012	5.0	450	2,250	25
2013	6.5	520	3,380	42.25
2014	7.0	550	3,850	49

第五章　短期籌資管理

學習目標

要求學生通過本章學習，瞭解流動負債籌資的特點與意義，理解流動負債籌資的戰略模式和內容，掌握幾種主要流動負債的使用條件、優缺點、成本計算。

本章內容

流動負債籌資概述：流動負債籌資的特點，流動負債籌資的意義，流動負債籌資的戰略模式，流動負債籌資的內容；**短期借款**：短期借款的種類，短期借款的程序，短期借款的成本，短期借款籌資評價；**商業信用**：商業信用的形式，商業信用的條件，商業信用的成本，商業信用籌資評價；**短期籌資的其他方式**：發行短期融資券，定額負債。

第一節　流動負債籌資概述

一、流動負債籌資的特點

流動負債籌資是指企業為滿足臨時性流動資金需要而進行的籌資活動。其資金來源一般要滿足臨時性資產占用的資金，多是通過流動負債方式取得。

當企業因季節性或週期性的經營活動而出現資金需求時，流動負債籌資是較為恰當的途徑。流動負債籌資主要有短期借款、商業信用、發行短期債券和其他短期應付款項等。它與長期負債籌資相比，具有如下一些特點：

1. 籌資成本低

在各種來源中，借款的資金成本最低，而流動負債中的短期借款成本比長期借款和長期債券成本還低，特別是其中的應付帳款、應交稅費、應計費用等自然性籌資方式，根本沒有成本。

2. 籌資速度快

除一些自然性的流動負債籌資項目外，流動負債籌資的很大一部分是短期借款，而企業申請短期借款比申請長期借款更容易、更便捷、更快速。企業通常在提出申請後的很短時間內便可獲得借款。因為短期借款貸款方風險較小，而長期貸款因為貸款時間比較長，貸款方風險大，貸款人需要對申請人的財務狀況、發展能力、獲利情況、還款情況進行全面調查、瞭解及評估後才能做出是否貸款的決定。因此，企業急需資金時，取得短期借款的速度非常快，這也是企業缺少資金時首先想到短期借款的原因。

3. 籌資彈性大

與長期債務相比，流動負債的債權人給了債務人較大的靈活性。長期負債的債權人出於自身的利益，一般都會在借款合同等債務契約中對債權人的行為、借款的用途等加以種種限制。而短期債務的契約中限制條件較少，一般短期債務經過與債權人協商還可展期歸還，從而使企業有較大的自由。尤其是對季節性生產、銷售的企業，短期債務比長期債務具有更大的彈性。

4. 財務風險大

儘管短期債務的成本低於長期負債，但其還款壓力大，所以財務風險較大。主要是因為：一方面，長期債務的利息相對穩定，利息在較長期限內保持不變，企業有時間進行籌劃，而短期債務尤其是短期借款的利率隨市場利率的變化而波動，從而使企業難以應付；另一方面，假如公司過分依賴短期債務即短期債務過多，當負債到期時，公司不得不在短期內籌措大量貨幣資金還債，這樣易導致公司的財務狀況惡化，有時甚至因無法償還債務而破產。

二、流動負債籌資的意義

流動負債籌資具有償還期短、資金成本低、籌資彈性大、穩健性強等特點。因此合理地利用流動負債籌資是企業增加經營資本、優化資本結構、降低籌資成本、提高資金營運效能的良好途徑。若企業在籌集流動負債的同時，注意保持資本的結構比例，保持一個合理的債務水平，會產生積極的作用。

1. 降低籌資成本

流動負債不僅為企業追求最大利潤提供營運資金，同時也減少了籌資費用。企業要實現利益最大化，在很大程度上受企業盈利水平的影響，而負債成本則是直接影響企業盈利水平的重要因素之一。在流動負債中，只有短期借款涉及負債成本即借款的利息費用（稅前列支，有抵稅效應），且短期借款的利息還低於長期借款的利息，使流動負債的成本低於長期負債的成本。

2. 減少債權人控制

流動負債可以增加自有資金的運行成效，同時可以減少債權人控制。在一個正常生產經營的企業，流動負債中的大部分具有經常占用性和相對穩定性。例如，工業企業最低的原材料儲備、在產品儲備和商業企業中存貨最低儲備等占用的資金，一般都是採用短期負債方式籌集的，但卻具有短期資金長期占用的特點。而長期貸款的期限長、風險大，為了規避風險，除借款合同的基本保障條款之外，銀行等債權人通常還會在借款合同中附加各種保護性條款，以確保企業能按時足額償還貸款。

3. 有利於現金的平衡流動與資金的充分利用

一方面，應付帳款與應付股利等流動負債的存在使得資金的流出時間延遲，有利於企業對資金的充分利用；另一方面，短期負債的定期償付性使得企業的現金流入與流出可以較容易達到平衡，短期負債的取得比較容易、迅速，對於企業資金的安排也就較容易。而長期負債的取得卻比較難，取得後帶來的是某一時點上的大量資金的流入流出。取得貸款時，大量資金瞬時流入，企業很難一下子將其充分利用，勢必造成部分資金的閒置；償還貸款時，由於需準備大量的資金，企業易形成財務拮据；由於企業需定期儲備一定的資金，這就又造成了資金暫時閒置，影響了資金效益。

4. 符合穩健性原則，可以避免經營風險

經營風險，主要指由於信息不對稱等原因，企業在投資中面臨的不確定性的風險。由於長期負債的利率與期限確定，企業在長期投資過程中，如果發現投資項目失誤，在放棄投資時，會增加負債的一部分佔有成本。而流動負債則不同，應付股利與應付帳款等由於成本的低廉、短期借款的短期性，使得企業對風險規避的可能性大大增強。

5. 可以增大融資能力

這一點主要是從信用方面考慮的。現在西方很多銀行在評估企業的還貸能力時，很重要的一點是參考企業信用積分，即企業以前的借款信用。對於企業來說，為了實現長期利用短期負債的目的，需進行一定頻率的重複借貸活動，這在客觀上又會增加企業的信用積分，有利於公司的進一步負債籌資。

三、流動負債籌資的戰略模式

(一) 流動資產組合策略

短期負債籌資直接關係到流動資產的穩定性，企業的流動資產一般分為臨時性流動資產（波動性流動資產）和永久性流動資產兩部分。前者是指企業由於季節性或臨時性的原因而持有的流動資產；後者是指企業經營中長期穩定持有的流動資產。企業的資本需求也分為臨時性資本需求和永久性資本需求兩部分。一般情況下，臨時性資本需求通過短期負債籌資來解決，永久性資本需通過長期負債和股權資本籌資來解決。當流動資產所需要的資金來源包括短期籌資和長期籌資兩部分的時候，企業如何利用短期籌資，就需要權衡與不同流動資產的相互關係問題。短期籌資與流動資產組合策略，就是確定短期籌資對不同流動資產的保證程度，由此形成穩健型、激進型、折中型三種組合策略。

1. 籌資策略的類型

（1）穩健型籌資策略

穩健型籌資策略是一種較為謹慎的籌資策略。企業的長期資本不但能滿足永久性資產的資本需求，而且還能滿足部分短期或臨時性流動資產的資本需求。其主要目的是規避風險。採取這一策略，企業短期負債比例相對較低，其優點是可增強企業的償債能力，降低利率變動風險。但這種策略會使企業的資本成本增加，利潤減少；如用股權資本代替負債，還會喪失財務槓桿利益，降低股東的收益率。穩健型籌資如圖 5.1 所示。

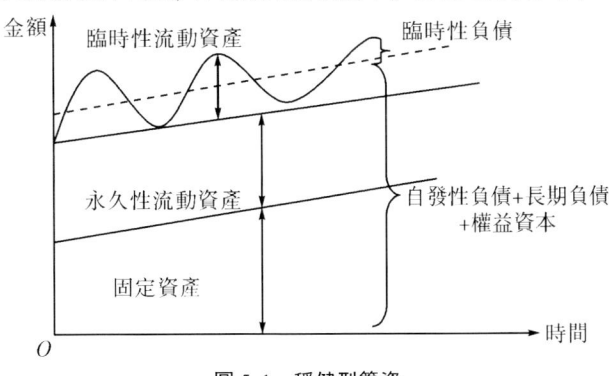

圖 5.1　穩健型籌資

(2) 激進型籌資策略

激進型籌資策略是一種擴張型籌資策略，企業長期資本不能滿足永久性資產的資本需求，要依賴短期負債來彌補。此策略的主要目的是追求高利潤。企業採取這種策略，一方面降低了企業的流動比率，加大了償債風險；另一方面，短期負債籌資利率的多變性又增加了企業盈利的不確定性。激進型籌資如圖5.2所示。

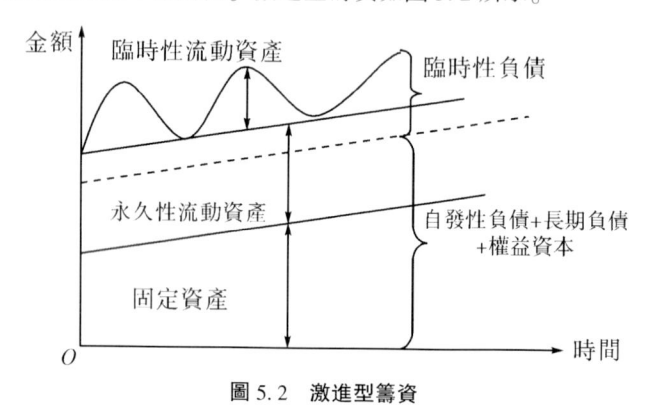

圖5.2 激進型籌資

(3) 折中型籌資策略

折中型籌資策略是一種介於上述兩者之間的籌資策略。企業的長期資本正好滿足永久性資產的資本需求量，而臨時性流動資產的資本需要則全部由短期負債籌資解決。這種策略一方面可以減少企業到期不能償債風險，另一方面可以減少企業閒置資本佔用量，提高資本的利用效率。折中型籌資如圖5.3所示。

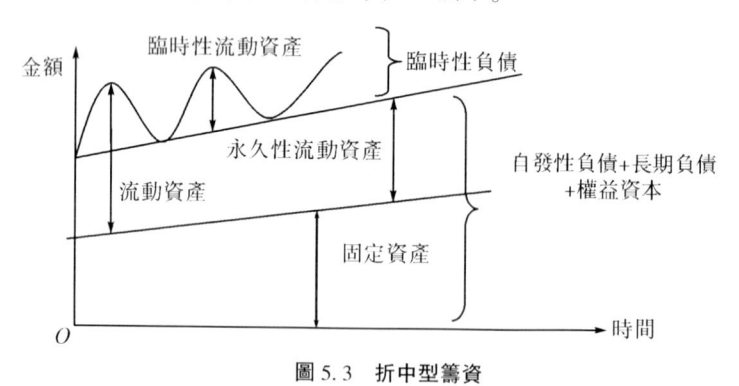

圖5.3 折中型籌資

2. 籌資策略的選擇

企業在選擇組合策略時，還應注意以下幾個問題：
(1) 資產與債務償還期相匹配。
(2) 淨營運資本應以長期資本來源來解決。
(3) 保留一定的資本盈餘。

(二) 短期負債各項目的組合策略

由於短期籌資包括自發性籌資的應付費用，商業信用籌資的應付帳款、應付票據、預收帳款，銀行信用的短期銀行借款等，而不同籌資項目所表現的風險與成本也各不相同，因此，建立起合理的短期籌資內部組合也是財務管理的一項重要工作。企業應當在合法利用自發性籌資的基礎上，盡量利用商品採購結算所形成的商業信用籌資，並將短期銀行借款納入事前計劃之中。短期籌資的內部組合應當首先保證企業的正常資金需求，在保證需求的前提下，盡可能降低短期籌資的綜合成本。因此，短期融資組合應考慮的主要因素有短期融資成本、短期融資的可行性、短期融資的時機、短期融資的彈性、資產所受約束的程度等。

四、流動負債籌資的內容

流動負債籌資大致有短期借款、商業信用以及其他短期融資項目等。

(一) 短期借款

短期借款是企業為解決短期資金需要向銀行或其他金融機構申請借入的歸還期限在一年（含一年）以內的各種借款，具體又可分為擔保借款和信用貸款等。

(二) 商業信用

商業信用是指在商品交易中以延期付款或預收貨款進行購銷活動而形成的借貸關係，是企業間直接的信用行為，具體又包括應付帳款、應付票據、預收帳款和其他應付款等項目。

(三) 其他短期融資項目

其他短期融資項目是指除商業信用、短期借款以外的各項短期融資項目，如經營租賃、應收票據貼現等。

另外，信用證作為國際貿易業務的結算方式，也是一種有意義的流動負債籌資來源。因為企業採用信用證結算方式從交易發生到款項支付有一段時間間隔，並且信用證本質上是由銀行承擔付款責任，它是以銀行信譽代替了付款人的信譽。

第二節　短期借款

短期借款是指企業向銀行或其他非銀行金融機構等借入的償還期限在一年以內（含一年）的各種借款。在社會主義市場經濟條件下，短期借款已成為企業融通短期資金的主要來源之一。

一、短期借款的種類

短期借款可以按不同的標準，劃分為不同的種類。短期借款按照目的和用途可以分為生產週轉借款、臨時借款、結算借款等；按照國際通行做法，還可依償還方式不同，分為一次性償還借款和分期償還借款；按照利息支付方法不同，分為收款法借款、貼現法借款和加息法借款；按有無抵押擔保品，分為無擔保借款和擔保借款等。

(一) 無擔保借款與擔保借款

1. 無擔保借款

無擔保借款也叫信用借款，是指企業憑藉自身的信譽從銀行或其他金融機構取得的借款。這種借款一般只有財務狀況良好、信譽度高的大企業才能取得。企業申請無擔保借款時，需要將企業近期的財務報表、現金預算和預測財務報表提送銀行等金融機構。銀行根據這些資料對企業的風險—收益狀況進行分析後，決定是否向其提供貸款，並擬定具體的貸款條件。具體信用條件有以下幾種：

(1) 信用額度。信用額度亦即信貸限額，是借款人與銀行在協議中規定的允許借款人借款的最高限額。銀行可以根據企業生產經營狀況的好壞核准或調整信貸限額。在信用額度範圍內，銀行可以提供貸款也可以不提供貸款，即不承擔按最高借款限額保證必須提供貸款的法律義務。此外，如果企業信譽惡化，即使銀行曾經同意按信貸限額提供貸款，企業也可能因銀行終止放貸而得不到借款。例如，在正式協議下，約定某企業的信用額度為1,000,000元，該企業前段已借用800,000元尚未償還，則該企業仍可繼續申請200,000元銀行貸款，在正式協議下應予以保證。而在非正式協議下，銀行可以不提供貸款。這種方式最大的優點是為企業提供較大的籌資彈性。企業需要資金時，可在信用額度內貸款，而當企業資金充裕時，可隨時還款，從而避免過多的資金閒置。

信用額度的確立一般以銀行出具的信函通知書為準，上面寫明銀行的信用額度、貸款期限或貸款條件。信用額度的時限大多為1年，但只要借款人的信用風險維持不變，而銀行又能夠接受，信用額度到期後往往可以再續，當信用額度更新時，信用限額、利率及其他條件也會隨之變化。

(2) 週轉信用協議。週轉信用協議是指銀行具有法律義務承諾提供不超過某一最高限額的貸款的協議。在協議有效期限內只要企業的借款總額未超過最高限額，銀行就必須滿足企業隨時提出的借款要求。否則，銀行即構成違約。企業享用週轉信用協議通常要對限額內未使用的部分給付一定的承諾費。因為一旦簽訂了週轉信用協議，銀行對未使用的限額以內的餘額不得貸出或做其他處理，這部分未使用的餘額對銀行來講屬於呆滯資產。因此，銀行相應收取一筆承諾費是必然的。承諾費一般按信用額度中未使用部分的一定比例計算。如雙方簽訂的週轉信用協議中規定貸款最高限額為1,000,000元，企業在年度內使用了800,000元，餘額為200,000元。假設承諾費率為2%，則企業在該年度內應支付的承諾費用為4,000元。因此，在簽訂合同時，企業必須慎重考慮貸款限額及有效期。

$$企業應支付的承諾費 = (1,000,000 - 800,000) \times 2\% = 4,000 （元）$$

週轉信貸協議的有效期通常超過1年，但實際上貸款每幾個月發放一次，所以這種信貸具有短期和長期借款的雙重特點。

(3) 補償性餘額。補償性餘額是指銀行要求借款企業在銀行帳戶中保持的，按貸款數額的一定比例（10%~20%）計算的存款最低餘額。如企業以6.5%的利率向銀行借款100,000元，銀行要求補償性餘額為15%，則實際利率為：

$$\frac{6,500}{100,000 \times (1-15\%)} \times 100\% = 7.65\%$$

從銀行的角度講，補償性餘額可降低貸款風險，補償其可能遭受的貸款損失。對於借款企業來講，補償性餘額則提高了借款的實際利率。

（4）交易貸款。交易貸款是指企業由於特殊原因需要資金而向銀行提出申請所獲得的一次性貸款。例如，為修復遭受自然災害的廠房，企業向銀行所申請的貸款，或企業由於需要完成一項工程而向銀行申請的貸款。交易貸款通常由銀行按項目逐筆審核確定。

2. 擔保借款

擔保借款又稱為抵押借款，是指借款企業根據銀行的要求，以本企業的某些資產作為償債擔保品或以擔保人為擔保而取得的借款。銀行向財務風險較大的企業或對其信譽不甚有把握的企業發放貸款，有時需要有抵押品擔保，以減少自己蒙受損失的風險。短期借款的抵押品經常是借款企業的應收帳款、存貨、股票、債券等。銀行接受抵押品後，將根據抵押品的面值決定貸款金額。貸款金額一般為抵押品面值的30%~90%。這一比例的高低，取決於抵押品的變現能力和銀行的風險偏好。抵押借款的成本通常高於非抵押借款，這是因為銀行主要向信譽好的客戶提供非抵押貸款，而將抵押貸款看成是一種風險投資，故而收取較高的利率，同時銀行往往另收手續費。

借款企業除以自己擁有的應收帳款、存貨、固定資產或其他不動產以及有價證券作為擔保品外，也可以尋求企業以外的與企業有關聯的企業、單位為擔保而取得借款。申請擔保借款時，借貸雙方必需簽訂抵押借款合同；由他人擔保的，與擔保人之間還要簽訂擔保合同，在合同中必須註明擔保品的名稱及有關說明，同時應將該合同送一份給有關政府機關備案，以保證債權人的權益。另外，企業向貸款人提供抵押品，會限制其財產的使用和將來的借款能力。

（1）存貨擔保借款。存貨是企業具有一定流動性的資產，因而也是理想的短期借款擔保品。存貨擔保借款是指以企業的存貨作為擔保品而取得的借款。但由於存貨的性質不同、品種千差萬別，變現速度快慢不一，總體上講存貨是企業流動資產中變現速度最慢的資產。所以銀行一般只願意接受易於保管、容易變現的存貨作為貸款的擔保品。銀行根據擔保品的質量高低來確定貸款比例，也就是說，銀行並非按存貨市價高低直接確定所提供的貸款金額，而是按存貨市價的某一百分比確定貸款的金額。此百分比高低主要取決於企業所提供的存貨的流動性強弱、易損程度、市價穩定程度、變賣難易程度等方面以及企業償還借款的能力，對於有的存貨，銀行所提供的貸款比例高達90%，有的則很低，而有的存貨銀行拒絕用作擔保品。

存貨抵押貸款有多種不同形式，貸款企業可以根據具體情況從中選擇。

①浮動留置權方式。留置權是指債權人對特定資產的索償權。而浮動存貨留置權是指貸款企業將存貨留置權授予銀行，銀行對相應存貨擁有索償權。企業獲得銀行的貸款後，可以出售存貨，但應如期歸還借款。在這類借貸業務實行過程中，因為擔保物（存貨）並不固定，企業可以隨時提取，銀行很難對上述存貨實行嚴密控制。因此銀行通常只向信譽好、償債能力強的企業開展這種業務，而浮動留置權往往只是作為額外保護。由於用作擔保品的存貨一般是大量的、不可標號的、單價較低的存貨，因此即便擔保品具有較好的質量，貸款銀行一般也不願提供較高比例的貸款。在這種融資方式下，利率是在最優惠利率的基礎上另加3%~5%。

②信託收據貸款。信託收據貸款是一種以信託收據為抵押的貸款。採用該貸款方式時，借款企業以存貨作為擔保向銀行取得貸款，屆時開出信託收據交給銀行。銀行對借款企業以貸款購入的存貨保留所有權。存貨可以留在借款企業的倉庫裡，也可以

搬到指定的倉庫裡。借款企業以出售存貨所得的資金作為還款來源。借款企業每銷售一批貨物，須取得銀行同意後提貨，貨物售出後，企業將所得貨款交與銀行，作為歸還借款的一部分，直至借款本息還清，信託收據才予以註銷。與浮動留置權方式不同的是，信託收據貸款方式下所涉及的存貨要求按照順序號碼或用其他方法逐個鑑別，以便避免借款企業出售存貨所得款項不能及時償還銀行，這類貸款方式被汽車銷售商、設備供應商和耐用品銷售商廣泛採用。

③倉庫收據貸款。此貸款方式是指貸款企業利用有關部門開具的存貨倉庫收據向貸款銀行取得借款。根據存貨存放的地點不同，此類貸款又可以具體分為兩類，一類是現場倉庫收據貸款，另一類是公共倉庫收據貸款。

現場倉庫收據貸款方式是指企業以存放在自己倉庫的某些存貨作擔保品向銀行借入短期貸款。在這種方式下，存貨擔保企業在借款企業的倉庫中劃出一指定區域專門存放用作擔保品的存貨。這些存貨始終處於存貨擔保企業的嚴密控制下。存貨企業簽發倉庫收據，貸款銀行依據此倉庫收據向借款企業發放貸款。在此融資方式下，借款企業除了需要向貸款銀行支付貸款利息，還要向存貨擔保企業支付有關費用，所以借款實際成本是比較高的。

公共倉庫收據貸款方式是指貸款企業以存放於公共倉儲企業中的存貨作為擔保品而從銀行獲得貸款。企業將自己的存貨存放在公共倉儲企業的倉庫後，將公共倉儲企業簽發的標明存貨品名、規格和價格總額的收據提供給貸款銀行，該銀行據此向企業發放貸款。在這種方式下，企業只有經貸款銀行同意後方可動用作為擔保品的存貨。該貸款方式下，貸款成本包括貸款利息、銀行手續費及其他存貨費用。

（2）應收帳款擔保借款。應收帳款擔保借款是指以企業持有的應收帳款作為抵押品而取得的借款。借款企業採用此方式籌資時，首先需要將應收帳款單據送到貸款銀行進行審定。銀行將企業所提供的每筆應收帳款作為擔保品。信用等級較低的應收帳款或未評級的應收帳款通常會遭銀行拒絕。此外，一筆應收帳款儘管質量較高，如果其帳面價值較低，銀行通常也會拒收，其原因在於金額較小的應收帳款的管理成本相對較高。銀行確定了可以作為擔保品的各種應收帳款之後，再按其帳面價值總值的一定百分比向借款企業發放貸款。這種貸款的信用風險完全由借款企業承擔。如果作為擔保品的應收帳款無法收回，借款企業應承擔壞帳損失。如果作為擔保品的應收帳款到期後未能收回，借款企業應負責收回逾期的應收帳款，並承擔所發生的收帳費用。應收帳款擔保借款具體又有應收帳款抵押借款和應收帳款讓售借款兩種方式。

①應收帳款抵押借款。應收帳款抵押借款是指借款公司以其擁有的應收帳款債權為擔保品而取得的借款。以這種方式取得借款後，貸款銀行擁有應收帳款的受償權，同時還享有對借款企業的追索權。即在應收帳款到期，對方支付貨款時，貸款銀行直接扣收應收帳款，而將餘額交還企業；而當應收帳款到期不能按時償還時，銀行有權向借款企業扣收借款，同時將應收帳款退還給借款企業，期間的爭議由企業與對方自行協商解決。因此，以應收帳款為抵押取得短期借款，借款企業仍然要承擔應收帳款的違約風險。

②應收帳款讓售借款。應收帳款讓售借款是指借款人將其所擁有的應收帳款的債權轉讓給銀行或金融機構而取得的借款。取得借款後，當購貨方無力支付貨款時，銀行或金融機構不享有對借款企業的追索權，而要自行承擔壞帳損失的風險。在這種借款方式下，借款企業與貸款人必須在抵押協議書中明確規定雙方各自應當遵守的基本

程序和應當承擔的法律責任。當借款企業收到買方訂單時，應填寫信用評估表交貸款人審查，如果貸款人認同並批准貸款後，將銷售發票寄給買方，並要求買方直接將款項付給貸款人；如果貸款人不同意這筆交易，企業應拒絕簽單成交，但如果企業擅自成交了這筆業務，貸款人會拒絕購買這筆應收帳款。因為貸款人既要提供貸款，又要承擔風險。

當應收帳款規模增加時，企業會增加資金需求，由於應收帳款總額增加，企業可以通過該種貸款方式籌集更多的資金，從而解決企業資金需求增加的問題。另外，由於企業的持續經營，原有的應收帳款紛紛收回，而新的應收帳款又源源不斷，因而企業可以持續採用該方式，長期為企業融通所需資金。但企業通過應收帳款向商業銀行借款的利息費用將比最優惠利率高出2%～4%，而且許多銀行還要按貸款金額收取1%～2%的手續費。

（3）第三方擔保貸款。第三方擔保貸款是指由借款企業以外的第三方為企業提供擔保而取得的貸款。在這種貸款方式下，借款企業要同擔保人簽訂擔保合同，還要與貸款人簽訂借款合同，在擔保合同中明確雙方的權利和義務。如果借款企業不能按期歸還借款，擔保人代為清償。擔保人一般是與借款企業關係密切的關聯方。擔保人有監督借款人按期歸還本金支付利息的責任。貸款人還要對擔保人的資格和擔保能力進行審查，以降低貸款人的風險。

（4）有價證券抵押借款。有價證券抵押借款是指企業以自己擁有的其他企業的股票、債券等有價證券作為抵押品而取得的借款。一般在企業不想出售所持有的有價證券，或是為保持對其他企業的控制權而採用這種借款方式。

（二）生產週轉借款與臨時借款

1. 生產週轉借款

生產週轉借款是指企業為滿足生產週轉的需要，在確定的流動資金計劃占用額缺乏足夠的資金來源時從銀行取得的借款。企業根據各項物資儲備，通常都可以預先確定其定額占用量，其資金來源應當是週轉用的營運資金。其數額大致為流動資產扣除流動負債後的部分。企業通過測算可以計算出計劃年度定額流動資金需用量，扣除本年營運資金，如果差額為負數，即為生產週轉借款需用量。企業可以在此範圍內向銀行申請貸款。這種借款期限可根據資金使用情況確定，一般不超過1年。

2. 臨時借款

臨時借款是指企業在生產經營過程中由於臨時性或季節性原因需要超額儲備物資而從銀行取得的借款。

臨時性借款通常是為瞭解決以下幾種情況的資金需要：

（1）原材料季節性儲備。

（2）進口物資集中到貨。

（3）產品由於客觀原因不能及時出售。

（4）引進軟件，換取外匯。

（5）發展名優產品等臨時需要。

臨時性借款的期限應根據物資占用的時間和銷售收入的情況來確定，一般不超過6個月。另外，當銷貨方採取延期收款或分期收款方式銷售商品時，為解決企業資金需要，企業可向銀行申請賣方信貸，即由銷貨（出口）方銀行向本國出口商提供貸款，出口商利用這筆貸款代進口商付款，允許進口商以後分期償還。這種信貸主要適用於向境外銷售商品的情況。

二、短期借款的程序

（一）企業提出借款申請

企業要向銀行借入資金，必須向銀行提出申請，填寫包括借款金額、借款用途、償還能力、還款方式等內容的"借款申請書"並提供有關資料。

（二）銀行進行審查

銀行對企業的借款申請要從企業的信用等級、基本財務情況、投資項目的經濟效益、償債能力等多方面作必要的審查，以決定是否提供貸款。

（三）簽訂借款合同

借款合同是規定借款單位和銀行雙方的權利、義務和經濟責任的法律文件。借款合同包括基本條款、保證條款、違約條款及其他附屬條款等內容。

（四）企業取得借款

雙方簽訂借款合同後，銀行應如期向企業發放貸款。

（五）企業歸還借款

企業應按借款合同規定按時足額歸還借款本息，如到期無法歸還，應在借款到期之前的3~5天內，提出延期申請，由貸款銀行審定是否給予延期。

三、短期借款的成本

短期借款的資金成本體現為使用借款的實際利率。銀行短期借款利率高低通常會隨借款人的類型、貸款的金額與時間的變化而變化。一般而言，借款人承擔的風險越大，貸款的金額越少或經濟越繁榮，則銀行貸款的利率就會越高。在其他條件相同的情況下，銀行短期借款利率會因借款人的信用狀況不同和付息方式的不同，其實際利率經常與名義利率存在差別。現分以下情況進行說明：

（一）收款法借款的實際利率

收款法是指企業在借款到期時向銀行支付利息的方法，也叫利隨本清法。企業採用收款法，借款的實際利率等於借款的名義利率。

$$實際利率 = \frac{支付利息}{借款數量} \qquad (5.1)$$

［例5.1］某企業向銀行借款100,000元，年利率為5%，期限1年。在收款法下的實際利率為：

$$實際利率 = \frac{100,000 \times 5\%}{100,000} = 5\%$$

如果借款計息期限小於1年，企業承擔的實際利率就會大於銀行的名義利率。若用 n 代表1年內還款的期數，則實際利率計算公式為：

$$實際利率 = \left(1 + \frac{年名義利率}{n}\right)^n - 1 \qquad (5.2)$$

［例5.2］某企業向銀行借款的年名義利率為12%，每季付息一次，則該借款的實際利率為：

$$實際利率 = \left(1 + \frac{12\%}{4}\right)^4 - 1 = 12.55\%$$

(二) 貼現法借款的實際利率

貼現法是指銀行向企業發放貸款時，先從本金中扣除利息部分，到期時借款企業則要償還貸款全部本金的方法。採用貼現法時，由於企業實際取得的可用借款額小於借款申請額，因此實際利率就會高於名義利率。

$$實際利率 = \frac{利息支出}{借款總額 - 利息支出} \times 100\% \tag{5.3}$$

［例5.3］某企業向銀行申請了1年期借款，借款申請額為100,000元，利率10%，用貼現法付息。計算該筆借款的實際利率。

$$實際利率 = \frac{10,000}{100,000 - 10,000} \times 100\% = 11.11\% > 10\%$$

即：

$$借款的實際利率 = \frac{名義利率}{1 - 名義利率} \tag{5.4}$$

(三) 加息法借款的實際利率

加息法是指銀行根據名義利率計算的利息加到貸款本金上計算出貸款的本息和，要求企業在貸款期內分期等額償還本息之和的金額。由於借款分期等額償還，借款企業實際上在借款期限內只平均使用了借款本金的一半，但是卻支付了全部利息。因此，該種借款的實際利率大約是其名義利率的兩倍。

$$實際利率 = \frac{利息支出}{借款實際使用額} \times 100\% \tag{5.5}$$

［例5.4］某企業借入1年期年利率為3%的借款100,000元，分12個月等額償還本息，計算該筆借款實際利率。

$$實際利率 = \frac{100,000 \times 3\%}{100,000/2} \times 100\% = 6\%$$

其實際利率為6%，比名義利率翻了一倍。這是因為企業在開始時收到100,000元，並在未來的12個月中，每月末分別支付（100,000+100,000×3%）/12 = 8,583.33元。在這種情況下，由於企業只是在取得借款後的第一個月中借款額為100,000元，而此後借款額逐月減少，實際上企業在整個借款期的平均借款額僅有約50,000元。

(四) 補償性餘額的實際利率

$$實際利率 = \frac{利息支出}{實際借款額} = \frac{名義利率}{1 - 補償性餘額比例} \tag{5.6}$$

［例5.5］某企業向銀行取得一筆200,000元的借款，名義利率為4%。補償性餘額占借款總額的比例為12%，則實際利率為：

$$實際利率 = \frac{200,000 \times 4\%}{200,000 \times (1-12\%)} \times 100\% = \frac{4\%}{1-12\%} \times 100\% = 4.5\%$$

鑒於存在補償性餘額的要求，企業從銀行取得借款以滿足支付需要時，應根據補償性餘額的比例和需要支付的資金額度，確定應該向銀行申請的借款數額。

［例5.6］假定某企業準備從銀行取得200,000元的資金用於支付一筆材料款，銀行的補償性餘額要求為20%，則應申請的借款額為：

$$申請借款額 = \frac{需要的資金}{1-補償性餘額比例} = \frac{200,000}{1-20\%} = 250,000（元）$$

［例5.7］如果企業從銀行取得的上筆借款同時是名義利率為12%的貼現借款，則應向銀行申請的借款額為：

$$申請借款額 = \frac{需要的資金}{1-補償性餘額比例-名義利率} = \frac{200,000}{1-20\%-12\%} \approx 294,118（元）$$

企業對銀行的選擇：

隨著金融信貸業的發展，可向企業提供貸款的銀行和非銀行金融機構逐漸增多，企業有可以在各貸款機構之間做出選擇，以圖對己最為有利。

企業選擇銀行時，重要的是要選用適宜的借款種類、借款成本和借款條件，此外還應考慮下列有關因素：

1. 銀行對貸款風險的政策

通常銀行對其貸款風險有著不同的政策，有的傾向於保守，只願承擔較小的貸款風險，有的富於開拓，敢於承擔較大的貸款風險。

2. 銀行對企業的態度

不同銀行對企業的態度各不一樣。有的銀行肯積極地為企業提供建議，幫助企業分析潛在的財務問題，有著良好的服務，樂於為具有發展潛力的企業發放大量貸款，在企業遇到困難時幫助其渡過難關；也有的銀行很少提供諮詢服務，在企業遇到困難時一味地為清償貸款而向企業施加壓力。

3. 貸款的專業化程度

一些大銀行設有不同的專業部門，分別處理不同類型、不同行業的貸款。企業與這些擁有豐富專業化貸款經驗的銀行合作，會受益更多。

4. 銀行的穩定性

穩定的銀行可以保證企業的借款不致中途發生變故。銀行的穩定性取決於它的資本規模、存款水平波動程度和存款結構。一般來講，資本雄厚、存款水平波動小、定期存款比重大的銀行穩定性好，反之則穩定性差。

四、短期借款籌資評價

1. 短期借款的優點有：

（1）銀行資金充足，實力雄厚，能隨時為企業提供較多的短期借款。對於季節性和臨時性的資金需求，短期借款是一個最簡潔、最方便的途徑。而那些規模大、信譽好的大企業，更可以較低的利率借入資金。

（2）短期借款具有較好的彈性，企業可在資金需要增加時借款，在資金需要減少時還款。

2. 短期借款的缺點主要有：

（1）資金成本較高

企業採用短期借款成本比較高，不僅不能與商業信用相比，與短期融資券相比也高出許多。而抵押借款因需要支付管理和服務費用，成本更高。

（2）限制較多

企業向銀行借款，銀行要對企業的經營和財務狀況進行調查以後才能決定是否貸款，有些銀行還要對企業有一定的控制權，要企業把流動比率、負債比率維持在一定的範圍之內，這些都構成了對企業的限制，使企業的風險加劇。

第三節　商業信用

商業信用是指企業在商業交易中的延期付款、預收貨款或延期交貨而形成的借貸關係，是企業之間的直接信用行為。它是商品交易中貨物和貨款在時間上與空間上的分離，其表現形式主要是"先取貨，後付款"和"先付款，後取貨"兩種，是自然性籌資。這是因為供貨商將貨物賒銷給購貨公司的過程，實質上是將貨物中所含的資金暫時讓渡給購貨方使用的一種籌資行為。這種籌資行為是在企業正常生產經營活動中產生的，只要交易對方允許延期付款或企業按有關規定定期支付某些費用，那麼不用簽訂任何契約，也無須抵押品，企業就可獲得相應短期資金連續使用的權利。

商業信用這種信貸關係產生時間最早，是一種原始的企業間的信用方式。據資料顯示，商業信用這種籌資方式的數量在許多企業中已占到短期負債的40%，甚至更多，因而已經成為企業中比較重要的短期資金來源，具體又包括應付帳款、應付票據、預收帳款、票據貼現、其他應付款等項目。

一、商業信用的形式

（一）應付帳款

應付帳款是指企業因購買商品或接受勞務而暫時未支付的各種款項。企業利用應付帳款融資，是一種最典型、最常見的商業信用形式。在這種方式下，買賣雙方雖然也發生商品交易，但買方收到商品後不是立即支付貨款，也不出具"借據"，而是形成"欠帳"，即賒購商品，推遲一定時間後才付款。賣方利用這種方式促銷；而對買方來說，延期付款相當於從賣方借入資金購進了一批商品，實際上就是獲得了一筆短期融通的資金。應付帳款有其優勢，但是使用要適度，要根據未來銷售量及付款能力確定一個相一致的額度。如果應付帳款超出了應有的限度，則會形成連環拖欠（即通常所說的"三角債"）。所以，這種方式一般只在賣方掌握買方財務信譽的情況下採用。

企業在一定期間內應付帳款數額的大小與企業的生產經營規模狀況有關，也與賣方提供的信用政策、信用條件有關。一般情況下，供應商為盡早收回貨款，在為客戶提供一定的賒銷優惠的同時，都附帶提供一個折扣優惠。如"n/30"表示購買方必須在30天內支付貨款。如"2/10，n/30"表示購貨方在10天內付款可享受2%的折扣，超過10天但必須在30天內付款且無折扣。

（二）應付票據

應付票據屬於商業信用中的票據信用，是一種具有流通性的債務憑證。根據承兌人的不同，應付票據分為商業承兌匯票和銀行承兌匯票兩種。商業承兌匯票是由收款人簽發，經付款人承兌，或由付款人簽發並承兌的票據。若到期時付款人銀行存款帳戶餘額不足以支付票款，銀行不承擔付款責任，只負責將匯票退還收款人，由收款人與付款人自行協商處理。銀行承兌匯票是由收款人或承兌申請人簽發，由承兌申請人向開戶銀行申請，經銀行審查同意，由銀行承兌的票據。若到期時承兌申請人存款餘額不足以支付票款，承兌銀行應向收款人或貼現銀行無條件支付票款，同時對承兌申請人執行扣款，並對未扣回的承兌金額按每天萬分之五計收罰息。經承兌的商業匯票允許背書轉讓。

商業匯票的期限可由交易雙方協商確定，一般為1~6個月，最長不超過9個月，如果是分期付款的交易，應當一次簽發若干張不同期限的商業匯票。應付票據可以帶息，也可以不帶息。帶息票據利息率通常低於短期借款利息率。中國實務中多數為不帶息票據，且使用應付票據提供的融資，一般不用保持補償餘額，所以資金成本很低，幾乎為零。應收票據持有人需要資金時，可持未到期的商業匯票到銀行辦理貼現。

銀行承兌匯票由於有銀行的參與，信譽程度比商業承兌匯票高，它是對外貿易企業經常採用的一種籌資方式。與商業承兌匯票一樣，銀行承兌匯票也可背書轉讓、貼現等，是企業的一種比較靈活的籌資方式。由於應付票據的利率一般比銀行借款利率低，且不用保持相應的補償餘額和支付協議費，所以應付票據的籌資成本低於銀行借款成本。在中國應用較廣的是銀行承兌匯票。

（三）預收帳款

預收帳款是賣方企業在交付貨物之前向買方預收部分或全部貸款的信用形式。對賣方而言，預收帳款相當於向買方借入資金後用貨物抵償。預收帳款一般用於生產週期長、資金需要量大的貨物銷售，生產者經常要向訂貨者預收部分或全部貸款，以緩解企業資金不足的矛盾，有時對信用較差的客戶可能也採用這種銷售方式。

（四）票據貼現

票據貼現是指持票人把未到期的商業票據轉讓給銀行，貼付一定的利息以取得銀行資金的一種信用形式。票據貼現是商業信用發展的產物，其實質為一種銀行信用。企業採用票據貼現的形式，一方面可以使購買方融通臨時資金，另一方面也可使自身及時得到所需要的資金，是企業一種靈活的籌資方式。

二、商業信用的條件

所謂信用條件是指賣方對賒銷活動所作的具體規定，包括現金折扣百分比、折扣期限和信用期限，具體有以下幾種形式：

1. 預收帳款

這是企業在銷售商品時，要求買方在賣方發出貨物之前支付款項的情形。預收帳款一般用於以下兩種情況：企業已知買方的信用欠佳；銷售生產週期長、售價高的產品。在這種信用條件下，銷貨單位可以得到暫時的資金來源，購貨單位則要預先墊支一筆資金。

2. 延期付款，但不涉及現金折扣

這是指企業購買商品時，賣方允許買方在交易發生後一定時期內按發票金額支付貨款的情形。如"n/45"，是指在45天內按發票金額付款。這種條件下的信用期間一般為30~60天，但有些季節性的生產企業可能為其顧客提供更長的信用期間。在這種情況下，買賣雙方存在商業信用，買方可因延期付款而取得資金來源。

3. 延期付款，但早付款有現金折扣

在這種條件下，買方若提前付款，賣方可給予一定的現金折扣，如買方不享受現金折扣，則必須在一定時期內付清帳款。如 "2/10, n/30" 便屬於此種信用條件，具體含義為：若買方於購貨發票日算起 10 日內付款，可享受發票金額 2% 的折扣，若於 10~30 天付款則無折扣。現金折扣一般為發票面額的 1%~5%。

三、商業信用的成本

按照信用和折扣取得與否，可將應付帳款這種信用形式分為免費信用、有代價信用和展期信用三種。

(一) 免費信用

免費信用是指購貨方不支付任何代價而獲得的 "免費籌資額"。如果供應商不提供現金折扣，購貨方在信用期內任何時間付款都是無代價的；如果供應商提供現金折扣，購貨方在折扣期內付款也是無代價的。這兩種情況下購貨方所獲得的就是免費信用。反之，在規定的期限內推遲付款或放棄現金折扣就是有代價的。

[例5.7] 某公司購買一批貨物，發票金額為 100,000 元，賣方公司提供的信用條件為 "2/10, n/30"。計算說明其享受商業信用的情況。

解：若公司在 10 天內付款，便可享受免費信用，獲得折扣 2,000 元，免費信用額為 98,000 元。

(二) 有代價信用

有代價信用是指買方以放棄現金折扣為代價而獲得的信用。如在折扣銷售方式下，購貨方如果放棄現金折扣而在信用期內付款，所取得的信用就是有代價信用。但應注意這種代價不是企業的現實付出，而是放棄的一種收益，相當於企業付出的成本，因而企業要對這種成本進行計算，將計算結果與其他短期融資項目相比較，以決定是否應放棄享受現金折扣。

[例5.8] 在例 5.7 中，若企業放棄現金折扣第 30 天付款，則意味著企業延期使用了 98,000 元的信用資金，為此而付出的代價即企業所放棄的現金折扣 2,000 元。用相對數表示的放棄現金折扣成本可以按公式 (5.7) 計算：

$$ 放棄現金折扣成本 = \frac{現金折扣百分比}{1-現金折扣百分比} \times \frac{360}{信用期限-折扣期限} \quad (5.7) $$

$$ 則企業放棄現金折扣的成本 = \frac{2\%}{1-2\%} \times \frac{360}{30-10} = 36.73\% $$

通過計算不難看出，企業放棄現金折扣取得了這筆為期 20 天的資金使用權支付的代價是 2,000 元，其年利率為 36.73%，資金成本是比較高的。

以上計算的放棄現金折扣成本是按單利計算的，若按複利計算，則放棄現金折扣的成本會更高。按複利計算的放棄現金折扣成本為：

$$ 放棄現金折扣的成本 = (1+\frac{現金折扣}{1-現金折扣})^{\frac{360}{信用期限-折扣期限}} - 1 \quad (5.8) $$

上例若按複利計算，則放棄現金折扣的成本為：

$$ 放棄現金折扣的成本 = (1+\frac{2\%}{1-2\%})^{\frac{360}{30-10}} - 1 = 43.9\% $$

正如前所述，企業利用商業信用取得資金的做法是有成本的，表5.1列出了幾種不同信用條件下放棄現金折扣的成本。

表5.1　　　　　　　　不同信用條件下放棄現金折扣的成本

信用條件	單利計算的放棄現金折扣的成本（%）	複利計算的放棄現金折扣的成本（%）
1/10, n/20	36.36	53.59
1/10, n/30	18.18	19.83
2/10, n/20	73.47	106.95
2/10, n/30	36.73	43.86

從表5.1可以看出，企業放棄現金折扣而取得信用期的資金，其成本是非常高的，除非利用的這部分延期付款的資金所產生的收益高於放棄現金折扣的成本，否則企業應在折扣期內及時付款。

(三) 展期信用

展期信用是買方企業超過規定的信用期推遲付款而強制獲得的信用。展期信用雖然不付代價，還可降低實際利率，但它與免費信用相比有天壤之別。它是明顯違反結算紀律而強制取得的，對企業各方面都會帶來一定的影響，可能會使企業在以後的經營活動中遭遇較為苛刻的信用條件，是不可取的。在例5.8中，若企業因資金缺乏而推遲至第50天付款，則其商業信用成本為：

$$\frac{2\%}{1-2\%} \times \frac{360}{50-10} = 18.73\%$$

可見，在企業放棄現金折扣的情況下，推遲付款的時間越長，其放棄現金折扣的成本越小。但要注意，這種成本降低是以企業的信用喪失為代價的，會降低企業的信用等級，甚至存在一定的風險或潛在的危機和成本。

其風險或潛在的危機和成本主要有：①信譽損失。如果企業過度利用展期信用，經常延期支付貸款或嚴重違紀，企業的信譽必將遭受損失，信用等級下降。而不良的信用等級必將影響企業與客戶和金融機構的關係。②利息罰金。有些供應商會向延期付款的客戶收取一定的利息罰金，有些供應商則將逾期應付帳款轉為應付票據或本票，而這兩種正式的付款憑證對供應商更為有利。③停止供貨。拖欠貨款會使供應商停止或推遲供貨，這不但會使企業因停工待料而造成損失，還會使企業喪失銷售的機會而失去企業原有的客戶群。④法律追索。供應商為保護自身利益，在長久索要不能取得貨款的情況下，可能會利用法律手段，如對企業所購材料保留留置權、控制存貨或訴諸法律，致使企業不得不耗費大量的時間、人力和物力，有時甚至會尋求破產保護。

企業究竟是否應該享受現金折扣，應結合實際情況來考慮，具體可作如下考慮：

(1) 將放棄現金折扣成本與企業為支付這筆款項籌資所付出的代價進行比較。如同期銀行借款利率為12%，則買方企業應利用更便宜的銀行借款在折扣期內償還應付帳款，享受現金折扣。

(2) 如果企業在折扣期內將款項用於短期投資，該投資的收益率高於放棄現金折扣的成本，則應放棄折扣而追求更高收益。若放棄現金折扣，企業亦應將付款日推遲至信用期內的最後一天。例如在例 5.8 中，如果有投資回報率 40% 的投資項目，則企業應選擇將資金投放到投資回報率 40%（40%>36.7%）的投資項目上，而不享受現金折扣；並且決定不享受折扣時，應該選擇在第 30 天付款。

[例 5.9] F 公司擬採購一批零件，供應商報價如下：
①立即付款，價格為 9,630 元；
②30 天內付款，價格為 9,750 元；
③31~60 天內付款，價格為 9,870 元；
④61~90 天內付款，價格為 10,000 元。
假設銀行短期貸款利率為 15%，每年按 360 天計算。
要求：計算放棄現金折扣的成本，並確定對該公司最有利的付款日期和價格。
解：①立即付款：
折扣率 =（10,000-9,630）/10,000 = 3.7%
放棄折扣成本 = 3.7%/（1-3.7%）×360/（90-0）= 15.37%
②30 天付款：
折扣率 =（10,000-9,750）/10,000 = 2.5%
放棄折扣成本 = 2.5%/（1-2.5%）×360/（90-30）= 15.38%
③60 天付款：
折扣率 =（10,000-9,870）/10,000 = 1.3%
放棄折扣成本 = 1.3%/（1-1.3%）×360/（90-60）= 15.81%

因為在第 60 天付款時，公司放棄的折扣成本最大，所以最有利的是第 60 天付款 9,870 元。

（3）如有兩家以上供應商提供不同的信用條件，企業應先判斷自身資金實力。當資金充裕，決定享受現金折扣時，企業應選擇現金折扣高的供應商。如果估計不能享受現金折扣時，企業則應權衡放棄現金折扣成本的大小，選擇信用成本最小的一家。

[例 5.10] 在例 5.8 中，若第二家供應商提供的信用條件為"2/20, n/60"，則放棄該現金折扣的成本為：

$$\frac{2\%}{1-2\%} \times \frac{360}{60-20} = 18.37\%$$

應選擇第二家供應商。

四、商業信用籌資評價

商業信用籌資有一定的優點：
（1）籌資便利。企業利用商業信用籌措資金非常方便，因為商業信用與商品買賣同時進行，屬於一種自然性融資，不用作非常正規的安排。
（2）使用靈活且具有彈性。企業可根據某個時期內所需資金的多少，靈活掌握；而且企業一旦取得這種信用貸款後，可以選擇在折扣期內付款、信用期內付款或與供應商協商展期付款，所以選擇性比較大。
（3）籌資成本低。大多數商業信用都是由賣方免費提供的，因此與其他籌資方式相比籌資成本低。若沒有現金折扣，或者企業不放棄現金折扣，以及使用不帶息的應付票據，企業利用商業信用籌資並不產生籌資成本。
（4）限制條件較少。如果企業利用銀行借款集資，銀行往往對貸款的使用規定一些限制條件，而商業信用不需辦理手續，一般也不附加條件，使用比較方便。

其主要缺點是：

（1）期限較短，尤其是應付帳款，企業不可能長期使用，這不利於企業對資金的統籌運用。

（2）對應付帳款而言，若企業放棄現金折扣，則需負擔較高的成本。對應付票據而言，若不帶息，可利用的機會極少，若帶息則成本較高。

（3）在法制不健全的情況下，若企業缺乏信譽，容易造成企業之間相互拖欠，影響資金運轉。

（4）籌資數額有限。應付帳款雖然是企業間的一種持續的自然信用方式，但籌資數額非常有限。

（5）財務風險大。因應付帳款的償還期限短，企業需要準備充足的貨幣資金用來償債，一旦貨幣資金不足，只能以資產償還，或申請破產保護，所以財務風險高。

第四節　短期籌資的其他方式

一、發行短期融資券

（一）短期融資券的產生和發展

短期融資券，又稱商業票據、短期債券，是由大型工商企業或金融企業所發行的短期無擔保本票，是出票人在未來一定日期向持票人無條件付款的書面承諾，是一種新興的籌集短期資金的方式。投資者主要為其他企業和金融機構。

傳統意義上的商業票據最初是隨商品和勞務交易而簽發的一種債務憑證。例如，一筆交易不是採用現金交易，而是採用票據方式進行結算，則當貨物運走後，買方按合同規定的時間、地點、金額，開出一張遠期付款的本票給賣方，賣方持有票據，直至到期日再向買方收取現金。這種商業票據是一種雙名票據，即票據上列明收款方和付款方的名稱。20世紀20年代，美國汽車製造業及其他高檔耐用商品業開始興盛，相關企業為增加銷售量一般都採用賒銷、分期付款等方式向外銷售，這樣在應收帳款上進行了大量投資，從而感到資金不足，在銀行借款受到多種限制的情況下，開始大量發行商業票據籌集短期資金。這樣，商業票據與商品、勞務的交易相分離，演變成為一種在貨幣市場上融資的票據，發行人與投資者形成一種單純的債務、債權關係，而不是商品買賣或勞務供應關係。商業票據上用不著再列明收款人，只需列明付款人，成為單名票據。為了與傳統商業票據區別，我們通常把這種專門用於融資的票據叫作短期融資債券或短期商業債券。

近年來，美國的短期融資券的發行已逐漸成為許多類型企業的一個重要短期融資渠道，這些企業包括公用事業、金融企業、保險企業、銀行持股企業以及加工製造企業。商業票據的運用不僅是滿足季節性營運資本的需要，而且還是銀行大樓、輪船、輸油管道以及工廠擴建等大型工程的臨時籌資工具。在1979年12月至1984年12月之間，美國發行在外的商業票據數目從1,130億美元上升到2,390億美元，淨增100%之多，而1984年12月美國所有商業銀行的商業和工業貸款總額為4,680億美元，因此，發行在外的商業票據占了銀行工商貸款總額的51%。

在證券市場比較發達的西方國家，許多信譽程度高的大型公司往往通過發行商業票據來籌集短期資本。公司利用發行商業票據滿足如下各種不同的籌資需求：①臨時性或季節性資本需求；②轉換信用，以求連續不斷的資本來源；③當長期資本市場不能提供令人滿意的長期籌資條件時，公司發行短期融資券可暫緩進行長期籌資的時間；④補充或代替商業銀行的短期貸款，由於西方簽發商業匯票不是以現實的商品交易為基礎，而是以公司的信譽作擔保，因此，信用程度較高的公司多利用這種籌資方式來取代短期借款。

(二) 短期融資券的種類

1. 按發行方式，可分為經紀人代銷的融資券和直接銷售的融資券

經紀人代銷的融資券又稱間接銷售融資券，它是指由發行人賣給經紀人，然後由經紀人再賣給投資者的融資券。經紀人包括銀行、投資信託公司、證券公司等。公司委託經紀人發行融資券，要支付一定數額的手續費。

直接銷售的融資券是指發行人直接銷售給最終投資者的融資券。直接發行融資券的公司通常是經營金融業務的公司或自己有附屬金融機構的公司。直接銷售的融資券目前已占相當大的比重。

2. 按發行人的不同，可分為金融的融資券和非金融的融資券

金融的融資券主要指由各大公司所屬的財務公司、各種投資信託公司、銀行控股公司等發行的融資券。這種融資券一般都採用直接發行方式。

非金融的融資券是指那些沒有設立財務公司的工商企業所發行的融資券。這些企業一般規模不大，多數採取間接方式來發行融資券。

3. 按融資券的發行和流通範圍，可分為國內融資券和國外融資券

國內融資券是一國發行者在其國內金融市場上發行的融資券。國外融資券是一國發行者在其本國外的金融市場上發行的融資券。

(三) 短期融資券的發行與管理

2005 年 5 月 24 日，中國人民銀行以［2005］第 2 號令和［2005］第 10 號公告分別頒布了《短期融資券管理辦法》以及《短期融資券承銷規程》《短期融資券信息披露規程》兩個配套文件，允許符合條件的非金融企業在銀行間債券市場向合格機構投資者發行短期融資券。

1. 短期融資券的發行

根據《短期融資券管理辦法》第十條的規定，非金融企業申請發行融資券應當符合下列條件：

(1) 企業是在中華人民共和國境內依法設立的企業法人。
(2) 具有穩定的償債資金來源，最近一個會計年度盈利。
(3) 流動性良好，具有較強的到期償債能力。
(4) 發行融資券募集的資金用於本企業生產經營。
(5) 近三年沒有違法和重大違規行為。
(6) 近三年發行的融資券沒有延遲支付本息的情形。
(7) 具有健全的內部管理體系和募集資金的使用償付管理制度。
(8) 中國人民銀行規定的其他條件。

企業發行融資券，均應經過在中國境內工商註冊且具備債券評級能力的評級機構

的信用評級，並將評級結果向銀行間債券市場公示。

近三年內進行過信用評級並有跟蹤評級安排的上市公司可以豁免信用評級。

短期融資券的發行可直接使用自己的銷售力量或委託商業票據代理商。代理商的服務費用一般為面值的0.125%。美國短期融資券的發行一般直接向大型機構銷售，屬私下募集方式，可免除向美國證券交易委員會（Securities and Exchange Commission，縮寫為SEC）這樣的管理機構註冊的麻煩，還可以省去金融仲介服務費用，因此其成本比較低。在美國，短期融資券的成本可以比優惠利率低一個百分點或更多。

發行短期融資券還有一些附加成本，包括以下幾點：

（1）支持信用額度。支持信用額度是指為降低短期融資券的風險，發行融資券的企業要求銀行為其提供一個信用額度作為發行票據的擔保。支持信用額度的付費方式有兩種：①用補償現金餘額的方式，該餘額數值一般約為信用額度未用部分的10%與已用部分的20%之和；②直接付費，費用範圍為信用額度的0.375%~0.75%。

（2）信用評級費用。短期融資券由專門的評級企業，如標準普爾企業、穆迪企業等進行評級，標準普爾企業的等級標準從高信譽至低信譽分別為A1、A2、A3、B、C、D。穆迪企業的等級標準為P1、P2、P3。美國SEC對A3或P3組以下的短期融資券的銷售加以限制。評級費用一般為每年5,000~25,000美元。

新型的短期融資券包括歐洲美元票據以及通用商業票據等。通用商業票據可用各種貨幣標值，但要在美國清算。

2. 短期融資券的相關管理

《短期融資券管理辦法》中還明確了央行依法對融資券的發行和交易進行監督管理，明確了融資券只對銀行間債券市場機構投資人發行，不對社會公眾發行。

短期融資券採取備案發行的方式，其發行規模實行餘額管理制。其期限實行上限管理制，待償還融資券餘額不超過企業淨資產的40%。根據該辦法，短期融資券的發行利率不受管制，融資券在中央結算公司進行無紙化集中登記託管。

融資券的期限最長不超過365天，發行融資券的企業可在最長期限內自主確定每期融資券的期限。

短期融資券採用代銷、包銷、招標等市場化方式發行，發行利率通過市場競爭形成。

（四）短期融資券籌資評價

1. 發行短期融資券的優點

（1）短期融資券籌資的成本低。在西方國家，商業票據的利率加上發行成本，通常要低於銀行的同期貸款利率。這是因辦在採用商業票據籌資時，籌資者與投資者直接往來，繞開了銀行仲介，節省了一筆原應付給銀行的籌資費用。但目前中國商業票據的利率一般要比銀行借款利率高，這主要是因為中國短期融資債券市場剛剛建立，投資者對商業票據這種短期融資債券缺乏瞭解。隨著短期融資債券市場的不斷完善，商業票據的利率會逐漸接近銀行貸款利率，直至略低於銀行貸款利率。

（2）短期融資券籌資數額比較多。銀行一般不會向企業發放巨額的流動資金貸款。如在西方，商業銀行貸款給個別企業的最大金額不能超過該企業資本的10%。因此，對於需要巨額資金的企業，商業票據這一方式尤為適用。

（3）短期融資券籌資能提高企業的信譽。由於能在貨幣市場上發行短期融資券的企業都是著名的大企業，因而一個企業如果能在貨幣市場上發行自己的短期融資券，則說明該企業的信譽很好（發行短期融資券的都是大企業，萬科、中信等都發行過）。

2. 發行短期融資券的缺點

（1）發行短期融資券的風險比較大。短期融資券到期必須歸還，一般不會有延期的可能，到期不歸還，會產生嚴重後果。

（2）發行短期融資券的彈性比較小。只有當企業的資金需求達到一定數量時才能使用短期融資券，如果數量小，則不宜採用短期融資券。另外，短期融資券一般不能提前償還，因此，即使企業資金比較寬裕，也要到期才能還款。

（3）發行短期融資券的條件比較嚴格。並不是任何企業都能發行短期融資券，必須是信譽好、實力強、效益好的企業才能使用，而一些小企業或信譽不太好的企業則不能利用短期融資券來籌集資金。

二、定額負債

（一）定額負債的概念

企業在生產經營過程中，根據有關的費用結算制度、法律和契約規定，有些費用無須立即支付而能在一定時期後才能進行結算、支付，這些費用的發生多是受益在先，支付在後，而且支付期晚於結算期，因此形成了一種企業可長期占用的流動負債，可以作為企業資金的一項補充來源。以應付工資為例，企業通常以半月或月為單位支付工資，在應付工資已經計提但尚未支付的這段時間，就會形成應計未付款。這部分應付費用在西方一般稱為"自然負債"，即這種負債並非企業主動籌資的結果。又因為企業無權擴大其規模，所以中國將其稱為"定額負債"。

（二）定額負債的內容

由於結算原因所形成的這些應付費用即定額負債，有應付工資、應付福利費、應交稅金、應付利息、應付利潤或應付股利、預提費用等。它們都是企業在生產經營和利潤分配過程中已經計提但尚未支付的款項，可以為企業在短期內所利用，從而形成企業的一種短期資金來源。

（三）定額負債籌資評價

從一個持續經營的企業來看，有些應付費用（如應付工資、應交稅費）是隨著銷售水平的增加而增加的，而有些應付費用（應付利息、應付股利）與銷售水平變化的關係並不明顯，甚至無直接關係。但是，這些應付費用在企業內經常存在，只要企業從事經營活動，這些費用就會發生，其中相當一部分金額十分穩定，在支付之前構成了一項能經常占用的資金來源，可用於企業正常的經營週轉。

課後思考與練習

一、思考題

1. 如果現有某企業經營處於季節性低谷中，除自發性負債，不再使用短期借款，那麼這家企業所採用的是哪種營運資金融資政策呢？請說明理由。
2. 與長期負債籌資相比，短期負債籌資的優缺點有哪些？
3. 為什麼中國的商業票據的利率一般要比銀行同期借款利率高，而西方國家剛好相反呢？

4. 比較幾種主要短期負債籌資，各自的優缺點及適用條件是什麼？

二、計算題

1. 某企業從銀行取得借款500萬元，期限1年，名義利率為10%，利息為50萬元，按貼現法付息，計算該項貸款的實際利率。

2. 若某週轉信貸協議額度為300萬元，承諾費率為0.2%，借款企業年度內使用了270萬元，尚未使用的餘額為30萬元，則該企業向銀行支付的承諾費用為多少？

3. 上海奇瑞公司發行了60億元、為期90天、票面利率為7%的優等短期融資券，其他直接費用率是每年0.4%，且該公司利用備用信用額度獲得資金的成本為0.3%，則該公司的短期融資券總成本是多少？

4. 一客戶向某企業購買了原價為900萬元的商品，並在第17天付款，而已知該企業的信用條件是"3/10，2/20，n/30"，則該客戶實際支付的貨款為多少？

5. 已知某企業打算向銀行申請借款300萬元，借款期限為1年，報價利率為9%，求下列幾種情況下的有效年利率：

（1）收款法付息。

（2）貼現法付息。

（3）銀行規定補償性餘額為20%（不考慮補償性餘額存款的利息）。

（4）銀行規定補償性餘額為20%（不考慮補償性餘額存款的利息），並按貼現法付息。

（5）銀行規定本金每月末等額償還，不考慮資金時間價值。

6. 某公司向銀行借入短期借款10,000元，支付銀行貸款利息的方式同銀行協商後，銀行提出三種方案：

（1）採用收款法付息，利率為7%。

（2）採用貼現法付息，利率為6%。

（3）採用加息法付息，利率為5%。

如果你是該公司財務經理，出於公司利益最大化考慮，應採用哪種付息方式？並說明理由。

第六章　長期籌資管理

學習目標

要求學生通過本章學習，瞭解長期籌資的基本內容與方式，學會比較與分析吸收直接投資、股票籌資、債券籌資、長期借款及融資租賃等籌資方式的利弊和適用條件，並基本熟悉各種長期籌資方式的操作程序及有關法律規定。

本章內容

吸收直接投資：吸收直接投資的種類，吸收非現金投資的估價，吸收國家投資，吸收法人投資，吸收直接投資評價；**發行股票**：股票及其種類，股票發行與上市，普通股，優先股；**發行債券**：債券種類及其特點，債券的基本要素，債券的發行，債券的信用評價，債券籌資評價；**長期借款**：長期借款的作用，長期借款的種類，長期借款程序，長期借款償還，長期借款籌資評價；**融資租賃籌資**：租賃及其種類，融資租賃的程序，租金的計算，融資租賃籌資評價。

第一節　吸收直接投資

吸收直接投資是指企業按照"共同投資、共同經營、共擔風險、共享利潤"的原則，吸收國家、法人、個人、外商投入資金的一種籌資方式。吸收直接投資與發行股票、留存收益都屬於企業籌集自有資金的重要方式。它是非股份有限責任公司籌措資本金的基本形式。

吸收直接投資中的出資者都是企業的所有者，他們對企業具有經營管理權。企業經營狀況好、盈利多，各方按出資比例分享利潤；但企業經營狀況差，連年虧損，甚至破產清算，投資各方則按其出資比例在出資限額內承擔損失。

一、吸收直接投資的種類

現代企業制度要求企業產權明晰，所以企業吸收直接投資應按投資主體進行分類和產權登記。吸收直接投資的種類按照投資主體可分為國家投資、法人投資和個人投資。

1. 國家投資

國家投資是指有權代表國家投資的政府部門或者機構以國有資產投入企業，這種情況下形成的資本叫國有資本。這是國有企業融通資金的主要方式。

2. 法人投資

法人投資是指法人單位以其依法可以支配的資產投入企業，這種情況下形成的資本叫法人資本。這種投資發生在法人單位之間，以參與企業利潤分配或獲得控制權為目的，出資方式靈活多樣。

3. 個人投資

個人投資是指社會個人或本企業內部職工以個人合法財產投入企業，這種情況下形成的資本稱為個人資本。它的特點是參加投資的人員較多，但每人投資的數額相對較小，以參與利潤分配為目的。目前，中國金融工具種類明顯不足，投資渠道單一，以較好的投資收益吸引社會公眾的直接投資，不失為一種籌資良策。同時，吸收個人投資也有利於調動社會個人尤其是內部職工關心本企業經營管理的積極性，有利於轉換經營機制。

此外，《中華人民共和國中外合資經營企業法》和《中華人民共和國中外合作經營企業法》均明確規定，外國投資者包括公司、企業、其他經濟組織或者個人，所以，以上吸收直接投資的各種方式中均包括外商投資，唯一不同的是，產權界定和登記的過程中應註明"外資"。

二、吸收非現金投資的估價

直接投資的方式由於種類的細分而多種多樣，可以是貨幣資金，也可以是實物資產（設備、廠房、建築物等），還可以是無形資產（土地使用權、工業產權等）。投入資本的出資方式除國家規定外，應在企業成立時經批准的企業合同、章程中作詳細規定。

現金是進行投資的一種主要形式，它可以直接用於購買生產所需的原材料、機器設備等，也是被投資方希望接受的投資形式。《中華人民共和國公司法》（以下簡稱《公司法》）對現金出資的比例沒有明確規定，實際中往往由投資各方協商確定。

對於非現金投資，中國《公司法》有以下規定：股東以實物、工業產權、非專利技術或土地使用權作為出資的，必須進行作價評估，核實財產，不得高估或者低估作價，並依法辦理其財產權的轉移手續。以工業產權、非專利技術作價出資的金額一般不得超過公司註冊資本的20%，但國家特殊規定的以高科技成果入資的可達到35%。對於非現金投資應按照具有資質的評估機構確定的金額或合同、協議約定的金額進行計價。

1. 非現金流動資產的估價

企業直接吸收的非現金流動資產包括原材料、產成品、在產品、自製半成品、應收帳款和有價證券等，應根據各自的特性採用不同的估價方法：

（1）對原材料、燃料、產成品可採用市價法進行估價；

（2）對在產品和自製半成品可按完工程度折算為相當於產成品的約當產量，再按產成品的估價方法估價；

（3）對應收帳款則應合理估計其壞帳損失，按可收回金額作為評估價值；

（4）對有價證券，能立刻變現的，按可變現淨值估價，不能流通或流通有限制條件的（例如國有股），可按轉讓價格估價。

2. 固定資產的估價

企業直接吸收的固定資產主要包括機器設備、房屋建築物等。其具體的估價方法是：對機器設備一般採用重置成本法或收益現值法，而對房屋建築物則可根據新舊程度、所處地理位置等，在重置成本的基礎上進行一定比例調整而定，或採用市價法確定。

3. 無形資產的估價

（1）對自己研製或自創的無形資產，按照會計準則規定的無形資產入帳方式計價；

（2）對外購無形資產，按市場價值估價；

（3）對其他無形資產則可按收益現值法估價。

三、吸收國家投資

根據《企業國有資本與財務管理暫行辦法》的規定，國家對企業註冊的國有資本實行保全原則，即企業在經營期間內，對註冊的國有資本除依法轉讓外，不得抽回，並且以出資額為限承擔責任。隨著國有資本在競爭行業的戰略性退出和對民營資本和外資的進一步開放，該籌資方式將逐漸減少。在原國有企業的股份制改造中，屬於國家撥款、投資及其增值的部分和撥改貸後用稅前利潤還貸及減免稅收的部分，均應界定為國家投資。企業吸收國家投資一般具有以下特點：①產權歸屬國家；②資金的運用和處置受國家約束較大；③在國有企業中採用比較廣泛。

四、吸收法人投資

隨著企業對外投資、相互持股的增多，吸收法人投資這種籌資方式的運用也越來越廣泛。對於投資企業來說，可以加強與被投資企業的經濟關係，達到降低風險、獲取投資收益的目的。企業吸收法人投資一般具有以下特點：①發生在法人單位之間；②以參與企業利潤分配或獲得控制權為目的；③出資方式靈活多樣。

五、吸收直接投資評價

1. 吸收直接投資的優點

（1）有利於增強企業財務實力和信譽，提高負債籌資能力。吸收直接投資所籌集的資金屬於自有資金，能顯著增強企業信譽和舉債能力，對於擴大企業規模、壯大企業實力具有重要作用。

（2）有利於盡快形成生產能力。吸收直接投資可以直接獲得企業發展所需的機器設備和先進技術，有利於盡快形成生產能力，迅速開拓市場。

（3）有利於降低財務風險。吸收投資可以根據企業的經營狀況向投資者支付報酬，企業經營狀況好，要向投資者多支付一些報酬，企業經營狀況不好，就可不向投資者支付報酬或少支付報酬，比較靈活，所以財務風險較小。

2. 吸收直接投資的缺點

（1）資金成本高。同負債籌資相比，吸收直接投資作為權益資本，一般而言，資金成本較高，特別是企業經營狀況較好和盈利能力較強時，更是如此，因為向投資者支付的報酬是根據其出資的數額和企業實現利潤的多寡來計算的。

（2）控制權易分散。採用吸收投資方式籌集資金，投資者一般都要求獲得與投資數量相適應的經營管理權，這是接受外來投資的代價之一。企業的直接投資者數量越多，企業的控制權越分散，尤其是新增投資比例越高，對原股東控制權的稀釋越明顯，甚至會對企業實行完全控制，可能不利於企業的長期規劃與發展。

第二節　發行股票

一、股票及其種類

1. 股票的含義

股票是股份有限公司為籌措權益性資本而發行的有價證券，是投資者擁有公司股份的憑證。持股人即為公司股東，擁有對股份公司的所有權。這種所有權是一種綜合權利，如參加股東大會、投票表決、參與公司的重大決策、收取股息或分享紅利等。同一類別的每一份股票所代表的公司所有權是相等的。每個股東所擁有的公司所有權份額的大小，取決於其持有的股票數量占公司總股本的比重。股票一般可以通過買賣方式有償轉讓，股東能通過股票轉讓收回其投資，但不能要求公司返還其出資額。股東以其出資額為限對公司負有限責任，承擔風險，分享收益。發行股票籌資是股份有限公司籌措股權資本的基本形式。

2. 股票的種類

按照不同的分類方法，股票可以分為不同的種類。

（1）股票不按股票持有者不同可分為國家股、法人股、個人股。三者在權利和義務上基本相同。不同點是國家股投資資金來自國家，不可轉讓；法人股投資資金來自企事業單位，必須經中國人民銀行批准後才可以轉讓；個人股投資資金來自個人，可以自由上市流通。

（2）股票按股東的權利不同可分為普通股、優先股。普通股的收益完全依賴公司盈利的多少，因此風險較大，但享有優先認股、盈餘分配、參與經營表決、股票自由轉讓等權利。優先股持有人享有優先領取股息和優先得到清償等優先權利，但股息是事先確定好的，不因公司盈利多少而變化，一般沒有投票及表決權，而且公司有權在必要的時間收回優先股。優先股還分為參與優先和非參與優先、累積與非累積、可轉換與不可轉換、可回收與不可回收等幾大類。

（3）股票按票面有無金額可分為有面額股票和無面額股票。有面額股票在票面上標註出票面價值，一經上市，其面額往往沒有多少實際意義；無面額股票僅標明其占資金總額的比例。中國上市的都是有面額股票。

（4）股票按票面是否記名可分為記名股票和無記名股票。記名股將股東姓名記入專門設置的股東名簿，轉讓時須辦理過戶手續；無記名股的股東名字不記入名簿，股東買賣股票後無須過戶。

在中國，股票還有一些其他劃分方式。如，按發行範圍可分為A股、B股、H股、N和S股五種。A股是指已在或獲準在上海證券交易所、深圳證券交易所流通的且以人民幣為計價幣種的股票，這種股票按規定只能由中國居民或法人購買，所以中國股民通常所言的股票一般都是指A股股票；B股是專供境外投資者在中國境內以外幣買賣的特種普通股票，以人民幣為股票面值，以外幣認購和交易，它是境外投資者向中國的股份有限公司投資而形成的股份，在上海和深圳兩個證券交易所上市流通；H股是中國境內註冊的公司在香港發行，並在香港聯合交易所上市的普通股票；N股和S股與H股類同，中國境內企業在境外的紐約交易所上市的股票被稱為N股，而在新加坡交易所上市掛牌的企業股票被稱為 S 股。

二、股票發行與上市

(一) 股票發行

股票的發行是指股份有限公司出售股票以籌集資本的過程。中國《公司法》明確規定，只有股份有限公司才能發行股票，而有限責任公司是不能發行股票的。股份有限公司在設立時要發行股票，設立之後為擴大經營、改善資本結構也會增發新股。股份的發行實行公開、公平、公正的原則，必須同股同權、同股同利。同次發行的股票，每股的發行條件和價格應當相同。任何單位或個人所認購的股份，每股應支付相同的價款。同時，發行股票還應接受國務院證券監督管理機構的管理和監督。

1. 股票發行的規定與條件

按照《公司法》和《中華人民共和國證券法》（以下簡稱《證券法》）的有關規定，股份有限公司發行股票，必須符合以下條件：

（1）每股金額相等。同次發行的股票，每股的發行條件和價格應當相同。

（2）股票發行價格可以按票面金額，也可以超過票面金額，但不得低於票面金額。

（3）股票應當載明公司名稱、公司登記日期、股票種類、票面金額及代表的股份數、股票編號等主要事項。

（4）向發起人、國家授權投資機構、法人發行的股票，應當為記名股票；對社會公眾發行的股票，可以為記名股票，也可以為無記名股票。

（5）公司發行記名股票的，應當置備股東名冊，記載股東的姓名或名稱，住所，各股東所持股份，各股東所持股票編號，各股東取得其股份的日期；發行無記名股票的，公司應當記載其股票數量、編號及發行日期。

（6）公司發行新股，必須具備下列條件：前一次發行的股份已募足，並間隔一年以上；公司在最近三年內連續盈利，並可向股東支付股利；公司在三年內財務會計文件無虛假記載；公司預期利潤率可達同期銀行存款利率。

（7）公司發行新股，應由股東大會做出有關下列事項的決議：新股種類及數額；新股發行價格；新股發行的起止日期；向原有股東發行新股的種類及數額。

中國《股票發行與交易管理暫行條例》還對新設立股份有限公司公開發行股票，原有企業改組設立股份有限公司公開發行股票、增資發行股票及定向募集公司公開發行股票的條件分別做出了具體的規定。

2. 股票發行的程序

股份有限公司在設立時發行股票與增資發行新股，程序上有所不同。

（1）設立發行股票是指股份公司設立時，為募集資本而發行股票，也稱首次發行股票。其程序如下：

①發起人認足股份，交付資金。

②提出募集股份申請，如向社會公開募集資金，發起人必須向國務院證券管理部門遞交募股申請，並投遞相關文件。

③公告招股說明書，製作認股書，簽訂承銷協議和代收股款協議。

④招認股份，繳納股款。

⑤召開創立大會，選舉董事會、監事會。

⑥辦理設立登記，交割股票。

（2）增資發行新股是上市公司在獲得有關部門的批准後，以證券市場的全體投資者為發售對象再次發行股票籌資。其程序如下：

①由股東大會做出發行新股的決議。

②由董事會向國務院授權的部門或省級人民政府申請並經批准。

③公告招股說明書和財務會計報表及附屬明細表，與證券經營機構簽訂承銷合同，定向募集時向新股認購人發出認購公告或通知。

④招認股份，繳納股款。

⑤改組董事會、監事會，辦理變更登記並向社會公告。

3. 股票發行方式

股票發行方式指公司通過何種途徑發行股票。總的來講，股票的發行方式分為公募和私募兩類。

（1）公募，即公司通過仲介機構，公開向社會公眾發行股票。中國《公司法》規定，股份有限公司向社會公開發行股票必須與依法設立的證券經營機構簽訂承銷協議，由證券經營機構承銷。股票承銷又分為包銷和代銷兩種方法。所謂包銷，是根據承銷協議商定的價格，證券經營機構一次性全部購進發行公司公開募集的全部股份，然後以較高的價格出售給社會上的認購者。對發行公司來說，包銷可及時募足資本，免於承擔發行風險；但股票以較低的價格售給承銷商會損失部分溢價。所謂代銷，是證券經營機構代替發行公司銷售股票，並由此獲取一定的佣金，但不承擔股款未募足的風險。公募發行方式的發行範圍廣、發行對象多，易於足額募集資本；股票的變現性強，流通性好；股票的公開發行還有助於提高發行公司的知名度和擴大其影響力，但手續繁雜，發行成本高。

（2）私募，是指不經仲介機構承銷，發行公司向少數特定的對象直接發行股票。這種發行方式由發行公司直接控制發行過程，實現發行意圖，彈性較大，並可以節省發行費用；但往往籌資時間長，發行公司要承擔全部發行風險，並且由於發行範圍小，股票變現性差，需要發行公司有較高的知名度、信譽和實力。

4. 股票發行價格

股票發行價格是投資者認購股票時所支付的價格。股票發行價格通常由發行公司根據股票面額、公司盈利狀況、股市行情和其他有關因素決定。以募集設立方式發行的股票價格由發起人決定；公司增資發行新股的價格由股東大會決定。股票發行價格一般有以下三種：

（1）等價。等價即以股票的票面金額為發行價格，等價發行也稱為平價發行，這種發行方式較為簡便易行，且不受股市變動影響，但缺乏靈活性和市場性。等價發行一般在股票初次發行或在股東內部分攤增資的情況下採用。市場價格往往高於股票面額，使得認購者獲得差價收益，等價發行容易推銷，但對於股份公司無股票溢價收入。

（2）時價。時價即以本公司股票在流通市場上買賣的實際價格為基準確定的股票發行價格。其原因是股票在第二次發行時已經增值，收益率已經發生變化。公司選用時價發行股票，考慮了股票的現行市場價值，對投資者也有較大的吸引力。時價發行時，股票面額與發行價格之間差異歸發行者所有，並轉入公司資本，降低了股票發行成本。從世界範圍內來看，時價發行股票頗為流行，一般在股票公開招股和第三者配股時發行和採用。美國已經完全推行時價發行，德國、法國、日本也經常採用。

（3）中間價。中間價就是以時價和等價的中間值確定的股票發行價格。中間價兼具等價和時價的特點。一般在向股東配股發行股票時採用。

公司按時價或中間價發行股票，股票發行價格會高於或低於其面額。前者稱為溢價發行，後者稱為折價發行。如屬溢價發行，發行公司所獲的溢價款列入資本公積。

股票通常採取溢價發行或等價發行，很少折價發行。公司即使在特殊情況下折價發行，也要施加嚴格的折價幅度和時間等限制。中國《公司法》規定，股票發行價格可按票面金額（即等價），也可以超過票面金額（即溢價），但不得低於票面金額（即折價）。在美國，很多州規定折價發行股票為非法。英國公司法規定只有在特殊情況下，公司才可以折價發行股票，但必須經公司全體股東會議通過，並經法院批准，而且增發新股決議必須限定折價的最大幅度，必須自公司開業後至少1年以後方可折價發行股票。

(二) 股票上市

股票上市，指股份有限公司公開發行的股票經批准在證券交易所進行掛牌交易。經批准在交易所上市交易的股票稱為上市股票。

股份公司申請股票上市，一般出於這樣一些目的：①資本社會化，分散風險；②提高股票的變現能力；③便於籌措新資金；④提高公司知名度，吸引更多顧客；⑤便於確定公司價值。當然，股票上市也產生一些不利影響：公司將負擔較高的信息披露成本；各種信息公開的要求可能會暴露公司的商業秘密；股價有時會扭曲公司的實際情況，影響公司聲譽；可能分散公司的控制權，造成管理上的困難。

1. 股票上市的條件

中國《公司法》規定，股份有限公司申請其股票上市，必須符合下列條件：

（1）股票經國務院證券管理部門批准已向社會公開發行。

（2）公司股本總額不少於人民幣3,000萬元。

（3）向社會公開發行的股份達公司股份總數的25%以上；公司股本總額超過人民幣4億元的，其向社會公開發行股份的比例為10%以上。

（4）公司在最近3年無重大違法行為，財務會計報告無虛假記載。

（5）國務院規定的其他條件。

具備上述條件的股份有限公司經申請，由國務院授權的證券管理部門批准，其股票方可上市。股票上市必須公告其上市報告，並將其申請文件存放在指定的地點供公眾查閱。股票上市公司還必須定期公布其財務狀況和經營情況。

2. 股票上市的暫停與終止

股票上市公司有下列情形之一的，由國務院證券管理部門決定暫停（終止）其股票上市：

（1）公司股本總額、股權分佈等發生變化，不再具備上市條件（限期內未能消除的，終止其股票上市）。

（2）公司不按規定公開其財務狀況，或者對財務報告作虛假記載（且拒絕糾正的，終止其股票上市）。

（3）公司有重大違法行為。

（4）公司最近3年連續虧損（在其後1個年度內未能恢復盈利的，終止其股票上市）。

另外，公司決定解散、被行政主管部門依法責令關閉或者宣告破產的，由國務院證券管理部門決定終止其股票上市。

三、普通股

普通股是股份有限公司發行的無特別權利的股份，也是最基本的、標準的股份，也是公司資金的基本來源。其基本特點在於投資收益（股息和分紅）不是在購買時約定，而是事後根據股票發行公司的經營業績來確定。公司的經營業績好，普通股的收益就高；反之，若經營業績差，普通股的收益就低。當股份有限公司清算時，普通股股東的受償順序往往排在最後。因此，普通股股東的收益可能大起大落，他們所擔的風險最大。當公司獲得暴利時，普通股股東是主要的受益者；而當公司虧損時，他們又是主要的受損者。由此可見，普通股股東當然也就更關心公司的經營狀況和發展前景，他們一般都擁有發言權和表決權，即有權就公司重大問題進行發言和投票表決。在中國上交所與深交所上市的股票都是普通股。

（一）普通股股東權利

依據中國《公司法》的規定，普通股股東主要有以下權利：

1. 出席或委託代理人出席股東大會，並依公司章程規定行使表決權

這是普通股股東參與公司經營管理的基本方式。對於股份制公司來講，普通股股東可能成千上萬，不可能每個人都直接對公司進行管理，因此，普通股股東的管理權主要體現在任何普通股股東都有資格參加公司最高級會議，即每年一次的股東大會，並有發言權，表決權，在董事會選舉中的選舉和被選舉權。如果普通股股東不願參加，也可以委託代理人來行使其投票權。參與管理的權利與持有股份的數量成正比，即持有一股者便有一股的投票權，持有兩股者便有兩股的投票權。普通股股東有權投票選舉公司董事會成員，並有權對修改公司章程、改變公司資本結構、批准出售某些公司資產、吸收或兼併其他公司等重大問題進行投票表決。

2. 股份轉讓權

股東持有的股份可以自由轉讓，無須其他股東的同意或知道，但必須符合《公司法》、其他法規和公司章程規定的條件和程序。在公司股票上市時，股東還可以在證券市場上自由轉讓或出售股票。股東出售股票的原因可有：①對公司的選擇。有的股東由於與管理當局的意見不一致，又沒有足夠的力量對管理當局進行控制，便出售其股票，而購買其他公司的股票。②對報酬的考慮。有的股東認為現有股票的報酬低於所期望的報酬，便出售現有的股票，尋求更有利的投資機會。③對資金的需求。有的股東由於一些原因需要大量現金，不得不出售其股票。

3. 股利分配請求權

這是普通股股東的一項基本權利。持有普通股的股東有權獲得股利，但必須是在公司支付了債息和優先股的股息之後才能分得。普通股的股利是不固定的，一般視公司淨利潤的多少而定，同時，受公司股利政策的影響，分配方案由董事會決定，每個會計年度由董事會根據企業的盈利數額和財務狀況來決定分發股利的多少。

4. 對公司帳目和股東大會決議的審查和對公司事務的質詢權

從原則上講，普通股股東具有查帳權，但由於保密的原因，這種權利常常受到限制。因此，不是每個股東都可自由查帳，這種權利是通過股東每年選舉的不受任何影

響的會計查帳員來行使的。在實踐中，查帳權一般通過委託註冊會計師查證公司的各項財務報表來實現。

5. 分配公司剩餘財產的權利

當公司因破產或結業而進行清算時，普通股股東有權分得公司剩餘資產，但公司破產清算時的財產變價收入，首先要用來清償債務，然後支付優先股股東，最後才能按普通股股東的持股比例分配，財產多時多分，少時少分，如果資不抵債，普通股股東實際上就分不到剩餘財產。所以，在破產清算時，普通股股東很少能分到剩餘財產。

6. 公司章程規定的其他權利

公司章程規定的其他權利，如優先認股權。當公司增發新普通股時，現有股東有權優先（可能還以低價）按持股比例購買新發行的股票，以保持其對企業所有權的原百分比保持不變，從而維持其在公司中的權益。比如某公司原有 1 萬股普通股，而你擁有 100 股，占 1%，現在公司決定增發 10%的普通股，即增發 1,000 股，那麼你就有權以低於市價的價格購買其中 1%即 10 股，以便保持你持有股票的比例不變。

同時，普通股股東也基於其資格，對公司負有義務。中國《公司法》中規定了股東具有遵守公司章程、繳納股款、對公司負有限責任、不得退股等義務。

(二) 普通股籌資評價

1. 普通股籌資的優點

（1）公司發行普通股籌資沒有固定的股利負擔，股利支付與否和支付多少，視公司有無盈利和經營需要而定，經營波動給公司帶來的財務負擔相對較小。由於普通股籌資沒有固定的到期還本付息的壓力，所以財務風險較小。

（2）發行普通股籌資具有永久性，無到期日，不需歸還，這對保證公司最低資本的需要、維持公司長期穩定發展極為有益。

（3）由於投資普通股只需承擔有限責任，且股票流動性好、交易方便，因而公司發行普通股資金來源面廣，能迅速籌集到大量資金，增強公司的財務實力和舉債能力。

（4）發行普通股籌資可以吸引大量投資者，形成多元投資主體，從而引入公眾監督機制，便於轉換企業經營機制，優化法人治理結構。

（5）發行普通股籌資，尤其是配股，使得社會資金流向經濟效益好的行業，從而優化社會資源配置。

2. 普通股籌資的缺點

（1）普通股的資本成本較高。首先，從投資者的角度看，投資於普通股風險較高，相應地要求有較高的投資報酬率；其次，對籌資公司來講，普通股股利從稅後利潤中支付，不具有抵稅效應；最後，普通股的發行費用一般也高於其他籌資方式。

（2）普通股籌資會增加新股東，可能會分散老股東對公司的控制權和收益權。

（3）新股東分享公司未發行新股前累積的盈餘，會降低普通股的每股收益，可能引起股價的下跌。

四、優先股

優先股是指優先於普通股股東獲取股利和公司剩餘財產的股票。優先股的主要特徵是股息率是事先固定的，且在普通股股利之前從稅後利潤中支付。所以，優先股兼具普通股和債務的兩重性質，常常被人稱之為"混血證券"。在國外，優先股是企業籌資中比較常見的一種工具。在中國，雖然《公司法》沒有對優先股做出規定，而且上市公司中也很少發行優先股，但在海外上市的公司已經開始發行優先股。公司發行優先股一般要以發行普通股為前提。公司發行優先股，在具體操作中與發行普通股無大差別。

(一) 優先股的性質

對優先股的性質的認定是不一樣，從法律的角度上看，優先股是屬於公司的權益資本，因為公司發行優先股，籌集的是公司自有的資本，永不退還本金，所以從這一點看，它是屬於權益資本。在普通股股東眼裡，優先股有公司永久性的債務資本性質，因為在公司的股利分配和剩餘財產的分配中，優先股股東占據第一的優先位置，所以在普通股股東看來，優先股股東與債權人沒有區別。在債券持有人眼裡，優先股則屬於股票，因為它屬於主權資產，對債券起保護作用，可以減少債券投資的風險。從公司管理當局和財務人員的觀點來看，優先股是具有雙重性質的有價證券，這是因為，一方面，優先股要支付一定的股息，等同於債券，另外一方面，優先股不還本，且股息於稅後支付，等同於公司的權益性資本。

(二) 優先股的發行動機

1. 防止公司股權分散化

由於優先股股東一般沒有表決權以及選舉權和被選舉權，所以公司發行優先股，就不會造成原有股東對公司權利的分散。

2. 調劑現金餘缺

公司在需要現金資本時可發行優先股，在現金充裕時可贖回部分或全部優先股，從而調劑現金餘缺。

3. 改善公司的資金結構

公司可以通過優先股和普通股的轉化，來達到調節權益資本在公司資本結構中所占比例的目的。

4. 維持舉債能力

從法律的角度看，優先股是屬於公司的自有資本，優先股的發放，增加了公司的舉債能力。

(三) 優先股的種類

1. 按股利能否累積，分為累積優先股和非累積優先股

累積優先股是指在任何營業年度內未支付的股利可累積起來，由以後營業年度的盈利一起支付的優先股股票。一般而言，一個公司只有把所欠的優先股股利全部支付以後，才能支付普通股股利。非累積優先股則反之。

從規避風險的角度看，投資者一般樂於購買累積優先股。因為其風險小，但是報酬低，一般累積優先股的票面股息率低於非累積優先股。

2. 按是否可轉換為普通股股票，分為可轉換優先股與不可轉換優先股

可轉換優先股是股東可在一定時期內按一定比例把優先股轉換成普通股的股票。它是一種期權方式，轉換的比例是事先確定的，其值取決於優先股與普通股的現行價格。不可轉換優先股則反之。

3. 按能否參與剩餘利潤分配，分為參與優先股和非參與優先股

參與優先股是指不僅能取得固定股利，還有權與普通股一同參與利潤分配的股票。非參與優先股則反之。參與優先股分配的額外的股利數額取決於每股普通股股利與每股優先股股利之差。根據參與利潤分配的方式不同，參與優先股又可分為全部參與分配的優先股和部分參與分配的優先股。但是，股份公司一般很少發行參與優先股，大部分優先股都是非參與性的，只能獲得固定的股利。

4. 按是否有贖回優先股票的權利，分為可贖回優先股和不可贖回優先股

可贖回優先股又稱可收回優先股，是指股份公司可以按一定價格收回的優先股股票。公司發行可贖回優先股，一般都事先規定有贖回條款，在贖回條款當中還要規定條款價格。贖回價格往往面值要高。至於是否收回，在什麼時候收回，則由發行股票的公司來決定。不可贖回優先股是指不能收回的優先股股票。公司發行可贖回優先股是為了公司財務有一定的機動靈活性，增加彈性，因為分配給優先股股東的股利是公司財務的一個沉重負擔，這樣公司就可以在困難時期收回優先股，以減少負擔。

(四) 優先股股東的權利

優先股是相對普通股而言的，這種"優先"主要是某些權利上的優先。

1. 優先分配股利權

公司在股利分配的時候，優先分配於優先股股東，其次將剩下的再分配於普通股股東。這一特點是優先股的最主要的特點。

2. 優先分配剩餘資產權

企業破產清算時，進行企業的剩餘財產的分配，優先股股東在此分配的地位上占據第一，也就是說，在優先股股東分配完剩餘財產後，才能進行普通股股東的分配。雖然優先股股東擁有以上兩點優先權，但是，優先股股東是以喪失了在公司經營管理上的表決權為代價的，也就是說優先股股東沒有表決權以及選舉權和被選舉權，他們的管理權限是有局限性的，優先股股東只是在當公司在討論與優先股股東權利相關的事項時才有表決權。

3. 部分管理權

優先股股東的管理權限是有嚴格限制的。通常在公司的股東大會上，優先股股東沒有表決權，但是，當公司研究與優先股有關的問題時，有權參加表決。如討論把一般優先股改為可轉換優先股時，或推遲支付優先股股利時，優先股股東都有權參加股東大會並有權表決。

(五) 優先股籌資的評價

1. 優先股籌資的優點

(1) 沒有固定到期日，不用還本。優先股可以看作是一筆無期限的貸款，無償還本金義務，對可贖回優先股，又附有收回條款，公司可在需要時按一定價格收回，使得利用這部分資本更有彈性，便於掌握公司的資本結構。

(2) 股利既固定又有彈性。優先股採用固定股利，但是固定股利的支付並不構成公司的法定義務，如果公司財務狀況不佳，則可暫時不支付優先股股利。這樣，優先股股東也不能像債權人一樣要求公司破產。

(3) 利於增加公司信譽。從法律上講，優先股屬於自有資金，增加了公司的舉債能力，提高了公司信譽。

（4）可產生財務槓桿利益，增加普通股收益。當公司的淨資產收益率高於優先股利率時，優先股固定的股利會產生財務槓桿利益，優先股發行量越多，普通股收益增量越大。

（5）保持普通股股東對公司的控制權。由於優先股股東一般沒有表決權以及選舉權和被選舉權，因此，優先股的發行不會造成原有股東對公司權利的分散。

2. 優先股的缺點

（1）籌資成本高。這是相對於債務投資而言的。一方面，同發行債券相對比，優先股對公司剩餘財產的索償的順序是排在債權人之後的，它的風險高，所以它對公司要求的報酬率要高於債權人，所以籌資成本高。另一方面，優先股的股利是從稅後淨利潤中支付，不像債務利息是稅前扣除，所以成本高。

（2）籌資限制多。優先股與普通股相比較，籌資限制多。例如，為了保證優先股的固定股利，當企業盈利不多時普通股就不能分到股利。

（3）財務負擔重。優先股要支付固定股利，又不能在稅前扣除，當公司利潤下降的時候，優先股的股利會成為公司的財務負擔。有時不得不延期支付，會影響公司的形象。

第三節　發行債券

債券是社會各類經濟主體為籌措資金而向債券投資者出具的，並且承諾按一定利率定期支付利息和到期償還本金的債權債務憑證。債券性質如同借貸關係中的借據，但這種借貸關係證券化了。債券可以在中途轉讓，但借據一般不能轉讓。非公司制企業發行的債券稱為企業債券，股份有限公司和有限責任公司發行的債券，則稱為公司債券。公司發行債券通常是為某大型投資項目一次籌集大筆長期資本。

一、債券種類及其特點

（一）公司債券的種類

公司債券的種類很多，而且在不同國家、不同地區分類方法也不一樣。基本的分類方法主要有以下幾種：

1. 按是否記名可分為記名公司債券與不記名公司債券

（1）記名公司債券，即在券面上登記持有人姓名，支取本息要憑印鑒領取，轉讓時必須背書，並到債券發行公司登記的公司債券。

（2）不記名公司債券，即券面上不需載明持有人姓名的債券，還本付息及流通轉讓僅以債券為憑，不需登記，由債券持有人將債券交付給受讓人後即發揮效力，流動性較好。

2. 按持有人是否參加公司利潤分配可分為參加公司債券與非參加公司債券

（1）參加公司債券，指除了可按預先約定獲得利息收入外，還可在一定程度上參加公司利潤分配的公司債券。其參與分配的方式與比例必須事先規定。實際中，這種債券一般很少。

（2）非參加公司債券，指持有人只能按照事先約定的利率獲得利息的公司債券，持有人沒有參與盈餘分配的權利。公司債券大多為非參與公司債券。

3. 按是否可提前贖回分為可提前贖回公司債券與不可提前贖回公司債券

（1）可提前贖回公司債券，即發行者可在債券到期前購回其發行的全部或部分債券。

（2）不可提前贖回公司債券，即只能一次到期還本付息的公司債券。

4. 按發行債券的目的可分為普通公司債券、改組公司債券、利息公司債券與延期公司債券

（1）普通公司債券，即以固定利率、固定期限為特徵的公司債券。這是公司債券的主要形式，目的在於為公司擴大生產規模提供資金來源。

（2）改組公司債券，是為清理公司債務而發行的債券，也稱為以新換舊債券。

（3）利息公司債券，也稱為調整公司債券，是指面臨債務信用危機的公司經債權人同意而發行的較低利率的新債券，用以換回原來發行的較高利率債券。

（4）延期公司債券，指公司在已發行債券到期無力支付，又不能發新債還舊債的情況下，在徵得債權人同意後可延長償還期限的公司債券。

5. 按發行人是否給予持有人選擇權分為附有選擇權的公司債券與未附選擇權的公司債券

（1）附有選擇權的公司債券，指在一些公司債券的發行中，發行人給予持有人一定的選擇權，如可轉換公司債券、有認股權證的公司債券和可退還公司債券。

可轉換債券是可轉換公司債券的簡稱。它是一種可以在特定時間、按特定條件轉換為普通股票的特殊公司債券。可轉換債券兼具債券和股票的特徵。轉股權是投資者享有的、一般債券持有人所沒有的選擇權。可轉換債券在發行時就明確約定，債券持有人可按照發行時約定的價格將債券轉換成公司的普通股票。如果債券持有人不想轉換，則可以繼續持有債券，直到償還期滿時收取本金和利息，或者在流通市場出售變現。如果持有人看好發債公司股票增值潛力，在寬限期之後可以行使轉換權，按照預定轉換價格將債券轉換成為股票，發債公司不得拒絕。正因為具有可轉換性，可轉換債券利率一般低於普通公司債券利率，公司發行可轉換債券可以降低籌資成本。

（2）未附選擇權的公司債券，即債券發行人未給予持有人上述選擇權的公司債券。

6. 按債券發行時有無抵押擔保可分為信用債券、抵押債券與擔保債券

（1）信用債券，是指發行無擔保，一般靠單位的信譽發行的債券，主要是公債和金融債券。少數信用良好、資本雄厚的公司也可發行信用債券，但一般附有一些限制條件，以保證投資者的利益。

（2）抵押債券，是指債券發行者以不動產（如土地、房屋、機器設備）或有價證券（如股票、國債）作為抵押品而發行的債權。如果債務人到期不能按規定條件還本付息。債權人可行使抵押權，佔有或拍賣抵押品作補償。

（3）擔保債券，是指由第三者擔保還本付息的債券。這種債券的擔保人一般為銀行或非銀行金融機構，或公司的主管部門，少數的由政府擔保。如果債務人到期不能償還，持有人有權向擔保人追討債務。

7. 按利率是否固定分為固定利率債券和浮動利率債券

（1）固定利率債券是將利率印在票面上並按其向債券持有人支付利息的債券。該利率不隨市場利率的變化而調整，因而固定利率債券可以較好地抵制通貨緊縮風險。

（2）浮動利率債券的利率是隨市場利率變動而調整的利率。因為浮動利率債券的

利率同當前市場利率掛鈎，而當前市場利率又考慮到了通貨膨脹率的影響，所以浮動利率債券可以較好地抵制通貨膨脹風險。

(二) 債券的特點

債券作為一種重要的融資手段和金融工具具有如下特徵：

(1) 償還性。債券一般都規定有償還期限，發行人必須按約定期限償還本金並支付利息。

(2) 流通性。債券一般都可以在金融市場上流通、轉讓，因此流動性也較強。公司還能夠以債券作抵押，取得銀行等金融機構的貸款。

(3) 安全性。與股票相比，債券通常規定有固定的利率。債券與企業績效沒有直接聯繫，收益比較穩定，風險較小。此外，在企業破產時，債券持有者享有優先於股票持有者對企業剩餘資產的索取權。由於債券風險小，因此其收益相對股票也低一些。

(4) 收益性。債券的收益性主要表現在兩個方面，一是投資債券可以給投資者定期或不定期地帶來利息收入；二是投資者可以利用債券價格的變動，買賣債券賺取差額。

一般來講，債券的這幾個特點很難同時兼顧，比如要保證債券安全性，可能收益就低些，要使債券流動性強，收益就差些。因此，公司發行債券進行融資時，應充分考慮這幾者之間的關係，兼顧收益性、安全性與流動性，以吸引更多投資者購買，從而達到籌集資金的目的。

二、債券的基本要素

債券是發行人依照法定程序發行的、約定在一定期限向債券持有人還本付息的有價證券。債券是一種債務憑證，反應了發行者與購買者之間的債權債務關係。債券儘管種類多種多樣，但是在內容上都要包含一些基本的要素。這些要素是指發行的債券上必須載明的基本內容，這是明確債權人和債務人權利與義務的主要約定，具體包括：

1. 債券面值

債券的面值是指債券的票面價值，是發行人對債券持有人在債券到期後應償還的本金數額，也是公司向債券持有人按期支付利息的計算依據。債券的面值與債券實際的發行價格並不一定是一致的，發行價格大於面值稱為溢價發行，小於面值稱為折價發行。

2. 票面利率

債券的票面利率是指債券利息與債券面值的比率，是發行人承諾以後一定時期支付給債券持有人報酬的計算標準。債券票面利率的確定主要受到銀行利率、發行者的資信狀況、償還期限和利息計算方法以及當時資金市場上資金供求情況等因素的影響。

3. 付息期

債券的付息期是指公司發行債券後的利息支付的時間。它可以是到期一次支付，或1年、半年或者3個月支付一次。在考慮貨幣時間價值和通貨膨脹因素的情況下，付息期對債券投資者的實際收益有很大影響。到期一次付息的債券，其利息通常是按單利計算的；而年內分期付息的債券，其利息是按複利計算的。

4. 償還期

債券償還期是指公司債券上載明的償還債券本金的期限，即債券發行日至到期日之間的時間間隔。公司要結合自身資金週轉狀況及外部資本市場的各種影響因素來確定公司債券的償還期。

三、債券的發行

債券是公司籌集資金的重要渠道，公司發行債券，應該具備法律規定的條件，確定合理的價格，採用適宜的方式，依據合法的程序進行，充分保障債券的順利發行。

1. 債券發行條件

根據《公司法》的規定，中國債券發行的主體，主要是公司制企業和國有企業。企業發行債券的條件是：

（1）股份有限公司的淨資產額不低於人民幣 3,000 萬元，有限責任公司的淨資產額不低於人民幣 6,000 萬元。

（2）累計債券總額不超過淨資產的 40%。

（3）最近 3 年平均可分配利潤足以支付公司債券 1 年的利息。

（4）籌資的資金投向符合國家的產業政策。

（5）債券利息率不得超過國務院限定的利率水平。

（6）其他條件。

此外，發行公司債券所籌集的資金，必須用於核准的用途，不得用於彌補虧損和非生產性支出，否則會損害債權人的利益。

發行公司凡有下列情形之一的，不得再次發行公司債券：

（1）前一次發行的公司債券尚未募足。

（2）對已發行的公司債券或者其債務有違約或延遲支付本息的事實，且仍處於持續狀態的。

2. 債券發行價格

債券的發行價格，是指債券原始投資者購入債券時應支付的市場價格，它與債券的面值可能一致也可能不一致。債券發行價格受諸多因素影響，主要包括票面金額、票面利率、市場利率和債券期限等。一般而言，債券發行價格與票面金額和票面利率成正向關係，與市場利率和債券期限呈反向關係，即票面金額越大、票面利率越高，債券發行價格越高，市場和債券期限利率越高，債券期限越長，債券發行價格越低。由於債券的票面金額、票面利率在債券發行前即已參照市場利率和發行公司的具體情況確定下來，並載明於債券之上。但由於發行是有一個過程的，通常持續時間還很長。所以實際發行時，市場利率可能已經改變了，即發行債券時已經確定的票面利率不一定與當時的市場利率一致。為了平衡債券購銷雙方在債券利息上的利益，就要調整發行價格。理論上，債券發行價格是債的面值和要支付的年利息按發行當時的市場利率折現所得到的現值。

受票面利率和市場利率的關係的影響，公司債券的發行價格通常有三種：平價、溢價和折價。當債券票面利率等於市場利率時，債券發行價格等於面值，即平價發行；當債券票面利率低於市場利率時，企業仍以面值發行就不能吸引投資者，故一般要折價發行；反之，當債券票面利率高於市場利率時，企業仍以面值發行就會增加發行成本，故一般要溢價發行。

債券發行價格的計算公式為：

$$債券發行價格 = \frac{票面金額}{(1+i)^n} + \sum_{t=1}^{n} \frac{票面金額 \times 票面利率}{(1+i)^t} \quad (6.1)$$

公式中：n 為債券期限；t 為付息期數；i 為債券發行時的市場利率。

［例6.1］某公司發行面額為1,000元，票面利率為10％，期限為10年的債券，每年年末付息一次，市場利率為10％、8％和12％時，債券發行價格分別是多少？

（1）市場利率為10％時，發行價格為：

$$P = \frac{1,000}{(1+10\%)^{10}} + \sum_{t=1}^{10} \frac{100}{(1+10\%)^t} = 1,000(元)$$

即市場利率與票面利率一致，平價發行。

（2）市場利率為8％時，發行價格為：

$$P = \frac{1,000}{(1+8\%)^{10}} + \sum_{t=1}^{10} \frac{100}{(1+8\%)^t} = 1,134(元)$$

即市場利率小於票面利率，溢價發行。

（3）市場利率為12％時，發行價格為：

$$P = \frac{1,000}{(1+12\%)^{10}} + \sum_{t=1}^{10} \frac{100}{(1+12\%)^t} = 886(元)$$

即市場利率大於票面利率，折價發行。

在實務中，根據上述公式計算的發行價格一般是確定實際發行價格的基礎，還要結合發行公司自身的信譽情況。

3. 債券發行方式

債券的發行方式可分為公募發行和私募發行兩種類型。

（1）公募發行，是指公司按法定程序，經證券主管機關批准在市場上公開發行債券。這種債券的發行方式的最大特點是向社會發行，集資對象廣泛。發行公募債券有一系列嚴格的程序和制度，發行費用較高，且公募發行債券必須具備一定的條件。大多數債券的發行都採用這種形式。

（2）私募發行，是指債券只向少數與發行者有特定關係的投資者發行，如企業內部職工、金融機構等。由於發行範圍小，一般是企業直接銷售，因此一般不實行向主管部門和社會公眾呈報制度，節省時間、費用，但轉讓時也受到種種限制。

4. 債券發行程序

儘管不同國家的債券發行程序有所區別，但都必須按照政府的有關法律和規則進行。在中國，公司發行債券要經過一定的程序，辦理相關的手續。一般為：

（1）發行債券的決議或決定。股份有限公司和國有有限責任公司發行公司債券，由董事會制訂方案，股東大會做出決議；國有獨資公司發行公司債券，由國家授權投資的機構或者國家授權的機構做出決定。

（2）發行債券的申請和批准。中國對公司債券的發行實行審批制，凡欲發行債券的公司，先要向國務院證券管理部門提出申請並提交公司登記證明、公司章程、公司債券募集辦法、資產評估報告和驗資報告等文件。國務院證券管理部門根據有關規定，對公司的申請予以核准。

（3）制定募集辦法並予以公告。發行債券的申請一經批准，發行公司就應向社會公告債券募集辦法。辦法中應載明的事項主要有：公司名稱，債券總額和票面金額，債券利率，還本付息的期限與方式，債券發行的起止日期，公司淨資產額，已發行的尚未到期的債券總額，公司債券的承銷機構。

（4）募集債款。公司債券的發行有私募和公募兩種方式。中國《公司法》規定，公司必須與證券經營機構簽訂承銷合同，即實行公募發行。

由承銷機構發售債券時，投資人直接向其付款購買，承銷機構代理收取債券款，交付債券。然後，承銷機構向發行公司辦理債券款的結算。

公司發行的債券上必須載明公司名稱、債券票面金額、利率、償還期限等事項，並由董事長簽名，公司蓋章。

公司對發行的債券還應進行登記，一方面起公示作用，使股東、債權人可以查閱瞭解，並便於有關機關監督；另一方面便於公司隨時掌握債券的發行情況。

四、債券的信用評價

由於發行債券的公司眾多，各個公司發行的各種債券信譽各異，風險水平也不完全相同，因此市場需要專門的機構對債券進行資信評估。這裡的資信評估是指由債券評級機構對債券發行公司的經營狀況、獲利能力、債權債務等資金信用進行評估。進行債券信用評級最主要的原因是方便投資者進行債券投資決策。投資者購買債券是要承擔一定風險的。如果發行者到期不能償還本息，投資者就會蒙受損失，這種風險稱為信用風險。債券的信用風險依發行者償還能力不同而有所差異。對廣大投資者尤其是中小投資者來說，由於受到時間、知識和信息的限制，無法對眾多債券進行分析和選擇，因此需要專業機構對債券進行信用評級，以方便投資者決策。債券信用評級的另一個重要原因，是減少信譽高的發行人的籌資成本。一般來說，資信等級越高的債券，越容易得到投資者的信任，能夠以較低的利率出售；而資信等級低的債券，風險較大，只能以較高的利率發行。在某些國家中還專門規定，商業銀行和其他非銀行金融機構所持有的債券不得低於 BB 級。

國際上最著名的債券評級機構有兩個：穆迪投資公司和標準普爾公司。它們擁有詳盡的資料，採用先進的科學分析技術，又有豐富的實踐經驗和大量專門人才，因此它們所做出的信用評級具有很高的權威性。穆迪投資公司和標準普爾公司對債券的分級都是 3 等 9 級，見表 6.1。

表 6.1　　　　　　　　　　投資機構債券評級表

產品質級	級別	穆迪法	標準普爾法
投資級	最高級	Aaa	AAA
	高級	Aa	AA
	上中級	A	A
次標準級	中級	Baa	BBB
	中下級	Ba	BB
	投機級	B	B
投機級	完全投機級	Caa	CCC
	最大投機級	Ca	CC
	最低級	C	C

中國的債券評級工作正在開展，但尚無統一的債券等級標準和系統評級制度。根據中國人民銀行的有關規定，凡是向社會公開發行的企業債券，需要由經中國人民銀行認可的資信評級機構進行評信。這些機構對發行債券企業的企業素質、財務質量、項目狀況、項目前景和償債能力進行評分，以此評定信用級別。

五、債券籌資評價

1. 債券籌資的優點

（1）資本成本低。債券的利息可以稅前列支，具有抵稅作用；另外債券投資人比股票投資人的投資風險低，因此其要求的報酬率也較低。故公司債券的資本成本要低於普通股。

（2）債券籌資可以利用財務槓桿，無論公司盈利多少，債券持有人一般只收取固定的利息，更多的收益用於分配給股東或留於公司，在息稅前利潤增加的情況下會使股東的收益以更快的速度增加，從而增加股東和公司的財富。

（3）債券持有人無權參與公司的經營管理，因此，發行債券籌資不會分散現有股東對公司的控制權。

（4）債券籌資的範圍廣、金額大、時間長。債券籌資的對象十分廣泛，它既可以向各類銀行或非銀行金融機構籌資，也可以向其他法人單位、個人籌資，因此籌資比較容易並可籌集較大金額的資金。企業發行債券所籌集的資金一般屬於長期資金，這為企業安排投資項目提供了有力的資金支持。

2. 債券籌資的缺點

（1）財務風險大。債券有固定的到期日和固定的利息支出，當企業資金週轉出現困難時，易陷入財務困境，甚至破產清算。因此籌資企業在發行債券來籌資時，必須考慮利用債券籌資方式所籌集的資金進行的投資項目的未來收益的穩定性和增長性的問題。

（2）限制性條款多，資金使用缺乏靈活性。因為債權人沒有參與企業管理的權利，為了保障債權人債權的安全，通常會在債券合同中羅列各種限制性條款。這些限制性條款會影響企業資金使用的靈活性。

（3）公司利用債券籌資一般受一定額度限制（如累計債券總額不超過淨資產的40%），所籌資金數額有限。

第四節　長期借款

長期借款是指企業向金融機構和其他單位借入的償還期限在一年或超過一年的一個營業週期以上的債務。長期借款的目的主要是為瞭解決企業長期資金的不足和資金需求量的增加，以滿足企業對長期資金的需求。如企業為了擴大生產規模而購建或改建固定資產，為了擴大經營規模長期增加企業存貨庫存，這必然會增加企業對長期資金的需求。在當前不能或不利於通過其他方式籌集資金時，企業便可以通過借入長期款項解決對資金的需求。

一、長期借款的作用

在企業籌資活動中，長期借款具有以下作用：

1. 長期借款可以滿足企業日常經營活動對長期資金的需要

在企業不具備發行股票進行權益籌資的條件和能力，但又需要數額大、期限長的資金時，可以採用長期借款方式籌資。因為長期借款速度比較快，資金到位及時，數額也比較大。如企業擴大生產能力，亟須購置一定數量的固定資產或對原有設備進行更新改造時，可以採用長期借款方式籌資；企業為了擴大經營能力，需要增加適量的持續使用的資金但又不想盲目擴大自有資金時，也可以採用長期借款方式籌資。

2. 企業長期借款可以調整資本結構，降低綜合資金成本

企業的資金結構是指各種資金之間的比例關係，其中主要是股權資金和負債資金的比例。一般來說，股權資金具有一定的穩定性，在日常經營活動中，企業經常通過增加負債來調整資金結構，因此，長期借款可以起到調整資金結構的作用。合理的資金結構不僅可以有效地控制財務風險，也能降低綜合資金成本。

3. 長期借款具有財務槓桿的作用

由於長期借款籌集的資金屬於長期負債，其支付的利息屬於固定性財務費用，因此，長期借款具有財務槓桿的作用。

目前，長期借款是中國企業籌集長期資金的一種重要方式，尤其是不具備發行債券的中小企業，基本上都需要通過長期借款來籌集長期資金。長期借款主要是企業向金融機構借入的各項長期性借款，如從各專業銀行、商業銀行取得的貸款；除此之外，還包括向財務公司、投資公司等金融企業借入的款項。

二、長期借款的種類

長期借款按照不同的標準，可以劃分為不同的種類。

（一）按照借款用途分類

按照借款用途，長期借款可以分為固定資產投資借款、更新改造借款、科研開發和新產品試製借款。

1. 固定資產投資借款

固定資產投資借款是指企業用於固定資產的新建、改建和擴建等基本建設項目的借款，包括進行基本建設、購建固定資產和為以後若干年度基本建設工程儲備材料和設備，又稱為基本建設借款。企業要想申請該類借款，必須具備下列條件：①建設條件已經具備，如建設用地、機器設備、材料、施工力量等；②生產條件已經落實，如工藝設計能力、運輸條件、燃料與原材料的取得方式等；③建成後各方面條件成熟，能順利投產；④投產後生產的產品適銷對路，在市場上有一定的競爭力；⑤在財務上具有可行性，即項目投產後所創造的經濟效益比所借款項要大，能按期還本付息。

2. 更新改造借款

更新改造借款是指企業主要用於對原有項目或設備進行更新或技術改造的借款。比如，企業採用新技術對原有設備進行更新或重新建設房屋建築物，以提高生產效率、提高產品質量、降低能耗和料耗為目的，對原有固定資產進行技術改造等。

3. 科研開發和新產品試製借款

科研開發和新產品試製借款是指企業主要用於根據國家規定的任務，進行新技術研究、開發新產品的借款，一般由國家有關部門根據需要下達貸款指標。

(二) 按照償還方式分類

按照償還方式，長期借款可以分為定期一次性償還的長期借款和分期償還的長期借款兩類。

1. 一次償還借款

一次償還借款是指企業在借款到期時一次償還本息或定期支付利息、到期一次償還本金的借款。一般來說，借款企業希望採用這種還款方式，它可以降低企業的實際借款利率；但由於這種方式會加重企業的還款負擔，增加銀行的經營風險，因此，銀行等金融機構不希望採用一次償還方式提供貸款。這種方式一般適用於金額小、期限短的銀行借款。

2. 分期償還借款

分期償還借款是指企業在借款到期之前定期等額或不等額償還本息的借款。一般來說，借款企業不希望採用這種還款方式，它會提高企業的實際借款利率；但這種方式降低了銀行的經營風險，所以銀行等金融機構願意採用分期償還方式提供借款。這種方式一般適用於金額大、期限長的銀行借款。

(三) 按照借款的條件分類

按照借款的條件，長期借款可以分為信用借款與擔保借款兩類。

1. 信用借款

信用借款是指以借款人的信譽為依據而獲得的借款，無須抵押。借款企業通常僅出具簽字的文書，即可得到無擔保借款，但僅有那些資信良好的企業才能獲得。由於無擔保借款風險較大，企業承擔的利息通常要高於其他借款，同時還要受一些附加條件的限制。

2. 擔保借款

擔保借款是指借款人以一定的財產做抵押或以一定的保證人為擔保條件所取得的借款，包括保證貸款、抵押貸款和質押貸款。作為貸款擔保的抵押品，可以是不動產、機器設備等實物資產，也可以是股票、債券等有價證券。它們是能夠變現的資產。如果貸款到期時，企業不能或不願償還貸款時，銀行可取消企業對抵押品的贖回權，並有權處理抵押品。按《中華人民共和國擔保法》規定，擔保借款是指在第三人以保證方式承諾在借款人不能償還貸款本息時，按規定承擔連帶責任而發放的貸款。保證人為借款提供的貸款擔保為不可撤銷的全額連帶責任保證，也就是指貸款合同內規定的貸款本息和由貸款合同引起的相關費用。保證人還必須承擔由貸款合同引發的所有連帶民事責任。

(四) 按提供貸款的機構分類

按提供貸款的機構，長期借款分為政策性銀行貸款、商業銀行貸款、保險公司貸款等。

1. 政策性銀行貸款

政策性銀行貸款一般指執行國家政策性貸款業務的銀行向企業發放的貸款。中國設立了中國進出口信貸銀行、中國農業發展銀行和國家開發銀行三家政策性銀行。中國進出口信貸銀行負責為大型機電設備進出口的企業提供買方或賣方信貸；中國農業發展銀行負責國家糧棉油儲備、主要農副產品收購及農業開發方面的政策性貸款業務；國家開發銀行為滿足重點建設項目（包括基本建設和技術改造）的資金需要提供貸款及貼息業務。政策性銀行貸款一般為長期貸款，通常貸給國有企業。

2. 商業銀行貸款

商業銀行貸款是指由各商業銀行向工商企業提供的貸款，主要是為滿足企業生產經營的資金需要。企業取得這類貸款後應自主決策、自擔風險、自負盈虧、到期歸還。

3. 其他金融機構貸款

其他金融機構貸款是指除銀行以外的其他金融機構向企業提供的貸款，如財務公司、投資公司、保險公司等金融機構向企業提供的貸款。其他金融機構貸款的期限一般比銀行貸款長，利率也較高，對借款企業的信用要求和限制條件比較嚴格。此外，企業還可以從信託投資公司取得實物或貨幣形式的信託投資貸款，從財務公司取得各種中長期貸款，等等。

三、長期借款程序

企業作為向銀行等金融機構取得借款的單位，必須具備一些基本條件。同時，企業必須按照規定的程序向銀行等金融機構取得借款。

（一）借款的條件

借款條件是指對借款單位取得借款的具體要求，符合要求的企業，才能取得借款的使用權。企業作為借款單位向銀行等金融機構申請借款，必須具備以下基本條件：

（1）須經國家工商行政管理部門批准設立，登記註冊，持有營業執照。一般來說，經縣以上工商行政管理部門批准設立，登記註冊，持有營業執照的企業，都可以取得銀行借款。

（2）實行獨立經濟核算，自主經營，自負盈虧。即企業有獨立從事生產、商品流通和其他經營活動的權力，有獨立的經營資金、獨立的財務計劃與會計報表，依靠本身的收入來補償支出，獨立地計算盈虧，獨立對外簽訂購銷合同。只有這樣，企業才有償還能力，使借款安全地流回貸款機構。

（3）有一定的自有資金。這是企業從事生產和經營活動的重要條件。自有資金水平的高低，是企業自我發展能力大小的決定性因素之一，也是決定企業經營風險承受能力和償還債務能力的重要因素。企業如果沒有一定的自有資金，一旦發生虧損，必然危及借款，使信貸資金遭受損失。

（4）遵守政策法令和銀行信貸、結算管理制度，並按規定在銀行開立基本帳戶和一般存款帳戶。

（5）產品有市場。企業所生產經營的產品必須是市場需要的、適銷對路的短線產品，而不能是長線產品，從而加快資金的週轉。

（6）生產經營有效益。企業使用借款投資的項目必須能給社會和企業帶來效益，能給企業帶來效益，就會提高借款資金的使用效率。

（7）不擠占挪用信貸資金。企業應按借款合同中規定的用途使用借款，不得隨便改變或擠占挪用。

（8）恪守信用。企業取得借款後，還必須嚴格履行借款合同規定的各項義務，如按規定用途使用貸款，按合同規定期限、利率還本付息等。

除上述基本條件外，企業申請借款還應符合下列條件：有按期還本付息的能力，即原應付借款本金及利息已償還，沒有償還的已經做了銀行認可的償還計劃；經工商行政管理部門辦理了年檢手續；資產負債率符合銀行的要求；申請長期借款進行新建項目的企業所有者權益與項目所需總投資的比例不低於國家規定的投資項目的資本金比例。

（二）借款的程序

企業向銀行等金融機構取得借款，要按特定的程序辦理，這一程序大致分為以下幾個步驟：

1. 企業提出借款申請

企業需要向銀行借入資金，必須向銀行提出申請，填寫借款申請書，申請書的主要內容包括借款金額、借款用途、償還能力以及還款方式等。同時，企業還要向銀行提供以下資料：

（1）借款人及保證人的基本情況；
（2）財政部門或會計師事務所核准的上年度財務報告；
（3）原有的不合理借款的糾正情況；
（4）抵押物清單及同意抵押的證明，保證人擬同意保證的有關證明文件；
（5）項目建議書和可行性報告；
（6）貸款金融機構認為需要提交的其他資料。

2. 銀行審查借款申請

銀行接到企業的借款申請後，要對企業的申請進行審查，以決定是否對企業提供貸款。銀行審查一般包括以下幾個方面：

（1）對借款人的信用等級進行評估。銀行根據借款企業的領導素質、經濟實力、資金結構、履約情況、經濟效益和發展前景等因素，評定借款企業的信用等級。評級可由貸款銀行獨立進行，內部掌握，也可委託獨立的信用評估機構進行評估。

（2）對貸款進行調查。貸款銀行受理借款企業的申請後，應當對借款企業的信用及借款的合法性、安全性和盈利性等情況進行調查，核實抵押物、擔保人情況，測定貸款的風險。

（3）貸款審批。貸款銀行一般都建立了審貸分離、分級審批的貸款管理制度。審查人員要對調查人員提供的資料進行核實、評定，預測貸款風險，提出意見，按規定權限報批，決定是否提供貸款。

3. 簽訂借款合同

貸款銀行對借款申請審查後，認為各項均符合規定，並同意貸款的，應與借款企業簽訂借款合同。企業向銀行借入資金時，雙方簽訂借款合同的主要目的，是為了維護借貸雙方的合法權益，保證資金的合理使用。借款合同內容主要包括：

（1）基本條款。基本條款是指借款合同的基本內容，主要規定雙方的權利和義務。基本條款具體包括借款數額、借款方式、款項發放的時間、還款期限、還款方式、利息支付方式、利息率的高低等。

（2）保證條款。保證條款是指保證款項能順利歸還的有關條款，包括借款按規定的用途使用，有關的物質保證、抵押財產、擔保人及其責任等內容。

（3）違約條款。違約條款是指對雙方若有違約行為時應如何處理的條款，主要載明對企業逾期不還或挪用貸款等如何處理和銀行不按期發放貸款的處理等內容。

（4）其他附屬條款。其他附屬條款是指與借貸雙方有關的一些條款，如雙方經辦人、合同生效日期等條款。

4. 企業取得借款

雙方簽訂借款合同後，貸款銀行按合同的規定按期發放貸款，企業便可取得相應的資金。貸款銀行不按合同約定按期發放貸款的，應償付違約金。企業可根據借款合同辦理提款手續，提款應在合同規定的期限內按計劃一次或多次辦理。如果企業需要變更提款計劃，應按借款合同中有關條款的規定辦理，或在計劃提款日前合理的時間內，向銀行口頭或書面提出申請，得到銀行同意後才能變更。企業取得借款後，應按借款合同約定的用途使用借款。

5. 借款的歸還

企業應按借款合同的規定按時足額歸還借款本息。一般而言，貸款銀行會在短期貸款到期一個星期之前，長期貸款到期一個月之前，向借款企業發送還本付息通知單。企業在接到還本付息通知單後，應及時籌措資金，按期還本付息。如果企業因暫時財務困難，不能按期歸還借款，需延期償還貸款時，應在借款到期之前，向銀行申請貸款展期，但是否展期，由貸款銀行根據具體情況決定。借款到期，企業無資金歸還借款，銀行又不同意展期的，由貸款銀行將貸款作逾期貸款處理，並按規定加收罰息。對不能歸還或不能落實還本付息事宜的企業，貸款銀行有權依法起訴追回貸款本息。

四、長期借款償還

企業償還長期借款，按支付本息的方式不同，主要有以下四種償還方法：

（1）到期一次還本付息。在這種方式下，還款集中，借款企業需於貸款到期日前做好準備，以保證全部清償到期貸款。

對於到期一次還本付息的長期借款，企業應於每個會計年度期末預計本會計期間的利息費用。

（2）分期付息，到期一次還本。即借款企業按月、季、半年或一年償付利息，到期日還清全部本金。

（3）分期還本付息。在借款期內，借款企業分若干期償還本金和該本金部分的利息。

（4）分期還本，到期一次付息。借款企業將長期借款分為若干固定期償還本金，到期時支付全部利息。

五、長期借款籌資評價

長期借款籌資與股票、債券等長期籌資方式相比，既有優點，又有不足之處。

（一）長期借款籌資的優點

企業採用長期借款來籌集資金，其優點主要有以下幾點：

1. 籌資速度快

企業發行各種有價證券籌資時，需要做好許多準備工作，程序比較複雜，發行時間比較長；而長期借款的取得手續比較簡便，所需時間較短，一旦簽訂了借款合同，企業就可以迅速地獲得借入資金。

2. 籌資成本低

長期借款籌資，其利息可在所得稅前列支，故可減少企業實際負擔的成本，因此比股票籌資的成本要低得多；與債券相比，借款利率一般低於債券利率；另外，由於借款屬於間接籌資，籌資費用也較少。

3. 籌資彈性大

在借入長期借款時，企業與貸款銀行直接商定了借款的時間、金額和利率等。在借款使用期內，如果企業生產經營或財務狀況發生變化，需要調整借款數量和時間，可與貸款銀行再協商，增減借款金額或延長、縮短借款時間，與債券籌資相比具有較大的靈活性。

4. 具有財務槓桿作用

企業利用長期借款籌資，會提高企業資金總額中的負債比例，改變企業原有的資本結構。在投資報酬率高於借款利率時，長期借款籌資可發揮財務槓桿的作用，提高權益資本的收益率。

(二) 長期借款籌資的缺點

企業採用長期借款來籌集資金，其缺點主要有：

1. 籌資風險高

長期借款通常要負擔固定的利息費用，並要按期歸還本息，在企業擴大借款籌資規模時會加大企業的財務風險，使企業的償債能力降低。

2. 限制條件多

長期借款合同中通常規定了許多限制性條款，企業必須嚴格執行，這在某種程度上會制約企業的財務管理和經營活動，從而影響企業以後的籌資和投資活動。

3. 籌資數量有限

長期借款的數量往往受貸款機構貸款能力的限制，不可能像發行股票或債券那樣一次籌集到大量的資金。

第五節　融資租賃籌資

一、租賃及其種類

(一) 租賃的概念

租賃，是一種以一定費用借貸實物的經濟行為。在這種經濟行為中，出租人將自己所擁有的某種物品交與承租人使用，承租人由此獲得在一段時期內使用該物品的權利，但物品的所有權仍保留在出租人手中。承租人為其所獲得的使用權需向出租人支付一定的費用（租金）。租賃的基本要素包括：

(1) 租賃當事人。出租人：出租物件的所有者，擁有租賃物件的所有權，將物品租給他人使用，收取報酬。承租人：出租物件的使用者，租用出租人物品，向出租人支付一定的費用。

（2）租賃標的，指用於租賃的物件。
（3）租賃期限，即租期，指出租人出讓物件給承租人使用的期限。
（4）租賃費用，即租金，是承租人在租期內獲得租賃物品的使用權而支付的代價。

(二) 租賃的種類

在實際生活中，租賃的形式有多種，通常可按租賃的目的，分為經營性租賃和融資性租賃。

1. 經營性租賃

經營性租賃又稱服務性租賃，其目的在於獲得租賃物的使用權。其主要特點是：①融資租賃合同可撤銷。這種租賃是一種可解約的租賃，在合理的條件下，承租人預先通知出租人即可解除租賃合同，或要求更換租賃物。②經營租賃的期限一般比較短，遠低於租賃物的經濟壽命。③不完全付清。經營租賃的租金總額一般不足以彌補出租人的租賃物成本並使其獲得正常收益，出租人在租賃期滿時將其再出租或在市場上出售才能收回成本，因此，經營租賃不是全額清償的租賃。④租期滿後，租賃的財產一般歸還給出租者。⑤出租人不僅負責提供租金信貸，而且要提供各種專門的技術設備。

經營租賃中租賃物所有權引起的成本和風險全部由出租人承擔，因而其租金一般較融資租賃為高。經營租賃的對象主要是那些技術進步快、用途較廣泛或使用具有季節性的物品。

2. 融資性租賃

融資性租賃是設備租賃的基本形式，又稱為資本租賃或財務租賃，屬長期租賃，是一種特殊的籌資方式。在融資租賃中，租賃公司按照承租企業的要求購買設備，並在契約或合同規定的較長時期內提供給承租企業信用性業務。融資租賃的目的不僅是獲得租賃物的使用權，而且是為了租賃物的所有權，租賃只不過是一種融通資金的方式而已。融資租賃的特點是：①融資租賃合同不可撤銷。這是一種不可解約的租賃，在基本租期內雙方均無權單方撤消合同，除非租賃設備損壞或被證明喪失使用功能。②完全付清。在基本租期內，設備只租給一個用戶使用，承租人支付租金的累計總額為設備價款、利息及租賃公司的手續費之和。承租人付清全部租金後，設備的所有權即歸於承租人。③租期較長。基本租期一般等於租賃設備使用年限的75%或更多。④租賃期滿承租人有續租、歸還出租人或按很低的"名義價格"（相當於設備殘值的市場價格）購買設備的選擇權。⑤承租人負責設備的選擇、保險、保養和維修等，且作為承租人的固定資產入帳並計提折舊。出資人僅負責墊付貸款，購進承租人所需的設備，按期出租，以及享有設備的期末殘值。

可見，融資租賃既可以使承租人獲得適合需要的機器設備，又可以解決其資金上的困難，是企業籌資意義上的租賃。企業可以用租賃的固定資產所產生的利潤來支付租金，即所謂的"借雞生蛋、賣蛋還債"。而且，如果企業想繼續租用或擁有這項設備時，可以訂立續租合同或按"名義價格"買下。適用融資租賃的資產主要有不動產、醫療設備、辦公設備、飛機、輪船等。

融資租賃按其業務的不同特點，可細分為如下三種具體形式：

（1）直接租賃。直接租賃是融資租賃的典型形式，通常所說的融資租賃是指直接租賃形式。

（2）售後租回。在這種形式下，製造企業按照協議先將其資產賣給租賃公司，再作為承租企業將所售資產租回使用，並按期向租賃公司支付租金。

（3）槓桿租賃。槓桿租賃是國際上比較流行的一種融資租賃形式。它一般要涉及承租人、出租人和貸款人三方當事人。從承租人的角度來看，它與其他融資租賃形式並無區別，同樣是按合同的規定，在租期內獲得資產的使用權，按期支付租金。但對出租人卻不同，出租人只墊支購買資產所需現金的一部分（一般為20%～40%），其餘部分（為60%～80%）則以該資產為擔保向貸款人借資支付。因此，在這種情況下，租賃公司既是出租人又是借資人，據此既要收取租金又要支付債務。這種融資租賃形式，由於租賃收益一般大於借款成本支出，出租人借款購物出租可獲得財務槓桿利益，故被稱為槓桿租賃。

二、融資租賃的程序

1. 選擇租賃公司

企業決定採用租賃方式獲取某項設備的使用權時，首先必須瞭解各家租賃公司的經營範圍、業務能力、資信情況以及與其他金融機構的合作關係、融資條件和租賃費率等條件，加以分析比較，選擇最適合自己的租賃公司和租賃條件。

2. 辦理租賃委託

承租企業選定租賃公司後，便可向其提出申請，辦理委託。承租企業需要填寫租賃申請書，說明所需設備的具體要求，同時向租賃公司提供自己的財務報表。

3. 簽訂購貨協議

承租企業與租賃公司一起選定供貨廠商，在技術和商務談判的基礎上簽訂購貨協議。

4. 簽訂租賃合同

購貨之後，承租企業與租賃企業簽訂具有法律效力的租賃合同，它是租賃業務的證明文件，記載了租賃的具體條件和雙方共同決定的其他事項。

5. 辦理驗貨與保險

承租企業按購貨協議收到租賃設備時，要進行驗收，驗收合格後簽發交貨和驗收證書，並提交租賃公司，租賃公司據此向供貨公司支付設備價款。同時，承租企業向保險公司辦理投保事宜。

6. 支付租金

承租企業在租賃期內按租賃合同規定的數額、支付方式等向租賃公司支付租金。

7. 合同期滿處理設備

租賃期滿，承租企業根據合同約定，對設備實行退租或留購。

三、租金的計算

租金是融資租賃合同中一項非常重要的內容。由於租賃雙方均以營利為目的，而租金又直接影響利潤，所以租金的確定是融資租賃交易中至關重要的問題。

在融資租賃交易中，承租人負有支付租金的義務。但因其為"融資"租賃，所以承租人支付的代價並非是租賃物為使用收益的代價，而是融資的代價，因此，融資租賃合同中租金標準的確定，與租賃合同中租金的確定標準是不同的，它高於傳統租賃中的租金。

(一) 租金的構成

與商品價格概念相對應，租金以出租人消耗在租賃物上的價值為基礎，同時依據租賃物的供求關係而波動。通常情況下，出租人消耗在租賃物上的價值包括三部分，即租賃物的成本、為購買租賃物向銀行貸款而支付的利息、為租賃業務而支付的營業費用。

1. 租賃物的成本

租賃物成本是構成租金的主要部分。出租人購買租賃物所支付的資金，將在租賃業務成交後，從租金中得以補償。同時，在購置過程中，出租人所支付的運輸費、保險費、調試安裝費等也要計入租賃物成本中，一起從租金中分期收回。所以，租賃物成本包括租賃物購買價金及其運輸費、保險費等，也稱租賃物總成本。

2. 利息

出租人為購買租賃物向銀行貸款而支付的利息，是租金構成的又一重要因素。利息按租賃業務成交時的銀行貸款利率計算且一般以複利計算。

3. 營業費用

營業費用是指出租人經營租賃過程中所開支的費用，包括業務人員工資、辦公費、差旅費和必要的盈利。

通常情況下，融資租賃合同的租金應根據購買租賃物的大部分或者全部成本以及出租人的合理利潤來確定。但目前在國際和國內融資租賃領域，除保留傳統的固定租金方式外，已越來越多地採用靈活的、多形式的、非固定的租金支付方式，以適應日趨複雜的融資租賃關係和當事人雙方的需要。在融資租賃交易中，當事人經常根據承租人對租賃物的使用或者通過使用租賃物所獲得的收益來確定支付租金的大小和方式，也可以按承租人現金收益的情況確定一個計算公式來確定租金，或由當事人約定並在融資租賃合同中規定以其他方式來確定租金。

(二) 租賃的支付方式

(1) 按照支付時期的長短，可分為年付、半年付、季付和月付等方式。

(2) 按支付時期先後，可以分為先付租金和後付租金兩種。先付租金是在期初支付；後付租金是在期末支付。

(3) 按每期支付金額，可以分為等額支付和不等額支付兩種。

(三) 租金的計算方法

租金的計算方法很多，名稱叫法也不統一。目前，國際上流行的租金計算方法主要有平分攤法、等額年金法、附加率法、浮動利率法。中國融資租賃實務中，大多採用平均分攤法和等額年金法。

1. 平均分攤法

平均分攤法指在租賃期內平均支付租賃費的方法，即按商定的利息率、手續費率計算出租賃期間的利息和手續費，加上租賃設備成本，按租賃期年份平均。

2. 等額年金法

等額年金法是運用年金現值的計算原理計算每期應付租金的方法。這種方法通過綜合利率和手續費率確定租賃費率，作為貼現率。後付等額租金方式下，每年年末支付租金的公式為：

$$F = A\left[\frac{(1+i)^n - 1}{i}\right] \tag{6.2}$$

式中：F 是租金終值；A 是年等額租金；n 是支付租金期數；i 是貼現率。

［例6.2］某企業採用融資租賃方式於 2004 年 1 月 1 日從某租賃公司租入一臺設備，設備購價款為 40,000 元，租期 8 年，到期後設備歸企業所有。為了保證租賃公司完全彌補融資成本、相關的手續費並有一定盈利，雙方商定採用 18% 的折現率。試計算該企業每年年末應支付的等額租金。

$$F = 40,000 \times (1+18\%)^8 = 150,354.37（元）$$

$$A = \frac{150,354.37 \times 18\%}{(1+18\%)^8 - 1} = 9,809.77（元）$$

四、融資租賃籌資評價

1. 融資租賃的優點

就承租人來看，融資租賃具有以下優點：

（1）融資與融物相結合，能迅速獲得所需資產。租賃往往比借款購置設備更迅速、更靈活，可以縮短設備的購進、安裝時間，使企業盡快形成生產能力，有利於企業盡快佔領市場，打開銷路。

（2）租賃可提供一種新的資金來源。資產負債率過高的企業很難向外界籌集大量資金，採用租賃形式可使企業在資金不足而又急需設備時不付出大量資金就能及時得到設備的使用權。

（3）租賃籌資限制較少。債券和長期借款都定有相當多的限制條款，類似的限制條款在租賃公司相對較少。

（4）能避免設備陳舊過時的風險。隨著科學技術的迅速發展，固定資產更新週期日趨縮短，設備陳舊過時的風險逐漸加大，而融資租賃的租期一般為設備使用年限的 75% 左右，可有效地防止這一問題。

（5）租金在整個租期內分攤，不用到期歸還大量本金，可適當減少到期不能歸還的風險。

（6）融資租賃的租金不能計入成本，通常先列為長期應付款項，然後分期支付；但租入的固定資產計提折舊，起到節稅作用。

2. 租賃融資的缺點

租賃融資最主要的缺點是資金成本較高。一般來說，其租金要比借款的利息高得多。在企業財務困難時，固定的租金也會構成一項較為沉重的負擔。另外，企業採用租賃方式有可能喪失設備殘值的享有權，也可以看作是一項損失。

課後思考與練習

一、思考題

1. 長期股權籌資與債權籌資的方式有哪些？試比較不同的籌資方式的優缺點。
2. 試述股票上市的條件？上市公司的股票發行方式有哪些？對比普通股股東權利與優先股股東權利。優先股的分類有哪些？發行優先股的動機是什麼？
3. 債券的分類有哪些？試述債券發行的條件。通常應以什麼作為債券評級的依據？
4. 長期借款的分類有哪些？試述取得長期借款的條件與程序。通常銀企雙方應在借款合同中訂明哪些條款？

5. 融資租賃與經營租賃的區別有哪些？

二、計算題

1. W 公司擬添置一臺設備，有關資料如下：

如果自行購置該設備，預計購置成本為 1,008 萬元，設備折舊年限為 8 年，預計淨殘值為 0。

F 租賃公司表示可以為此項目提供融資，並提供了以下租賃方案：每年租金為 200 萬元，在每年年末支付；租賃期為 6 年，租賃期內不得撤租；租賃期屆滿時租賃資產所有權不轉讓。

W 公司的所得稅稅率為 25%，稅前借款（有擔保）利率為 10%。項目要求的必要報酬率為 8%。

通過計算，說明 W 公司該選擇自行購買還是融資租賃該設備。

2. W 公司計劃籌集資金 100 萬元，所得稅稅率為 25%，有關資料如下：

向銀行借款 20 萬元，借款利率為 7%，手續費為 2%。

按溢價發行債券，債券面值為 14 萬元，溢價發行價格為 15 萬元，票面利率為 9%，期限為 5 年，每年支付一次利息，其籌資費用率為 3%。

發行優先股 25 萬元，預計年股利率為 12%，籌資費用率為 4%。

發行普通股 40 萬元，每股發行價格為 10 元，籌資費用率為 6%，預計第一年每股股利為 1.2 元，以後每年按 8% 遞增。

要求：

計算個別資本成本。

3. （平均分攤法）某公司採用融資租賃方式於 2010 年 1 月 1 日從一租賃公司租入一設備，設備價款為 100,000 元，租期為 7 年，到期後假設無殘值，設備歸承租方所有。雙方商定的年利率為 8%，租賃手續費為設備價格的 2%，租金每年年末支付一次，求每次支付租金多少？（結果保留兩位小數）

4. （等額年金法）某公司採用融資租賃方式於 2012 年 1 月 1 日從租賃公司租入設備一臺，設備價款為 20,000 元，租期為 5 年，雙方約定，租賃期滿後設備歸承租方所有，租賃期間折現率為 10%，以後付等額年金方式支付租金，求每年年末支付租金多少？（結果保留兩位小數）

第七章　投資管理概述

學習目標

　　要求學生通過本章學習，瞭解企業投資分類、作用、決策程序，熟悉投資環境分析的基本方法，理解投資風險與收益的關係，掌握常用的投資策略與組合的方法。

本章內容

　　企業投資概述：投資的概念，投資的動機，投資的分類，投資的作用，投資管理的基本原則，投資決策程序；**投資環境分析**：投資環境的內容，投資環境的特徵，投資環境分析的意義，投資環境分析的基本方法；**投資策略與組合**：企業對內投資與對外投資的組合，證券投資策略，債券投資組合，企業投資的資產組合；**投資風險與收益**：投資風險，投資收益。

第一節　企業投資概述

一、投資的概念

　　在市場經濟條件下，投資是指投資主體將其擁有或籌集的資金投放於一定對象，以期望在未來獲取收益（或報酬）的經濟行為。從財務上說，投資具有如下特徵：

1. 回收期長

　　投資項目有長期項目，也有短期項目，但一般來說，即使是短期投資項目，也要經過一段相當長的時期，不可能一次就能對投資額進行回收。項目投資決策一經做出，就會在今後很長一段時期內影響公司的經濟效益，投資額的回收也要經歷一段相當長的時期。因此，公司在進行項目投資時必須小心謹慎，對投資項目的可行性進行認真研究。

2. 數額較大

　　對於公司而言，投資項目一般是一些比較大的項目，所需要的資金數量比較多，對公司的現金流量和財務狀況有著很大的影響。由於投資涉及的金額相當大，因此公司要合理安排資金的預算，適時籌措資金，盡可能減輕財務負擔。

3. 對象變現能力差

　　公司的投資一般是一些固定資產項目，如廠房、機器設備等，這些資產的變現能力較差，難以即時轉換為現金流量。公司一旦完成了這些資產的投資，即使想要改變其投資方向，不是無法實現，就是成本太大。因此，項目投資通常具有不可逆轉性。

4. 資金占用量相對穩定

投資項目一經完成，能夠在很長一段時間內使用，保持其正常的運行狀態，因此使得資金占用數量保持相對穩定。即使實際投資項目營運能力增加，也並不需要增加項目投資，公司完全可以通過挖掘潛力、提高效率的方式使現有投資項目完成增加的業務量。

5. 風險較大

由於內外部各種因素的影響，公司難以對未來營運狀況以及發展前景做出準確的預測，而投資項目的壽命較長，數額也較大，公司一旦做出錯誤決策，將導致投資者血本無歸，甚至破產。因此，公司進行投資時，必須對投資項目的各種因素進行認真分析，採取各種方法降低風險，使風險程度達到最低。

二、投資的動機

總體上說，企業投資的目的是為了獲得投資收益，從而實現企業的財務管理目標。但企業的投資總是對各個相對獨立的投資項目進行的，具體投資業務的直接動機也是有區別的。企業投資的行為動機包括以下幾個方面：

1. 擴大生產經營規模

以擴大規模為目的的投資，稱為擴充型投資。其目的又分兩種類型：一是擴充現有產品（或服務）或者現有市場，其中擴充現有市場的投資，如持股性投資，不僅會使企業的規模不斷擴大，從而取得規模效益，而且會使企業有可能操縱市場甚至獨占市場；二是開發新產品或開闢新市場，這種投資通常與市場上的一種新的需求相聯繫，它是通過開闢新的生產經營（或服務）領域，以期獲得超額利潤，這種擴充型投資又被稱為實現資本轉移的投資。

2. 控制相關企業

它是為特定經營戰略進行的投資。即企業為了控制市場和增強自身競爭能力，為了形成穩定的原料供應基地和提高市場佔有率，通過投資獲得其他企業部分或全部經營控制權，以服務於本企業的經營目標。

案例：華策影視併購克頓文化傳媒

2015年7月底，"電視劇第一股"華策影視宣布將以現金及發行股份相結合的方式收購上海克頓文化傳媒有限公司100%的股權，交易金額為16.52億元。這是截至目前國內影視行業已宣布的交易金額最大的併購項目。

收購完成後，華策將有望成為國內電視劇行業首家市場佔有率超過10%的公司，生產規模將擴大到年產電視劇千集以上，並吸收克頓的大數據平臺新型產業模式，推動國內影視產業向更加專業化、標準化、工業化的方向發展。

華策影視成立於2005年，2010年10月在創業板上市，成為國內第一家以電視劇為主營業務的上市公司，目前年產電視劇600多集，市值80多億元，已向91個國家和地區發行8,000餘集電視劇。克頓傳媒成立於2003年，是國內影視行業智能數據平臺開發和應用的代表，提供從創意到故事梗概、劇本創作直至最終成片的全方位評估及深度優化服務。

重組後，華策影視將在保持克頓傳媒獨立營運的基礎上，與克頓傳媒實現優勢互補，支持克頓傳媒進一步開發和完善"影視資源管理系統""克頓評估系統"以及

"受眾反應調研系統"，確保克頓繼續維持現有的以數據中心、研發中心、劇本中心、製片人中心為基礎，各子公司負責業務開發和執行的架構體系。

3. 保持和提高經濟效益

一方面，在企業生產的產品（或提供的勞務）的市場需求規模不變，而產品（或服務）的成本一定的前提下，企業為維持現有規模效益可進行投資。企業如不進行這種投資，必然帶來規模縮減，引起企業經濟效益下降。另一方面，當企業的生產經營（或服務）規模不變，企業通過投資提高產品（或服務）質量，降低單位成本而取得效益。這種投資一般是通過更換舊設備，採用先進的設備和技術來實現。由於這種投資不會擴大業務規模，這種投資也被稱為重置型投資。

4. 應對經營風險

企業生產經營的許多方面都會受到來源於企業外部和內部的諸多因素影響，具有很大的不確定性。經營風險就是指因生產經營方面的原因給企業盈利水平帶來的不確定性。企業可以通過投資來應對經營風險。應對經營風險的投資主要有以下類型：一是通過多角化投資實現風險分散，它可以使經營失敗的項目受到經營成功項目的彌補；二是通過風險控制以降低風險，降低風險的投資不僅體現在多個投資項目上，而且，也體現在一個獨立的投資項目中，即所投入的資金必須有一部分是用於防範經營風險的。

5. 承擔社會責任

所謂承擔社會責任是指企業投資的結果是非收入性的，是一種為社會服務的義務性投資，如工業安全和環境保護等方面的投資。承擔社會責任的投資表面上看是非收入性的，但是，從長期來看，會直接影響企業的社會形象，進而影響企業的生產經營活動。

三、投資的分類

為了加強投資管理，提高投資效益，我們必須分清投資的性質，對投資進行科學的分類。企業投資可作如下分類：

1. 直接投資與間接投資

按投資與企業生產經營的關係，投資可分為直接投資和間接投資兩類。直接投資是指企業把資金投放於生產經營性資產，以便獲取利潤的投資。在非金融性企業中，直接投資所占比重很大。間接投資又稱證券投資，是指企業把資金投放於證券等金融資產，以便取得股利或利息收入的投資。隨著中國金融市場的完善和多渠道籌資的形成，企業間接投資將越來越廣泛使用。

2. 長期投資與短期投資

按投資回收時間長短，投資可分為短期投資和長期投資兩類。短期投資又稱流動資產投資，是指能夠並且也準備在1年以內收回的投資，主要指企業對現金、應收帳款、存貨、短期有價證券等的投資，長期證券如能隨時變現亦可作為短期投資。長期投資則是指1年以上才能收回的投資，主要指企業對廠房、機器設備等固定資產的投資，也包括對無形資產和長期有價證券的投資。由於長期投資中固定資產占的比重最大，所以，長期投資有時專指固定資產投資。

3. 對內投資和對外投資

根據投資的方向，投資可分為對內投資和對外投資兩類。對內投資又稱內部投資，是指企業把資金投在企業內部，購置生產經營用資產的投資。對外投資是指企業以現金、實物、無形資產等方式或者以購買股票、債券等有價證券方式向其他單位的投資，隨著企業橫向經濟聯合的開展，對外投資越來越重要。

四、投資的作用

企業投資是指企業投入財力，以期在未來獲取收益的一種行為。在市場經濟條件下，企業能否把籌集到的資金投放到收益高、回收快、風險小的項目上，對企業的生存和發展是十分重要的。投資是企業財務管理的重要內容，它的作用在於：

1. 投資是實現財務管理目標的基本前提

企業財務管理的目標是不斷提高企業價值，為此，就要採取各種措施增加利潤，降低風險。企業要想獲得利潤，就必須有目的地進行投資，在投資中獲得效益。

2. 投資是保證再生產順利進行的必要手段

在科學技術、社會經濟迅速發展的今天，企業無論是維持簡單再生產還是實現擴大再生產，都必須具備一定的物質條件，而這一切都是通過資金投放活動來完成的。企業要維持簡單再生產的順利進行，就必須及時對所使用的機器設備進行更新，對產品和生產工藝進行改進，不斷提高職工的科學技術水平等；要實現擴大再生產，就必須新建、擴建廠房、增添機器設備，增加職工人數，提高人員素質等。總之，企業只有通過一系列的投資活動，才能在維持簡單再生產基礎上，實現擴大再生產，從而增強企業實力，獲得良好的經濟效益。

3. 投資是降低風險的重要方法

企業把資金投向生產經營的關鍵環節或薄弱環節，可以使企業各種生產經營能力配套、平衡，形成更大的綜合生產能力。企業如把資金投向多個行業，實行多元化經營，能夠分散投資風險，增強企業銷售和盈餘的穩定性，提高企業的競爭能力。

五、投資管理的基本原則

企業投資的基本目的是為了謀求利潤，增加企業價值。企業能否實現這一目標，關鍵在於企業能否在風雲變幻的市場環境下，抓住有利的機會，做出合理的投資決策。為此，企業在投資時必須堅持以下原則：

1. 認真進行市場調查，及時捕捉投資機會

捕捉投資機會是企業投資活動的起點，也是企業投資決策的關鍵。在商品經濟條件下，投資機會不是固定不變的，而是不斷變化的，會受到諸多因素的影響。最主要的影響因素是市場需求的變化。企業在投資之前，必須認真進行市場調查和市場分析，尋找最有利的投資機會。市場是不斷變化發展的，企業對於市場和投資機會的關係，也應從動態的角度加以把握。正是由於市場不斷變化和發展，才有可能產生一個又一個新的投資機會，隨著經濟不斷發展，人民收入水平不斷增加，人們對消費的需求也就發生很大變化，無數的投資機會正是在這種變化中產生的。

案例：卡特彼勒收購四維機電遭遇財務造假

2013年1月，卡特彼勒宣稱其2012年收購的鄭州四維機電存在財務造假問題，因此導致5.8億美元的非現金商譽減記，相對於7.3億美元的收購價格，此次減記占到四維機電總價值的79%，減記金額和比例都十分驚人。

卡特彼勒最早意識到併購可能存在財務問題是在2012年1月，公司發現鄭州四維的實際庫存和財務帳簿上記錄的庫存數量不符。隨後，卡特彼勒立即展開了詳盡的調查和評估，瞭解庫存不符的原因和性質。結果發現鄭州四維存在財務造假行為，包括成本結轉不當而導致的利潤虛增。調查還發現了收入確認不當問題，包括過早或不實的收入確認。簡言之，卡特彼勒認為四維機電存在"多年故意的、多方協作的不正當會計行為"。此併購案中的財務顧問安永會計師事務所拒絕就其在收購過程中所發揮的作用予以置評；德勤會計師事務所在一份聲明中表示，並沒有對四維機電的帳本進行盡職調查，是為收拾殘局而參與進去的。

卡特彼勒是以嚴謹著稱的全球最大建築和礦業設備生產企業，在世界各地的投資中有著成熟的併購經驗，同時捲入事件中的安永和德勤也同屬世界知名"四大"會計師事務所，因此，這起事件充分暴露出了涉及中資企業的併購交易中盡職調查的不足，也突顯出傳統財務盡職調查正在遭遇挑戰。

2. 建立科學的投資決策程序，認真進行投資項目的可行性分析

在市場經濟條件下，企業的投資決策都會面臨一定的風險，為了保證投資決策的正確有效，必須按科學的投資決策程序，認真進行投資項目的可行性分析。投資項目可行性分析的主要任務是對投資項目技術上的可行性和經濟上的有效性進行論證，運用各種方法計算出有關指標，以便合理確定不同項目的優劣。財務人員必須參與投資項目的可行性分析。

3. 及時足額地籌集資金，保證投資項目的資金供應

企業的投資項目，特別是大型投資項目，建設工期長，所需資金多，一旦開工，就必須有足夠的資金供應。否則，就會使工程建設中途下馬，出現"半截子工程"，造成很大的損失。因此，在投資項目上馬之前，企業必須科學預測投資所需資金的數量和時間，採用適當的方法，籌措資金，保證投資項目順利完成，盡快產生投資效益。

4. 認真分析風險和收益的關係，適當控制企業的投資風險

收益和風險是共存的。一般而言，收益越大，風險也越大。收益的增加是以風險的增大為代價的，而風險的增加將會引起企業價值的下降，不利於財務目標的實現。企業在進行投資時，必須在考慮收益的同時認真考慮風險情況，只有在收益和風險達到最佳的均衡時，才有可能不斷增加企業價值，實現財務管理目標。

六、投資決策程序

為了保證投資項目的科學性，投資決策應當遵循一定的程序。投資決策程序主要包括：

1. 確定決策目標

決策目標是投資決策的出發點和歸宿。確定決策目標就是弄清這項決策究竟要解決什麼問題。例如，在產品生產方面，有新產品的研製和開發問題、生產效率如何提高的問題、生產設備如何充分利用的問題、生產的工藝技術如何革新的問題等；在固定資產投資方面，有固定資產的新建、擴建、更新等問題。但不論如何，決策目標應具體、明確，並力求目標數量化。

2. 收集有關信息

收集信息就是指企業針對決策目標，廣泛收集盡可能多的、對決策目標有影響的各種可計量和不可計量的信息資料，作為今後決策的根據。企業對於收集到的各種信

息，特別是預計現金流量的數據，還要善於鑑別，進行必要的加工延伸。應當指出，信息的收集工作，往往要反覆進行，貫穿於各步驟之間。

3. 提出備選方案

提出備選方案就是指企業針對決策目標提出若干可行的方案。提出可行性的備選方案是投資決策的重要環節，是做出科學決策的基礎和保證。所謂可行，是指政策上的合理性、技術上的先進性、市場上的適用性和資金上的可能性。各個備選方案都要注意實事求是，量力而行，務求使企業現有的人力、物力和財力資源都能得到合理、有效地配置和使用。

4. 初步評價備選方案

這個步驟就是指企業把各個備選方案的可計量資料先分別歸類，系統排列，選擇適當的專門方法，建立數學模型對各方案的現金流量進行計算、比較和分析，再根據經濟效益的大小對備選方案做出初步判斷和評價。

5. 確定最優方案

這是指企業根據初步評價的結果，進一步考慮各種非計量因素的影響。例如，企業針對國際、國內政治經濟形勢的變動，以及人們心理、習慣、風俗等因素的改變，進行定性分析；把定量分析和定性分析結合起來，通盤考慮，權衡利益得失，並根據各方案提供的經濟效益和社會效益的高低進行綜合判斷，最後篩選出最優方案。

6. 決策執行和信息反饋

決策的執行是決策的目的，也是檢驗過去所做出的決策是否客觀的依據。當已確定的最優方案付諸實施以後，企業還需對決策的執行情況進行跟蹤評估，以發現過去決策中存在的問題，然後再通過信息反饋，糾正偏差，以保證決策目標的最終實現。

第二節　投資環境分析

投資環境是指影響企業投資效果的各種內外部因素的總和。企業的生存和發展，是以內外部環境為條件的。企業在進行投資時，必須對投資環境進行認真分析。

一、投資環境的內容

投資環境所包含的內容十分廣泛，既包括宏觀因素，也包括微觀因素。

（一）宏觀因素

宏觀因素，即投資的宏觀環境，主要是指企業的外部條件和因素。整個社會都是企業投資活動賴以進行的基礎。無論是社會經濟的變化、市場的變化，還是經濟政策的調整，對企業投資活動都會產生直接或間接的影響，甚至產生重大的影響。這些因素主要包括：

1. 經濟體制

經濟體制是一個國家的基本經濟制度，它直接決定了社會經濟資源的配置原則和經濟運行的方式及方法等。不同的經濟制度下的目標取向是不同的，會對整個社會的經濟活動產生根本性的影響，並直接影響投資目標定位、管理程序及管理方法等。

2. 經濟運行狀況

一定時期社會的經濟運行狀況，主要應看社會總供給和總需求的均衡關係。因為總供給是一國經濟實力的表現，而總需求是該國一定時期消費能力的體現，兩者不平衡表明了該國生產過剩、消費信心不足，或表明了該國生產能力不足，使國民消費不能得到充分滿足。宏觀經濟運行狀況對投資的影響是不相同的。

當總供給和總需求平衡時，一般來說，企業不需要增加或減少投資，此時投資的增長率只要保持與總供給和總需求對應增長關係即可。

如果總供給大於總需求，應分兩種情況考慮：第一，如果這種不平衡是由投資需求引起的，那麼對投資有一定刺激作用，因為此時的投資成本較低，投資增長會轉化為消費需求的增長，對推動經濟增長具有重要意義；第二，如果這種不平衡不是由投資需求引起的，則可能對投資有抑製作用，因為社會需求的不足會引起投資收益的下降，如經濟沒有增長跡象，投資前景不可樂觀。

如果總供給小於總需求，總體上對投資總是有刺激作用的，因為供給的增長需要投資來完成。

3. 經濟週期

經濟週期是指經濟發展過程中經濟擴張與收縮的交替，它主要體現在有關經濟增長率指標的變化上。一般而言，一個經濟週期是由兩個擴張期和接下來的一個收縮期構成的，它有兩個轉折點，即擴張期向收縮期轉變的頂點和收縮開始復甦的最低點。經濟週期是世界各國普遍存在的現象，並且與投資的關係非常密切，兩者既相互作用又相互制約。總體來看，當經濟處在上升階段時是有利於投資的，特別是在經濟剛剛開始回升時，投資成本一般較低，證券市場的各種證券價格也可能處於低水平階段。投資人在此時投資，無論是進行實業投資還是證券投資，風險較小，成本較低。而隨著經濟的增長，未來收益水平也會不斷上升。當經濟週期處於上升階段的後期，社會經濟開始出現疲軟現象時，則不利於實業投資和證券投資，因為此時市場信心十足，消費開始下降，投資風險明顯增長，預期收益不容樂觀。作為一個理性的投資主體，面對經濟週期的變化和影響，應隨時自覺和有效地調整自身的投資行為和投資管理方法，以確保投資的安全和穩定。當然，前面我們講的經濟週期對投資的影響只是就一般規律而言，具體情況還要作深入細緻的具體分析。

4. 財政政策

財政政策，是一個國家一定時期財政收入和財政支出的主體政策。國家採用高稅率來增加財政收入，並同時降低其財政支出的財政政策，通常稱為緊縮型財政政策。反之，國家採用降低稅率、擴大財政支出和鼓勵投資的財政政策，則稱為寬鬆型財政政策。財政政策的變化對投資具有直接或間接的影響。一般來說，寬鬆的財政政策會對投資起到促進作用，因為國家財政支出的增加，會相應地擴大社會總投資的規模，隨著經濟增長的不斷加快，這種財政政策的作用就逐漸體現出來，並能確保投資具有良好的收益。但經濟過熱時，國家採用適度緊縮的財政政策也是十分必要的。但國家長期採用這種政策，將對投資具有明顯的制約作用，使經濟增長緩慢，長此以往會影響投資者的信心。值得注意的是，財政支出中用於投資的支出是社會投資的重要來源，這種投資除了必須由政府承擔的公共性投資支出外，其餘投資流向也可能預示著那些領域將會獲得較好的投資收益。另外寬鬆的財政政策會促進寬鬆的金融政策，使投資者能較方便地獲得信貸資金，增加全社會投資資金。同時這種政策也會促進社會消費的增長，間接地為投資創造有利的環境。

稅率是財政政策的重要操作工具，所以也被人們稱為重要的經濟槓桿，同時稅率也是影響投資的重要宏觀經濟因素之一。從總的方面來講，國家提高稅率將不利於投資的增長，相反，降低稅率有利於促進投資增長。從財政狀況來看，當經濟週期處於收縮階段時，國家一般會適度降低稅率，以刺激投資和經濟的增長；當經濟處於擴張性繁榮或過熱狀態時，國家會提高稅率，來抑制經濟和投資的過分增長。所以，稅率變動對投資的影響主要是通過對未來投資收益的調整來實現的。提高稅率意味著投資利潤將有所下降；相反，降低稅率就會促使未來投資利潤的上升。

5. 貨幣政策

貨幣政策其實是一個國家財政、金融政策的重要組成部分，它是調整國家一定時期貨幣供給量的基本策略。寬松的貨幣政策將適當增加貨幣發行量，而緊縮的貨幣政策會減少一定時期的貨幣發行量。國家採用何種貨幣政策，主要取決於當時的經濟運行狀況和宏觀經濟管理的目的。當然，不同的貨幣政策對投資決策和投資管理的影響是不同的，有時相同的貨幣政策對於不同的投資事項的影響或影響程度都是不同的。

利率作為一種經濟槓桿，是國家一定時期財政和貨幣政策的重要組成部分，它主要服務於政策所需完成的現實目標。國家通過利率調控經濟的手段有三種：一是在經濟過熱時，為了抑制通貨膨脹，適度提高利率；二是在經濟低迷時，為了刺激投資和消費，促進經濟發展，降低利率水平；三是制定特殊經濟事項和特殊行業等的優惠利率和差別利率等。利率對投資的影響是多方面的，有的是直接體現的，有的是間接的甚至要較長一段時期才能表現出來。如利率變動對投資成本的影響是直接的，一般來講降息會促進投資，利率提高則會制約投資。而利率變動對未來投資收益的影響則是要在一個較長的時期後才能反應出來。

6. 產業結構

產業結構包含多層次和多方面的內容，如產值結構、行業結構和就業結構等。一定時期國家的產業結構能否充分發揮其資源配置和資源轉化的功能，從整體上就決定了一國經濟的投資規模。在產出目標既定的前提下，產業結構運行機制的狀態越好，全社會所需的投資總額就越少。產業結構內在的經濟關聯度主要是從投資的效率上反作用於投資。在投資決策中，我們有必要細緻地研究長短線產業的關係，因為國家為了保證產業結構投入與產出之間的比例均衡和前後銜接關係，必然要對其作合理的結構安排。這裡講的長線是產出大於需求的產業或產品，而短線是指產出小於需求的產業或產品。很顯然，投資人抓住短線產業投資，不但投資風險小，收益穩定，而且預期投資收益也較大。但產業政策是國家制定的，它是發展和多變的，以前的扶持性或鼓勵性產業，目前就可能成為限制性產業。經濟形勢發展得越快，社會宏觀產業結構的調整也就會變化得越快。因此，正確把握國家宏觀產業結構的決策和發展方向，注重經濟大環境問題的研究，對於投資決策來講是必不可少的，因為如果投資人在產業結構發展方向上判斷錯了，將直接導致投資決策的失誤和投資的失敗。

7. 政治形勢

政治形勢主要包括政局是否穩定，有無戰爭或發生戰爭的風險，有無國家政權和社會制度變革的風險，有無重大政策變化情況。要預測好政治形勢，我們必須認真學習和瞭解國家有關政策、方針、法律、規定、規劃等。

案例：政治環境與投資

2014年，希臘政府在國際緊急援助的交易中同意把港口出售給中遠集團和其他四家競標者。2015年1月26日凌晨一點左右，希臘大選結果出爐，極左反對聯盟（Syriza）贏得大選。重組後的左翼內閣做出的第一批決定之一就是要中止將67%的比雷埃夫斯港口股份出售。這體現了此前左翼政黨的競選承諾。他們反對緊急援助，承諾要停止國有資產的出售。船運投資部的副部長托多里斯·德里察斯（Thodoris Dritsas）對路透社說："我們將出於對希臘人民的利益，重審中遠集團的交易。"

據路透社4月2日報導，希臘經濟部部長斯塔薩基斯（George Stathakis）周三表示，希臘政府沒有出售希臘最大港口比雷埃夫斯港67%股份的計劃，而是會與投資者建立合資公司。這表明，由於政黨變動，中遠集團在希臘的投資可能遭遇投資風險。

8. 文化狀況

文化狀況主要指教育程度、文化水平、宗教、風俗習慣等，這些因素也會對投資產生重大影響。

（二）微觀因素

微觀因素，即投資的微觀環境，主要是指企業的內部投資條件。同時，它也應該包括企業所擁有的物質技術和管理工作基礎。這些因素主要包括：

1. 企業性質

企業的組織類型、企業性質多種多樣。企業的組織類型、性質不同，對企業投資活動的影響也不同。

2. 管理因素

管理因素包括企業的組織結構以及人員的分工、企業管理方面的基礎工作。這些因素對企業投資活動都將產生直接或間接的影響。因此，企業要研究、建立能充分發揮投資管理作用的組織結構和人員分工，加強企業管理的基礎工作，同時還要適應企業組織結構和人員分工以及企業管理的基礎工作的情況來組織企業的投資管理工作。

3. 經營因素

經營因素包括經營結構和經營規模等。經營結構是否合理、經營規模的大小、企業產品的市場競爭力及發展前途等，關係著企業的興衰，也關係著企業財務狀況和財務成果的好壞。

二、投資環境的特徵

企業研究投資環境的特徵，有利於更好地適應複雜、多變的投資環境，從而有利於更好地把握投資機會。投資環境具有如下特徵：

1. 複雜性

投資環境的複雜性是指其構成的複雜性。如前所述，投資環境分為宏觀環境（外部環境）和微觀環境（內部環境）。其中，宏觀環境包括財政、稅收、金融、政治、法律、市場、經濟政策等因素，微觀環境包括企業類型、管理等因素。這些宏觀、微觀方面的因素構成了複雜的投資環境。

2. 綜合性

投資環境對投資的影響是綜合的、多方面的，投資觀念、投資理論與方法的變化是受投資環境影響的結果。投資環境的變化，會帶來投資觀念、投資理論與方法的變化，也將影響投資觀念的發展、投資理論與方法的完善。

3. 客觀性

投資環境是客觀的，不依投資主體的意志而存在。投資主體改變不了投資環境，只能適應投資環境，對投資環境的變化做出相應的反應。

4. 開放性

在市場經濟條件下，企業的投資環境是開放的，而不是封閉的。企業可以從開放的投資環境中獲得所需要的各種投資信息。

5. 變化性

隨著社會經濟的發展，投資環境會相應地發生變化。因此，企業在分析、研究投資環境時，必須攝取即時資料，避免過時資料，以避免投資決策的失誤。

三、投資環境分析的意義

企業進行投資環境的分析，對及時、準確地做出投資決策和不斷提高投資效益具有重要意義。

1. 進行投資環境研究，可以使投資決策有堅實的基礎，保證決策的正確性

企業通過對投資環境的研究，可以充分瞭解市場的供求狀況、國家經濟政策、資源供應情況，以及國內外政治、經濟和技術發展的動向。只有瞭解這些因素後，企業才能提高投資決策的科學性。

任何投資者一定時期的投資額、投資方向和投資時機等的確定都離不開對投資環境的深入分析。因為在現實生活中，投資者所面臨的環境是複雜的，各種環境因素對投資事項影響的方向和程度都是不同的。投資效益高低是各項因素共同作用的綜合結果，為什麼有些投資達不到預期的效果呢，其重要原因之一是沒能深入研究投資環境。所以，對投資環境進行深入分析是十分重要的，當投資方案本身無質量問題時，環境因素的影響往往是舉足輕重的。我們只有對環境變化中的主要和次要因素、長期和短期因素、直接和間接因素等做出全面的深入研究，並深刻把握投資對環境變化的承受程度，才能真正做出科學和正確的投資決策。

2. 進行投資環境研究，可以使企業及時瞭解環境的變化，保證投資決策的及時性

企業不斷地進行投資環境的研究，才能及時掌握環境的變化情況，在出現了有利條件時，及時進行投資，以獲得良好的投資效果，當出現不利於企業的因素時，及時採取對策，以避免客觀環境的不利影響。例如，無錫自行車廠深入開展投資環境的研究，通過調查分析，瞭解到隨著農村商品經濟的發展，自行車不僅是交通工具，而且也是重要的運輸工具，它們根據農民需要投資生產出了車身長、車把寬、騎車省力、平穩、能載重 200 千克的"長徵"牌自行車，深受農民的歡迎，銷售狀況良好，企業獲得了顯著的經濟效益。

3. 進行投資環境研究，可以使企業預計到投資環境的變化情況，提高投資決策的預見性

投資環境是不斷變化的，企業必須適應這種變化，但如果跟在環境後面被動地變化，也難以取得好的效果。決策者應站得高、看得遠，預見未來投資環境的變化情況，做出符合長遠發展趨勢的決策。顯然，這只有在認真研究投資環境的基礎上才能做到。1973 年，世界上出現了"石油危機"，嚴重衝擊了汽車製造業。風波過後，美國通用

和福特汽車公司預見到"石油危機"還會再度出現，於是開始投資設計和製造耗油少的小型汽車，結果順利度過了1978年的"石油危機"。而美國另一家大型汽車製造企業——克萊斯勒公司沒有及時採取有效措施，一如既往地生產耗油量較大的大型汽車，結果在1978年"石油危機"再度出現時，產品滯銷，存貨堆積如山，險些破產。

四、投資環境分析的基本方法

分析投資環境的方法很多。各種行業、各個企業的分析方法也不相同。國際上常用的評價投資環境的方法主要有投資環境等級評分法、國別冷熱比較法、動態分析法。現結合中國具體情況，介紹最常見的幾種方法。

(一) 調查判斷法

調查判斷法是一種定性分析法，它主要是借助有關專業人員的知識技能、實踐經驗和綜合分析能力，在調查研究的基礎上，對投資環境的好壞做出評價。這種方法主要有以下幾個步驟：

1. 調查

為正確預測有關投資環境，企業必須認真進行調查，收集有關信息資料。調查可分為直接調查和間接調查。直接調查是指調查人員直接與被調查對象接觸，由調查人員通過當面採訪、詢問、觀察、記錄等方式獲取有關資料的一種方法。直接調查又分為全面調查、重點調查、典型調查和抽樣調查四種。直接調查能保證收集資料的準確性和及時性，但若得不到被調查對象的配合，則會使調查資料不完整。間接調查是指調查人員以有關單位保存的各種數據資料為基礎，通過加工整理獲得投資信息的一種方法。間接調查的資料來源主要包括：①各種書籍、雜誌、報紙；②各種統計報告；③各種財務報表；④各類銀行、投資公司的調查報告；⑤其他，如財稅部門、工商管理部門、消費者協會等掌握的各種資料。

2. 匯總

通過各種調查得到的信息是大量的、雜亂無章的，還不能直接為投資決策所利用，企業必須對這些信息進行加工、整理和匯總。在進行整理、匯總時，企業要注意剔除其中的虛假成分和偶然性因素，進行由此及彼、由表及裡、去粗取精、去偽存真的分析，以便提高信息質量，抓住事物本質。

3. 判斷

企業要根據調查和匯總後的信息，對投資環境的好壞做出判斷。從事判斷的人員主要有工業經濟專家、市場分析專家、精通與投資項目有關的技術專家、財務管理專家、生產管理專家、機械設備專家以及建築工程技術專家。除以上人員外，企業還可根據需要，邀請其他部門專家協助工作。企業在判斷時，一般先對構成投資環境的每個因素都評出好、中、差三種情況，然後綜合判斷投資環境的好壞。

(二) 加權評分法

加權評分法是先對影響投資環境的一系列因素進行評分，然後進行加權平均，得出綜合分數的一種預測方法。其基本計算公式如下：

$$Y = w_1 x_1 + w_2 x_2 + \cdots + w_n x_n = \sum_{i=1}^{n} w_i x_i \tag{7.1}$$

式中：Y 表示投資環境評分；w_i 表示事先擬定的對第 i 種因素進行加權的權數（$\sum_{i=1}^{n} w_i = 1$）；x_i 表示第 i 種因素的評分。

［例 7.1］現以光明計算機公司進行某項投資為例來說明加權評分法的應用（見表 7.1）。

表 7.1　　　　　　　　　光明計算機公司投資環境分析

有關因素 （1）	有關因素狀況 （2）	分數（x_i） 0~100 （3）	預計權數（w_i） （4）	加權平均數 （$w_i x_i$） （5）=（3）×（4）
一般環境	好	90	0.20	18
相關市場	暢銷	90	0.25	22.5
資源供應	充足	90	0.25	22.5
地理環境	較差	50	0.20	10
基礎設施	一般	70	0.10	7
合計				80

在表 7.1 中，第一欄是與投資環境有關的各項因素，在實際預測時，預測人員還應列出更多的因素；第二欄是預測人員根據收集到的資料經整理分析而得；第三欄是由預測人員根據第二欄的數字確定的；第四欄是由預測人員根據各因素的重要程度事先擬定的。

在採用加權評分法進行預測時，分數在 80 分以上，說明投資環境良好；分數在 60~80 分，說明投資環境一般；分數在 60 分以下時，說明投資環境較差。

（三）匯總評分法

這種方法先根據各因素的重要程度確定其最高分和最低分，然後再按每個因素的具體情況進行評分，最後把各因素的分數匯總，作為對投資環境的總體評價分數。在採用此法時，總分越高，表示投資環境越好；反之，則表示投資環境較差。表 7.2 說明了評分標準的制定方法。

表 7.2　　　　　　　　　投資環境匯總評分法

投資環境因素	評分
（一）政治穩定性	0~10 分
長期穩定	10
穩定但因人而異	8
存在一些不穩定因素	6
國內外有強大的反對力量	4
可能發生動亂	2
極有可能發生動亂	0
（二）經濟發展狀況	0~10 分
長期穩定發展	10
發展較快但穩定	8
發展速度不快且不穩定	6
經濟處於停滯狀態	4
經濟出現負增長	2
存在嚴重的經濟危機	0

表7.2(續)

投資環境因素	評分
(三) 產品銷售狀況	0~20分
產品十分暢銷且有廣闊市場	20
產品銷量一般但潛力很大	16
產品暢銷但市場容量有限	12
產品銷售狀況一般且無潛力	8
產品銷售量開始下降	4
產品滯銷、屬於淘汰產品	0
(四) 資源供應情況	0~20分
有充分的廉價資源	20
資源充分價格一般	16
資源充分但價格較貴	12
資源供應不太充分	8
資源供應有限	4
資源供應十分有限	0
(五) 基礎設施	0~16分
基礎設施很好	16
基礎設施較好	12
基礎設施一般	8
基礎設施較差	4
基礎設施很差	0
(六) 近5年的通貨膨脹率	0~8分
小於1%	8
1%~5%	6
5%~10%	4
10%~20%	2
20%以上	0
(七) 政策優惠	0~8分
國家非常支持發展的產業	8
國家支持發展的產業	6
國家不支持也不限制的產業	4
國家限制發展的產業	2
國家不準發展的產業	0
(八) 其他因素	0~8分
其他因素很好	8
其他因素較好	6
其他因素一般	4
其他因素較差	2
其他因素很差	0
總　　計	0~100分

第三節　投資策略與組合

　　投資組合，是指企業各種投資在企業全部投資中所占的比重。投資組合的目的是提高投資總額的收益水平，降低投資總額的風險程度。根據不同的投資方向和投資最終形成的資產形式，投資組合包括企業投資的內外組合與企業投資的資產組合兩個概念。

一、企業對內投資與對外投資的組合

企業對內投資與對外投資的組合，是指企業對內投資與對外投資占全部投資的比重。一般而言，企業對外投資的風險要大於對內投資的風險。這是因為，企業對被投資單位的情況不甚瞭解，儘管事前進行過投資可行性分析、研究，但對外投資所存在的不可知因素總是要多於對內投資的。根據風險與收益同比增大的規律，企業對外投資的風險雖然較大，但所獲得的報酬相應也比較高。

企業究竟採取何種內外投資組合，主要取決於企業管理者所做出的投資決策。不同的內外投資組合，對企業的風險與收益會產生不同的影響。一般認為，當企業對內投資飽和或者對內投資的收益率低於對外投資的收益率時，企業就會尋找對外投資機會，從而增加對外投資，取得較高的投資收益。

案例[①]：兩面針集團的投資決策與價值創造

2004年兩面針集團出資2,945.2萬元投資揚州旅遊用品有限責任公司。2005年兩面針集團分別投資了廣西兩面針九洲房地產開發有限公司、合肥白雪洗滌劑有限公司、柳州恒達巴士股份有限公司等項目，投資金額合計達1,660萬元。2007年公司又分別投資了鹽城捷康三氯蔗糖製造有限責任公司、安徽兩面針芳草日化有限公司、兩面針（揚州）酒店用品有限公司和兩面針房地產開發有限公司，投資總額達41,669萬元。顯然，這些投資都是為了加強主業和貫徹多元化戰略。

同時，2006年證券投資給兩面針集團帶來了巨大的投資收益，因此兩面針集團此後在資本運作方面的投資金額愈加驚人。除了原來作為發起人持有可觀的中信證券法人股外，2007年兩面針集團一方面投資1.5億元用於申購新股和投資證券投資基金以及投資2.62億元參與中信證券的配股（獲新增股份350萬股），另一方面還投資2億元參股了南寧市商業銀行。公司在證券以及股權投資方面的投資金額合計達6億元，幾乎與2004年首次公開募股（IPO）募集資金總額相當。

通過公司財務報告，我們發現，該公司2006年、2007年度依靠持有和出售中信證券獲得巨大的投資收益，實現了較好的價值創造。但這種價值創造顯然缺乏可持續性。由於中信證券股價的跳水式下滑，公司未能按原定計劃出售該股票，投資收益也大幅降低，公司2008年淨利潤一下子從2007年的62,507.78萬元下降到526.15萬元。此外，公司曾於2007年參與配股中信證券，配股價為每股74.97元，而截至2009年4月27日，中信證券復權後的收盤價是每股67.52元，所以兩面針此次配股還存在2,000多萬元的浮虧。

剔除來自中信證券的股權投資收益，公司的主業上面也不盡如人意。公司主營牙膏，但是，主業不僅已經連續2年虧損，而且牙膏市場佔有率也逐年下滑，已經從三年前的10%以上下降到目前的1.7%。

兩面針集團的案例說明企業的投資決策對價值創造有很大的影響。因此，如何使

[①] 資料來源：田西杰. 企業投資決策與價值創造［J］. 財務與會計，2009（6）.

投資決策合理值得我們好好思考。

二、證券投資策略

　　企業對外投資，主要表現為證券投資。證券組合投資是指企業將資金同時投資於多種證券。例如，企業既投資於企業債券，也投資於企業股票，還投資於基金。一般來說，組合投資通常可以有效地分散證券投資風險，是企業等法人單位進行證券投資時常用的投資方式。

　　投資者選擇什麼樣的投資組合主要取決於投資者對風險的偏好程度及承受能力。投資者厭惡風險的程度不同，這樣就形成了各種不同的投資組合。常見的投資策略主要有以下幾種：

　　1. 保守型證券投資組合

　　這種證券投資組合盡量模擬證券市場的某種市場指數，以求分散掉全部可分散風險，獲得與市場平均報酬率相同的投資報酬。這種證券投資組合所承擔的風險主要是市場上的系統性風險，其投資收益不會高於市場的平均收益，因此是比較保守的投資組合。例如，如果某投資者盡可能模擬上海證券交易所的30種指數進行投資，也選擇同樣的30種股票，並且其投資也與這30種股票的價值比重相同，則這種投資組合就是比較典型的保守型投資組合，其所承擔的風險就與市場風險相當。保守型投資組合不需要投資者有太高深的證券投資知識，只要盡可能模擬某種市場指數就可以。

　　2. 進取型證券投資組合

　　進取型證券投資組合，也稱成長型證券投資組合，它以資本升值為主要目標。投資者盡可能多選擇一些成長性較好的股票，而少選擇低風險低報酬的股票，這樣就可以使投資組合的收益高於證券市場的平均收益。這種證券投資組合的收益比較高，風險也高於證券市場的平均風險。採用這種證券投資組合，投資者不僅要具有良好的證券投資知識，還要對企業的行業發展前景、產品的市場需求狀況、競爭情況、企業的經營狀況、財務狀況等進行深入細緻的分析。這種投資組合具有高風險高收益的特性，因此，也被稱為冒險型證券投資組合。對風險厭惡程度較低的投資者通常會選擇這種投資組合。

　　3. 收入型證券投資組合

　　收入型證券投資組合，也稱穩健型證券投資組合，這是一種比較常見的投資組合類型。這種證券投資組合以追求低風險和穩定的收益為主要目標，收入型投資組合通常選擇一些風險不大、效益較好的公司的股票。這些股票雖然不是高成長的股票，但能夠給投資者帶來穩定的股利收益。因此，收入型投資組合的風險較低，但收益卻比較穩定，它比較適合於老年投資者，需要負擔生活費用或子女教育費用的投資者，以及有定期支出的機構投資者。

三、證券投資組合

　　證券投資是一個充滿風險的投資領域，投資者在入市時必須懂得防範風險，這是個十分複雜的問題。因為風險是很複雜和多樣的，它時時與投資相伴，可以說沒有風險的證券投資是不存在的。那麼，防範風險的最有效方法就是進行證券投資組合。常用的方法主要有以下幾種：

1. 投資組合的三分法

西方一些發達國家，比較流行的投資組合是三分法：1/3 的資金存入銀行以備不時之需；1/3 的資金投資於債券、股票等有價證券；1/3 的資金投資於房地產。同樣，投資於證券的資金也要進行三分：即 1/3 的資金投資於風險較大的有發展前景的成長性股票；1/3 的資金投資於安全性較高的債券或優先股等有價證券；1/3 的資金投資於中等風險的有價證券。

2. 按風險等級和報酬高低進行投資組合

證券的風險大小可以分為不同的等級，收益也有高低之分。投資者可以測定出自己期望的投資收益率和所能承受的風險程度，然後，在市場中選擇相應風險和收益的證券作為投資組合。一般來說，投資者在選擇證券時，對同等風險的證券，應盡可能選擇報酬率高的，對同等報酬的證券，應盡可能選擇風險低的；並且要盡可能選擇引起風險呈負相關的證券進行投資組合，以便分散證券的非系統性風險。

3. 選擇不同的行業、區域和市場的證券作為投資組合

雖然在經濟日益國際化的情況下，各地證券市場具有較大的相關性和互動性，但不同證券市場還是有較大的獨立性。即便在同一個國家，有時也可能一個市場強，一個市場弱。比如中國，深圳證券市場和上海證券市場有時就表現為一強一弱。

4. 選擇不同期限的證券進行投資組合

這種投資組合的方法就是指投資者根據投資者未來的現金流量來安排各種證券不同的投資期限，進行長、中、短期相結合的投資組合。投資者對現金的需求總是有先有後，長期不用的資金可以進行長期投資，以獲得較大收益，近期就可能要用的資金，最好投資於風險較小、易於變現的有價證券。

四、企業投資的資產組合

資產組合是企業的總資產中長期資產和短期資產所占的比重。企業的長期資產包括固定資產、無形資產及對外長期投資等，企業的短期資產主要指流動資產。不同的資產組合，會給企業帶來不同的風險和收益。

(一) 影響資產組合的因素

1. 風險和收益

企業期望取得收益的多少與所承擔風險的大小直接影響著企業的資產組合。當企業不能及時清償債務時，由於短期資產的變現能力強於長期資產的變現能力，擁有較多的短期資產可以減小企業的風險。但是，短期資產太多，勢必降低企業的投資收益率。因此，可以說企業投資的資產組合在很大程度上是風險與收益均衡的結果。

2. 企業的行業特點

不同行業的企業，其資產組合存在較大的差異。一般來說，製造業長期資產所占比重較大，而商品流通企業短期資產所占比重較大。

3. 經營規模

企業的生產經營規模對企業的資產組合也會產生重要影響。隨著企業生產經營規模的擴大，短期資產在資產總額中所占的比重會相對下降。這是因為生產經營規模較大的企業具有較強的籌資能力，能夠承擔較大的風險。另外，這些企業實力雄厚，機器設備的自動化水平高，可以在長期資產上進行較多的投資。

4. 資本成本

不同的資產組合對長短期資金的需要量是不同的。因此，選擇不同的資產組合會對企業的資本成本產生不同的影響。當資本市場的利息率較高時，企業為了降低資本成本，盡可能提高資金的使用效率，通常會選擇短期資產較少的資產組合。這樣做可以減少利息支出，增加投資收益。當資本市場的利息率下降時，企業可以安排較多的短期資產，以降低企業的財務風險。

(二) 企業的資產組合策略

企業的短期資產數量按其生產經營中的功能主要可以分為三個部分：一是正常需要量。這是指為滿足企業正常的生產經營活動而需要的短期資產數量。這是短期資產的主要部分，是維持企業生產經營活動所必不可少的。二是正常保險儲備量。這是指為應付意外情況的發生，在短期資產正常需要量的基礎上增加的正常保險儲備，可以起到降低企業風險的作用。三是額外保險儲備量。這是指在短期資產的正常需要量和正常保險儲備量的基礎上再增加的一部分額外的儲備，以備非常情況發生時對短期資產的需要。

根據短期資產在資產組合中的比重，企業的資產組合策略有以下三種：

1. 保守型的資產組合

它是指企業在安排短期資產數量時，在企業短期資產正常需要量和正常保險儲備量的基礎上，再增加一部分額外的保險儲備。在這種資產組合中，通常短期資產所占的比重較大。這樣，企業的風險較低，但是企業的投資收益率也較低。不願冒險、注重安全的企業經營者一般採用此種策略。

2. 冒險型的資產組合

它是指企業只安排短期資產的正常需要量，而不安排保險儲備量。這種資產組合可以提高企業的投資收益率，但是，同時也增大了企業的風險。敢於冒險、偏好收益的企業經營者通常會採用此種策略。

3. 適中型的資產組合

它是指企業在保證短期資產正常需要量的情況下，再增加一部分短期資產的正常保險儲備量，以應付意外事情的發生。但是，企業不儲備額外的保險儲備量。短期資產的正常需要量和保險儲量應該占總資產的多少，要根據企業所處行業的特點而定。這種組合既要滿足企業日常生產經營活動對短期資產的需要，又要留有一定的餘地，以備不時之需。採用這種資產組合的企業，一般來說，投資收益率一般，風險也一般。正常情況下，企業大多採用此種策略。

(三) 不同的資產組合對企業收益和風險的影響

企業採用不同的資產組合對企業的收益和風險將產生較大的影響。如前所述，企業的短期資產具有較強的變現能力，當企業持有較多的短期資產時，企業的短期償債能力就會增強，風險就會減少。但是，如果短期資產占用過多，造成長期資產相對不足，就會使企業的生產能力下降，進而導致企業盈利能力的下降。

［例7.2］鵬程工業股份有限公司2005年年末的資產組合與籌資組合如表7.3所示。

表 7.3　　　　　　　鵬程工業股份有限公司資產組合與籌資組合

資產組合（萬元）		籌資組合（萬元）	
流動資產	15,668	流動負債	11,602
長期資產	13,933	長期資金	17,999
合計	29,601	合計	29,601

鵬程工業股份有限公司 2005 年共實現淨利潤 4,440.15 萬元。根據 2005 年的產品銷售情況，預計 2006 年的銷售業務將進一步擴大，資金總量將增加至 44,601 萬元。其中，流動資產為 20,668 萬元，長期資產為 23,933 萬元，流動負債為 16,602 萬元，長期資金為 27,999 萬元。預計 2006 年公司將實現淨利潤 7,582.17 萬元。

改變資產組合對公司風險和收益造成的影響如表 7.4 所示：

表 7.4　　　　　　　　不同資產組合對風險與收益的影響

項目	2005 年		2006 年	
	金額（萬元）	比重（%）	金額（萬元）	比重（%）
資產組合				
流動資產	15,668	52.93	20,668	46.34
長期資產	13,933	47.07	23,933	53.66
資產總計	29,601	100	44,601	100
淨利潤	4,440.15		7,582.17	
主要財務比率				
投資收益率	4,440.15÷29,601×100%=15%		7,582.17÷44,601×100%=17%	
流動比率	15,668÷11,602×100%=1.35		20,668÷16,602×100%=1.25	

由表 7.4 可知，鵬程工業股份有限公司改變了資產組合，即長期資產的比重由 2005 年的 47.07% 提高到了 2006 年的 53.66%，流動資產（短期資產）的比重由 2005 年的 52.93% 下降到了 2006 年的 46.34%，投資收益率則由 2005 年的 15% 上升到了 2006 年的 17%。這說明該公司的收益增加了不少。但是，由於該公司增加的投資中，長期資產投資比例大於短期資產投資比例，所以該公司的流動比率也從 2005 年的 1.35 下降到了 2006 年的 1.25。這說明該公司的短期償債風險也隨之增大。這一切均說明企業在進行投資決策時，必須認真權衡風險與收益，建立最佳的資產組合模式。

第四節　投資風險與收益

一、投資風險

（一）投資風險的概念

投資風險是企業將籌集的資金確定其投向過程中所具有的不確定性。一般而言，投資風險主要取決於投資的行業和投資時間的長短。從投資的時間看，企業長期投資的風險總是大於短期投資的風險，長期資產的風險總是大於流動資產的風險。至於將資金投資於不同行業的風險，往往是某一行業的利潤水平越高，風險程度也就越大。例如，投資於高技術企業比投資於傳統加工工業風險要大，投資於石油開採業比投資於食品加工業風險要大。

案例：高盛和Webvan

1998—2000年，高盛與其他投行向Webvan投資8.5億美元。華爾街的高手會向價格不菲的網絡股投資，這就是一個著名的例子。對於投資種子期公司的投資者來說，通常都是以低價買進，然後把公司推向公眾市場，從而退出、獲利。但是這次，高盛和另外一些華爾街的投資者卻看走了眼。他們投資的公司Webvan的概念很吸引人：通過網絡進行銷售，讓顧客永遠不再到市場和商店購物。但是，Webvan的做法太著急了，它試圖馬上就到處開店營業，結果雖然得到大筆投資資金，但開支比投資要大得多。這家公司完全脫離了現實，因而很快就失敗了。

(二) 投資組合風險的計量

可以說，到目前為止，資本資產定價模型（CAPM）是最成熟的風險度量模型。該模型用方差來度量不可分散風險，並將風險與預期收益聯繫起來。資產組合理論認為，企業所面臨的風險可以分為系統性風險和非系統性風險。系統性風險是與整體經濟運行相關的風險，而非系統風險是與資產自身特性相關的風險。資產組合理論認為投資人將投資分散化、多樣化可以降低直至消除非系統風險。系統風險無法消除。因此理論上認為一個足夠分散的資產組合能夠將非系統風險全部消除。資本資產模型就是對一個資產組合的系統風險進行定價，而非系統風險是得不到市場回報的。

1. 資本資產定價模型的基本假設

資本資產定價模型由威廉·夏普（Sharpe）在馬科威茨（Markowitz）的投資組合理論的基礎上於1964年首次提出。之後，林特（1965）和莫森（1966）對資本市場總體定價行為進行了深入研究，並各自提出了風險資產定價均衡模型。他們的研究方法有所不同，但是思想和研究的結果是一致的。該模型基於以下基本假設：

(1) 投資者對資產的收益和變化預期是一致的；
(2) 投資者可以根據無風險利率進行借貸；
(3) 所有資產都是可交易的，而且完全可以分割；
(4) 買賣資產時不存在稅收或交易成本；
(5) 資本市場上沒有對賣空交易的限制。

2. 資本資產定價模型的基本內容

在這些假設前提下，任何資產不可分散的風險都可以用β值來描述，並相應地計算出預期收益率。其基本公式如下：

$$R = R_f + \beta(R_m - R_f) \tag{7.2}$$

式中：R為投資者所要求的收益率；R_f為無風險收益率；R_m為市場預期收益率；β為企業（資產組合）對整個市場風險的貢獻。

資本資產定價模型，關鍵是要確定無風險收益率，計算風險溢價和β值。

(1) 確定無風險收益率R_f。無風險收益率的投資一般需要滿足兩個條件：一是不存在違約風險，二是不存在投資收益率的不確定性。結合中國資本市場的實際情況，並且在假設被評估企業壽命無限期的情況下，使用長期國債利率作為無風險收益率較為合適。這是因為，一方面，長期國債利率通常與被評估公司的現金流量期限基本對應，同時國債長期利率又是短期國債利率的幾何加權平均估計值；另一方面，長期國債利率更容易與股票市場組合指數的期限相匹配，這樣就能保持與風險係數和市場風險溢價相一致。

（2）計算風險溢價。風險溢價是指股票平均收益率與無風險收益率的差異。因此，這個數據通常是在歷史數據的基礎上計算出來的。在具體計算過程中，我們通常還需要考慮以下幾個問題：樣本觀測期的長度；市場收益率的確定；計算平均值時選用算術平均法還是幾何平均法。

（3）估計風險係數 β。β 係數描述了不可分散風險，它是公式中唯一與企業本身相關的參數。不管無風險收益率與風險溢價如何確定，每個企業都有自己的風險係數。一般來說，企業的風險係數由三個因素決定：企業所處的行業、企業的經營槓桿比率以及企業的財務槓桿水平。

3. 資本資產定價模型的意義

資本資產定價模型是第一個關於金融資產定價的均衡模型，同時也是第一個可以進行計量檢驗的金融資產定價模型。模型的首要意義是建立了資本風險與收益的關係，明確提出了證券的期望收益率就是無風險收益率與風險補償兩者之和，揭示了證券報酬的內部結構。

資本資產定價模型另一個重要的意義是，它將風險分為非系統風險和系統風險。非系統風險是一種特定公司或行業所特有的風險，它是可以通過資產多樣化分散的風險。系統風險是指由那些影響整個市場的風險因素引起的，股票市場本身所固有的風險，是不可以通過分散化消除的風險。資本資產定價模型的作用就是通過投資組合將非系統風險分散掉，只剩下系統風險；並且在模型中引進了 β 係數來表示系統風險。

二、投資收益

1. 投資收益的概念

投資收益是指投資項目期望獲得的未來收益。儘管投資的目的多種多樣，但是，根本動機是追求較多的投資收益和實現最大限度的投資增值。投資人在投資中考慮投資收益，要求在投資方案的選擇上必須以投資收益的大小作為選擇標準，要以投資收益具有確定性的方案為選擇對象，要分析影響投資收益的因素，並針對這些因素及其對投資方案作用的方向、程度，尋求提高投資收益的有效途徑。

2. 投資組合期望收益率的計量

投資組合期望收益率就是組成投資組合的各種證券的期望收益率的加權平均數。權數是投資於各種證券的資金佔總投資額的比重。投資組合期望收益率的一般計算公式如下：

$$\bar{R}_p = \sum_{i=1}^{n} W_i \bar{R}_i \tag{7.3}$$

其中：$\bar{R}_p$ 表示投資組合的期望收益率；W_i 表示投資於 i 種證券的資金佔投資總額的比例或權數；$\bar{R}_i$ 表示證券 i 的期望收益率；n 表示投資組合中不同證券的總數。

[例 7.3] 某投資組合中證券的期望收益率和比重如表 7.5 所示。

表 7.5　　　　　　　　　　投資組合中的證券收益率

	證券 A	證券 B
期望收益率	14.50%	11.50%
比重	40%	60%

該投資組合的期望收益率 $\bar{R}_p$ = 40% × 14.50% + 60% × 11.50% = 12.70%

課後思考與練習

一、思考題

1. 投資對企業的生存與發展的意義和作用何在？
2. 營運資本投資管理包括哪些內容？你如何看待目前一些企業的"資金斷鏈"問題。
3. 結合投資環境分析，中國海外投資項目主要面臨哪些風險？
4. 企業投資的內外組合與企業投資的資產組合是怎樣的關係？受到哪些因素影響？
5. 你瞭解風險收益匹配觀和鮑曼悖論嗎？

二、練習題

1. 假設無風險利率是 4%，市場溢價風險是 10%，甲股票的 β 系數為 0.5，則在資本資產定價模型假設下，甲股票的期望報酬率為多少？

2. 某公司原持有甲、乙、丙三種股票構成證券組合，它們的 β 系數分別為 2.0、1.5、0.5；它們在證券組合中所占比重分別為 60%、30% 和 10%。市場上所有股票的平均收益率為 14%，無風險收益率為 10%。該公司為降低風險，售出部分甲股票，買入部分丙股票，甲、乙、丙三種股票在證券組合中所占比重變為 20%、30% 和 50%，其他因素不變。

要求：

（1）計算原證券組合的 β 系數。
（2）判斷原證券組合的收益率達到多少時，投資者才會願意購買。
（3）判斷新證券組合的收益率達到多少時，投資者才會願意購買。

3. 存貨決策——自制與外購

甲企業使用 A 零件，可以外購，也可以自制。如果外購，單價為 5 元，一次訂貨成本為 10 元；如果自制，單位成本為 3 元，每次準備成本為 600 元，每日產量為 50 件，零件的全部需求量為 50,000 件，儲存變動成本為零件價值的 20%，每日平均需求量為 10 件。

請分別計算零件外購與自制的總成本，以選擇較優方案。

4. 美國沃爾瑪零售連鎖集團公司 4 位家族成員股東的財富連續 3 年進入世界巨富排行榜的前十名，沃爾瑪作為商業公司沒有自己的專利產品和專利技術，他們採用了怎樣的策略和投資方式，從而取得如此巨大的財富值得大家思考。有人說，沃爾瑪的財富創造的秘訣是成功應用信息和供需鏈管理辦法。從大體來看，沃爾瑪在 20 世紀 80 年代初就開始用巨額投資於信息技術應用項目，花費了 4 億美元從休斯公司購買商用衛星，實現全球聯網。現在，沃爾瑪在美國擁有超市和連鎖店 3,000 多家，另外在其他國家還有1,088家超市。差異化的信息技術、與供應商協同管理存貨、利用電子資金結算等都是它的制勝法寶。

（1）沃爾瑪戰略管理和投資管理之間存在哪些關係？

（2）沃爾瑪公司創造財富離不開較高的權益報酬率，這對投資決策有什麼影響？

第八章 短期投資管理

學習目標

要求學生通過本章學習，瞭解企業主要短期投資存在的意義，熟悉主要短期投資的管理目標和日常管理，掌握現金預算、信用政策制定、存貨經濟批量計算。

本章內容

現金管理：現金管理目的，現金管理內容，現金預算，最佳現金持有量的確定，現金日常管理；**短期證券投資管理**：短期證券投資的原因，影響短期證券投資的因素，短期證券投資的要求；**應收帳款管理**：應收帳款的功能，應收帳款的成本，應收帳款管理的目標，應收帳款政策的制定，應收帳款的日常管理；**存貨管理**：存貨的作用及種類，存貨存在的原因及成本，存貨管理目標，存貨決策，存貨控制。

第一節 現金管理

現金是可以立即投入流動中的交換媒介。由於其具有普遍可接受性的特點，現金是企業中流動性最強的資產。現金包括企業的庫存現金、各種形式的銀行存款和其他貨幣資金。

一、現金管理目的

雖然存置現金幾乎不能產生收益，但是企業還是要存置一定數量的現金。究其原因，企業存置現金除了保持流動性外，還可滿足交易性需要、預防性需要和投機性需要。

（一）交易性動機

現金持有的交易性動機，是指企業持有現金以滿足日常經營業務活動的現金支付需要。在企業的日常經營業務過程中，銷售產品等業務活動取得經營現金收入，購買材料、支付工資等業務活動發生經營現金支出。由於兩者難以同步同量，現金短缺的情況經常發生。為此，企業必須維持適當的現金餘額，才能保證交易活動的正常進行。

企業為保證交易性需要而持有足夠的現金，能帶來一定的財務效應：①較多的現金餘額儲備，可以提高企業資產的流動性和償債能力，維持企業的商業信譽，從而使企業能夠較容易地從供應商那裡取得商業信用；②較多的現金餘額儲備，可以使企業能夠充分利用業務交易中的現金折扣，從而降低進貨成本。

（二）預防性動機

現金持有的預防性動機，是指企業持有現金以應付意外支付的現金需要。市場經濟環境和經濟活動的日趨複雜，使企業無法準確預計未來交易活動的發生時間和規模，再加上有可能出現的宏觀經濟環境的波動，這些都有可能使未來的現金需要發生超常的變動。為了滿足未來意外事件的支付需要，企業應該保持一個比正常交易需要量更大的現金餘額。

預防性現金餘額的數量，取決於企業生產經營的穩定性和現金流量預測的準確性。企業生產經營的穩定性越差，現金流量預測的不確定性越大，預防性現金餘額的數量也就越大。此外，預防性現金餘額的大小還與企業的借款能力有關，如果企業能夠很容易地隨時借到長期資金，也可以減少預防性現金餘額；如果企業不能夠很容易地借到長期資金，則應增加預防性現金餘額。

（三）投機性動機

現金持有的投機性動機，是指企業持有現金以備滿足某種投機行為的現金需要。比如企業在適當時機購入低價有價證券的需要，大量購買廉價原料或其他資產的機會等。

對於絕大多數製造型企業來講，有計劃地儲備現金以從事某種投機行為的現象是很少發生的，除金融性和投資性企業外，一般企業不會專門為投機性動機而安排現金餘額。

雖然我們在理論上可以找出一系列的持有現金動機，並形成交易性現金餘額、預防性現金餘額和投機性現金餘額，但在實際工作中是很難對持有現金的動機加以明確區分的，也沒有必要仔細區分每種動機的現金餘額是多少。企業只需告訴財務人員，企業必須持有一定量的現金餘額以便滿足各種支付需要，至於用於何種動機，則取決於現金支付時的具體情況。

案例：蘋果公司大量持有現金

美國蘋果公司，坐擁近2,000億美元的現金，是全世界最有錢的公司。然而，精明的蘋果公司仍然會在美國和全世界利率較低的國家，發行債券融資，最大限度地降低財務成本。最新消息稱，蘋果公司計劃在日本發行債券融資大約16億美元。

日經新聞估計，蘋果公司在日本發行的日元債券，其利率將比美國市場低一個百分點。這樣的一個利率差異，即使刨除掉日元兌換成為美元的成本，也已經能使蘋果的融資成本顯著降低。

值得一提的是，蘋果公司是全世界市值最大的公司，業務蒸蒸日上，擁有AA+的高信用評級，如此高的評級自然降低了利率和融資成本。

蘋果擁有如此高的現金儲備，為何不直接用來回購股票？據悉，蘋果公司近2,000億美元的現金儲備中，1,700億美元為海外現金，如果將海外現金轉移回美國境內，蘋果公司需要向美國政府支付可觀的稅金。因此蘋果一直在避免將海外盈利轉移回美國，而是通過其他融資手段籌措現金。

二、現金管理內容

現金管理的主要內容有：編製現金收支計劃，以便合理估計未來的現金需求；對日常的現金收支進行控制，盡量加速收款，延遲付款；確定現金最佳持有餘額，當企業實際的現金餘額與最佳現金餘額不一致時，採用短期融資策略或採用歸還借款和投資於有價證券等策略來達到理想狀況。

三、現金預算

(一) 現金預算的概念

現金預算就是在企業的長期發展戰略基礎上，以現金管理目標為指導，充分調查和分析各種現金收支影響因素，運用一定的方法合理估計企業未來一定時期的現金收支狀況，並對預期差異採取相應對策的活動。

(二) 現金預算的作用

企業現金持有量不足或過多，都說明現金管理不力，所以對現金的流入和流出進行有效設計和管理，使現金持有量接近於最優水平，就顯得尤其重要。為了使企業能夠實現並保持已確定的最佳現金水平，企業需要對未來可能的現金收支數量和時間進行預測，編製現金預算。

現金預算在現金管理上的作用表現在：

(1) 降低現金機會成本。現金預算可以揭示出現金過剩或現金短缺的時期，使資金管理部門能夠將暫時過剩的現金轉入投資或在短缺時期來臨之前安排籌資，這樣就能夠避免不必要的資金累積和閒置，減少機會成本。

(2) 確定償債能力。現金預算可以使企業在實際收支實現以前瞭解經營計劃的財務成果，預測未來時期企業對到期債務的直接支付能力。

(3) 為其他財務計劃提供建議。現金預算可以作為其他財務計劃編製的依據，為其他財務計劃提供必要的支持。

(三) 現金預算的編製方法

現金預算編製的主要方法有兩種：收支預算法和調整淨收益法。

1. 收支預算法

收支預算法就是企業將預算期內可能發生的一切現金收支項目分類列入現金預算表內，以確定收支差異，採取適當財務對策的方法。它是目前應用最廣泛的一種編製現金預算的方法，具有直觀、簡便、便於控制等特點。

在收支預算法下，現金預算主要包括四部分內容：預算期內現金收入；預算期內現金支出；現金不足或多餘金額的確定；現金融通。

預算期內現金收入主要指銷售收入和其他收入。預算期內現金支出主要指營運現金支出和其他現金支出，一般包括採購原材料支出、工資支出、期間費用支出、稅金等。

企業通過對現金收入及現金支出總額的預測，推算出預算期末現金結餘情況。如果現金不足，則提前安排籌資（如向銀行借款等）；如果現金多餘，則採取歸還貸款或進行有價證券的投資，以增加收益。

2. 調整淨收益法

調整淨收益法是指企業運用一定的方式，將企業按權責發生制計算的淨收益調整為按收付實現制計算的淨收益，在此基礎上加減有關現金收支項目，使淨收益與現金流量相互關聯，從而確定預算期現金餘缺並做出財務安排的方法。

企業採用此方法編製現金預算，首先應編製預計利潤表，計算出預算期的淨收益，然後，逐筆處理影響損益及現金收支的各會計事項，最後計算出預算期內現金餘額。這個計算過程類似於從淨利潤入手編製現金流量表。

調整淨收益法將權責發生制基礎上計算的淨收益與現金收付實現制基礎上計算的淨收益統一起來，克服了收益額與現金流量不平衡的缺點。但是現金餘額增加額不能直觀地、明細地反應在生產過程中，在一定程度上影響了對現金預算執行情況的分析和控制。

四、最佳現金持有量的確定

企業持有現金只是為了滿足未來支付的需要，但現金本身並不是一種具體的經營資產，過多地或過少地持有現金，都會造成投資機會的喪失。考慮到上述兩方面的原因，企業必須確定現金的最佳持有量。最佳現金持有量的確定方法，主要有成本分析模式、存貨模式和隨機模式。

(一) 成本分析模式

成本分析模式的基本思路，是要尋求持有現金的相關成本，並使持有現金相關總成本最低。持有現金的相關成本，主要由機會成本和短缺成本構成。

現金的機會成本，是因持有現金而不能賺取投資收益的機會損失。在實際工作中，現金的機會成本可以用企業的平均資本成本或社會平均報酬率來替代。假定某企業的資本成本為6%，每年平均持有100萬元的現金，則該企業每年持有現金的機會成本為6萬元（100×6%）。現金機會成本隨現金持有量的增加而上升，隨現金持有量的減少而下降。

現金的短缺成本，是企業因缺乏必要的現金置存，不能應付經營業務開支需要，而使企業喪失購買機會所蒙受的業務損失。現金短缺成本隨現金持有量的增加而下降，隨現金持有量的減少而上升。

另外，企業持有現金還應該有管理成本，如管理人員的工資、安全措施費用等。但是現金管理成本是一種固定成本，與現金持有量之間沒有明顯的比例關係，因此是一種決策無關成本，在決策時可以不考慮。

上述兩項相關成本之和最小的現金持有量，即最佳現金持有量。圖8.1表述了現金機會成本與現金短缺成本的互補關係，從而形成了現金相關總成本曲線。

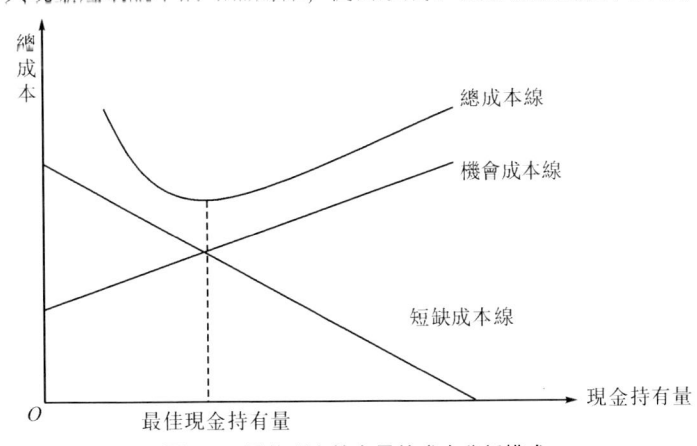

圖8.1 最佳現金持有量的成本分析模式

如圖 8.1 所示，現金機會成本隨現金持有量增加而上升，現金短缺成本隨現金持有量增加而下降，現金持有相關總成本線是一條開口向上的拋物線，該拋物線的最低點即為最佳現金持有量。

企業計算最佳現金持有量，可以先分別計算出各種現金持有方案的機會成本和短缺成本之和，再從中選出相關總成本之和最低的現金持有量，即為最佳現金持有量。

[例 8.1] 某企業有 A、B、C 三種現金持有方案，各方案的現金機會成本按現金持有量的 10% 計算，現金需要量按企業銷售規模的 30% 計算，現金短缺成本按現金短缺量的 12% 計算。有關分析如表 8.1 所示。

表 8.1　　　　　　　　　　現金持有方案分析　　　　　　　　（單位：萬元）

方案 項目	銷售額 500 萬元			銷售額 800 萬元			銷售額 1,000 萬元		
	A	B	C	A	B	C	A	B	C
現金持有量	80	120	160	80	120	160	80	120	160
機會成本	8	12	16	8	12	16	8	12	16
短缺成本	8.4	3.6	0	19.2	14.4	9.6	26.4	21.6	16.8
總成本	16.4	15.6	16	27.2	26.4	25.6	34.4	33.6	32.8

將以上各方案的現金相關總成本進行比較，當銷售規模為 500 萬元時，B 方案是最佳方案；當銷售規模為 800 萬元和 1,000 萬元時，C 方案是最佳方案。

(二) 存貨模式

存貨模式的基本原理，是企業將現金持有量與短期有價證券聯繫起來考慮，即將現金持有機會成本與短期有價證券的轉移成本進行權衡，以求得二者相加總成本最低時的現金餘額，從而得出最佳現金持有量。

在存貨模式下，多餘現金以短期有價證券形式置存，企業在持有現金不能滿足交易性需求時，可以出售有價證券換回現金，故可以不考慮現金短缺成本。與之對應，存貨模式需要考慮短期有價證券轉換為現金的轉換成本。

存貨模式假定企業將多餘現金全部投資於短期有價證券，短期有價證券可以隨時轉換為現金，並且企業對未來的現金流量可以比較準確地加以預測，其現金流出是呈逐漸遞減規律的。這樣，有價證券的每次轉換可以得到一次性的足額現金流入，然後逐漸等額流出，當庫存現金餘額接近零時，又重新賣出有價證券。存貨模式下現金流轉假設如圖 8.2 所示。

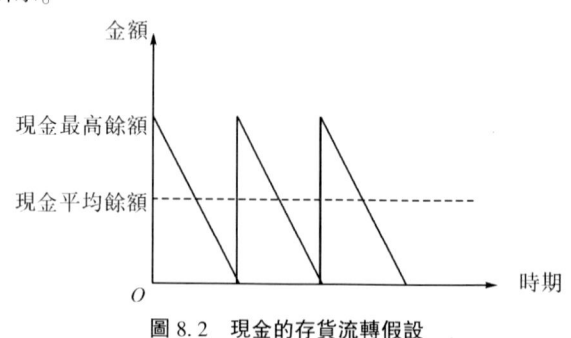

圖 8.2　現金的存貨流轉假設

在現金的存貨流轉假設下，當現金持有量趨於零時，企業就需要將有價證券轉換為現金，以應付日常經營開支。但現金轉移為有價證券和有價證券轉移為現金均需要支付稅金、佣金等轉移成本。在一定期間內，有價證券轉換為現金的次數越多，轉換成本就越高；反之，轉換次數越少，一次轉換量就大，這意味著有大量的現金不會被馬上用於支付，現金置存量大而付出現金機會成本的代價，喪失了投資於有價證券而產生的利息或股息收益。現金機會成本與有價證券轉換成本的關係，如圖8.3所示。

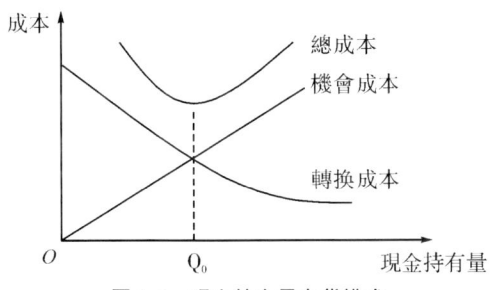

圖 8.3　現金持有量存貨模式

現金機會成本和轉移成本之和的現金總成本表達式為：

$$T = \frac{Q}{2} \times C + \frac{D}{Q} \times K \tag{8.1}$$

式中：Q 為最佳現金持有量，C 為有價證券的投資報酬率，D 為一定時期的現金總需要量，K 為每次轉換的單位成本。

以 Q 為自變量，當 T 的一階導數為零時，T 取得極小值，此時：

$$Q_0 = \sqrt{\frac{2KD}{C}} \tag{8.2}$$

[例8.2] 某企業預計每月現金需要量為50萬元，現金轉換成本為每次60元，有價證券的月收益率為3%，則最佳現金持有量為：

$$Q_0 = \sqrt{\frac{2 \times 60 \times 500,000}{3\%}} == 44,721(元)$$

（三）隨機模式

存貨模型要求已知企業未來的現金支出，且假定其流出是均勻的，這不符合大多數企業的實際狀況。實際上企業的現金流量是呈無規則變動的，只能根據歷史經驗測算出一個現金持有量的波動範圍。隨機模式以此為前提，其基本原理是根據現金波動範圍制定一個現金控制區域，規定現金持有量的上限和下限。當現金餘額達到上限時，企業將庫存現金轉換成有價證券；當現金餘額降到下限時，企業將出售有價證券換回現金，從而使現金餘額經常性地控制在上限和下限之間。具體如圖8.4所示。

在圖8.4中，虛線 H 為現金餘額上限，虛線 L 為現金餘額下限，返回線 R 為現金最佳持有量目標控制線。當現金餘額升至 H 時，企業應購進（$H-R$）金額的有價證券，使現金餘額回落到 R 線上；當現金餘額降到 L 時，則需出售（$R-L$）金額的有價證券，使現金餘額恢復到 R 的最佳水平上。目標現金餘額 R 線可按下式確定：

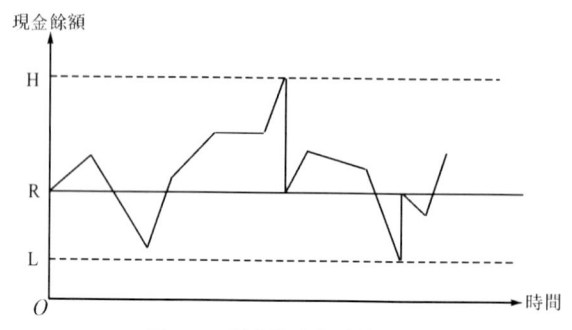

圖 8.4　現金持有量隨機模式

$$R = \sqrt[3]{\frac{3K\sigma^2}{4i}} + L \qquad (8.3)$$

上限 H：$H = 3R - 2L$

式中：K 為每次有價證券的轉換成本，i 為有價證券的日利率，σ 為預期每日現金餘額變化的標準離差。

[例8.3] 假定某企業有價證券的日利率為 0.05%，每次有價證券的轉換成本為 60 元，該企業認為其在任何時候的現金餘額均不能低於 40,000 元，根據歷史數據測出的現金餘額波動標準離差為 6,000 元。則：

$$\text{最佳現金持有量 } R = \sqrt[3]{\frac{3 \times 60 \times 6,000^2}{4 \times 0.05\%}} + 40,000$$

$$= 14,797 + 40,000$$

$$= 54,797 \text{（元）}$$

$$\text{現金控制上限 } H = 3 \times 54,797 - 2 \times 40,000$$

$$= 84,391 \text{（元）}$$

五、現金日常管理

（一）現金管理的基本規定

按照有關規定，國家有關部門對企業使用現金有如下規定：

1. 現金使用範圍

這裡的現金是指現鈔，即企業用現鈔從事交易，只能在一定範圍內進行。該範圍包括：支付職工工資、津貼；支付個人勞動勞務報酬；根據國家規定頒發給個人的科學技術、文化藝術、體育等各種獎金；支付各種勞保、福利費用以及國家規定的對個人的其他支出；向個人收購農副產品和其他物資的價款；出差人員必須隨身攜帶的差旅費；結算起點（1,000 元）以下的零星支出；中國人民銀行確定需要支付現金的其他支出。

2. 庫存現金限額

企業庫存的現鈔，由其開戶銀行根據企業的實際需要核定限額，一般以 3～5 天的零星開支金額為限。

3. 不得坐支現金

企業不得從本單位的人民幣現鈔收入中直接支付交易款。現金收入應於當日終了交存開戶銀行。

4. 其他

此外，企業不得出租、出借銀行帳戶；不得簽發空頭支票和遠程支票；不得套用銀行信用；不得保存帳外公款，包括不得將公款以個人名義存入銀行和保存帳外現鈔等各種形式的帳外公款。

(二) 現金管理的原則

從理財的角度看，為了提高現金的使用效率，現金管理應該遵循以下的原則：

1. 現金流量同步

現金流量同步是指現金收入的發生和現金支出的發生在時間上是一致的。如果企業能夠實現現金收入和現金支出的同步，就能夠將交易性現金持有額降低到最低水平。

2. 使用現金浮遊量

現金浮遊量是由於企業收支現金與銀行收支現金在時間上的差異而造成的。從企業開出支票，收票人收到支票並存入銀行，至銀行將款項劃出企業帳戶，中間需要一段時間。在這段時間，雖然企業開出了支票，但仍然可以動用活期存款帳戶上的這筆資金。當然，企業在使用現金浮遊量時，一定得控制好使用的時間，否則會發生銀行透支。

3. 加速收款

企業為了擴大銷售，往往會給予對方一定的信用期，但是，給對方一定時間的信用期會增加對現金的占用，因此，就需要在擴大銷售和較短的收款期限之間進行選擇，在兩者之間找出平衡點。

4. 推遲應付款的支付

企業可以在不影響自己信譽的前提下，盡可能地推遲應付款的支付，充分利用對方給予的信用期限。

第二節　短期證券投資管理

短期有價證券是企業現金的一種轉換形式，具有較強的變現能力，可以隨時變為現金。當現金有多餘時，企業就將多餘現金兌換成短期有價證券，以獲取短期投資收益；反之，當企業的現金不足時，則在證券市場上轉讓部分短期有價證券，以補充現金流量的不足。因此，從某種角度講，短期有價證券是現金的替代品。

一、短期證券投資的原因

企業持有短期有價證券的原因主要在於以下方面：

(一) 保持資產的流動性

在證券市場化背景之下，短期有價證券能夠迅速變現。正是由於這一原因，人們通常把短期有價證券看成是現金的等價物或替代品。為此，激進的財務經理甚至把大部分現金投資於短期有價證券，以短期有價證券持有額來替代現金持有額；即使是保守的財務經理也會在滿足基本交易需要的基礎上，將多餘現金投資於短期有價證券。

企業持有大量的短期有價證券，不僅能夠維持與擁有現金相同的資產流動性，甚至還有可能增強企業資產的流動性。因為，持有大量短期有價證券，表明企業具有較強的變現能力和償付能力，銀行有可能因此而願意給予企業更大的信用額度，從而大大提高企業的融資能力。如果短期有價證券的投資收益率較高，足以補償企業短期借款成本並且還有剩餘的話，企業未必需要將短期有價證券變現，而是以短期借款來滿足現金支付需要。

(二) 獲取投資收益

企業的現金流入和現金流出並不總是均衡對稱的，經常有可能出現現金的剩餘；即使企業根據需要測定了適宜的現金持有額度，也經常會出現現金結餘超過現金持有額度的可能。因此，現金有可能出現暫時閒置的局面。一般情況下，現金是一種不盈利或盈利非常小的資產，因此，現金的閒置實際上是企業資源的一種浪費。鑒於此，在證券市場化的情況下，許多企業就會考慮將暫時閒置的現金投資於有價證券，以獲得一定數額的投資收益。

企業閒置現金的情況很多，如季節性生產的企業，旺季時生產經營的現金需求規模很大，基本上不會形成現金閒置，但是，在淡季，現金支出的需要量很小，於是就極有可能導致較大的現金閒置；為大額償債和長期性投資需要而儲備的現金，在實際使用之前也有可能形成暫時的現金閒置；預防性現金餘額在意外事件發生之前，也可能形成較大的現金閒置；因增發股票、債券或取得大額借款而驟然形成的大筆現金流入與生產經營活動和投資活動的逐步支付之間也有可能形成暫時的現金閒置。因此，企業應考慮在實際支付之前先將現金投資於短期有價證券，從而使企業的資本收益最大化。

二、影響短期證券投資的因素

企業的有價證券投資部門經理在考慮購買有價證券時，必須首先掌握各可能購買的證券的有關關鍵因素的狀況。最重要的因素包括安全性、變現性、收益性和到期日。

(一) 安全性

有價證券必須通過的最基本的測試是本金的安全性。這是指收回初始投資金額的可能性。安全性是通過同國庫券相比較來判斷的，因為後者被認為是沒有風險的。除國庫券以外的其他有價證券的安全性，則視發行者和所發行證券的類別不同而有所不同。被認真考慮作為企業短期有價證券投資組合組成部分的證券必須具有相對較高的安全性。

(二) 變現性

變現性（或流動性）與證券持有者在短期內將其變為現金的能力有關。雖然某個證券可能持有到期十分"安全"，但這並不必然意味著總可能在到期以前將它很容易地出售，而又不遭到較大損失。通常，一個大而且活躍的二級市場對有價證券保持較強的變現能力是十分必要的。

(三) 收益性

某個證券的收益是與它提供的利息和（或）本金增值相聯繫的。獲得一定的投資收益是企業持有短期有價證券的目的之一。因此，證券收益水平的高低是影響財務經理們投資決策的重要因素。

(四) 到期日

簡單而言，到期日是指證券的有效期限。某些有價證券有一個特定的有效期限。例如，國庫券有效期限一般較長；商業票據和大額可轉讓定期存單可根據實際需要確定其有效期限。通常情況下，證券有效期限越長，收益率也就越高，但收益所承擔的風險也就越大。

三、短期證券投資的要求

短期證券投資管理是流動資產管理的一個重要方面，企業進行短期證券投資管理時應該遵循的原則有：

(一) 安全性、流動性與收益性保持均衡

如果不考慮其他因素，短期證券投資收益越高越好。但是，收益的高低總是與風險的大小和流動性的強弱密切相聯繫的。高收益可能伴隨著高風險和低流動性。因此，短期證券投資需要在安全性、流動性的基礎上爭取更多的收益，三個方面需要綜合考慮，做到平衡處理，爭取達到一個最佳平衡點。

(二) 分散投資

短期證券投資雖然持有的期限較短，而且比較容易變現，但是為了充分減小風險，企業還是應該遵循多樣化的分散投資原則，把風險控制在可接受的範圍內。

(三) 理性投資

短期證券投資的目標應該是安全性與收益性的最佳結合，所以企業在投資時需要理性把握，不能因過分追求盈利而忽視了最基本的安全性。

案例：企業"炒股"

寶鋼股份以 7.74 億元炒股盈利榮獲 2007 年最會炒股公司。公司炒股主要是由公司所屬了公司財務公司進行，2007 年已出售的證券投資獲利 5.8 億元，期末帳面還持有 10 多隻股票，其中重倉的 400 多萬股中國人壽和 900 多萬股工商銀行都為打新獲得，成本非常低。寶鋼股份不僅炒股取得不錯的收益，2007 年還實現營業總收入 1,915.6 億元，創下歷史新高，同比增長 18.0%，可以說是主營業務增長與炒股兩不誤。

第三節　應收帳款管理

應收帳款是指企業因對外銷售產品、材料、提供勞務及其他原因，應向購貨單位或接受勞務的單位及其他單位收取的款項，包括應收銷售款、其他應收款、應收票據等。

一、應收帳款的功能

應收帳款的功能是指它在生產經營中的作用，主要有以下幾方面：

（一）擴大銷售

應收帳款的發生是賒銷方式的必然結果，企業之所以採用賒銷方式而不是現銷方式，主要原因在於它想通過賒銷方式來擴大銷售規模。首先，許多顧客因可動用的現金有限而願意賒購。如果銷售方不採用賒銷方式，顧客就會從其他商家選購或要求降價。其次，激烈的市場競爭也要求銷售企業採用賒銷方式。在買方市場的情況下，許多企業都願意採取一種能夠吸引顧客的營銷策略，以此擴大銷售規模，增大市場佔有份額。

（二）降低存貨

應收帳款的增加意味著存貨的減少，企業減少存貨可以降低存貨的儲存費用、保險費用和管理費用等。並且，存貨的減少將加快企業資產的週轉速度，提高企業的資產營運能力。

二、應收帳款的成本

企業持有應收帳款會付出一定的代價。應收帳款的成本包括：

（一）機會成本

企業資金如果不投放於應收帳款，便可用於其他投資並獲得收益，如投資於有價證券便會有利息收入。這種因發生應收帳款而放棄的其他收入，就是應收帳款的機會成本。這種成本一般按有價證券的利息率或公司的資金成本計算。

（二）管理成本

管理成本主要包括企業調查顧客信用情況的費用、收集各種信息的費用、帳簿的記錄費用、收帳費用及其他費用。

（三）壞帳成本

應收帳款因故不能收回而發生的損失，就稱之為壞帳成本。這種成本一般與應收帳款發生的數額成正比。

三、應收帳款管理的目標

企業銷售商品的形式多種多樣，但從收到貨款的方式來看有兩種基本類型：現銷（現金銷售）和賒銷。現銷方式最大的優點是應計現金流入量與實際現金流入量完全吻合，既能避免壞帳損失，又能及時將收回的款項投入再生產過程，因而是企業最理想的一種銷售結算方式。但商業競爭的存在，迫使企業用各種手段擴大銷售，除依靠產品質量、價格、廣告等優勢外，賒銷也是擴大銷售的手段之一，由此產生了應收帳款。如果同等的產品價格、相同的質量水平，實行賒銷的產品銷售額將大於現銷的產品銷售額。若企業為降低風險、減少損失而一味追求現銷方式，必然會影響產品的市場銷路，使得企業競爭地位下降，長期利益將受到嚴重損害。因此，為適應市場競爭的發展，企業需要採取各種有效的賒銷方式，以彌補單純依靠現銷方式的不足。此外，商品批發企業和大量生產企業的商品成交時間和收到貨款時間因距離和結算等原因經常不一致，也是應收帳款產生的原因。

由以上分析可以看出，企業發生應收帳款的主要原因是為了擴大銷售，增強競爭力。而應收帳款實質上就是企業的一種資金投放，是為了擴大銷售和盈利而進行的投資。投資肯定要產生成本，這就需要企業在應收帳款信用政策所增加的收益和這種政策的成本之間做出權衡。應收帳款管理的目標就是在充分發揮應收帳款功能的基礎上，降低應收帳款投資的各種成本，最大限度地發揮應收帳款投資的效益。

四、應收帳款政策的制定

信用政策，是指企業通過權衡收益、成本與風險，對應收帳款投資進行規劃和控制的原則性規定。賒銷效果的好壞，依賴於企業的信用政策。信用政策包括信用期限、現金折扣和信用標準等內容。財務經理通過調整信用政策，降低信用標準，可以刺激需求以提高銷售額並增加利潤。但是，企業過多地持有應收帳款會增加信用成本，加大壞帳損失的風險。

（一）信用期限

信用期限是指企業允許顧客延遲付款的時間界限。信用期限對應收帳款的影響非常明顯。較長的信用期限，會吸引更多的購買客戶，從而實現更多的銷售收入。當然，在銷售額擴大的同時，也必然產生更多的機會成本、管理成本和壞帳損失。其中，機會成本是指應收帳款占用資金的應計利息，計算公式如下：

$$應收帳款應計利息＝應收帳款占用資金 \times 資本成本$$
$$應收帳款占用資金＝應收帳款平均餘額 \times 變動成本率$$
$$應收帳款平均餘額＝日銷售額 \times 平均收現期$$

因此，企業需要在給予信用期前後差別收益和差別成本之間進行比較，以決定是否給予信用期限。

企業在分析延長信用期限的可行性時，則要測算更改信用期限後的增量收益和增量成本，按照增量收益大於增量成本的原則，選擇合理的信用期限。

［例8.4］某企業過去一直按照慣例採用30天的信用期限，現根據有關情況變化，擬將信用期限放寬到60天。假定該企業要求的最低投資報酬率為10%，產品邊際貢獻率為20%，其他資料見表8.2。

表8.2　　　　　　　　　信用期限方案的比較　　　　　　　（單位：元）

信用期限	30天	60天
銷售額	500,000	900,000
變動成本	400,000	720,000
邊際貢獻	100,000	180,000
可能發生的收帳費用	60,000	80,000
可能發生的壞帳損失	20,000	36,000

增量收益＝180,000－100,000＝80,000（元）

增量成本：

$$增加的機會成本 = \left(\frac{900,000}{360} \times 60 - \frac{500,000}{360} \times 30\right) \times (1-20\%) \times 10\%$$
$$= 8,666.67（元）$$

增加的收帳費用＝80,000－60,000＝20,000（元）
增加的壞帳損失＝36,000－20,000＝16,000（元）
增量成本＝8,666.67＋20,000＋16,000＝44,666.67（元）

由於增量收益80,000元大於增量成本44,666.67元，故企業應選擇60天期的信用期限。

(二) 現金折扣

現金折扣包括兩個方面的內容：一是折扣期限，即在多長時間內付款給予現金折扣；二是現金折扣率，即在折扣期內給予客戶多少現金折扣。例如"2/10"的現金折扣政策表明，如果顧客在10天內付款，將獲得貨款總額2%的現金折扣優惠。一個企業可以制定單一的現金折扣政策，也可以制定有多種折扣方式的現金折扣政策。如"3/10，2/20，N/30"的折扣政策表明：客戶的信用期限為30天，如果客戶能在10天之內付款，將享受整個貨款3%的折扣優惠；如果客戶在10天以上、20天之內付款，將享受整個貨款2%的折扣優惠；如果客戶在20天以上、30天之內付款將得不到任何折扣優惠；如果顧客在30天以後付款，則表明顧客違約，可能會受到違約處罰。

現金折扣政策的作用是雙重的。首先，企業給予一定的現金折扣，能吸引客戶購買，擴大企業的銷售規模；其次，現金折扣率越高，越能鼓勵客戶盡早付款，縮短應收帳款的收現期。

續例8.4，企業決定採用60天期的信用期限，現初步擬訂了"2/20"的現金折扣政策，估計年銷售額會在目前500,000元的基礎上提高70%，收帳費用率會在目前12%的基礎上下降3個百分點，壞帳損失率會在目前4%的基礎上下降1個百分點，估計取得現金折扣的客戶占35%。根據上述資料，企業實施該方案增加的收益為：

增量收益＝500,000×70%×20%＝70,000（元）

增量成本：

增加的機會成本＝$[\frac{500,000×(1+70\%)}{360}×60-\frac{500,000}{360}×30]×80\%×10\%$
＝8,000（元）

減少的收帳費用＝500,000×12%－500,000×(1+70%)×65%×9%＝10,275（元）
減少的壞帳損失＝500,000×4%－500,000×(1+70%)×65%×3%＝3,425（元）
增量現金折扣成本＝500,000×(1+70%)×35%×2%＝5,950（元）
增量成本＝8,000－10,275－3,425＋5,950＝250（元）

由於企業實施該現金折扣方案後，增量收益70,000元大於增量成本250元，淨增收益＝70,000－250＝69,750元，故該現金折扣方案應予實施。

案例：現金折扣

康泰公司經常性地向和美公司購買原材料，和美公司開出的付款條件為"2/10，N/30"。某天，康泰公司的財務經理王洋查閱公司關於此項業務的會計帳目時驚訝地發現，會計人員對此項交易的處理方式是，一般在收到貨物後15天支付款項。當王洋詢問記帳的會計人員為什麼不取得現金折扣時，負責該項交易的會計不假思索地回答："這一交易的資金成本僅為2%，而銀行貸款成本卻為12%，因此我們根本沒有必要接受現金折扣。"針對這一案例對如下問題進行分析和回答：

(1) 會計人員在財務概念上混淆了什麼？
(2) 喪失現金折扣的實際成本有多大？
(3) 如果康泰公司無法獲得銀行貸款，而被迫使用商業信用資金（即利用推遲付款商業信用籌資方式），為降低年利息成本，你應向財務經理王洋提出何種建議？

(三) 信用標準

信用標準是企業用來衡量客戶是否有資格享有商業信用的基本條件，如果客戶達不到本企業的信用標準，就不能享受企業按商業信用賦予的各種優惠，或只能享受較低的信用優惠。

企業在設定某一客戶的信用標準時，往往先要評估它賴帳的可能性。賴帳可能性是通過"五 C"系統來評估的。"五 C"是指評估客戶信用品質的五個方面：品質（Character）、能力（Capacity）、資本（Capital）、抵押（Collateral）和條件（Conditions）。

(1) 品質。品質是指客戶的信譽，即履行償債義務的可能性。企業必須設法瞭解客戶過去的付款記錄，看其是否有按期如數付款的一貫做法，及與其他供貨企業的關係是否良好。這一點經常被視為評估客戶信用的首要因素。

(2) 能力。能力是指客戶的償債能力，即其流動資產的數量和質量以及與流動負債的比例。客戶的流動資產越多，其轉換為現金支付款的能力越強。同時，企業也應該關注客戶流動資產的質量，如存貨過多、過時或質量下降，都會影響其變現能力和償債能力。

(3) 資本。資本是指客戶的財務能力和財務狀況，表明客戶可能償還債務的背景。

(4) 抵押。抵押是指客戶拒付款項或無力支付款項時能夠用作抵押的資產。這對於不知底細或信用狀況有爭議的客戶尤為重要。企業一旦收不到這些客戶的款項，便以抵押品補償。如果這些客戶不能提供足夠的抵押，企業則要慎重考慮是否對其提供信用。

(5) 條件。條件是指可能影響客戶付款能力的經濟環境，如經濟萎縮會對客戶的付款產生影響等。當然這需要企業瞭解客戶在過去困難時的付款歷史。

五、應收帳款的日常管理

在給予客戶信用政策後，企業會採取各種措施，盡量按期收回應收帳款。這些政策包括應收帳款收回情況的監督、對壞帳損失的事先準備和制定適當的收帳政策等。

(一) 應收帳款收回情況的監督

企業已發生的應收帳款時間長短不一，可能有的已經超過收帳期，有的還沒有超過。一般來講，拖欠時間越長，款項收回的可能性越小，形成壞帳損失的可能性越大。對此，企業應該實施嚴密的監督，隨時掌握帳款的收回情況。企業實施對應收帳款收回情況的監督，主要是通過編製帳齡分析表進行。

帳齡分析表是一張能夠顯示企業應收帳款在外天數長短的報告，如表 8.3 所示。

表 8.3　　　　　　　　　　　帳齡分析表　　　　　　　20××年12年31日

應收帳款帳齡	帳戶數	金額（萬元）	百分率（%）
信用期內	100	180	45
超過信用期			
1～10 天	200	60	15
11～20 天	50	80	20
21～30 天	40	20	5
31～60 天	20	25	6.25
61～80 天	10	20	5
81～100 天	10	5	1.25
100 天以上	5	10	2.5
合計	435	400	100

通過帳齡分析表可以看出：有多少欠款在信用期內，有多少超過信用期，超過的時間是多少，各占多少比重。在表 8.3 中，有 45% 的應收帳款共計 180 萬元在信用期內，有 55% 的超過信用期，占總應收帳款餘額 35% 的超期不到 20 天，但是還是有 15%（6.25%+5%+1.25%+2.5%）的欠款超期 30 天以上，應該值得注意。

（二）收帳政策的制定

對於各種超期的應收帳款，企業應該制定相應的收帳政策，包括為了盡快收回超期應收帳款而付出一定的成本。企業的收帳政策有：對過期 1～20 天的客戶，不予打擾，以免失去市場；對過期 20～30 天的客戶，可措詞委婉地寫信催收；對過期 30～60 天的客戶，要頻繁地信件催收並電話催詢；對超期 60 天以上的客戶，可在催收時措詞嚴厲，必要時訴諸法律或提請仲裁。

催收帳款會發生費用，有些費用如訴訟費會很高。一般來說，收帳費用越大，收回的可能性就越高，壞帳損失的可能性就越小。因此，企業在制定催收政策時，要在收帳費用和減少的壞帳損失之間做出權衡。

案例：長虹事件

2004 年 12 月底，長虹發布公告稱，由於計劃計提大額壞帳準備，該公司今年將面臨重大虧損。這一消息擊暈了投資者以及中國家電業。APEX 是四川長虹的最大債務人，應收帳款欠款金額達到 38.38 億元，占應收帳款總額的 96.4%。據此，公司決定對該項應收帳款計提壞帳準備，當時預計最大計提壞帳準備金額為 3.1 億美元左右。

在長達 2 年的沉默之後，長虹與美國代理商 APEX 決裂，終於開始了追收 40 億元人民幣應收帳款的法律行動。而 APEX 正是在過去 3 年中為長虹帶來巨額出口、曾經親密無間的合作夥伴。2003 年，業界就曾曝出"長虹遭詐騙"的風波。當時，長虹及 APEX 雙方同聲否認，但危機終於"掩無可掩"，在 2004 年年末爆發。APEX 一如既往否認所有有關"詐騙"的指控，但是，長虹此次終於把自己放到了受害者的位置上。

第四節　存貨管理

企業存貨占流動資產的比重較大，一般為40%～60%。存貨利用程度的好壞，對企業財務狀況影響極大。因此，加強存貨的管理，使存貨保持在最優水平上，便成為財務管理的一項重要內容。

一、存貨的作用及種類

(一)　存貨的作用

存貨是指企業在生產經營過程中為銷售或為耗用而儲存的各種有形資產。企業儲存存貨的作用主要在於：

1. 有利於銷售

企業的產品，一般不是生產一件銷售一件，而是要組織批量生產、批量銷售才能做到經濟合算。這是因為：

(1) 顧客為節約採購成本和其他費用，一般要批量採購。

(2) 為了達到運輸上所需要的最低批量也需要組織批量發運。另外，為了應付市場上突然到來的需求，企業也應適當儲存一些存貨。

2. 便於組織均衡生產

在市場中，有的企業生產的產品屬於季節性產品，有的企業生產的產品需求很不穩定。企業如果根據需求狀況時高時低地進行生產，有時生產能力可能得不到充分利用，有時又會出現超負荷生產，這些情況都會使生產成本提高。企業為了降低生產成本，實行均衡生產，就要儲備一定的產成品存貨，也要相應地保持一定的原材料存貨。

3. 減少損失

企業保持各種存貨的保險儲備，可以防止意外事件造成的損失。採購、運輸、生產和銷售過程中，都有可能發生意料之外的事故，企業保持必要的存貨保險儲備，可以避免或減少損失。

(二)　存貨的種類

企業的存貨包括原材料、燃料、包裝物、低值易耗品、委託加工材料、在產品、產成品和庫存商品等。不同規模和性質的企業，其存貨的表現形式存在著差異。企業存貨的主要種類有：

(1) 原材料，指企業在生產過程中經加工改變其形態或性質並構成產品主要實體的各種原料及主要材料、輔助材料、外購半成品（外購件）、修理用備件、包裝材料、燃料等。

(2) 在產品，指企業正在製造尚未完工的產品，包括正在各個生產工序加工的產品，和已加工完畢但尚未檢驗或已檢驗但還沒有辦理入庫手續的產品。

(3) 產成品，指企業已經完成全部生產過程並驗收入庫，可以按照合同規定的條件送交訂貨單位，或者可以作為商品對外銷售的產品。企業接受外來原材料加工製造的代製品和為外單位加工修理的代修品，製造和修理完成驗收入庫後應視同企業的產成品。

（4）庫存商品，指商品流通企業外購或委託加工完成驗收入庫用於銷售的各種商品。

二、存貨儲存的原因及成本

（一）存貨儲存的原因

企業儲存存貨主要是基於以下方面的原因：

（1）保證生產經營的需要。企業很少能做到隨時購入生產或銷售所需的各種物資，即使是市場供應充足、採購計劃控制十分嚴密的物資也是如此。

（2）優惠價格的考慮。一般來講，企業零購物資的價格往往較高，而整批購買物資在價格上常有優惠。但是，過多的存貨需要占用較多的資金和承擔較多的資本成本，並且會增加包括倉儲費、保險費、維護費和管理人員工資在內的各項開支。

（二）存貨儲備的相關成本

與儲備存貨有關的成本，包括取得成本、儲存成本和缺貨成本三種。其中，取得成本是指取得某種存貨而支出的成本，包括訂貨成本、購置成本。

1. 訂貨成本

訂貨成本是指取得購貨訂單的成本，如差旅費、郵資費等費用支出。訂貨成本中有一部分與訂貨次數無關，如常設採購機構的基本開支等，為訂貨成本的固定成本，與決策無關。另一部分與訂貨次數有關，如差旅費等，為訂貨變動成本，用 K 表示每次訂貨成本。如果存貨年總需求量為 D，每次進貨量為 Q，則訂貨成本為：

$$訂貨成本 = \frac{D}{Q} \times K \tag{8.4}$$

2. 購置成本

購置成本是指存貨本身的價值，一般用數量與單價的乘積來確定。如果存貨年需要量用 D 表示，單價用 U 表示，則購貨成本為 $D \times U$。如果企業在存貨購置上得不到數量上的價格優惠，那麼存貨購置成本是與訂貨批量不相關的無關成本。

3. 儲存成本

儲存成本是指保持存貨狀態而發生的成本，包括存貨占用資金的應計利息、倉庫保管費用、存貨破損變質損失等。儲存成本中，有一部分如倉庫折舊、倉庫職工工資等與存貨數量無關，是固定成本，與決策無關。另一部分則是變動成本，與存貨數量有關，如存貨占用資金的應計利息、倉庫保管費用、存貨破損變質損失等。與每件存貨相關的單位儲存成本用 K_c 表示，則：

$$儲存成本 = \frac{Q}{2} \times K_c \tag{8.5}$$

4. 缺貨成本

缺貨成本是指存貨供應中斷而造成的損失，包括材料供應中斷造成的停工損失、產成品庫存缺貨造成的拖欠發貨損失和喪失銷售機會的損失。如果生產企業以緊急採購代用材料解決庫存材料中斷之急，那麼缺貨成本還包括緊急額外購入成本，即緊急額外購入的開支大於正常採購的開支。缺貨成本用 TC_s 表示。

如果用 TC 表示儲存存貨的總成本，則：

$$TC = \frac{D}{Q} \times K + D \times U + \frac{Q}{2} \times K_c + TC_S \qquad (8.6)$$

存貨管理的目標就是使 TC 最小化。

三、存貨管理目標

由於存貨經常處於不斷銷售和重置或者消耗和重置之中，具有鮮明的流動性。因此，存貨是流動資產的一個極其重要的組成部分。

適量的存貨是企業生產經營活動所必需的，然而，企業過多地儲存存貨不僅會增加企業資金占用，也會增加包括倉儲費、保險費、維護費、管理人員工資在內的各項開支。存貨占用資金是有成本的，占用過多會使利息支出增加並導致利潤的減少；各項開支的增加更會直接導致成本的增加。因此，企業進行存貨管理，就是要盡力對各種存貨的成本與效益進行權衡，達到兩者的最佳結合，這也是存貨管理的目標。

四、存貨決策

存貨決策涉及四項內容：決定進貨項目、選擇供貨單位、決定進貨時間和決定進貨批量。其中，決定進貨項目和選擇供貨單位是企業銷售部門、生產部門和採購部門的職責。財務部門的職責是決定進貨時間和決定進貨批量。

(一) 經濟訂貨批量基本模型

存貨管理的優化，是要使存貨總成本 TC 值最小。為此，企業需要通過確定合理的進貨批量和進貨時間，使存貨的總成本最低。能使存貨相關總成本最低的訂貨批量，稱為經濟訂貨批量。

經濟訂貨批量的基本模型有下列假設條件：
(1) 企業能夠及時補充存貨，即需要訂貨時便可立即取得存貨；
(2) 集中到貨，而不是陸續入庫；
(3) 不允許缺貨，即無缺貨成本；
(4) 需求量穩定，即 D 為已知常量；
(5) 存貨單價不變，不考慮現金折扣，即 U 為已知常量。
根據上述假設，存貨總成本的公式為：

$$TC = \frac{D}{Q} \times K + \frac{Q}{2} \times K_c \qquad (8.7)$$

以 Q 為自變量，當 TC 的一階導數為零時，TC 取得極小值，此時：

$$\text{經濟訂貨批量} = Q^* = \sqrt{\frac{2KD}{K_c}} \qquad (8.8)$$

$$\text{最佳訂貨次數} = N^* = \frac{D}{Q^*} \qquad (8.9)$$

$$\text{與批量有關的存貨總成本} = TC_{Q^*} = \sqrt{2KDK_c} \qquad (8.10)$$

$$\text{最佳訂貨週期} = t^* = \frac{1}{N^*} = \sqrt{\frac{2K}{DK_c}} \qquad (8.11)$$

$$\text{經濟訂貨量資金占用額} = I^* = \frac{Q^*}{2} \times U \qquad (8.12)$$

[例8.5] 某企業每年耗用A種材料6,400千克,該材料單位成本為20元,單位存儲成本為2元,一次訂貨成本為25元。則:

$$經濟訂貨批量 = Q^* = \sqrt{\frac{2KD}{K_C}} = \sqrt{\frac{2 \times 6,400 \times 25}{2}} = 400(千克)$$

$$最佳訂貨次數 = N^* = \frac{D}{Q^*} = \frac{6,400}{400} = 16(次)$$

$$與批量有關的存貨總成本 = TC_{Q^*} = \sqrt{2KDK_C} = \sqrt{2 \times 6,400 \times 25 \times 2} = 800(元)$$

$$最佳訂貨週期 = t^* = \frac{1}{N^*} = \frac{1}{16}(年)$$

$$經濟訂貨量資金占用額 = I^* = \frac{Q^*}{2} \times U = \frac{400}{2} \times 20 = 4,000(元)$$

(二) 基本模型的擴展

經濟訂貨批量模型是在前述各假設條件下建立的,但是現實生活很難都滿足這些條件,為使模型更接近於實際情況,就必須放寬部分假設條件,從而改進模型。

1. 訂貨提前期

一般情況下,企業的存貨不能做到隨用隨時補充,不能等存貨耗用完畢再去訂貨,而需要提前訂貨。在提前訂貨的情況下,企業發出訂貨單時尚有存貨的庫存量,稱為再訂貨點,用R表示,它等於交貨時間(L)和每日平均需用量(d)的乘積:

$$R = L \times d \tag{8.13}$$

[例8.6] 企業對某材料的日需要量為20千克,該材料從訂貨日到到貨日的時間為5天,計算再訂貨點。

$$R = L \times d = 20 \times 5 = 100(千克) \tag{8.13}$$

即企業在庫存只有100千克時就需要再次訂貨,等到下批貨到達企業時庫存的該材料正好用完。此時,有關存貨的每次訂貨批量、訂貨次數、訂貨間隔時間等並無變化,與瞬時補充時相同。訂貨提前期的情形如圖8.5所示。這就是說,訂貨提前期並不影響經濟批量,只不過企業在到達再訂貨點時就要發出訂貨單,而不是等到庫存用完時再發。

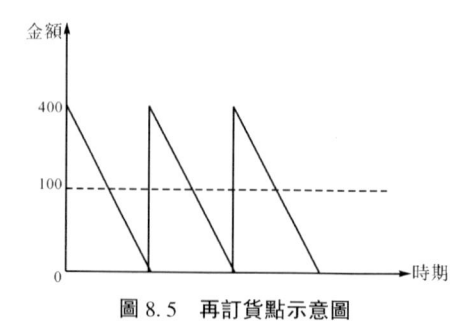

圖8.5 再訂貨點示意圖

2. 存貨陸續供應和使用

經濟批量模型假設存貨一次全部入庫,故存貨增加時存量變化為一條垂直的直線。事實上,各批存貨可能陸續入庫,使存量陸續增加,尤其是在產品轉移,幾乎總是陸續供應和陸續耗用的情況下，我們需要對基本模型做一些修改。

設存貨每批訂貨量為 Q，每日送貨量為 P，故該批訂貨全部送達所需日數為 Q/P，稱為送貨期。設存貨每日耗用量為 d，在送貨期內的全部耗用量為 $\frac{Q}{P} \times d$。由於存貨邊送邊用，所以當每批存貨全部送達完畢時：

$$最高庫存量 = Q - \frac{Q}{P} \times d \quad (8.14)$$

$$平均庫存量 = \frac{1}{2}(Q - \frac{Q}{P} \times d) = \frac{Q}{2}(1 - \frac{d}{p}) \quad (8.15)$$

這樣，訂貨批量的相關總成本為：

$$TC = \frac{D}{Q} \times K + \frac{Q}{2}(1 - \frac{d}{p})K_C \quad (8.16)$$

則經濟訂貨量為：

$$Q^* = \sqrt{\frac{2KD}{K_C(1 - \frac{d}{p})}} \quad (8.17)$$

此時的經濟訂貨總成本為：

$$TC = \sqrt{2KDK_C(1 - \frac{d}{p})} \quad (8.18)$$

［例 8.7］企業對某標準零件年需要量為 3,600 件，每日送貨量為 40 件，零件單價為 20 元，一次訂貨成本為 30 元，單位變動儲存成本為 2 元。問經濟訂貨量和經濟訂貨總成本是多少？

經濟訂貨量：

$$Q^* = \sqrt{\frac{2 \times 30 \times 3,600}{2 \times (1 - \frac{10}{40})}} = 380(件)$$

經濟訂貨總成本：

$$TC = \sqrt{2 \times 30 \times 3,600 \times 2 \times (1 - \frac{10}{40})} = 569.21(元)$$

3. 保險儲備

經濟訂貨批量基本模型假定存貨的供需穩定且確知，即每日需求量不變，交貨時間也固定不變。實際上，每日需求量可能變化，交貨時間也可能變化。企業按照某一訂貨批量和再訂貨點發出訂單後，如果需求增大或送貨延遲，就會發生缺貨或供貨中斷。企業需要多儲備一些存貨，以防止缺貨損失，這稱為保險儲備。

企業建立保險儲備，固然可以避免缺貨或供應中斷造成的損失，但會增加儲備成本。保險儲備管理的目的，是要找出合理的保險儲備量，使缺貨損失和儲備成本之和達到最小。

設缺貨成本為 TC_s，保險儲備成本為 TC_b，則相關總成本為：

$$TC = TC_s + TC_b$$

設單位缺貨成本為 K_u，單次訂貨的缺貨量為 S，年訂貨次數為 N，保險儲備量為

B，單位儲存成本為 K_c，則：

$$TC_s = K_u \times S \times N$$
$$TC_b = B \times K_c \qquad (8.19)$$
$$TC = K_u \times S \times N + B \times K_c$$

現實中，缺貨量 S 具有概率性，其概率可根據歷史經驗估計得出。保險儲備量 B 可依選擇而定。

［例 8.8］假定某存貨的年需要量為 3,600 件，單位儲存成本為 2 元，單位缺貨成本為 5 元，交貨時間為 10 天，其經濟訂貨量為 300 件。交貨期內的存貨需要量及其概率分佈見表 8.4。

表 8.4　　　　　　　　　　存貨需要量及其概率

需要量	70	80	90	100	110	120	130
概率	0.01	0.09	0.15	0.50	0.15	0.09	0.01

試計算保險儲備量。

先計算每年訂貨次數和不考慮保險儲備時的再訂貨點：

由於經濟批量為 300 件，因此，每年訂貨次數為 3,600÷300 = 12 次，再訂貨點為 10×（3,600÷360）= 100 件。

再計算不同保險儲備量的總成本：

（1）不設保險儲備量時的總成本

即 $B=0$，由於再訂貨點為 100+0=100 件，因此：當需要量為 100 件以下時，都不會發生缺貨，其概率為 0.75（0.01+0.09+0.15+0.50）；當需要量為 110 件時，缺貨 10 件，概率為 0.15；當需要量為 120 件時，缺貨 20 件，概率為 0.09；當需要量為 130 件時，缺貨 30 件，概率為 0.01。

因此，$B=0$ 時缺貨的期望值 S_0、總成本 $TC(S, B)$ 計算如下：

$$S_0 = 10 \times 0.15 + 20 \times 0.09 + 30 \times 0.01 = 3.6 \text{（件）}$$
$$TC(S, B) = K_u \times S \times N + B \times K_c = 5 \times 3.6 \times 12 + 0 \times 2 = 216 \text{（元）}$$

（2）保險儲備量為 10 件的總成本

即 $B=10$，由於再訂貨點為 100+10=110 件，因此：當需要量為 110 件以下時，都不會發生缺貨，其概率為 0.90（0.01+0.09+0.15+0.50+0.15）；當需要量為 120 件時，缺貨 10 件，概率為 0.09；當需要量為 130 件時，缺貨 20 件，概率為 0.01。

因此，$B=10$ 時缺貨的期望值 S_{10}、總成本 $TC(S, B)$ 計算如下：

$$S_{10} = 10 \times 0.09 + 20 \times 0.01 = 1.1 \text{（件）}$$
$$TC(S, B) = K_u \times S \times N + B \times K_c = 5 \times 1.1 \times 12 + 10 \times 2 = 86 \text{（元）}$$

（3）保險儲備量為 20 件時的總成本

即 $B=20$，由於再訂貨點為 100+20=120 件，因此：當需要量為 120 件以下時，都不會發生缺貨，其概率為 0.99（0.01+0.09+0.15+0.50+0.15+0.09）；當需要量為 130 件時，缺貨 10 件，概率為 0.01。

因此，$B=20$ 時缺貨的期望值 S_{20}、總成本 $TC(S, B)$ 計算如下：

$$S_{10} = 10 \times 0.01 = 0.1 \text{（件）}$$
$$TC(S, B) = K_u \times S \times N + B \times K_c = 5 \times 0.1 \times 12 + 20 \times 2 = 46 \text{（元）}$$

(4) 保險儲備量為 30 件時的總成本

即 $B=30$，由於再訂貨點為 $100+30=130$ 件，此時可以滿足最大的需要量，不會發生缺貨，因此：

$$S_{30}=0（件）$$

$$TC(S, B) = K_u \times S \times N + B \times K_c = 5 \times 0 \times 12 + 30 \times 2 = 60（元）$$

最後，比較上述不同保險儲備量時的總成本，發現 B = 20 件時的總成本為 46 元，為最低，因此應該確定保險儲備量為 20 件，即再訂貨點為 120 件。

在延期交貨的情況下，再訂貨點的確定可以依照保險儲備量的方法來確定。如例 8.8，如果企業延遲 3 天到貨的概率為 0.01，則可以認為缺貨 30 件（3×10）或者交貨期內需求量為 130 件（10×10+30）的概率為 0.01。這樣就把交貨延遲問題轉換為需求過量問題了。

五、存貨控制

存貨控制是指在日常生產經營過程中，企業按照存貨計劃的要求，對存貨的使用和週轉情況進行的組織、調節和監督。

(一) 存貨的歸口分級管理

存貨的歸口分級控制，是加強存貨日常管理的一種重要方法，主要內容包括三個方面：

1. 實行資金的統一管理

企業必須加強存貨資金的集中統一管理，促進供、產、銷過程相互協調，實現資金使用的綜合平衡，加速資金週轉。這一職能一般由企業的財務部門承擔。財務部門的統一管理主要包括如下幾方面的工作：

(1) 根據國家財務制度和企業具體情況制定企業資金管理的各種制度。

(2) 認真測算各種資金占用數額，匯總編製存貨資金計劃。

(3) 把有關計劃指標進行分解，落實到有關單位和個人。

(4) 對各單位的資金使用情況進行檢查和分析，統一考核資金的使用情況。

2. 實行資金的歸口管理

根據資金使用和資金管理相結合，物資管理和資金管理相結合的原則，每項資金由哪個部門使用，就歸哪個部門管理。各項資金歸口管理的分工一般如下：

(1) 原材料、燃料、包裝物等占用的資金歸供應部門管理。

(2) 在產品和自製半成品占用的資金歸生產部門管理。

(3) 產成品資金歸銷售部門管理。

(4) 工具用具占用的資金歸工具部門管理。

(5) 修理用備件占用的資金歸設備動力部門管理。

3. 實行資金的分級管理

各歸口管理部門要根據具體情況將資金計劃指標進行分解，分配給所屬單位或個人，層層落實，實行分級管理。具體分解過程可按如下方式進行：

(1) 原材料資金計劃指標可分配給供應計劃、材料採購、倉庫保管、整理準備各業務組管理。

(2) 在產品資金計劃指標可分配給各車間、半成品庫管理。

（3）成品資金計劃指標可分配給銷售、倉庫保管、成品發運各業務組管理。

（二）ABC 分類管理

存貨 ABC 分類管理是義大利經濟學家巴雷特於 19 世紀首創的，是一種實際應用較多的方法。經過不斷發展和完善，ABC 分類管理法已廣泛用於存貨管理、成本管理和生產管理。

所謂 ABC 分類管理就是按照一定的標準，根據重要性程度將公司存貨劃分為 A、B、C 三類，分別實行按品種重點管理、按類別一般控制和按總額靈活掌握的存貨管理方法。公司進行存貨分類的標準主要有兩個：金額標準和品種數量標準，其中金額標準是基本的，品種數量標準僅供參考。這樣通過對存貨進行分類，可以使公司分清主次，採取相應的對策進行經濟有效的管理、控制。

公司運用 ABC 分類管理法一般有如下幾個步驟：

（1）計算每一種存貨在一定時間內（一般為一年）的資金占用額。

（2）計算每一種存貨資金占用額占全部資金占用額的百分比，並按大小順序排列，編成表格。

（3）根據事先確定好的標準，把最重要的存貨劃分為 A 類，把一般存貨劃分為 B 類，把不重要的存貨劃分為 C 類，並用圖表表示出來。

（4）對 A 類存貨進行重點規劃和控制，對 B 類存貨進行次重點管理，對 C 類存貨進行一般管理。

一般而言，A 類存貨的品種、數量約占全部存貨的 10%，資金約占存貨總金額的 70%；B 類存貨的品種、數量約占全部存貨的 20%~30%，資金約占存貨總金額的 20%；C 類存貨的品種、數量約占全部存貨的 60%~70%，資金約占存貨總金額的 10%。

案例：戴爾的零庫存管理

戴爾公司在物料採購上沒有投入，不花力氣，而是採用第三方物流模式，即二級供應者管理庫存（VMI）。戴爾先是和一級供應商，即零部件製造商簽訂合同，要求每個一級供應商都必須按照自己的生產計劃，將 8~10 天的用量物料放在由第三方物流企業管理的倉庫。戴爾確認客戶訂單後，系統會自動生成一個採購訂單傳遞給伯靈頓（即第三方物流企業），伯靈頓在 90 分鐘內迅速將零部件運送到戴爾的裝配廠（戴爾稱之為客戶服務中心），最後供應商根據伯靈頓的送貨單與戴爾結帳。

由於戴爾生產的是定制產品，每一臺計算機的規格要求不盡相同，因而對不同零部件和組裝方式的彈性要求很高。因此，戴爾必須選擇與此相匹配的裝配生產方式和物流運作方式。戴爾的客戶訂單確立後，系統在傳遞物料採購信息的同時，會迅速將顧客訂單安排到具體的生產線上。零部件通過第三方物流企業的車廂卸到戴爾的客戶服務中心之後，經過以下四個步驟完成生產運作和生產物流的過程：一是配料，即工人根據客戶下的訂單連同規格要求組配好各種零件放入一個盒子中，然後送給具體的生產線；二是組裝生產，即每個生產線上的組裝工人根據規格要求從盒子中取出零件進行裝配，一個人完成整機的裝配工作；三是測試，即專有軟件對裝配好的整機進行自動檢測，如果發現問題，立即返回到組裝生產線上修正；四是包裝，即工作人員對檢測合格的整機進行包裝，包裝好後從生產線上下來，再運送到特定區域分區配送。

從整個生產物流來看,零部件從送進戴爾的客戶服務中心到產成品運出,通常只需要4~6小時。

由於自營物流具有分散資源、送貨不經濟、物流成本增加等缺陷,戴爾的銷售物流也是採用外包形式。目前在全球承擔戴爾銷售物流的有聯邦快遞、伯靈頓和敦豪等企業,這些第三方物流企業早在戴爾的客戶訂單確立時,就已通過網絡告知貨物流向要求,提前制訂配送計劃、運輸路線、車輛調度等,使戴爾的產品可以立即送往客戶處。從整個的銷售物流來看,戴爾通過第三方物流企業,省掉了產品庫存環節,極大縮短了產品送到客戶的時間,降低了物流的庫存成本。

課後思考與練習

一、思考題

1. 企業進行現金預算有何重要意義?成本分析模式、存貨模式和隨機模式確定最佳現金持有量時各有什麼特點?
2. 短期有價證券對企業有何重要意義?企業在進行短期證券投資管理時應該遵循哪些原則?
3. 什麼是信用政策?在什麼情況下,現行信用政策是值得改變的?
4. 在存貨決策中,應當考慮哪些相關成本?這些成本有何特點?

二、計算題

1. 成都市某公司有價證券的日利率為0.08%,其轉換成本為每次80元,該公司認為在任何情況下的現金餘額都不能低於50,000元,依據歷史數據測試出的現金餘額波動的標準離差為6,000元。計算該公司最佳現金持有量及現金控制上限。

2. 某公司預計全年(按360天算)現金需要量為250,000元,現金和有價證券的轉化成本為每次500元,有價證券年利率為10%。要求:
(1) 利用存貨模式計算最佳現金持有量。
(2) 計算最佳現金持有量下的全年現金轉換成本和全年現金持有機會成本。
(3) 計算最佳現金持有量下的全年有價證券交易次數和有價證券交易間隔期。

3. A企業是一個商業企業,由於目前的信用政策過於嚴厲,不利於擴大銷售,而且收帳費用較高,正研究是否需要修改現行的信用政策甲方案,同時有另一個備選方案乙方案,相關數據如表8.5所示:

表8.5　　　　　　　　　甲、乙方案的相關數據

項目名稱	甲方案	乙方案
年銷售額(萬元/年)	1,200	1,600
信用條件	N/60	N/90
收帳費用(萬元/年)	38	22
平均收帳期	50	80
壞帳損失率	2%	2.5%

已知該公司變動成本率為80%,應收帳款投資要求的最低報酬率為15%。請通過計算分析回答,是否應該改變現行的信用政策?為什麼?

4. ××公司是一家製造類企業，產品的變動成本率為60%，一直採用賒銷方式銷售產品，信用條件為N/60。如果繼續採用N/60的信用條件，預計20××年的收入淨額為1,000萬元，壞帳損失為20萬元，收帳費用為12萬元。為擴大產品的銷售量，××公司擬將信用條件變更為N/90。在其他條件不變的情況下，預計20××年賒銷收入淨額為1,100萬元，壞帳損失為25萬元，收帳費用為15萬元。假定等風險投資最低報酬率為10%，一年按360天計算，所有客戶均於信用期滿付款。要求：

(1) 計算信用條件改變後××公司收益的增加額。

(2) 計算信用條件改變後××公司應收帳款成本的增加額。

(3) ××公司是否應做出改變信用條件的決策？並說明理由。

5. 某企業生產中使用的A標準件既可自制也可外購。若自制，單位成本為6元，每次生產準備成本為500元，日產量為40件；若外購，購入價格是單位自制成本的1.5倍，一次訂貨成本為20元。A標準件全年共需耗用7,200件，儲存變動成本為標準件價值的10%，假設一年有360天。要求：

(1) 計算自制存貨條件下的經濟訂貨批量和與訂貨批量相關的總成本。

(2) 計算外購存貨條件下的經濟訂貨批量和與訂貨批量相關的總成本。

(3) 企業應自制還是外購A標準件？

6. 某公司是一家冰箱生產公司，全年需要壓縮機360,000臺，均衡耗用。全年生產時間為360天，每次的訂貨費用為160元，每臺壓縮機的單位儲存成本為80元。根據經驗，壓縮機從發出訂單到進入可使用的狀態一般需要5天，保險儲備量為2,000臺。要求：

(1) 計算經濟訂貨批量。

(2) 計算全年最佳訂貨次數。

(3) 計算最低存貨相關成本。

(4) 計算再訂貨點。

第九章　內部長期投資管理

學習目標

要求學生通過本章學習，瞭解內部長期投資的主要種類及其特點，熟悉內部長期投資管理的內容和方法，掌握現金流量及其計算。

本章內容

項目投資：項目投資概述，現金流量及其計算，項目投資決策；**固定資產管理**：固定資產管理概述，固定資產折舊管理，在建工程管理；**無形資產管理**：無形資產的分類和計價，無形資產投資，無形資產日常管理。

第一節　項目投資

一、項目投資概述

(一) 項目投資的含義

項目投資又叫直接投資，它是企業在一定的時間裡和預算規定的範圍內，為達到既定質量水平而完成某項特定任務的長期投資活動。項目投資是企業不可缺少的經濟活動，對企業的生存和發展有著十分重要的意義。

(1) 項目投資是企業開展正常生產經營活動的物質前提。如製造企業的主要任務是生產產品，因此就必須擁有產房、機器、設備等固定資產，而這些資產的獲得都是項目投資的結果。

(2) 項目投資是企業擴大再生產的基本途徑。企業要增加收益，提高企業價值，就必須擴大生產，增加投資，對產品和生產工藝進行改造，或者用更先進的設備更新舊設備或進行基本建設以擴大再生產規模。

(3) 項目投資可以優化企業生產結構。企業進行的項目投資工程，實際上是一個優勝劣汰的過程，即企業在進行投資時是有針對性地確定該上哪個項目，不該上哪個項目，以加強和扶持某些部門的生產，削弱和抑制另一些部門的生產，以形成合理的生產結構，提高企業的經濟效益。

(4) 項目投資可以增強企業市場競爭能力。如企業通過提高產品質量、降低產品成本、增加花色品種、開發新產品來提高企業的市場競爭能力。

(5) 項目投資可以降低企業風險。首先，企業可以對市場經營的關鍵環節和薄弱環節進行項目投資，以使企業的各種生產經營能力得以配套和平衡，降低企業的經營風險，提高企業的整體實力。其次，現代企業通常把資金進行多元化投資，以降低企業的經營風險。

（二）項目投資的類型

項目投資主要有三種類型，包括單純固定資產投資、完整工業項目投資和固定資產更新改造投資。

（1）單純固定資產投資，是指只涉及固定資產投資，而不涉及無形資產、其他資產和流動資產的投資建設項目。它以新增生產能力、提高生產效率為特徵。

（2）完整工業項目投資，簡稱新建項目投資，是以新增工業生產能力為主的項目投資，其投資內容不僅包括固定資產投資，而且包括配套的流動資產投資。

（3）固定資產更新改造投資，包括恢復固定資產生產效率的更新項目和改善企業經營條件的改造項目的投資。

（三）項目投資的特點

項目投資具有整體性、一次性和約束性的特點。

（1）整體性，是指一個項目投資既是一項任務整體，又是一項管理整體，自成體系，不能分割。如新建一座工廠，改造廠房，增加一條生產線，更新一臺設備，建造一條道路、大壩或輸油管道等，各自都是一項獨立、整體的工程。

（2）一次性，是指項目投資因受到時間、地點、技術經濟和環境等條件的制約，只能單項決策、單項設計、單項施工，而不能成批生產、重複作業。

（3）約束性，是指項目投資受到期限、費用、質量和功能等條件的限制，它要在預定的期限裡、規定的限額內和一定的質量標準下完成。

（四）項目投資的程序

從財務管理角度看，項目投資的決策程序，一般有以下步驟：

第一，估算投資方案的預期現金流量；

第二，估計預期現金流量的風險；

第三，確定貼現率；

第四，確定投資方案的現金流量的現值；

第五，通過對流入的現值和流出的現值進行比較，決定接受或者拒絕投資方案。

（五）項目投資的相關概念

1. 項目計算期

項目計算期，是指投資項目從建設期到最終清算結束的整個過程的全部時間，包括建設期和營運期。建設期是指項目資金正式投入到項目建成投產為止所需的時間。建設期的第一年為建設的起點，建設期的最後一年為投產日。項目計算期的最後一年稱為終結點。從投產日到終結點之間的時間間隔為營運期。

2. 項目投資額

項目投資額涉及原始投資額和項目總投資額兩個概念。原始投資額是企業為使投資項目完全達到設計生產能力，開展正常經營而投入的全部現實資金，包括建設投資和流動資產投資。建設投資是指企業在建設期內按照一定生產規模和建設內容進行的投資，由固定資產投資、無形資產投資和其他投資組成。流動資金投資是項目投產以後分次或者一次投放在流動資產的投資增加額，又稱為墊付的流動資金。

項目總投資是反應項目投資總體規模的價值指標，等於原始投資額與資本化利息之和。

3. 項目資金投入方式

項目資金的投入方式通常有兩種，即一次性投入和分次投入。一次性投入是投資行為集中一次發生在項目計算期的第一個年度的年初。分次投入是投資行為在兩個或兩個以上年度或同一年度但分別在年初和年末進行。

二、現金流量及其計算

(一) 現金流量的含義

財務管理中一般用現金流量指標來進行投資決策。現金流量是指一個項目引起的企業現金流出和現金流入的數量。這裡的"現金"指廣義的現金，不僅包括各種貨幣資金，而且包括項目需要投入的企業擁有的非貨幣資源的變現價值（或重置成本）。例如，一個項目需要使用原有的廠房、設備和材料等，與之相關的現金流量是指它們的變現價值，而不是其帳面價值。

財務管理中的現金流量，與財務會計所使用的現金流量相比，無論是具體構成內容還是計算口徑都存在較大差異。財務會計中的現金流量，是指在期末編製的現金流量表，即已經發生的現金流入和現金流出，包括經營活動產生的現金淨流量、籌資活動產生的現金淨流量和投資活動產生的現金淨流量。而財務管理所使用的現金流量，是指項目預計產生的現金流出量和現金流入量，是未來可能發生的。

財務管理以現金流量作為項目投資決策的重要價值指標，主要出於以下考慮：

（1）現金流量具有時間性，有利於體現貨幣的時間價值。企業採用現金流量更有利於科學地考慮投資資金的時間價值因素。科學的投資決策必須考慮資金的時間價值，這就要求企業在決策時一定要考慮每筆預期現金流入和現金流出的具體時間，因為不同時間的現金流入和現金流出具有不同的價值。而會計淨利潤的計算，並不考慮資金收付的時間，它是以權責發生制為基礎計算的。所以，企業在衡量方案的優劣時，應根據各投資項目在壽命週期內各年的現金流量為基礎，按照一定的資本成本折算為淨現金流量現值或終值，作為決策依據。

（2）在整個投資的有效期限內，利潤總計與現金淨流量的總計數是相等的，所以，淨現金流量可以取代利潤來作為評價淨收益的指標。從長期來看，現金淨流量與會計淨利潤總額相等。

（3）在企業經營與投資分析中，現金流動狀況有時比盈虧狀況更為重要。有利潤的年份不一定能產生多餘的現金來進行其他項目的再投資。一個項目能否維持長久，不取決於在一定期間內是否有盈利，而取決於是否有現金用於各種支付。

（4）從計量的角度來說，會計淨利潤在各年的分佈受到一定的人為因素的影響，會計政策選擇沒有完全統一的標準，具有一定的不科學性和不客觀性。而現金流量的分佈則不受這些人為因素的影響。企業運用現金流量進行項目的評價可以保證評價結果的客觀性。

(二) 現金流量的內容

不同項目其現金流量內容是不同的。

1. 完整工業投資項目的現金流量
(1) 現金流入量

營業收入，指項目投產後每年實現的全部銷售收入或業務收入，它是經營期主要的現金流入量項目。

回收固定資產餘值，指投資項目的固定資產在終結點報廢清理或中途變價轉讓處理時所回收的價值。現行會計制度規定，固定資產的淨殘值一般為其原始價值的3%~5%。

回收流動資金，主要是指新建項目在項目計算期完全終止時（終結點），因不再發生新的替代投資而回收的原墊付的全部流動資金投資額。

其他現金流入量，指以上三項指標以外的現金流入量項目。

(2) 現金流出量

①建設投資。建設投資是企業按一定生產經營規模和建設內容進行的投資。這是現金流出最主要的部分。建設投資主要由工程費用、工程建設其他費用以及預備費用構成。工程費用是指用於項目各種工程建設的投資費用，包括土地工程費用、設備購置費用以及安裝工程費用等。工程建設其他費用是指從工程開工到工程竣工驗收交付使用為止的整個建設期內，除了建築安裝工程費用和設備、器具購置費用以外，為保證工程建設順利完成和交付使用後能夠正常發揮效用而發生的各項費用之和，一般包括勘測設計費、研究試驗費、臨時設施費、工程監理費、工程保險費、辦公費、試運轉費以及施工機構遷移費等。預備費用包括基本預備費用和漲價預備費用。其中，基本預備費用是指為彌補項目規劃設計中難以預料而在項目實施中可能增加工程量的費用；漲價預備費用是指在建設期內由於物價上漲而增加的項目投資費用。建設投資形成的現金流出可能是一次性支出，也可能分幾次支出。

②流動資金投資。新建項目投資擴大了企業的生產能力，引起對流動資產（貨幣資金、應收帳款、存貨等）需求的增加。

③投資的機會成本。投資的機會成本，是指若投資項目不占用企業現有的資產，則這些資產用於其他途徑所能產生的現金淨流量。這類投資的機會成本，雖未付出現金，卻使企業減少了現金流入，在現金流量計算時應視同現金流出。

④付現成本。付現成本，是指在經營期內為滿足正常生產經營而動用現實貨幣資金支付的成本費用，扣除折舊費用後的餘額。

⑤各項稅款。在項目投產後進入經營期，隨著營業收入的增加，企業將依法繳納各項稅款，包括營業稅、所得稅等，這也是企業的一項現金流出。

⑥其他現金流出。其他現金流出，指不包括在以上內容中的現金流出項目（如營業外淨支出等）。

2. 單純固定資產投資項目的現金流量
(1) 現金流入量

增加的營業收入，指固定資產投入使用後每年增加的全部銷售收入或業務收入。

回收固定資產殘值，指該固定資產在終結點報廢清理時所回收的價值。

(2) 現金流出量

①固定資產投資。

②新增經營成本。新增經營成本是指該固定資產投入使用後每年增加的付現成本。

③增加的各項稅款。增加的各項稅款是指該固定資產投入使用後，因收入的增加

而增加的營業稅、因應納稅所得額增加而增加的所得稅等。

3. 固定資產更新改造投資項目的現金流量

（1）現金流入量

①因使用新固定資產而增加的營業收入。

②處置舊固定資產的變現淨收入。它是指在更新改造時因處置舊設備、廠房等而發生的變價收入與清理費用之差。

③新舊固定資產回收殘值的差額。它是指按舊固定資產原定報廢年份計算的，新固定資產當時殘值大於舊固定資產設定殘值形成的差額。

（2）現金流出量

①購置新固定資產的投資。

②因使用新固定資產而增加的付現成本（節約的付現成本用負值表示）。

③因使用新固定資產而增加的流動資金投資（節約的流動資金用負值表示）。

④增加的各項稅款。增加的各項稅款指更新改造項目投入使用後，因收入增加而增加的營業稅、因應納稅所得額增加而增加的所得稅等。

估計投資方案所需的資本支出，以及該方案每年能產生的現金淨流量，會涉及很多變量，並且需要公司有關部門的參與。銷售部門負責預測售價和銷量，涉及產品價格彈性、廣告效果、競爭者動向等；產品開發和技術部門負責估計投資方案的資本支出，涉及研製費用、設備購置、廠房建築等；生產和成本部門負責估計製造成本，涉及原材料採購價格、生產工藝安排、產品成本等。

財務部門為銷售、生產等部門的預測建立共同的假設條件，如貼現率、物價水平、可供資源的限制條件等；協調參與預測工作的各部門人員，使之能相互銜接與配合；防止預測者因個人偏好或部門利益而高估或低估收入和成本。

（三）現金流量的估算

1. 現金流入量的估算

（1）營業現金流入量的估算。營業現金流入量按項目在經營期內有關產品（產出物）的各年預計單價（不含增值稅）和預測銷售量進行估算。在按總價法核算的情況下，營業收入是指不包括現金折扣和銷售折讓的淨額。

此外，由於競爭的存在，當期的營業收入除了現銷以外，還存在賒銷。因此，本期現金流入量應按現銷收入額與回收以前應收帳款的合計數確認。不過，為了簡化核算，我們假定正常經營年度內每期發生的賒銷額與回收的應收帳款大體相等，也可以用當期的產品銷售收入代替當期的營業現金流入。

（2）回收固定資產殘值的估算。假設主要固定資產的折舊年限等於生產經營期，因此，對於建設項目來說，只要按主要固定資產的原值乘以其法定殘值率，即可估算出在終結點發生的回收固定資產餘值。在生產經營期內提前回收的固定資產殘值，可根據其預計淨殘值估算。對於更新改造項目，往往需要估算兩次：第一次估算在建設起點發生的回收殘值，即根據提前變賣的舊設備可變現淨值來確認；第二次仿照建設項目的辦法估算在終結點發生的回收殘值（即新設備的淨殘值）。

（3）回收流動資金的估算。假定在經營期不發生提前回收流動資金，則在終結點一次回收的流動資金應等於初始點投資的流動資金。

2. 現金流出量的估算

（1）建設投資的估算。建設投資的估算主要根據項目規模和投資計劃所確定的各項建築工程費用、設備購置成本、安裝工程費用和其他費用來估算。

對於無形資產投資和開辦費，應根據需要和可能，逐項按有關的資產評估方法和計價標準進行估算，這裡暫不介紹。

固定資產投資與固定資產原值的數量關係如下：

$$固定資產原值 = 固定資產投資 + 資本化利息$$

上式中的資本化利息是指在建設期發生的全部借款利息，可根據建設期長期借款本金、建設期和借款利息率按複利方法計算。

（2）流動資金投資的估算。企業首先應根據與項目有關的經營期每年流動資產需用額和該年流動負債需用額的差來確定本年流動資金需用額，然後用本年流動資金需用額減去截至上年年末的流動資金占用額（即以前年度已經投入的流動資金累計數）確定本年的流動資金增加額。一般來說，這項投資行為發生在建設期末，即生產經營期初。

（3）經營成本的估算。經營成本的估算主要是付現成本的估算，它是當年的總成本費用（含期間費用）扣除該年折舊額、無形資產和開辦費的攤銷額，以及財務費用中的利息支出等項目後的差額。因為總成本費用中包含了一部分非現金流出的內容，這些項目大多與固定資產、無形資產和開辦費等長期資產的價值轉移有關，不需要動用現實貨幣資金；而從企業主體（全部投資）的角度看，支付給債權人的利息與支付給所有者的利潤的性質是相同的，兩者都不作為現金流出量的內容。

項目每年總成本費用可在經營期內一個標準年份的正常產銷量和預計消耗水平的基礎上進行測算；年折舊額、年攤銷額可根據本項目的固定資產原值、無形資產和開辦費投資，以及這些資產的折舊或攤銷年限進行估算。

（4）各項稅款的估算。企業在進行新建項目投資決策時，通常只估算所得稅；對更新改造項目還需要估算因變賣固定資產發生的營業稅。

3. 現金流量的計算

根據以上的分析，我們不難推導現金流量的計算公式：

$$現金流入量 = \Sigma 年營業現金流入 + 回收固定資產殘值 + 回收流動資金$$
$$= \Sigma（年營業收入 - 年付現成本）+ 回收固定資產殘值 + 回收流動資金$$
$$= \Sigma [年營業收入 -（年產品製造成本 + 年營業稅金及附加 + 年營業費用 + 年管理費用 + 年財務費用）] \times（1 - 所得稅稅率）+ 各年折舊、攤銷 + 回收固定資產殘值 + 回收流動資金$$
$$= \Sigma 年營業利潤 \times（1 - 所得稅稅率）+ 各年折舊、攤銷 + 回收固定資產殘值 + 回收流動資金$$

$$現金流出量 = 固定資產投資 + 無形資產投資 + 遞延資產投資 + 流動資產投資$$

$$淨現金流量 = 現金流入量 - 現金流出量$$

4. 估算現金流量應注意的問題

企業在估算現金流量時，為防止多算或漏算有關內容，需要注意以下幾個問題：

（1）必須考慮增量現金流量

所謂增量現金流量，是指接受或拒絕某個投資方案後，企業總現金流量因此發生的變動。只有那些由於採納某個項目引起的現金支出增加額，才是該項目的現金流出；

只有那些由於採納某個項目引起的現金流入增加額，才是該項目的現金流入。

（2）區分相關成本和非相關成本

相關成本是指與特定決策有關的、在分析評價時必須加以考慮的成本。例如，差額成本、未來成本、重置成本、機會成本等都屬於相關成本。與此相反，與特定決策無關的、在分析評價時不必加以考慮的成本是非相關成本。例如，沉沒成本、過去成本、帳面成本等往往是非相關成本。

（3）充分關注機會成本

機會成本是指在決策中因選擇某個方案而放棄其他方案所喪失的潛在收益。機會成本並不是我們通常意義上的"成本"，它不是一種支出或費用，而是失去的收益。這種收益不是實際發生的，而是潛在的。儘管放棄的收益不構成企業真正的現金流出，也無須作為帳面成本，但是必須作為選中的項目的成本來加以考慮，否則就不能正確判斷一個項目的優劣。

（4）考慮投資方案對企業其他部門的影響

當我們採納一個新項目後，該項目可能對企業的其他部門造成有利或不利的影響。企業在進行投資決策時也必須將這些影響視為項目的成本或收入，否則也不能正確評價項目對企業整體產生的影響。如新產品上市後，原有其他產品的銷路可能減少，因此，企業在評價新產品的銷售收入時，就必須預計其他產品銷售減少所帶來的損失，並將這部分損失計入新產品的成本。

5. 現金流量計算舉例

（1）單純固定資產投資項目現金淨流量的計算

[例9.1] 企業準備購一項固定資產，需投資100萬元，收益期為10年，按直線法折舊，期末有10萬元淨殘值，在建設起點一次投入，建設資金為100萬元，建設期為1年，建設期的資本化利息為10萬元，預計投產後每年可得營業利潤10萬元，在經營期的頭3年中，每年歸還借款利息11萬元（不考慮所得稅）。計算項目計算期內每年的現金淨流量。

$$NCF_0 = -100 \text{ 萬元}$$
$$NCF_1 = 0$$
$$折舊額 = (100 + 10 - 10)/10 = 10 \text{ （萬元）}$$
$$NCF_{2-4} = 10 + 10 - (-11) = 31 \text{ （萬元）}$$
$$NCF_{5-10} = 10 + 10 = 20 \text{ （萬元）}$$
$$NCF_{11} = 10 + 10 + 10 = 30 \text{ （萬元）}$$

[例9.2] 某公司準備購入一設備以擴充生產能力。現有甲、乙兩方案可供選擇：甲方案需要投資12,000元，使用壽命為6年，採用直線法計提折舊，6年後設備無殘值，6年中每年銷售收入為9,000元，每年的付現成本為5,000元；乙方案需投資13,000元，採用直線法計提折舊，使用壽命也為6年，6年後有殘值收入1,000元，6年中每年銷售收入為12,000元，付現成本第一年為5,000元，以後隨著設備陳舊，將逐年增加修理費500元。假設所得稅稅率為40%，試計算兩個方案的現金流量。

$$甲方案每年折舊額 = 12,000 \div 6 = 2,000 \text{ （元）}$$
$$乙方案每年折舊額 = (13,000 - 1,000) \div 6 = 2,000 \text{ （元）}$$

甲方案由於每年銷售收入和付現成本相等，設備報廢後無殘值，故每年的營業現金流量應相等。

則甲方案每年的營業現金流量 $=(9,000-5,000-2,000)\times(1-40\%)+2,000=3,200$（元）
甲方案的現金流量為：
$$NCF_0=-12,000\text{（元）}$$
$$NCF_{1-6}=3,200\text{（元）}$$
乙方案由於每年付現成本不相等，設備報廢後有殘值，故每年的營業現金流量不相等。
乙方案的現金流量為：
$$NCF_0=-13,000\text{ 元}$$
$$NCF_1=(12,000-5,000-2,000)\times(1-40\%)+2,000=5,000\text{（元）}$$
$$NCF_2=(12,000-5,500-2,000)\times(1-40\%)+2,000=4,700\text{（元）}$$
$$NCF_3=(12,000-6,000-2,000)\times(1-40\%)+2,000=4,400\text{（元）}$$
$$NCF_4=(12,000-6,500-2,000)\times(1-40\%)+2,000=4,100\text{（元）}$$
$$NCF_5=(12,000-7,000-2,000)\times(1-40\%)+2,000=3,800\text{（元）}$$
$$NCF_6=(12,000-7,500-2,000)\times(1-40\%)+2,000+1,000=4,500\text{（元）}$$

（2）完整工業投資項目現金淨流量的計算

[例9.3] 某工業項目需原始投資125萬元，其中固定資產投資100萬元，開辦費投資5萬元，流動資金投資20萬元，建設期為1年，建設期資本化利息為10萬元，固定資產和開辦費投資在建設起點投入，流動資金在完工時投入。該項目壽命期為10年，用直線法折舊，使用期滿有淨殘值10萬元，開辦費在投產當年一次攤銷完畢。該公司從經營期第一年起連續歸還借款利息11萬元，連續4年，流動資金在終結點全額一次收回。該公司投產後每年利潤分別為1萬、11萬、16萬、21萬、26萬、30萬、35萬、40萬、45萬和50萬元。要求：計算每年淨流量。

$$NCF_0=-(100+5)=-105\text{（萬元）}$$
$$NCF_1=-20\text{ 萬元}$$
$$\text{折舊額}=(100+10-10)\div10=10\text{（萬元）}$$
$$NCF_2=1+10+5-(-11)=27\text{（萬元）}$$
$$NCF_3=11+10-(-11)=32\text{（萬元）}$$
$$NCF_4=16+10-(-11)=37\text{（萬元）}$$
$$NCF_5=21+10-(-11)=42\text{（萬元）}$$
$$NCF_6=26+10=36\text{（萬元）}$$
$$NCF_7=30+10=40\text{（萬元）}$$
$$NCF_8=35+10=45\text{（萬元）}$$
$$NCF_9=40+10=50\text{（萬元）}$$
$$NCF_{10}=45+10=55\text{（萬元）}$$
$$NCF_{11}=50+10+10+20=90\text{（萬元）}$$

（3）更新改造項目現金淨流量的計算

[例9.4] 某企業打算變賣已使用5年的舊設備，且另購一套新設備來替換它。企業取得新設備的投資額為180,000元，舊設備的帳面淨值為90,151元，變現淨收入為80,000元，到第5年年末新設備與舊設備的預計淨殘值相等。新舊設備的替換將在當年內完成。使用新設備可使企業在第1年增加收入50,000元，增加經營成本25,000元；第2~5年內每年增加收入60,000元，增加經營成本30,000元。用直線法折舊，所得稅稅率為33%。要求：用差量法計算各年的現金淨流量。

舊設備變現損失抵稅＝（80,000－90,151）×33%＝－3,349.83（元）
NCF_0＝－（180,000－80,000）－（－3,349.83）＝－96,650.17（元）

$$新舊設備每年折舊額的差額 = \frac{180,000-80,000}{5} = 20,000（元）$$

NCF_1＝［50,000－（25,000+20,000）］×（1－33%）+20,000＝23,350（元）
NCF_{2-5}＝［60,000－（30,000+20,000）］×（1－33%）+20,000＝26,700（元）

三、項目投資決策

（一）投資決策指標及其類型

項目投資決策指標是指用於衡量和比較投資項目可行性，據以進行方案決策的定量化標準和尺度。按照不同的標準，我們可以對決策指標進行不同的分類：

1. 按照是否考慮貨幣時間價值分類

投資決策指標按照是否考慮貨幣時間價值可以分為非折現指標和折現指標。非折現指標是在計算過程中不考慮時間價值，又稱為靜態指標，包括投資利潤率和靜態回收期。與非折現指標相反，在折現評價指標的計算過程中必須充分考慮和利用貨幣時間價值，因此又稱為動態指標，包括動態投資回收期、淨現值、淨現值率、獲利指數和內部收益率等指標。

2. 按照指標性質分類

投資決策指標按照其性質不同可以分為正指標和反指標兩大類。在一定範圍內越大越好的指標為正指標，包括投資利潤率、淨現值、淨現值率獲利指數和內部收益率。在一定範圍內越小越好的指標為反指標，靜態投資回收期和動態投資回收期都屬於反指標。

3. 按照指標的重要性分類

按照指標的重要性可以將決策指標分為主要指標、重要指標和輔助指標。主要指標是在決策中居於核心地位的指標，是可以單獨使用以評價方案投資可行性或優劣的指標，包括淨現值、淨現值率獲利指數和內部收益率。次要指標是在評價決策體系中起次要作用，一般不獨立使用，需要與其他指標結合使用才能評價投資項目的可行性或優劣的指標，主要有靜態投資回收期和動態投資回收期。輔助指標是在決策體系中起參考作用的指標，主要有投資利潤率指標。

（二）項目投資決策方法

1. 確定型投資方案的決策方法

（1）投資回收期法。投資回收期（Payback PerM，PP），是指投資引起的現金流入累計與投資額相等所需要的時間，它一般以年為單位，表示收回投資所需要的年限，回收期越短，方案越有利。投資回收期法是一種使用很早很廣的投資決策方法。

它包括兩種表現形式：包括建設期的回收期和不包括建設期的回收期。根據回收期的計算是否考慮時間價值又可以將回收期分為靜態回收期和動態回收期兩種。

①靜態回收期的計算。靜態回收期因每年的營業淨現金流量是否相等而有所不同。如果每年的營業淨現金流量相等，則投資回收期可以用下列公式計算：

靜態投資回收期＝原始投資額÷投產後每年的現金淨流量

我們在計算含建設期的回收期時只要將不含建設期的回收期加上建設期即可。

如果每年的淨現金流量不相等,那麼,我們計算投資回收期要根據每年年末尚未收回的投資額加以確定。可以用下列公式:

$$回收期 = T - 1 + \frac{至第(T-1)年止累計現金淨流入量的絕對值}{第T年的現金淨流入量} \quad (9.1)$$

其中,T為累計淨現金流量出現正值的那一年。

[例9.5] 假設有甲、乙兩個方案,這兩個方案各年的現金淨流量分佈如表9.1、表9.2所示。其中:甲方案的原始投資額為6,000元,乙方案的原始投資額為9,000元。

表9.1　　　　　　　　　　甲方案現金流量表和利潤總額

項目	0	1	2	3
現金淨流量(元)	-6,000	3,800	3,800	3,800
利潤總額(元)	0	3,000	3,000	3,000

表9.2　　　　　　　　　　乙方案現金流量表和利潤總額

項目	0	1	2	3
現金淨流量(元)	-9,000	4,400	4,260	4,220
利潤總額(元)	0	4,000	3,600	3,200

甲方案靜態投資回收期 = 6,000÷3,800 = 1.58(年)

乙方案靜態投資回收期 = (3-1) + (9,000-4,400-4,260) ÷4,220 = 2.08(年)

從本指標看,甲方案的投資回收期比乙方案要短,應把甲方案作為優先選擇的方案。

靜態投資回收期法計算簡便,並且容易被決策人所正確理解。它的缺點是未充分考慮到資金的時間價值,並且沒有考慮回收期滿後的項目現金流量。事實上,有戰略意義的長期投資往往是早期的收益較低,而中後期的收益較高。因此,僅僅利用投資回收期法進行決策往往會導致企業優先考慮急功近利的項目,而放棄較為長期的成功項目。

②動態回收期的計算。我們在計算項目的回收期時,以投資項目經營淨現金流量的現值抵償原始投資額所需的全部時間。其本質含義與靜態回收期一樣,只是以折現後的現金流量為基礎計算,計算公式如下:

$$P = T - 1 + (第T-1年累計淨現金流量現值) / 第T年淨現金流量現值 \quad (9.2)$$

[例9.6] 以例9.5的資料為例,假設折現率為10%,則甲方案和乙方案的動態回收期計算如表9.3、表9.4所示。

表9.3　　　　　　　　　　甲方案現金流量分佈

	0	1	2	3
現金淨流量(元)	-6,000	3,800	3,800	3,800
折現率10%	1	0.909,1	0.826,4	0.751,3
淨現金流量的現值(元)	-6,000	3,454.58	3,140.32	2,854.94
累計淨現金流量現值(元)	-6,000	-2,545.42	594.9	3,449.84

表9.4　　　　　　　　　　乙方案現金流量分佈

	0	1	2	3
現金淨流量（元）	-9,000	4,400	4,260	4,220
折現率10%	1	0.909,1	0.826,4	0.751,3
淨現金流量的現值（元）	-9,000	4,000.04	3,437.82	3,170.49
累計淨現金流量現值（元）	-9,000	-4,999.96	-1,562.14	1,608.35

甲方案動態投資回收期＝（2-1）+2,545.42÷3,140.32＝1.81（年）
乙方案動態投資回收期＝（3-1）+1,562.14÷3,170.49＝2.49（年）

可以看出，考慮了貨幣時間價值後，回收期要比沒有考慮貨幣時間價值長。

（2）投資利潤率法。投資利潤率（Return on Investment，ROI）是指達到產值正常年度利潤與投資總額之比，以此作為投資決策標準。計算公式為：

投資利潤率＝年平均利潤÷投資總額　　　　　　　　　　（9.3）

年平均利潤是指經營期內全部利潤總額除以經營年份的平均數，投資額為原始投資和資本化利息之和，分子則用息稅前利潤比較合理。

[例9.7] 仍以例9.5的數據來計算其投資利潤率如下：

甲方案的投資利潤率＝3,000÷6,000×100%＝50%

乙方案的投資利潤率＝（(4,000+3,600+3,200)÷3）÷9,000×100%＝40%

該指標可以直接利用現金淨流量信息進行計算，簡單明瞭。企業通過計算投資利潤率，將有關方案的總收益同其資源的使用（投資）緊密地聯繫起來，可以較好地衡量各有關方案的投資經濟效益。但是該指標沒有考慮資金時間價值，只考慮利潤的作用，沒有考慮淨現金流量的影響，不能全面正確地評價投資方案的經濟效果。

該指標越高越好，低於無風險投資利潤率或企業要求的報酬率方案為不可行的方案。

（3）淨現值法。淨現值（Net Present Value，NPV），是指項目現金流入量的現值與現金流出量的現值之差額。按照這種方法，所有的現金流入和流出量都要按照預定的貼現率折算為現值，然後再計算它們的差額。如果淨現值為正數，則貼現後的現金流入大於貼現後的現金流出，表示該項目的投資報酬率大於預定的貼現率；如果淨現值為零，則表示貼現後的現金流入等於貼現後的現金流出，表示該項目的投資報酬率相當於預定的貼現率；如果淨現值為負數，則貼現後的現金流入小於貼現後的現金流出，表示該項目的投資報酬率小於預定的貼現率。淨現值的計算公式如下：

$$NPV = 現金流入量的現值 - 現金流出量的現值 \qquad (9.4)$$

我們用淨現值指標進行決策時，首先要將各年的淨現金流量按預定的貼現率折算成現值，然後再計算它們的代數和（即淨現值）。在決策中，若淨現值大於或等於零，則方案可行，否則不可行。

計算淨現值時，折現率的選擇至關重要，它直接影響項目評價的正確性。如果選擇的折現率過低，則會導致一些經濟效益低下的方案得以通過；如果選擇的折現率過高，則會導致一些好的項目不能通過。在實務中，可供選擇的折現率有：①投資項目的資金成本；②投資項目機會成本；③行業平均收益率；④銀行貸款利率或社會資本平均報酬率。

[例9.8] 在例9.5中，假設折現率為10%，計算兩個方案的淨現值如表9.5、表9.6所示：

表9.5　　　　　　　　　　　甲方案淨現值計算

	0	1	2	3
現金淨流量（元）	-6,000	3,800	3,800	3,800
折現率10%	1	0.909,1	0.826,4	0.751,3
淨現金流量的現值（元）	-6,000	3,454.58	3,140.32	2,854.94
累計淨現金流量現值（元）	-6,000	-2,545.42	594.9	3,449.84

表9.6　　　　　　　　　　　乙方案淨現值計算

	0	1	2	3
現金淨流量（元）	-9,000	4,400	4,260	4,220
折現率10%	1	0.909,1	0.826,4	0.751,3
淨現金流量的現值（元）	-9,000	4,000.04	3,437.82	3,170.49
累計淨現金流量現值（元）	-9,000	-4,999.96	-1,562.14	1,608.35

在兩個方案中，其淨現值均為正數，說明這兩個方案的報酬率均大於10%，因而是可以接受的。甲方案優於乙方案。

淨現值法的優點是，考慮了資金的時間價值，能夠反應各種投資方案的淨收益，因而它具有廣泛的適用性，在理論上也比其他方法更加完善。淨現值法是投資決策評價中的最基本的方法。但是，淨現值法也有一定的缺陷。首先，它不能表示各個投資方案本身的實際可達到的報酬率真正是多少？其次，當幾個投資項目或幾個方案的初始投資額不一致時，僅比較它們之間淨現值的大小顯然不完全合適。

（4）淨現值率法。淨現值率（Net Present Value Ratio，NPVR）是項目的淨現值占原始投資現值的比率，我們也可以將其理解為單位原始投資的現值創造的淨現值。其計算公式為：

$$\text{淨現值率} = \text{項目淨現值} \div \text{原始投資現值} \quad (9.5)$$

[例9.9] 根據表9.5、表9.6的資料，計算甲方案、乙方案的淨現值率如下：

甲方案淨現值率 = 3,448.22/6,000×100% = 57.47%

乙方案淨現值率 = 1,608.35/9,000×100% = 17.87%

淨現值率指標是一個相對指標，它的優點是可以從動態的角度反應項目投資的資金投入和產出之間的關係，其他優缺點與淨現值指標類似。該指標大於或等於0時，方案可行；小於0則不可行。

（5）獲利指數法。獲利指數（Present Value Index，PI）又稱為現值指數；它是指未來每年的現金淨流量的現值與原始投資的現值的比值。計算公式如下：

$$\text{現值指數}(PI) = \frac{\text{未來現金流入量的現值}}{\text{未來現金流出量的現值}}$$

$$= \frac{\text{各年營運現金流入量的現值之和} + \text{期末殘值的現值}}{\text{原始投資額的現值}} \quad (9.6)$$

可以看出，獲利指數和淨現值率有如下關係：
$$獲利指數 = 1 + 淨現值率 \tag{9.7}$$

現值指數大於 1，說明項目的未來現金流入量的現值大於未來現金流出量的現值，收益大於成本，即投資報酬率超過預定的折現率，現值指數越大，項目越好。現值指數小於 1，則投資報酬率小於預定的折現率。現值指數等於 1，則投資報酬率正好與預定的折現率相等。

(6) 內含報酬率法。內含報酬率（Inn Ratio of Return，IRR）是指使投資項目的未來現金流入量的現值等於未來現金流出的現值的折現率。也就是說，內含報酬率是使投資項目的淨現值為零的折現率。內含報酬率法是根據方案本身的內含報酬率來評價方案優劣的一種方法。

內含報酬率的計算方法一般有試算法和插入法兩種。

試算法是將選中的折現率代入淨現值公式計算，直到 NPV 等於零為止。

插入法的計算步驟是：

首先，先選擇一個折現率 i_1 計算一個 $NPV_1 > 0$；再選一個較大的折現率 i_2 計算 $NPV_2 < 0$。

其次，用插入法計算內含報酬率的近似值，公式為：
$$IRR = i_1 + \frac{NPV_1}{NPV_1 + |NPV_2|} \times (i_2 - i_1) \tag{9.8}$$

[例 9.10] 例 9.5 中，企業要求的必要報酬率為 30%，計算甲方案和乙方案的內涵報酬率。

甲方案：

當 $i_1 = 36\%$，
$$NPV_1 = 3,800 \times (P/A, 36\%, 3) - 6,000 = 359.3（元）$$

當 $i_2 = 40\%$，
$$NPV_2 = 3,800 \times (P/A, 40\%, 3) - 6,000 = -37.8（元）$$
$$IRR = 36\% + (40\% - 36\%) \times 359.3 / (359.3 + 27.8) = 39.62\%$$

乙方案：

當 $i_1 = 18\%$，
$$NPV_1 = 4,400 \times (P/F, 18\%, 1) + 4,160 \times (P/F, 18\%, 2)$$
$$+ 4,220 \times (P/F, 18\%, 3) - 9,000 = 285.04（元）$$

當 $i_2 = 20\%$，
$$NPV_2 = 4,400 \times (P/F, 20\%, 1) + 4,160 \times (P/F, 20\%, 2)$$
$$+ 4,220 \times (P/F, 20\%, 3) - 9,000 = -2.662（元）$$
$$IRR = 18\% + (20\% - 18\%) \times 285.04 / (285.04 + 2.662) = 19.98\%$$

內含報酬率在決策時的判斷標準是：內含報酬率大於或者等於預定的報酬率時，方案可行，否則方案不可行。

內含報酬率法的主要優點是：內含報酬率反應了投資項目可能達到的報酬率，易被決策人員所理解；對於獨立投資方案的決策，如果各方案原始投資額不同，可以通過計算各方案的內含報酬率，並與現值指數結合，反應各獨立投資方案的獲利水平。內含報酬率法的主要缺點是：①計算複雜，不易直接考慮投資風險大小。②採用內含報酬率法的前提條件是，假定投資項目各期所形成的現金流量都是以該內含報酬率作為平均報酬率取得的，這種假定不太客觀。按這樣的假設，後期的現金流量與前期的現金流量一樣，都是按該內含報酬率取得的，而不是按所有方案統一要求達到而且可能達到的資本成本率為標準取得的，缺乏客觀的經濟依據。③在互斥投資方案決策時，如果各方案的原始投資額不相等，企業無法做出正確的決策。產生這種現象的原因，是內含報酬率的前提條件，造成內含報酬率高的項目淨現值卻很低。

2. 風險型投資方案的決策方法

在前面的項目投資決策討論中，我們作了一些簡化，沒有考慮風險因素。實際上真正意義上的投資項目總是有風險的，項目投資的未來現金流量總會具有某種程度的不確定性。企業在決策時，如果風險較小，可以忽略它對決策的影響；如果面臨的風險較大，足以影響決策，就不得不考慮風險。

企業在進行基於風險的投資項目決策時，常用的方法是淨現值法。影響淨現值法的因素是現金流量和折現率。只有現金流量和折現率相匹配時，企業才能進行正確的決策。企業在對項目進行風險調整時，可以將有風險的現金流量調整為無風險的現金流量，使其與無風險的折現率匹配；或者是保留有風險的現金流量，而將無風險的折現率調整為有風險的折現率，使之相匹配。因此，這就形成基於風險的投資項目分析的兩種常用方法：風險調整折現率法和調整現金流量法。

(1) 風險調整折現率法。這是項目投資風險分析最常用的方法。這種方法的基本思路是對較高風險的項目要用較高的折現率去折現，其理論依據是資本資產定價模型。折現率一般被認為是投資者進行項目投資所要求的最低報酬率。當項目的風險增大時，投資者要求的報酬就會高一些；當項目的風險減小時，投資者要求的報酬也會低一些。這樣，高風險對應高折現率，低風險對應低折現率，所以我們對較高風險的項目要用較高的折現率去折現。

[例9.11] 某機械廠需購置一臺機床，有A、B、C三個互斥方案。無風險的最低報酬率為6%，通常要求的風險報酬率最低為11%。A和B方案期限為3年，C方案期限為2年，有關原始投資額和各年現金流量如表9.7所示。

表9.7　　　　　　　　投資方案現金流量表　　　　　　　　單位：元

年份（t）	A方案 現金流量	概率	B方案 現金流量	概率	C方案 現金流量	概率
0	(2,500)	1.0	(3,000)	1.0	(3,000)	1.0
1	2,000 1,000 500	0.3 0.5 0.2			2,300 2,000 1,600	0.4 0.5 0.1
2	2,000 1,000 500	0.3 0.4 0.3	4,000 1,720 0	0.2 0.6 0.2	2,800 2,100 1,500	0.3 0.5 0.2
3	2,000 1,000 500	0.2 0.4 0.4	3,000 2,650 500	0.4 0.5 0.1		

首先，計算風險程度。對於A方案來說，原始投資1,500元是確定的，各年現金

流入量的金額都有三種可能，並且概率是已知的。則各年現金流入量的集中趨勢用其期望值表示為：

$$E_{A1} = 2,000 \times 0.3 + 1,000 \times 0.5 + 500 \times 0.2 = 1,200（元）$$
$$E_{A2} = 2,000 \times 0.3 + 1,000 \times 0.4 + 500 \times 0.3 = 1,150（元）$$
$$E_{A3} = 2,000 \times 0.2 + 1,000 \times 0.4 + 500 \times 0.4 = 1,000（元）$$

各年現金流入量的離散趨勢用其標準差表示為：

$$d_{A1} = \sqrt{(2,000-1,200)^2 \times 0.3 + (1,000-1,200)^2 \times 0.5 + (500-1,200)^2 \times 0.2}$$
$$= 556.78（元）$$

$$d_{A2} = \sqrt{(2,000-1,150)^2 \times 0.3 + (1,000-1,150)^2 \times 0.4 + (500-1,150)^2 \times 0.3}$$
$$= 593.72（元）$$

$$d_{A3} = \sqrt{(2,000-1,000)^2 \times 0.2 + (1,000-1,000)^2 \times 0.4 + (500-1,000)^2 \times 0.4}$$
$$= 547.72（元）$$

三年現金流入總的離散程度即綜合標準差為：

$$D = \sqrt{\sum_{t=1}^{n} \frac{d_t^2}{(1+i)^{2t}}}$$
$$= \sqrt{\frac{(556.78)^2}{(1+6\%)^2} + \frac{(593.72)^2}{(1+6\%)^{2\times2}} + \frac{(547.72)^2}{(1+6\%)^{2\times3}}}$$
$$= 875.56（元）$$

雖然現金流入的離散程度可以反應不確定性的大小，但是標準差是一個絕對數，不便於比較不同規模投資項目風險的大小，因此，我們就需引入變化係數，其計算公式為：

$$變化係數 \ q = \frac{d}{E} \tag{9.9}$$

變化係數 q 是標準差 d 與期望值 E 的比值，是以相對數來表示離散程度即風險大小的。為了綜合各年的風險，我們對具有一系列先進流入的方案用綜合變化係數來描述：

$$Q = \frac{綜合標準差}{現金流入期望現值} = \frac{D}{EPV}$$

$$EPV_A = \frac{1,200}{1+6\%} + \frac{1,150}{(1+6\%)^2} + \frac{1,000}{(1+6\%)^3} = 2,995.19（元）$$

$$D_A = 875.56（元）$$

$$Q_A = \frac{875.56}{2,995.19} = 29.23\%$$

其次，確定風險報酬斜率。風險報酬斜率是線形方程 $r = i + b \times Q$ 的係數 b，它的高低反應風險程度對風險調整最低報酬率的影響。b 值是一個經驗數據，是根據歷史資料用高低點法或迴歸直線法求得的。

通常假定中等風險程度的項目變化係數為 0.5，則：

$$b = \frac{11\% - 6\%}{0.5} = 0.1$$

最後，計算風險調整折現率。前面已經算出 A 方案的綜合變化係數 $Q_A = 29.23\%$，則適用於 A 方案的風險調整折現率為：
$$r_A = i + b \times Q_A = 6\% + 0.1 \times 29.23\% = 8.923\%$$

根據同樣的方法可知對於 B 方案：
$$E_{B2} = 4,000 \times 0.2 + 1,720 \times 0.6 + 0 \times 0.2 = 1,832（元）$$
$$E_{B3} = 3,000 \times 0.4 + 2,650 \times 0.5 + 500 \times 0.1 = 2,575（元）$$
$$d_{B2} = \sqrt{(4,000-1,832)^2 \times 0.2 + (1,720-1,832)^2 \times 0.6 + (0-1,832)^2 \times 0.2}$$
$$= 1,272.33（元）$$
$$d_{B3} = \sqrt{(3,000-2,575)^2 \times 0.4 + (2,650-2,575)^2 \times 0.5 + (500-2,575)^2 \times 0.1}$$
$$= 711.07（元）$$
$$D = \sqrt{\frac{(1,272.33)^2}{(1+6\%)^{2\times2}} + \frac{(711.07)^2}{(1+6\%)^{2\times3}}} = 1,280.12（元）$$
$$EPV_B = \frac{1,832}{(1+6\%)^2} + \frac{2,575}{(1+6\%)^3} = 3,792.49（元）$$
$$Q_B = \frac{1,280.12}{3,792.49} = 33.75\%$$
$$r_B = i + b \times Q_B = 6\% + 0.1 \times 33.75\% = 9.375\%$$

同理，對於 C 方案：
$$E_{C1} = 2,300 \times 0.4 + 2,000 \times 0.5 + 1,600 \times 0.1 = 2,080（元）$$
$$E_{C2} = 2,800 \times 0.3 + 2,100 \times 0.5 + 1,500 \times 0.2 = 2,190（元）$$
$$d_{C1} = \sqrt{(2,300-2,080)^2 \times 0.4 + (2,000-2,080)^2 \times 0.5 + (1,600-2,080)^2 \times 0.1}$$
$$= 213.54（元）$$
$$d_{C2} = \sqrt{(2,800-2,190)^2 \times 0.3 + (2,100-2,190)^2 \times 0.5 + (1,500-2,190)^2 \times 0.2}$$
$$= 459.24（元）$$
$$D = \sqrt{\frac{(213.54)^2}{(1+6\%)^2} + \frac{(459.24)^2}{(1+6\%)^{2\times2}}} = 455.67（元）$$
$$EPV_C = \frac{2,080}{(1+6\%)^1} + \frac{2,190}{(1+6\%)^2} = 3,911.36（元）$$
$$Q_C = \frac{455.67}{3,911.36} = 11.65\%$$
$$r_C = i + b \times Q_C = 6\% + 0.1 \times 11.65\% = 7.165\%$$

根據不同的風險調整折現率計算各方案的淨現值為：
$$NPV_A = \frac{1,200}{1.089,23} + \frac{1,150}{1.089,23^2} + \frac{1,000}{1.089,23^3} - 2,500 = 344.82（元）$$
$$NPV_B = \frac{1,832}{1.093,75^2} + \frac{2,575}{1.093,75^3} - 3,000 = 499.39（元）$$
$$NPV_C = \frac{2,080}{1.071,65} + \frac{2,190}{1.071,65^2} - 3,000 = 847.88（元）$$

根據淨現值，三個方案的排序為 C>B>A，C 方案優於 B 方案。但是，如果不考慮風險因素，結果可能就不一樣。下面以各方案各年概率最大的現金流量作為肯定現金流量，計算各方案的淨現值，我們發現 B 方案和 C 方案的淨現值相等：

$$NPV_B = \frac{1,720}{(1+6\%)^2} + \frac{2,650}{(1+6\%)^3} - 3,000 = 755.78(元)$$

$$NPV_C = \frac{2,000}{(1+6\%)^1} + \frac{2,100}{(1+6\%)^2} - 3,000 = 755.78(元)$$

風險調整折現率比較容易理解，而且企業可以根據自己對風險的偏好來確定風險調整折現率，因此在實際中被廣泛使用。但是，風險調整折現率將時間價值和風險價值混淆在一起，並據此對現金流量進行折現，這意味著風險會隨著時間的推移而逐漸加大，這可能和事實不符。

（2）調整現金流量法。調整現金流量法也叫肯定當量法。我們首先根據投資項目的風險程度將有風險的現金流量調整為無風險的現金流量，然後用無風險的折現率來計算風險項目的淨現值，從而進行決策。調整現金流量的計算公式為：

$$淨現值(NPV) = \sum_{t=0}^{n} \frac{\alpha_t \times CFAT_t}{(1+i)^t} \quad (9.10)$$

式中：α_t 為第 t 年現金淨流量的肯定當量系數，它在 0~1 之間；$CFAT_t$ 為第 t 年的現金淨流量；i 為無風險的折現率。

肯定當量系數是指不肯定的一元現金流量相當於投資者滿意的肯定的金額的系數。通過肯定當量系數，我們可以把各年不肯定的現金流量換算為肯定的現金流量。肯定當量系數的公式為：

$$\alpha_t = \frac{肯定的現金流量}{不肯定的現金流量期望值} \quad (9.11)$$

我們知道，肯定的一元比不肯定的一元更受歡迎。不肯定的一元要比肯定的一元小，兩者的差額與現金流量不確定性程度的高低相關。肯定當量系數的作用就是將現金流量中的風險部分去掉，將不確定的現金流量換算成肯定的現金流量。用肯定當量系數去掉的風險既包括特殊風險又包括系統風險，既包括經營風險又包括財務風險。在去掉這些風險後，現金流量就變成無風險的現金流量，與淨現值公式中分母的折現率相對應。

［例 9.12］在例 9.11 中，我們仍用變化系數表示現金流量的不確定性，假設變化系數和肯定當量系數的經驗關係為：

變化系數	肯定當量系數
0.00~0.09	1
0.10~0.17	0.9
0.18~0.25	0.8
0.26~0.31	0.7
0.32~0.46	0.6
0.47~0.52	0.5
0.53~0.80	0.4

則 A 方案各年現金流入的變化系數為：

$$q_{A1} = \frac{d_{A1}}{E_{A1}} = \frac{556.78}{1,200} = 0.46$$

$$q_{A2} = \frac{d_{A2}}{E_{A2}} = \frac{593.72}{1,150} = 0.52$$

$$q_{A3} = \frac{d_{A3}}{E_{A3}} = \frac{547.72}{1,000} = 0.55$$

根據變化係數和肯定當量係數的經驗關係，A 方案各年現金流入的肯定當量係數為：

$$\alpha_{A1} = 0.6, \ \alpha_{A2} = 0.5, \ \alpha_{A3} = 0.4$$

A 方案的淨現值為：

$$NPV_A = \frac{0.6 \times 1,200}{1.06} + \frac{0.5 \times 1,150}{1.06^2} + \frac{0.4 \times 1,000}{1.06^3} - 2,500 = -973.16(元)$$

同理，B 方案各年現金流入的變化係數為：

$$q_{B2} = \frac{d_{B2}}{E_{B2}} = \frac{1,272.33}{1,832} = 0.69$$

$$q_{B3} = \frac{d_{B3}}{E_{B3}} = \frac{711.07}{2,575} = 0.28$$

根據變化係數和肯定當量係數的經驗關係，B 方案各年現金流入的肯定當量係數為：

$$\alpha_{B2} = 0.4, \ \alpha_{B3} = 0.7$$

B 方案的淨現值為：

$$NPV_B = \frac{0.4 \times 1,832}{1.06^2} + \frac{0.7 \times 2,575}{1.06^3} - 3,000 = -834.4(元)$$

C 方案各年現金流入的變化係數為：

$$q_{C1} = \frac{d_{C1}}{E_{C1}} = \frac{213.54}{2,080} = 0.10$$

$$q_{C2} = \frac{d_{C2}}{E_{C2}} = \frac{459.24}{2,190} = 0.21$$

根據變化係數和肯定當量係數的經驗關係，C 方案各年現金流入的肯定當量係數為：

$$\alpha_{C1} = 0.9, \ \alpha_{C2} = 0.8$$

C 方案的淨現值為：

$$NPV_C = \frac{0.9 \times 2,080}{1.06} + \frac{0.8 \times 2,190}{1.06^2} - 3,000 = 325.31(元)$$

根據淨現值，三個方案的排序為 C>B>A，與風險調整折現率法的結果相同。

調整現金流量法通過調整淨現值公式的分子來考慮投資項目的風險，不僅計算方法簡單，而且因為它分別對時間價值和風險價值進行調整，避免了風險調整折現率法誇大遠期風險的缺點，因此在理論上備受好評。調整現金流量法是先調整風險，然後再把肯定現金流量用無風險折現率進行折現，因此對於不同年份的現金流量，可以根據風險的差別使用不同的肯定當量係數予以調整。但是，調整現金流量法的關鍵問題在於肯定當量係數的確定。這個係數的確定沒有一個公認的客觀標準，一般是根據經驗豐富的分析人員主觀判斷來確定，與公司管理人員的風險偏好程度高度相關，因此人為因素較大。

調整現金流量法可以與內含報酬率法結合起來使用。其做法是：先用肯定當量系數將各年的風險現金流量調整為無風險的現金流量，然後再計算內含報酬率，該內含報酬率則為無風險的內含報酬率，最後就可以比較這些無風險的內含報酬率，以進行方案的選擇。

(三) 項目投資決策應用

1. 設備購買與租賃的決策

企業在進行固定資產投資的時候，經常遇到設備是購買還是租賃的決策問題。企業在進行固定資產租賃或者購買的決策時，一般假定，無論購買還是租賃，所用設備相同，這樣設備的生產能力與產品的銷售價格相同，同時設備的運行費用也相同。因此，此時的決策只要比較兩種方案的成本差異就可以了，但此時還要考慮所得稅對決策的影響。

這裡的固定資產租賃是指經營租賃。租賃固定資產的成本主要有每年支付的租賃費，購買固定資產的成本主要是購置成本，只是在計算成本的時候要考慮租賃費和折舊費的抵稅作用，並且企業在項目結束或設備使用壽命到期時，還能夠得到設備的殘值變現收入。

[例 9.13] 某企業在生產中需要某設備，如果企業購買，購買價為 200,000 元，使用壽命為 10 年，殘值率為 5%，用直線法折舊；企業也可以租入其他單位的類似資產進行生產，則每年要支付 40,000 元的租金，租賃期也是 10 年。企業要求的必要報酬率為 10%，所得稅稅率為 25%。問企業該如何決策？

如果租賃設備，總成本的現值為：

40,000×(P/A，10%，10) −40,000×25%×(P/A，10%，10) = 184,350

如果購買設備：

年折舊費 = (200,000−10,000) ÷10 = 19,000

總成本的現值 = 200,000−19,000×25%×(P/A，10%，10)

−10,000×(P/F，10%，10)

= 166,951.3

可見，購買設備的總成本更小，企業應該購買新設備。

2. 設備更新決策

固定資產更新是指企業對技術上或經濟上不宜繼續使用的舊固定資產用新的固定資產更新，或是用先進的技術對原有設備進行局部改造。由於科學技術的迅速發展，固定資產更新週期大大縮短，企業不斷地出現生產效率更高、原材動力消耗更低的高效能設備代替消耗大、維修費用多且尚能繼續使用的舊設備的現象，因此，固定資產更新決策便成為企業長期投資決策的一項重要內容。固定資產的更新決策主要研究兩個問題：一是決定是否更新，即繼續使用舊固定資產還是更換新固定資產；二是如果要更新，應該何時更新會比較經濟。對於是該購置還是繼續使用的決策，我們在後面進行分析。我們先來考慮生產設備最佳更新期的決策問題。

固定資產在使用初期，運行費用比較低，以後隨著設備逐漸陳舊，性能變差，維護費用、修理費用等消耗會逐步增加。與此同時，固定資產的價值在逐步減少，資產佔用的資金應計利息等持有成本會逐步減少。隨著時間的遞延，運行成本和持有成本呈反方向變化，這樣必然存在一個最經濟的使用年限。最佳的使用年限是一個使固定資產的年平均成本最低的年限。

[例9.14] 某設備的購買價格是 70,000 元，預計使用壽命為 10 年，無殘值。資本成本為 10%。各年的折舊額、折餘價值及運行費用以及最佳更新期計算如表 9.8 所示。

表9.8　　　　　　　　　　固定資產最佳更新期計算表　　　　　　　　單位：元

更新年限及項目		1	2	3	4	5	6	7	8	9	10
複利現值系數	(1)	0.909,1	0.826,4	0.751,3	0.683,0	0.620,9	0.564,5	0.513,2	0.466,5	0.424,1	0.385,5
年金現值系數	(2)	0.909,1	1.735,5	2.486,9	3.169,9	3.790,8	4.355,3	4.868,4	5.334,9	5.759,0	6.144,6
折舊額	(3)	7,000	7,000	7,000	7,000	7,000	7,000	7,000	7,000	7,000	7,000
折餘價值	(4)	63,000	56,000	49,000	42,000	35,000	28,000	21,000	14,000	7,000	0
折餘價值的現值	(5) = (4)×(1)	57,273	46,278	36,814	28,686	21,732	15,806	10,777	6,531	2,969	0
運行費用	(6)	10,000	10,000	10,000	11,000	11,000	12,000	13,000	14,000	15,000	16,000
運行費用的現值	(7) = (6)×(1)	9,091	8,264	7,513	7,513	6,830	6,774	6,672	6,531	6,361	6,168
累計運行費現值	(8)	9,091	17,355	24,868	32,381	39,211	45,985	52,657	59,188	65,549	71,718
現值總成本	(9) = 70,000−(5)+(8)	21,818	41,077	58,054	73,695	87,479	100,179	111,880	122,657	132,580	141,718
年平均成本	(10) = (9)÷(2)	24,000	23,669	23,344	23,248	23,077	23,002	22,981	22,991	23,021	23,064

可以看出，當設備運行到第 7 年時，年平均成本最小。因此，設備應該在 7 年後就要更新。

3. 設備大修與重置決策

當企業的機器設備等使用到一定年限的時候，資產會產生一定的消耗，生產效率會降低，則企業要考慮是維修固定資產繼續使用還是重新購置固定資產的問題。固定資產修理和更新的決策是在假設維持現有生產能力水平不變的情況下，選擇繼續使用舊設備（包括對其進行大修理），還是將其淘汰，而重新選擇性能更優異、運行費用更低廉的新設備的決策。一般假設新舊設備的生產能力相同，對企業而言，銷售收入沒變，即現金流入量未發生變化，但是生產成本卻發生了變化。另外，新舊設備的使用壽命往往不同，因此固定資產修理與更新決策，應該要比較兩個方案的年平均成本。

新舊設備的總成本都包括兩個組成部分，即運行成本和設備的資本成本。同時所得稅對成本會有影響。

[例9.15] 設企業有一臺重置成本為 8,000 元的舊機器，該機器目前的年運行成本為 3,000 元，可以再大修 2 次，每次的修理費為 8,000 元，可以使用 4 年，無殘值。企業如果不使用該舊機器，可以使用一臺 40,000 元的新機器，該新機器的年運行成本為 6,000元，使用年限為 8 年，不要大修，8 年後殘值為 2,000 元。新舊機器的產量和產品的價格相同。企業的所得稅稅率為 25%，用直線法折舊，企業要求的報酬率為 10%。企業是維修而繼續使用舊機器還是購買新機器？

(1) 繼續使用舊機器的年平均成本計算

$$年折舊 = (8,000+8,000+8,000) \div 4 = 6,000（元）$$

$$總成本現值 = 重置成本 + 修理費用的現值$$
$$\quad - 折舊的抵稅作用的現值 + 運行成本的現值$$
$$= 8,000 + (8,000 + 8,000 \times (P/F, 10\%, 2))$$
$$\quad - 6,000 \times 25\% \times (P/A, 10\%, 4)$$
$$\quad + 3,000 \times (1 - 25\%) \times (P/A, 10\%, 4)$$
$$= 24,985.43（元）$$

$$平均年成本 = 24,985.43 / (P/A, 10\%, 4) = 7,882.09（元）$$

(2) 使用新機器的年平均成本的計算

$$年折舊 = (40,000 - 2,000) / 8 = 4,750（元）$$

$$總成本現值 = 採購成本 + 運行成本的現值 - 殘值的現值$$
$$\quad - 折舊的抵稅作用的現值$$
$$= 40,000 + 6,000 \times (1 - 25\%) \times (P/A, 10\%, 4)$$
$$\quad - 4,750 \times 25\% \times (P/A, 10\%, 8)$$
$$\quad - 2,000 \times (P/F, 10\%, 8)$$
$$= 56,738.86（元）$$

年平均成本 = 56,738.86 / (P/A, 10%, 8) = 10,633.19 元

顯然，購置新機器的年平均成本更高，企業不應該購置新機器，而是繼續使用舊機器。

4. 資本限量決策

資本限量是指企業資金有一定限度，不能投資於所有可接受的項目。也就是說，企業有很多獲利項目可供選擇，但無法籌集到足夠的資金。這種情況在許多企業都存在，特別是那些以內部融資為經營策略或外部融資受到限制的企業。如何使有限資金發揮出最大的效益，就是資本限量決策問題。

(1) 資本限量產生的原因

從理論上講，只要確實存在好的投資機會，企業就應該能夠籌措足夠的資金進行投資，而不應該出現所謂資本限量的問題。然而，實際與理論有一定的差異。一般來講，資本限量是由以下幾個原因產生的：其一，企業由於種種原因無法籌措到足夠的資金；其二，企業規模膨脹過快，投資項目管理跟不上；其三，資本市場不成熟，企業無法正常地籌措資金。

(2) 資本限量決策舉例

[例9.16] 現有以下5個投資項目，投資期限均為5年，投資貼現率為10%，其收益狀況與有關決策指標如表9.9所示（表中數字除現值指數外單位均為元）。若企業可運用的投資資金為60萬元，問企業應選擇哪些投資項目？

表9.9　　　　　　　　　　投資項目的相關指標

項目	初始投資額	NPV	PI
A	400,000	60,000	1.15
B	250,000	32,100	1.13

表9.9(續)

項目	初始投資額	NPV	PI
C	350,000	38,000	1.11
D	300,000	24,000	1.08
E	100,000	-10,000	0.9

顯然，上述投資項目中的項目 E 因淨現值小於 0，應放棄。在餘下的 4 個項目中，項目 A 的淨現值和現值指數最高，應首先考慮。但項目 A 所需初始投資額為 40 萬元，一旦選擇項目 A 後，餘下的資金不足以進行項目 B、項目 C、項目 D 中的任何一個項目的投資，只能用於銀行存款或進行證券投資。一般來講，這類投資的淨現值為 0，現值指數為 1。為了分析的方便，我們將這一類投資作為項目 F。考慮到項目 F 和企業的資金約束後，可以選擇的投資組合如表 9.10 所示（表中數字除現值指數外單位均為元）。

表9.10　　　　　　　　投資項目組合指標

投資組合	初始投資額	淨現值	加權現值指數
A、F	600,000	60,000	1.10
B、C	600,000	70,000	1.12
B、D、F	600,000	56,100	1.09

表 9.10 中投資組合的淨現值很容易計算，只要將相應項目的淨現值直接相加即可，但加權平均現值指數的計算則需要作一定的說明。

投資組合的加權現值指數是用組合中每一投資項目的現值指數與這一項目的投資額在總投資額中所占的比率（即權數）相乘，然後再相加而得。如投資組合 A、F 的加權現值指數計算過程如下：

$$PI(A, F) = 400,000/600,000 \times 1.15 + 200,000/600,000 \times 1.00 = 1.1$$

顯然，投資組合 B、C 的淨現值和加權現值指數最大，故應選取投資組合 B、C。

第二節　固定資產管理

一、固定資產管理概述

(一) 固定資產的確認

固定資產是指同時具有下列特徵的有形資產：①為生產商品、提供勞務、出租或經營管理而持有的；②使用壽命超過 1 個會計年度。

上述兩個特徵表明，會計上將某一有形資產作為固定資產，其持有目的一定是為了生產商品、提供勞務、出租或經營管理。由於企業經營內容、經營規模各不相同，固定資產的價值並不強求一致。

在會計上，固定資產在同時滿足以下兩個條件的時候，才能加以確認：①該固定資產包含的經濟利益很可能流入企業；②該固定資產的成本能夠可靠地計量。

企業在對固定資產進行確認時，對符合固定資產特徵和確認條件的有形資產，應當確認為固定資產，按照固定資產的管理規範進行管理。

(二) 固定資產的分類

根據不同的管理需要和核算要求，我們可以對固定資產從不同角度進行分類。

1. 按固定資產的經濟用途分類

按經濟用途，固定資產可以分為生產經營固定資產和非生產經營固定資產。生產經營固定資產是指參加生產經營或直接服務於企業生產經營過程的各種房屋、建築物、機器等。非生產經營固定資產是指不直接參加生產經營或直接服務於企業生產經營過程的各種固定資產，如職工宿舍、食堂等。

2. 按固定資產使用情況分類

按使用情況，固定資產可以分為使用中的固定資產、未使用的固定資產、不需使用的固定資產和租出的固定資產。

使用中的固定資產是指正在使用的經營性和非經營性的固定資產。由於季節性經營或大修理等原因，暫時停止使用的固定資產仍屬於企業使用中的固定資產，企業出租給其他單位的固定資產和內部交換使用的固定資產也屬於使用中的固定資產。

未使用的固定資產是指已經完工或已經購建而尚未交付使用的新增固定資產，以及因進行改建、擴建等原因暫停使用的固定資產。

不需使用的固定資產是指本企業多餘或不適用需要調配處理的固定資產。

租出的固定資產是指經營性租賃租出的固定資產。企業將閒置的固定資產暫時出讓使用權，根據合同獲得租金收入，照提折舊。

3. 按固定資產的所有權分類

按所有權不同，固定資產可以分為自有固定資產和租入固定資產。自有固定資產是指企業擁有的可供企業自有支配使用的固定資產；租入的固定資產是指企業採用租賃方式從其他企業租入的固定資產。

在會計核算和財務管理中，一般是按固定資產的經濟用途和使用情況綜合分類，這樣其分為七大類：生產經營用的固定資產、非生產經營固定資產、經營性租出固定資產、不需用固定資產、未使用固定資產、土地、融資租入固定資產。

由於企業的經營性質不同，經營規模各異，對固定資產的分類不要求完全一致，企業可以根據本企業的具體情況進行固定資產分類和管理。

(三) 固定資產的特點

固定資產是企業進行生產經營活動的一個重要的物質條件。它的特點是使用期限較長、單位價值較高，並且能在生產經營過程中長期使用而不改變其原有的實物形態。

固定資產因不斷使用而逐漸發生磨損，其耗用的價值以折舊的形式逐步轉入產品成本以及期間費用中去，並從產品收入匯總得到補償。這樣，固定資產損耗的價值，隨著時間的推移，一點點不斷地從實物形態轉變為貨幣形態，直至固定資產報廢清理才全部完成這一轉變過程。因此，占用在固定資產上的資金需要較長的時間才能完成一次週轉。這與流動資產的不斷循環週轉，不斷地從實物形態轉變為貨幣形態，又從貨幣形態轉變為實物形態有很大的區別。

固定資產是企業財產的重要組成部分。有的固定資產直接參加勞動過程，將工人的勞動傳導到勞動對象中去，改變勞動對象的形態和性質，有的在生產經營過程當中起著輔助作用，為生產經營提供物質條件。總之，固定資產是企業進行生產經營活動必不可少的物質條件，是企業重要的勞動手段，代表著企業的生產能力水平。

(四) 固定資產的計價

為了正確核算固定資產，加強固定資產的管理，便於分析其結構，正確計提折舊費用，對固定資產需要從不同的角度進行計價。

1. 原始價值

原始價值簡稱原價或原值，它是指企業購建某項固定資產達到預定可使用狀態前所發生的一切合理、必要的支出。企業購建固定資產的計價、確定折舊的依據等均採用這種計價標準。由於該計價標準具有客觀性和可驗證性的特點，因此成為固定資產的基本計量標準。

2. 重置價值

重置價值，是指在當前條件下，企業重新購置該項固定資產所發生的一切合理、必要的支出。一般情況下，企業在無法取得原始價值時，用重置價值代替原始價值。

3. 淨值

固定資產淨值又稱為折餘價值，是指固定資產原始價值減去已經計提折舊後的金額。它可以反應企業實際占用在固定資產上的資金數額。淨值和原始價值的對比，可以反應固定資產的成新度。

4. 淨額

固定資產的淨額，是指固定資產淨值減去已經計提的減值準備後的金額。它可以反應企業目前擁有固定資產的價值。

(五) 固定資產的計量

固定資產的計量分為初始計量和後續計量。固定資產的初始計量是指固定資產取得時的價值確定；固定資產的後續計量是指對固定資產的使用壽命、預計殘值、各期折舊以及減值的確定。

1. 初始計量

固定資產按照成本進行初始計量，企業取得固定資產的途徑和方法不同，對其成本的確定也有所差異。

(1) 外購固定資產。其成本包括購買價款、相關稅費，使固定資產達到預定可使用狀態前所發生的可歸屬於該資產的運輸費、裝卸費、安裝費和專業人員服務費等。

(2) 自行建造固定資產。其成本則由建造該資產達到預定可使用狀態前所發生的必要支出構成。

(3) 投資者投入的固定資產。其成本應該按照投資合同或協議約定的價值確定，但合同或協議約定價值不公允的除外。

(4) 盤盈的固定資產。如果存在同類或類似固定資產的活躍市場，則可以按照同類和類似固定資產的市場價格，減去該項固定資產的新舊程度估計的價值損耗之後的餘額來確定；如果不存在同類或類似固定資產的活躍市場，則應該按該項固定資產的預計未來現金流量的現值作為入帳價值。

(5) 非貨幣性交易、債務重組、企業合併、融資租賃形成的固定資產。其價值應該參照相關的會計準則來確定。

2. 後續計量

固定資產的後續支出，是指固定資產在使用過程中發生的更新改造支出、修理費用等。固定資產在使用中還會發生各種支出。這些支出有的是為了改建、擴建、更新改造，有的是為了維護、改進固定資產的功能。一般來說，為了維護固定資產正常使用而發生的修理、保養費等後續支出，因與當期的收入相關，應該作為收益性支出，計入當期損益；為了提高固定資產的性能、質量或延長其使用壽命而發生的後續支出，應作為資本性支出，計入固定資產價值。

根據會計準則的規定，固定資產的更新改造等後續支出，滿足固定資產確認條件的，應當計入固定資產成本，如有被替換的部分，應扣除其帳面價值；不滿足固定資產確認條件的修理費等，應當在發生時計入當期損益。企業將發生的固定資產後續支出計入固定資產成本的，應當終止確認被替換部分的帳面價值。

企業的固定資產技術改造工程，是指對固定資產的技術改良、裝飾、裝修等工程。固定資產更新改造一般數額較大，收益期限比較長，而且通常會使固定資產的性能、質量等都有比較大的改進。在會計上，技術改造後的固定資產成本應該按照原有固定資產的原始價值減去技術改造中發生的變價收入，加上技術改造過程當中發生的支出。

二、固定資產折舊管理

(一) 固定資產折舊的含義

固定資產折舊，是指在固定資產的使用壽命內，企業按照確定的方法對應計折舊額進行系統分攤。企業購入固定資產的成本發生在某一會計期間，而固定資產的使用給企業帶來的效益則覆蓋了若干個會計期間。根據配比原則，固定資產的成本會隨著其服務帶來的收益而轉化為費用，故固定資產成本應在其被使用的會計期間內分攤。固定資產的價值轉移方式與原材料等存貨的價值轉移方式不同。固定資產在使用過程中，保持其原有的實物形態，其價值通過折舊的方式逐漸轉移到企業的產品成本中去。從本質上看，折舊也是一種費用，只是這種費用沒有在計提期間產生實際的貨幣資金付出，無論是從權責發生制，還是從配比原則講，計提固定資產折舊都是必要的。

(二) 固定資產折舊範圍

企業確定固定資產折舊的範圍，就是要確定哪些固定資產應當提取折舊，哪些固定資產不應該提取折舊，什麼時間提取折舊。

企業應當對所有使用中的固定資產提取折舊，但是以下情況除外：一是已經提足折舊仍繼續使用的固定資產；二是按照規定單獨估價作為固定資產入帳的土地。

固定資產提足折舊後，無論是否繼續使用，均不再計提折舊；提前報廢的固定資產，也不補提折舊。

已達到預定可使用狀態但尚未辦理竣工決算的固定資產，企業應當按照估計價值確定其成本並計提折舊；待辦理竣工決算後，再按照實際成本調整原來的暫估價值，但不要調整原已經計提的折舊額。

(三) 固定資產折舊額的影響因素

為了保證合理正確地計提固定資產的折舊，首先要瞭解影響折舊的因素有哪些。固定資產計提折舊時主要考慮三個因素：固定資產原值、預計使用年限和預計淨殘值。

1. 固定資產原值

固定資產原值是計提固定資產折舊的基數。有時固定資產的重置成本或估計成本也可以替代固定資產的原始成本，作為計算折舊的基數。

2. 預計淨殘值

預計淨殘值是指假定固定資產預計使用壽命已滿並處於使用壽命終了時的預期狀態，企業從該項資產處置中獲得的扣除預計處置費用後的金額。企業應當根據固定資產的性質和使用情況，合理確定固定資產的使用壽命和預計殘值。固定資產的使用壽命、預計殘值一經確定，不得隨意變更。換而言之，固定資產的預計淨殘值是指固定資產報廢時可以收回的殘餘價值扣除預計清理費用後的數額。企業在計算折舊時，對固定資產的殘餘價值和清理費用應該合理估計，避免人為地通過調整殘值而調整折舊額。固定資產的淨殘值額與固定資產原值的比率稱為淨殘值率。企業應在有關規定範圍內選用合適的殘值率，作為計算淨殘值額的依據。

3. 預計使用年限

固定資產使用年限的長短直接影響各期應計提的折舊額。企業在確定固定資產使用年限時，應同時考慮固定資產的有形損耗和無形損耗。也可以說，固定資產有兩種使用年限，即物質年限和經濟年限。有時由於技術進步，固定資產在還沒有達到其物質壽命之前，從經濟上再繼續使用就不合算了。因此，企業在預計使用年限時要綜合考慮物質年限和經濟年限。

（四）固定資產折舊的方法

固定資產的折舊方法，是指將應計折舊費用分攤於各使用期間的方法。企業應當根據固定資產的性質和消耗方式，合理地確定固定資產的預計使用年限和預計殘值，並根據與固定資產有關的經濟利益的預期實現方式，合理選擇固定資產折舊方法。可以選用的折舊方法包括年限平均法、工作量法、雙倍餘額遞減法和年數總和法。固定資產的折舊方法一經確定，不得隨意變更。

1. 年限平均法

年限平均法又稱為直線法，是將一項固定資產的應計成本在其預計年限內分攤的方法。它是折舊方法中最簡單最常見的方法。在年限平均法中，每年和每月計提的固定資產折舊金額相等。採用這種方法，固定資產在一定的時期內應計提折舊額的大小，主要取決於固定資產原值和固定資產折舊年限兩個基本因素。除此之外，固定資產報廢清理時的預計淨殘值對它也有一定的影響。在綜合考慮以上因素的前提下，我們可以得出固定資產折舊額的計算公式：

固定資產年折舊額＝（固定資產原始價值－預計淨殘值）÷固定資產預計折舊年限

固定資產月折舊額＝固定資產年折舊額÷12

在實際工作中，每月計提的折舊額是根據固定資產的原始價值乘以折舊率來計算的。折舊率是指固定資產在一定時期內的折舊額占用其原始價值的比重。計算公式如下：

$$固定資產年折舊率 = \frac{固定資產年折舊額}{固定資產原值} \times 100\%$$

$$= \frac{固定資產原值 \times (1-淨殘值率)}{固定資產原值 \times 預計使用年限} \times 100\% \qquad (9.12)$$

$$= \frac{(1-淨殘值率)}{預計使用年限} \times 100\%$$

$$年折舊額 = 固定資產原值 \times 年折舊率 \tag{9.13}$$

用平均年限法計算折舊，最為簡單方便，但是它只注重資產的使用時間，忽略了資產的各期使用情況。固定資產在各期的使用成本等於本期折舊和維修費用之和。企業用平均年限法計提折舊，各期的折舊金額是相等的。但固定資產在使用的早期年份，其維修保養費用一般比使用的後期年份低，這就造成固定資產各期使用成本負擔不均勻。另外，直線法只注重固定資產使用時間的長短，而忽視固定資產的使用強度以及使用效率。比如，當月份產量高，每一單位產品分攤的費用低；反之，如果產量低，每單位產品分攤的費用就高。所以平均年限法並不平均。因此，不是所有的固定資產都適宜用直線法計提折舊。

2. 工作量法

工作量法是企業按固定資產所完成的工作量，計算應計提折舊額的方法。這種方法，一般適用於一些專用設備。完成的工作量因設備不同可按里程、工作小時或工作臺班等來計算。

採用工作量法計提固定資產折舊的計算公式如下：

$$每一工作量折舊額 = 原價 \times (1-殘值率) \div 預計總工作量$$
$$月折舊額 = 當月工作量 \times 每一工作量折舊額 \tag{9.14}$$

採用工作量法計提折舊，其優點是易於計算，簡單明瞭，並使折舊的計提與固定資產的使用程度結合起來；其缺點在於這種方法只重視固定資產的使用，而沒有考慮無形損耗對固定資產價值的影響。

3. 加速折舊法

加速折舊法是指為了加速資本投資的回收，企業對固定資產每期計提的折舊額，在使用初期要大於使用後期。加速折舊法的根據是：固定資產在早期能提供更多的服務，創造更多的收入，而早期所負擔的維修保養費要比後期少，計提的折舊額呈逐年遞減的趨勢。中國會計準則規定的加速折舊方法有兩種：

(1) 雙倍餘額遞減法

雙倍餘額遞減法是指企業不考慮固定資產的殘值，每年計提的固定資產折舊額是用兩倍直線法的折舊率乘以固定資產的年初帳面淨值。折舊率和折舊金額的計算公式如下：

$$年折舊率 = 2 \div 預計使用年限 \times 100\%$$
$$年折舊額 = 固定資產年初帳面淨值 \times 年折舊率$$

由於雙倍餘額遞減法不考慮固定資產的淨殘值，因此，企業在應用這種方法時，必須注意這樣一個問題，即不能使固定資產的帳面折餘價值降低到它的淨殘值以下。因此，當某期用雙倍餘額遞減法計算的折舊金額，小於用直線法計算的折舊額時，從此期起，要將未提足折舊額部分在剩餘使用年限內平均計提折舊。

(2) 年數總和法

年數總和法又稱合計年限法，是以固定資產應提折舊的總額乘以固定資產的變動折舊率計算折舊額的一種方法。固定資產變動折舊率是以固定資產預計使用壽命的各年數列之和為分母，以各年年初遞減尚可使用年數為分子求得的。折舊額的計算公式如下：

$$\text{第 } T \text{ 年折舊額} = \text{固定資產折舊總額} \times \frac{\text{使用年限} - T + 1}{(1 + 2 + 3 \cdots\cdots + \text{使用年限})} \times 100\%$$

(9.15)

三、在建工程管理

企業生產經營所需的固定資產除了外購之外，還經常根據生產經營的特殊需要利用自有的人力、物力條件，自行建造，這種固定資產稱為在建工程。

（一）在建工程的計價

原則上，在建工程應該按照建造過程中發生的全部支出確定其價值，包括材料、人工和其他稅費等。在建工程按其實施方式不同可分為自營工程和出包工程兩種。兩種工程實施方式不同，其計價的方法也不盡相同。

對於自營工程來說，在建工程按照直接材料、直接工資、直接機械施工費以及所分攤的工程管理費等計價。具體為：

工程物質：比照存貨有關外購材料的計價方法，但外購用的工程物質，其進項增值稅應記入所購工程物質的成本。工程完工後剩餘的工程物質如轉作企業庫存材料的，按其實際成本或計劃成本轉作企業的庫存材料。如可以抵扣進項增值稅的，應該按其減去進項增值稅後的實際成本或計劃成本轉作企業的庫存材料。盤盈、盤虧、報廢和毀損的工程物質，減去保險公司、過失人賠償後的差額，工程尚未完工的，記入或衝減工程項目的成本，工程已經完工的，不記入工程成本。

待安裝的設備：比照固定資產的計價方法計價。

預付工程款：按照實際預付的工程款計價。

工程管理費用：按照實際發生的各項管理費用計價。

設備安裝工程：按照所安裝設備的原價、工程安裝費用、工程試運行支出以及所分攤的工程管理費用等計價。

在建工程已達到可以使用的狀態時，但尚未辦理竣工決算的，應自達到預定可使用狀態之日起，按照工程預算、造價或者工程實際成本等，根據估計的價值轉為固定資產，並按照有關規定計提折舊，待辦理了竣工決算手續後再進行調整。

對於出包的工程來說，其計價應按照應付工程價款進行計價。

（二）在建工程的日常管理

在建工程是企業一項重要的資產，往往涉及金額巨大，因此企業需要對其加強日常管理。事實上，企業的在建工程屬於項目投資範疇，其管理也屬於項目投資管理的組成部分，故應參照項目管理來組織日常管理。但其也有特殊性，企業還應抓好以下幾方面的工作：

第一，制定在建工程管理制度。企業應該制定相關的在建工程管理制度明確在建工程的有關責權利，落實在建工程管理。

第二，做好日常記錄。不論新建、改建、擴建或技術改造、設備製造、更新等，所發生的各種建築工程或設備製造、安裝等各項支出，在在建工程立項之前，都應納入在建工程管理範圍進行事前預算、可行性分析和論證決策，並按《企業會計準則》的要求進行會計核算。尤其是財務部門在企業上報的工程預算報告中，要根據企業的投資承受能力、投資回收年限和報告中數據的真實可靠性、核實有無計算錯誤等，為相關職能部門或領導的決策提供依據。

當企業開始進行在建工程建設時，企業在投資新建或改擴建項目時須遵照一定的程序進行審批和實施，以保證在建工程的責權利的落實與劃分。企業對於建設工程項目施工單位的選擇實行招投標制度管理，以保證工程的建設質量。同時企業應當編製工程投資預算，以提高工程預算的準確性。

第三，做好會計核算。在建工程建設時期，財務部門應當根據工程的施工具體進度，按照國家和企業有關的制度規定對在建工程正確地確認、計量和記錄。

第四，加強審計工作。當工程完工後，企業應當編製工程項目的預決算書，報經相關審計核算單位審計。

第五，做好歸檔保管工作。當工程竣工驗收後，企業應該將在建工程轉為固定資產進行管理，將在建工程的相關資料進行存檔保存。

第三節　無形資產管理

無形資產，是指企業擁有或者控制的沒有實物形態的可辨認非貨幣性資產。其中，可辨認是指：①能夠從企業中分離或者劃分出來，並能單獨或者與相關合同、資產或負債一起，用於出售、轉讓、授予許可、租賃或者交換；②源自合同性權利或其他法定權利，無論這些權利是否可以從企業或其他權利和義務中轉移或者分離。

一、無形資產的分類和計價

1. 無形資產的分類

無形資產按照性質和具體內容，可以分為專利權、非專利技術、商標權、著作權、土地使用權、特許權。

專利權，是指專利權持有者對某一產品的造型、配方、結構、製造工藝或程序擁有專門的特殊權利。專利權給予持有者獨家使用或控制的特權。

非專利技術，是指不為外界所知、在生產經營活動中已被採用了的、不享有法律保護的各種技術、資料、技能和經驗等。非專利技術一般包括工業專有技術、商業貿易專有技術、管理專有技術等。非專利技術具有經濟性、機密性和動態性等特點。

特許權，也稱經營特許權或專營權，是指企業在其一地區經營或銷售某種特定商品的權利或一家企業接受另一家企業使用其商標、商號、技術秘密等的權利。前者一般是由政府機構授權，准許企業使用或在一定地區享有經營某種業務的特權，如水、電、郵電通信等專利權，菸草專賣權等；後者是指企業間依照簽訂的合同，有限期或無限期使用另一家企業的某些權利，如連鎖店、分店使用總店的名稱等。

土地使用權，是指國家准許某企業在一定期間內對國有土地享有開發、利用、經營的權利。在中國，雖然任何單位和個人不得侵占、買賣或者以其他形式非法轉讓土地，但是企業可依法向政府土地管理部門申請並支付土地出讓金後獲得土地使用權。

商標權，是指商標權持有者專門在某類指定的商品或產品上使用特定的名稱或圖案的權利。商標一經註冊登記，就有了使用該商標的專門權利，受到法律保護，他人不得在同種商品或類似商品上再冒用同樣商標。

著作權，也稱版權，是指作者以及其創作的文學、科學技術和藝術作品依法享有的某些特殊權利。著作權包括兩方面的權利，即精神權利（人身權利）和經濟權利（財產權利）。前者是指作者署名、發表作品、確認作者身分、保護作品的完整性、修改已發表的作品等項權利；後者是指以出版、表演、廣播、展覽、錄製唱片、攝製影片等方式使用作品以及因授權他人使用作品而獲得經濟利益的權利。

2. 無形資產的計價

無形資產的計量分為初始計量和後續計量。

（1）無形資產的初始計量

無形資產的計價應當按照成本進行初始計量。無形資產應按照取得來源分別計量，確認入帳價值。

外購無形資產的成本，包括購買價款、相關稅費以及直接歸屬於使該項資產達到預定用途所發生的其他支出。

自行開發的無形資產，其成本包括自無形資產項目滿足無形資產確認條件以及在其開發階段支出滿足確認條件確認為無形資產的條件後至達到預定用途前所發生的支出總額。

投資者投入的無形資產的成本應按照投資合同或協議約定的價值確定。

非貨幣性交易、債務重組、企業合併、接受政府補助等方式取得的無形資產按照相應的會計準則確定其成本。

（2）無形資產的後續計量

企業在取得無形資產後，應分析判斷其使用壽命。無形資產的使用壽命為有限的，應當估計該使用壽命的年限或者構成使用壽命的產量等類似計量單位數量；無法預見無形資產為企業帶來經濟利益期限的，應當視為使用壽命不確定的無形資產。

使用壽命有限的無形資產，其應攤銷金額應當在使用壽命內系統合理攤銷，攤銷金額一般應當計入損益。使用壽命不確定的無形資產不應攤銷。無形資產發生減值應按照資產減值會計準則相關規定進行處理。

二、無形資產投資

1. 無形資產投資的特點

無形資產投資已經成為企業擴大再生產的重要方式。無形資產投資與有形資產投資相比較，具有以下特點：

（1）耐磨性。無形資產磨損只有無形磨損，沒有有形磨損。只要沒有更為先進的無形資產出現，現有的無形資產將被永遠使用。而且隨著無形資產作用的加強，它自身的價值會越來越高。

（2）高風險性。由於受各種因素的制約，無形資產投資的調研結論的難度比有形資產投資大得多，企業對無形資產項目的前景如何，能否順利投產、生產，產品銷路如何等一系列關鍵問題難以瞭如指掌，因此風險大。

（3）高投入性。無形資產具有高效性，同時企業也必須付出高額代價。一般是企業一次性投入高額資金，分期性收回報酬，且收回報酬還存在不確定性。

（4）創新性。無形資產開發帶來的最直接成果是企業產品的更新換代。國內外企業發展的實踐表明，凡是注重技術發明創造與開發的企業，其產品的更新速度就很快。

因此，無形投資管理對企業來說，十分重要，也十分必要。

2. 無形資產投資管理

企業進行無形資產投資必須從選定項目起，依據科學的程序進行充分論證，以便減少投資的盲目性。為了在錯綜複雜的經濟環境中減少無形資產的投資風險，增加成功的概率，企業在無形資產投資管理中，應做好以下幾方面的工作：

第一，投資項目的確定要適應環境的需要。無形資產項目要納入企業的整個投資計劃中，投資目標的確定既要考慮國家宏觀經濟發展的需要，又要與企業所處的周邊環境相適應，如資源狀況、生產佈局和市場要求等，因為這些因素的變化會影響無形資產項目投資成功的可能性。同時，企業還要考慮企業內部環境對無形資產投資帶來的影響，如無形資產研製人員的技術、知識水平，無形資產發揮作用的有形資產狀況，本企業與國內外先進企業技術水平上的差距等因素，這些都會影響企業選定何種無形資產投資項目作為首選目標。無形資產投資不僅要有技術上的保障，還要有資金的支持，無形資產投資項目要納入企業財務收支計劃。

第二，投資方向的選樣既要先進又要適應。一項無形資產對於某個國家或某個地區來說，可能已是普及的、中間水平的，但對其他國家和地區來說，仍可能是先進的、高水平的。對於中國企業而言，先進的無形資產是對高於現有技術水平的無形資產的統稱，既包括國內外尖端技術，也包括發達國家或地區已經普及但我們卻尚未掌握的技術。無形資產一經使用，就需要企業具備高級的技術人才和高素質的職工隊伍與之相適應，否則再先進的無形資產也難以發揮作用。因此，企業在選擇無形資產投資方向時，應將先進性建立在適用性的基礎上。

第三，投資項目的選擇要進行可行性論證。企業進行無形資產投資無論是購進還是自行開發，都要做充分的論證，進行科學的可行性研究，才能做出選擇。企業在進行可行性論證過程中，一方面要發揚民主，廣泛聽取意見，特別是聽取工程技術人員、管理人員及其他人員的意見；另一方面要利用現代科學的決策程序和決策方法，通過市場調查收集各種信息資料，預測無形資產投資相關的要素，對無形資產投資項目做出科學合理的決策。

三、無形資產日常管理

企業對無形資產的管理，必須根據無形資產的作用與特點，按照保護財產安全，充分發揮其潛能，不斷提高經濟效益的原則進行。

1. 正確認識無形資產

企業要管好用好無形資產，首先要正確認識、充分重視無形資產。企業要明確無形資產對企業生產經營成敗的利害關係。無形資產的取得和收回，比有形資產具有更大的複雜性和艱鉅性；並且，無形資產的損失對企業經營成果的影響比有形資產的損失的影響更深遠。因為，企業一旦喪失無形資產，不僅會長期影響企業的經營成果，而且還要花費較長時期和用幾倍乃至更大的代價才能得到彌補和恢復。

2. 重視無形資產的投資

無形資產有使用價值和價值，因而企業為取得或形成無形資產必然要付出一定的代價。企業要像重視有形資產投資一樣，重視無形資產的投資。企業應從提高企業經濟效益和提高商品或產品的競爭能力、開拓市場出發，研究無形資產的投資方向和投資規模。企業對無形資產的投資要遵循投入和產出、長遠利益和眼前利益相結合的原則，切實做好無形資產投資的可行性研究，進行充分的技術經濟論證，認準目標，積極投資。

3. 保護無形資產

形成和累積無形資產的任務是艱鉅的，保護和發展無形資產需要付出更大的代價。無形資產的作用是通過企業的有形資產或經營服務的質量等體現出來的，如果企業忽視了商品或服務質量，不恪守合同約定，發生有損於企業信譽的行為都會導致無形資產的損失和喪失。一項無形資產體現了企業的知名度、可信度等，企業創之不易，毀之則易，所以企業必須從生產經營的商品品種、規格、質量、售前和售後服務等方面完善運行和保護機制。此外，保護和發展無形資產，還要求企業對於無形資產的開發研究以及購置、吸收、讓渡等交易行為均運用法律手段進行，以杜絕侵權傷害，合理保護企業的經濟利益。

4. 提高無形資產使用效果

創立和累積無形資產的基本目的是取得更大的經濟效益。因而，企業要充分利用已有的無形資產，主動開拓各項業務：如利用無形資產盡可能地籌集資金；充分利用企業的商標，在材料購進、貨源佔有、價格與結算等方面取得優惠；充分利用專利權、商標權等無形資產，積極發展企業間的橫向聯合；對現有無形資產有償轉讓等。

無形資產的管理，是企業財務管理的重要課題，有待於在實踐中不斷總結經驗，提高管理水平。

課後思考與練習

一、思考題

1. 項目評價的方法有哪些？熟悉各個指標所代表的經濟含義及它們之間的聯繫與區別。
2. 為什麼投資決策中廣泛應用現金流量指標而非利潤指標？現金流量的估計需要考慮哪些因素？
3. 所得稅和折舊對現金流量的影響具體體現在哪些方面？
4. 自行研發的無形資產如何核算？研發支出資本化的條件有哪些？

二、練習題

1. 某公司有一投資項目，該項目投資總額為8,200萬元，其中7,200萬元用於設備投資，1,000萬元用於墊支流動資金。預期該項目當年投產後可使銷售收入增加，具體為第一年4,200萬元，第二年5,000萬元，第三年6,000萬元。每年追加的付現成本為第一年1,400萬元，第二年1,800萬元，第三年1,600萬元。該項目有限期為三年，該公司所得稅稅率為30%，固定資產無殘值，採用直線法計提折舊，公司要求的最低報酬率為10%。要求：

（1）估計該項目的稅後現金流量（現金淨流量計算）。

（2）計算該項目的淨現值（淨現值法）。

如果不考慮其他因素，該項目是否應被接受。

2. 設企業的資本成本為10%，現有三項投資項目。有關數據如表9.11所示：

表 9.11　　　　　　　　　　　　三項投資項目相關數據　　　　　　　　　　　　單位：萬元

年份	A項目 淨收益	A項目 折舊	A項目 現金流量	B項目 淨收益	B項目 折舊	B項目 現金流量	C項目 淨收益	C項目 折舊	C項目 現金流量
0			(20,000)			(9,000)			(12,000)
1	1,800	10,000	11,800	(1,800)	3,000	1,200	600	4,000	4,600
2	3,240	10,000	13,240	3,000	3,000	6,000	600	4,000	4,600
3				3,000	3,000	6,000	600	4,000	4,600
合計	5,040		5,040	4,200		4,200	1,800		1,800

註：表內使用括號的數字為負數。

請分別用淨現值法、獲利指數法、內含報酬率法評價這三項投資項目。應該保留哪些項目，而放棄哪些項目？

3. 某企業有一舊設備，工程技術人員提出更新要求，有關數據如表9.12所示：

表 9.12　　　　　　　　　　　新舊設備相關數據對比分析　　　　　　　　　　單位：萬元

	舊設備	新設備
原值	2,000	2,500
預計使用年限	10	10
已經使用年限	3	0
最終殘值	150	350
變現價值	500	2,500
年運行成本	600	500

問：假設企業要求的必要報酬率為15%，請分析企業應該繼續使用舊設備還是更新設備？

4. 假設公司資本成本是10%，有A和B兩個互斥的投資項目。A項目的年限為6年，淨現值為14,872萬元，內含報酬率為19%；B項目的年限為3年，淨現值為8,059萬元，內含報酬率為31%。兩個項目的現金流量分佈如表9.13所示：

表 9.13　　　　　　　　　　　兩個項目的現金流量分佈　　　　　　　　　　單位：萬元

項目 時間	折現系數（10%）	A 現金流	A 現值	B 現金流	B 現值	重置B 現金流	重置B 現值
0	1	-42,000	-42,000	-19,800	-19,800	-19,800	-19,800
1	0.909,1	14,000	12,727	8,000	7,273	8,000	7,273
2	0.826,4	9,000	7,438	14,000	11,570	14,000	11,570
3	0.751,3	15,000	11,270	12,000	9,016	-3,800	-2,855

表9.13(續)

項目		A		B		重置 B	
4	0.683,0	12,000	8,196			8,000	5,464
5	0.620,9	10,000	6,209			14,000	8,693
6	0.564,5	16,000	9,032			12,000	6,774
淨現值			12,872		8,059		17,119
內含報酬率		19%		31%			

問：請分別用共同年限法和等額年金法選出優選項目。

第十章　對外長期投資管理

學習目標

　　要求學生通過本章學習，瞭解三種主要對外長期投資的目的與種類，熟悉各類對外長期投資的特點和投資程序，掌握投資的收益—風險分析方法。

本章內容

　　股票投資：股票投資的目的和特點，股票投資的形式，股票投資的收益，股票投資的風險，股票投資的評價；**債券投資**：債券投資的目的和特點，債券的認購，債券投資的收益，債券投資的風險，債券投資的評價；**基金投資**：基金投資的目的和特點，投資基金的種類，基金投資收益分析，基金投資的評價。

　　企業籌集的資金，除了用於自身擴大再生產之外，還可以對外進行投資。對外投資是指企業以貨幣資金、實物資產、無形資產等向其他單位進行投放的行為，包括長期投資和短期投資。對外短期投資主要表現為有價證券投資，其管理已在第八章作了闡述。本章主要研討對外長期投資與管理的相關問題。

第一節　股票投資

　　股票投資是指企業將資金投向其他企業所發行的股票。企業投資於股票，自然就成了發行公司的所有者，擁有對股份公司的重大決策權、盈利分配要求權、剩餘財產求索權和股份轉讓權等。通常情況下，企業進行股票投資會獲得較高的收益，但卻要承擔較大的風險。

一、股票投資的目的和特點

　　1. 股票投資的目的
　　企業進行股票投資，其主要目的包括：
　　（1）暫時存放閒置資金。企業一般都持有一定量的有價證券，以替代數量較大的非盈利的現金餘額，並在現金流出超過現金流入時，出售有價證券，增加現金。一般而言，企業對短期證券的投資在多數情況下都是出於預防的需要，以防銀行信用的短缺。
　　（2）獲利的需要。企業將暫時不用的資金投資於有價證券，獲取股利收益及股票買賣差價收入。當企業短缺資金時，也可以賣出有價證券，獲得現金。
　　（3）獲得對相關企業的控制權。有些企業往往會從戰略上進行考慮，通過購買某一企業的大量股票以達到控制該企業的目的。例如，一家鋼鐵企業欲控制一家礦山企業，以便獲得穩定的材料供應。這時，該企業便可以動用一定的資金去購買這家礦山企業的股票，直到其所擁有的股權能控制這家礦山企業為止。

2. 股票投資的特點

股票投資一般具有以下特點：

（1）權益性投資。股票反應的是一種產權關係，是代表所有權的憑證。企業購買了股票，就成了發行公司的股東，可以參與發行公司的經營決策，在發行公司享有選舉權和表決權。

（2）風險大、收益不穩定。股票投資的收益主要取決於股票發行公司的經營狀況和股票市場的行情。隨著股票市場價格的波動，投資者既可以在這個市場上賺取高額利潤，也可能會損失慘重，甚至血本無歸。而若發行公司破產，由於股東的求償權在債權人之後，股東可能部分甚至全部不能收回投資本金。

（3）價格波動幅度大。股票價格高低除取決於公司經營和利潤分配狀況外，還受政治、經濟、社會等多種因素的影響，因而股票價格經常處於變動之中。而股票價格的波動，為股票投資者獲取收益創造了條件。

二、股票投資的形式

股票按投資者享有的權利不同，可分為普通股股票和優先股股票兩種。企業投資於普通股，股利收入不穩定，投資於優先股則可獲得固定的股利收入。因此，普通股股票價格比優先股股票價格的波動要大，風險相對較高，但一般能獲得較高收益。

企業投資於股票所採取的形式，主要有以下三種：

1. 購買原始股票

企業充當新的股份公司發起人，可獲得新公司的原始股票。企業充當新公司發起人，投資風險較大，所需資金多，但新公司一旦創建和經營成功，發起人往往可獲得超過正常投資收益的創業利潤。

2. 一級市場購買股票

企業可通過在一級市場認購法人股來進行投資。法人股一般價格較低，不同股票收益差異較大，而且法人股流通性較差，比較適合進行長期投資。

3. 二級市場購買股票

企業可通過在二級市場上購買上市公司的股票，來實現股票投資。上市公司股票往往價格較高，收益較低，但上市公司股票流通性好，企業需要資金時隨時可將股票變現，有時利用證券市場的價格波動，還可以獲得較大的價差收益。

三、股票投資的收益

投資者進行股票投資的最終目的是為了取得投資收益。股票投資的收益由股利收益、股票再投資收益和轉讓價差收益三部分構成。長期股票投資收益以股利收益為主。不同股票其股利收益計算方法不同。

1. 優先股收益

優先股是具有某些優先權，同時又喪失某些權利的股份。一般情況下，優先股的主要優先權表現在：在普通股之前優先分得股利；企業清算時，在普通股之前優先分割剩餘財產。但是，優先股投資收益不能隨公司利潤的不斷增長而增加，投資人沒有表決權，沒有參與公司經營管理權。

優先股的收益具有相對穩定的特點，只要被投資公司有利潤可供分配，優先股股東就可以在普通股股東之前按固定利率分得股利。即使公司某些年份無利潤可分，或不能按固定利率分配全部優先股股利，被投資公司也要把應分而未分的股利累積起來，待公司有利潤時再予以分配。在優先股股東得到全部應得股利之前，普通股股東不得分配股利。優先股股利計算公式如下：

$$優先股股利 = 優先股面值 \times 固定股利率$$

2. 普通股收益

普通股收益由兩部分構成：一是股份公司分派的股利，二是因證券市場股價上升而增長的價值。因此，普通股收益率的大小，一方面取決於股票發行公司分派的現金股利，另一方面取決於證券市場中該股票的市價。但是，如果企業對購入的股票打算永久持有，則股票的收益便只有永續的現金股利。

衡量普通股收益水平高低的指標，主要是普通股收益率，其計算方法如下：

$$v = \sum_{t=1}^{n} \frac{D_t}{(1+i)^t} + \frac{F}{(1+i)^n} \tag{10.1}$$

式中，v 為股票購買價格；D_t 為第 t 年獲得的股利；F 為股票轉讓價格；n 為股票持有年限；i 為股票收益率。

不同公司的股票，其投資收益會有較大的差異。有的公司股利比較穩定而優厚，其股價也比較穩定，企業投資於這種公司股票，一般來說風險較低，並能定期獲得穩定的股利收入，這種股票較適合於不想冒太大風險的投資者進行投資；有的公司股利不穩定，其經濟效益具有較大的波動性，股價的起伏也較大，企業投資於這種股票的風險較大，但在二級市場上可能會取得較大的價差收益，這種股票比較適合於敢於冒險的投資者進行投資。

四、股票投資的風險

影響股票價值的因素很多，除了公司內部因素外，還有大量的外部因素。也正因為這樣，股票投資包含著很大的風險，既有來自公司內部的經營風險和財務風險，也有來自公司外部的政治、軍事、經濟和市場風險。防範風險是股票投資的重要內容。

1. 公司風險

公司風險主要包括經營風險和財務風險。當股票發行公司的經營效益欠佳時，投資者將遭受股利收益下降的損失。如果此時公司的負債較多，投資者還需承擔財務槓桿損失，股利收益進一步下降，股票的投資價值必然隨之降低。公司風險的大小主要取決於公司的行業發展前景、市場競爭力、公司經營狀況、財務狀況、盈利能力及股利政策等。

2. 政治軍事風險

國家的一些政治事件、軍事衝突的發生，必然引起證券市場的劇烈動盪，甚至使證券市場的正常交易無法進行，投資者往往會因此遭受巨大的損失。

3. 經濟風險

經濟風險是指由宏觀經濟形勢、經濟政策、利率及匯率的變化等經濟因素給股票投資收益造成的不確定影響。在經濟蕭條階段，經濟整體滑坡，百業不振，由於預期公司經營狀況在一定時期內難以扭轉，投資者紛紛退出股市，股價下跌；在經濟復甦階段，經濟環境開始好轉，公司經營業績有所上升，由於預期公司經營狀況將進一步得到改善，投資者紛紛回到股市開始吸納股票，股票價格隨之回升；在經濟繁榮階段，市場需求量不斷增長，公司投資規模擴大，經營業績持續攀升，投資回報也在增長，激發了投資者的投資熱情，進而推動股票價格的大幅上揚；在經濟衰退階段，經濟過熱引發的矛盾紛紛暴露出來，經濟開始下滑，公司普遍出現產品滯銷、資金週轉困難的局面，經濟效益大幅下降，越來越多的投資者拋售股票，股價隨之滑落。

五、股票投資的評價

1. 股票投資的優點

股票投資是一種最具有挑戰性的投資，其收益和風險都比較高。股票投資的優點主要有：

（1）能夠獲得較高的投資收益。普通股票的價格雖然變動頻繁，但從長期看，優質股票的價格總是上漲居多，投資者只要選擇得當，都能夠取得優厚的投資收益。

（2）能適當降低購買力風險。普通股的股利不固定，在通貨膨脹率比較高時，由於物價普遍上漲，股份公司盈利增加，股利的支付也隨之增加。因此，與固定收益相比，普通股能有效地降低購買力風險。

（3）擁有一定的經營控制權。普通股股東是公司的所有者，有權監督和控制公司的生產經營情況。

2. 股票投資的缺點

（1）求償權居後。普通股股東對公司資產和盈利的求償權均居於最後。公司破產時，股東原來的投資可能得不到全額補償，甚至一無所有。

（2）股票價格不穩定。普通股的價格受眾多因素影響，很不穩定。政治因素、經濟因素、投資人心理因素、企業的盈利情況、風險情況，都會影響股票價格，這也使股票投資具有較高的風險。

（3）股利收入不穩定。普通股股利的多少，視企業經營狀況和財務狀況而定，其收益的風險也遠遠大於固定收益證券。

第二節　債券投資

債券是指政府、銀行或公司向社會公開籌借資金而發行的，約定在一定期限內還本付息的有價證券。債券投資是指企業將資金投向各種各樣的債券。例如，企業購買國庫券和公司債券等都屬於債券投資。

一、債券投資的目的和特點

與股票投資相比，債券投資的目的是獲得穩定的收益，其投資風險較小。債券投資作為一種重要的融資手段和金融工具，有以下特點：

1. 期限性

債券投資一般具有期限的限制，要求債券必須到期償還本金，具有一定的時間性。

2. 流動性

債券具有可及時轉換為貨幣資金的能力。這種流動性往往受債券期限性長短、發行單位的信譽、利率的形式及債券市場發行程度等因素的影響。

3. 安全性

債券具有避免市場價格波動引起價值損失的能力。

4. 收益性

債券的收益主要表現在兩個方面：一是債券投資帶來定期或不定期的利息收入；二是債券賣出價高於買入價的價差收益。

二、債券的認購

債券種類繁多，發行單位各異，其投資風險和收益也不盡相同，因此，企業投資債券時必須做出綜合考慮。

1. 是否進行債券投資的決策分析

企業是否進行債券投資取決於投資收益、投資風險等多因素的綜合，具體而言，主要是分析如下內容：

（1）債券投資收益分析。取得投資收益是進行債券投資的重要依據，是進行債券投資決策的首要因素。一般而言，企業應事先計算債券投資收益水平，並和預期投資收益率相比較，做出是否進行債券投資的決策。

（2）債券投資風險分析。債券相對於股票而言，儘管其風險相對較小，但仍然存在著債券發行單位的違約風險、財務風險和市場利率風險、購買力風險等。

（3）債券投資資金的可行性。資金充裕是企業進行債券投資的前提和基礎。企業在進行債券投資之前，必須對企業資金的性質、期限等指標進行分析，以便做出合理的決策。

2. 債券投資對象的決策分析

債券投資對象比較廣泛，從發行主體劃分包括政府債券、金融債券、企業債券；從時間劃分包括長期債券、短期債券等。企業對債券投資對象的選擇主要是權衡債券的投資收益和投資風險的關係，尤其是對債券投資風險的分析更為重要。

企業在購買債券之前，首先必須對債券發行單位的資信水平進行考察和分析，並確定其信用等級。通常這項工作由專門的證券評估機構進行，企業可以此作為債券投資選擇的出發點。

3. 債券投資結構的決策分析

債券的投資結構是指差異性債券品種的搭配與協調問題，它體現了投資多元化的原則。合理的債券投資結構有利於企業分散投資風險、提高投資收益。債券投資結構主要包括：

（1）債券投資種類結構。企業如果將資金集中於某一種債券投資，收益高時風險大，而風險低時收益也小，並不能實現收益和風險的最佳協調。企業通過多元化分散投資，則可以突破投資單一債券的缺陷。債券投資種類的選擇主要是固定收益的債券和浮動收益債券之間的選擇以及國庫券、金融債券和企業債券之間的選擇等問題的決策。

（2）債券的期限結構。一般來說，債券的收益與債券的期限成正比關係，投資期限越長，投資收益率相對越高。另外，債券的風險與債券的期限也成正比關係，即時間越長，債券的期限風險越大。因此，企業應通過投資不同期限的債券進行協調，實現風險與收益的均衡。

三、債券投資的收益

(一) 債券投資收益的內容

企業投資債券的目的是到期收回本金的同時得到固定的利息。債券的投資收益主要包含以下方面的內容：

(1) 債券利息收益。債券各期的名義利息收益都是其面值與票面利率的乘積。

(2) 債券利息再投資收益。債券投資評價時，有兩個重要的假定：第一，債券本金是到期收回的，而債券利息是分期收取的；第二，將分期收到的利息重新投資於同一項目，並取得與本金同等的利息收益率。

例如，某 5 年期債券面值為 1,000 元，票面利率為 10%。如果每期的利息不進行再投資，5 年共獲利息收益 500 元。如果企業將每期利息進行再投資，第一年獲得利息收入 100 元；第二年 1,000 元本金獲利息 100 元，第一年的利息 100 元在第二年又獲利息收益 10 元，第二年共獲利息收益 110 元；依此類推，到第 5 年年末累計獲利息 610.5 元。事實上，按 10% 的利率水平，1,000 元本金在第 5 年年末的複利終值為 1,610.5 元，按貨幣時間價值的原理計算債券投資收益，就已經考慮了再投資因素。但是，企業在取得再投資收益的同時，承擔著再投資風險。

(3) 債券價差收益。債券價差收益指債券尚未到期時投資者中途轉讓債券，在轉讓價格與轉讓時的理論價格之間的價差上所獲得的收益，也稱為資本利得收益。

(二) 債券投資收益的計算

衡量債券收益水平的尺度為債券投資收益率，即在一定時期內債券投資收益與投入本金的比率。決定債券投資收益率的主要因素有債券的票面利率、期限、面值、持有時間、購買價格和出售價格。這些因素中，只要有一個因素發生變化，債券收益率也會發生變化。另外，債券的可贖回條款、稅收待遇、流動性及違約風險等屬性也不同程度地影響著債券的收益率。

1. 持有期的收益率

持有期收益率指企業買入債券後持有一段時間，又在債券到期前將其出售而得到的收益率。它包括持有債券期間的利息收入和資本損益。

$$持有期收益率 = \frac{債券年利息 + (債券賣出價 - 債券買入價) / 持有年限}{債券買入價} \times 100\%$$

[例 10.1] 甲公司於 2002 年 1 月 1 日以 120 元的價格購買了乙公司發行的面值為 100 元，利率為 10%，每年 1 月 1 日支付一次利息的 10 年期公司債券，持有到 2008 年 1 月 1 日，以 140 元的價格賣出，其持有期收益率為多少？

$$持有期收益率 = \frac{100 \times 10\% + (140 - 120) / 5}{120} \times 100\% = 11.67\%$$

2. 到期收益率

到期收益率又稱最終收益率，一般的債券到期按面值償還本金，所以隨著到期日的臨近，債券價格會越來越接近面值。

（1）短期債券到期收益率

對於剩餘流通年限在一年以內（含一年）的債券的到期收益率的計算：

$$持有期收益率 = \frac{債券年利息 + （債券面值 - 債券買入價） / 剩餘到期年限}{債券買入價} \times 100\%$$

(10.2)

［例10.2］某公司2007年1月1日以102元的價格購買了面值為100元，利率為10%，每年1月1日支付一次利息的2003年發行的5年期國庫券，持有到2008年1月1日，則：

$$持有期收益率 = \frac{100 \times 10\% + （100 - 102） / 1}{102} \times 100\% = 7.84\%$$

（2）長期債券到期收益率

對於剩餘流通年限在一年以上的債券的到期收益率的計算，類似於項目投資中內含報酬率的計算，即求使未來現金流入現值等於債券買入價格的貼現率。

$$P_v = \frac{I}{(1+y)^1} + \frac{I}{(1+y)^2} + \cdots\cdots + \frac{I}{(1+y)^t} + \frac{m}{(1+y)^t}$$

(10.3)

式中，y 為到期收益率；m 為債券面值；P_v 為債券買入價；t 為剩餘的付息年限；I 為當期債券票面年利息。

公式可轉化為：

$$P_v = I \times (P/A, Y, t) + M \times (P/F, Y, t)$$

(10.4)

［例10.3］假定投資者目前以1,075.92元的價格，購買一份面值為1,000元、票面利率為12%的5年期債券，投資者將該債券持有至到期日，有：

$$1,075.92 = 120 \times (P/A, Y, 5) + 1,000 \times (P/F, Y, 5)$$

解之得：$y = 10\%$。

同樣原理，如果債券目前購買價格為1,000元或899.24元，有 $y = 12\%$ 或 $y = 15\%$。

四、債券投資的風險

債券投資與其他投資一樣，在獲得未來投資收益的同時，也要承擔一定的風險。債券投資要承擔的風險主要有違約風險、利率風險、流動性風險、通貨膨脹風險和匯率風險等。

1. 違約風險

違約風險是指債券的發行人不能履行合約規定的義務，無法按期支付利息和償還本金而產生的風險。不同種類的債券違約風險是不同的。一般來講，政府債券以國家財政為擔保，一般不會違約，可以看作是無違約風險的債券；由於金融機構的規模較大並且信譽較好，其發行的債券的風險較政府債券高但又低於企業債券；企業的規模及信譽一般較金融機構差，因而其發行的債券的違約風險較大。

評價一種債券違約風險的大小，通常通過對債券的信用評級進行認定。按照國際慣例，債券的信用等級一般是四等十二級，信用等級較高的債券違約風險要比低信用等級的債券小。但是，由於在未來較長的期間內，企業的經營狀況可能會發生變化，其債券的信用等級也會有所改變。

2. 利率風險

利率風險是指由於市場利率上升而引起的債券價格下跌，從而使投資者遭受損失的風險。債券的價格隨著市場利率的變動而變動。一般來說，市場利率上升，會引起債券市場價格下跌；市場利率下降，會引起債券市場價格上升。不同期限的債券，利率風險也不一樣。一般來說，期限越長，利率風險也越大。

3. 流動性風險

流動性風險是指債券持有人在出售債券獲取現金時，其所持債券不能按目前合理的市場價格出售而形成的風險，又稱變現力風險。如果一種債券能在較短的時間內按市價大量出售，則說明這種債券的流動性較強，投資於這種債券所承擔的流動性風險較小；反之，則說明其流動性較差，投資者會因此而遭受損失。一般來說，政府債券以及一些著名的大公司債券的流動性較高，而不為人們所瞭解的小公司的債券的流動性就較低。

4. 購買力風險

購買力風險又稱通貨膨脹風險，是指由於通貨膨脹而使債券到期或出售時所獲得的現金的購買力減少的風險。在通貨膨脹比較嚴重時期，通貨膨脹風險對債券投資者的影響比較大，因為投資於債券只能得到一筆固定的利息收益，而由於貨幣貶值，這筆現金收入的購買力會下降。一般而言，在通貨膨脹情況下，固定收益證券要比變動收益證券承受更大的通貨膨脹風險，因此，公司債券被認為比普通股票有更大的通貨膨脹風險。

5. 匯率風險

匯率風險是指由於外匯匯率的變動而給外幣債券的投資者帶來的風險。當投資者購買了某種外幣債券時，本國貨幣與該外幣的匯率變動會使投資者難以確定未來的本幣收入。如果在債券到期時，該外幣貶值，就會使投資者遭受損失。

6. 期限風險

期限風險是指由於債券期限越長而給投資者帶來的風險。一項證券投資的到期日越長，投資者面臨的不確定性因素就越多，所承擔的風險也就越大。

五、債券投資的評價

1. 債券投資的優點

（1）投資風險較小。與股票相比，債券投資風險比較小。政府發行的債券有國有財力作後盾，其本金的安全性非常高，通常視為無風險證券。企業債券的持有者擁有優先求償權，即當企業破產時，優先於股東分得企業資產，因此其本金損失的可能性小。

（2）收益比較穩定。債券票面一般都標有固定利息率，債券的發行人有按時支付利息的法定義務。因此，在正常情況下，投資者投資於債券都能獲得比較穩定的收入。

（3）變現力較強。許多債券都具有較好的流動性，涉及大企業發行的債券一般都可在金融市場上迅速出售，及時變現，流動性較高。

2. 債券投資的缺點

（1）購買力風險較大。債券的面值和利息率在發行時就已確定，如果投資期間的通貨膨脹率比較高，則本金和利息的購買力將不同程度地受到侵蝕。在通貨膨脹率非常高時，投資者雖然名義上仍有收益，但實際上不可避免地會遭受損失。

（2）缺少經營管理權。投資者投資於債券，只能獲得一定的收益，而無權對債券發行單位進行影響和控制。

第三節　基金投資

投資基金，在美國稱為共同基金，在英國稱為信託單位。基金投資是一種利益共享、風險共擔的集合投資制度，由基金發起人以發行收益證券形式匯集一定數量的具有共同投資目的的投資者的資金，委託基金託管人託管，基金管理人管理和運用資金，進行各種分散的投資組合，並將投資收益按基金投資者的投資比率進行分配的一種間接投資方式。

一、基金投資的目的和特點

基金投資的目的就是將社會上眾多投資者的零散資金聚集成一定規模的數額，由指定的信託機構保管和處分基金資產，並由指定的基金經理公司（也稱為基金管理公司）負責基金的投資運作，投資者按出資的比例分享投資收益，並共同承擔投資風險。

基金投資包括如下特徵：

1. 基金投資具有規模經營、專家理財的特徵

基金投資是由發起人設計並通過向社會發行基金受益憑證的方式募集基金資金，將社會上眾多投資者的零散資金集成一定的規模數額，設立基金，由投資基金公司的專業化人員進行的專業化理財行為。它避免了單一投資者資金受限、能力不足的缺陷。

2. 基金的份額用"基金單位"表達

它是確定投資者在某一投資基金中所持份額的尺度。基金公司將初次發行的基金總額分成若干等額的整數份，每一份即為一個基金單位，表明認購基金所要求達到的最低投資金額。

3. 基金投資是一種間接投資

投資者不直接控制自己的資金的具體運作，而是通過股份或投資受益憑證，由指定的基金保管機構（基金託管人）保管和處分基金資產，指定的基金經理公司（基金管理人）負責基金的投資運作，投資者只按照出資比例分享投資收益並承擔風險。

4. 基金投資是一種長線投資

基金投資的時間都比較長，一兩年為短線投資，三四年為中線投資，五至十年為長線投資。投資者不能隨意抽回自己的投資。因為，即使基金在投資與贖回之間的短暫期限裡賺了錢，但若立即贖回，所賺的錢也會被佣金等費用支出所抵銷。

5. 基金投資是一種國際性投資

通過基金投資，投資者不僅可投資於本地區、本國金融市場上的所有金融品種，而且可以進行跨國投資，實現資金的離岸化，且不受所在地政治、經濟變化的影響，因而可以保證投資的安全性和可靠性。

二、投資基金的種類

投資基金從不同的種類劃分，可劃分為不同的種類。

1. 按投資基金的組織形態分類

按組織形態，投資基金可分為契約型基金和公司型基金。

契約型基金又稱為信託型基金，是基於一定的信託契約而聯結起來的代理投資行

為，是發展歷史最為悠久的一種投資基金。在契約型基金運作中，受益人、管理人和託管人三者作為基金的當事人，管理人和信託人通過簽訂信託契約的形式發行受益憑證而設立。委託人是投資基金的設定人，負責設定、組織基金，發行受益憑證募集社會資金，把所籌資金交由受託人管理，同時進行投資和信託的營運。受託人一般為信託公司或銀行，根據信託契約規定，具體辦理證券和現金的管理及其他有關的代理業務和核算業務。受益人是基金憑證的持有人，是參加基金投資、享有投資收益分配的投資者。

公司型投資基金是按公司法組建股份有限公司而構建的代理投資組織，公司型基金本身就是一個基金股份公司，通常稱為投資公司。投資公司以發行股份的方式募集資金，投資者通過購買該公司的股份成為該公司的股東，憑其持有的基金份額依法享有投資收益。股東大會選出董事會，監督基金資產的運用，負責基金資產的安全與增值。

契約型基金的大眾化程度較高，公司型基金的經營比較穩定，兩種形式的基金各有優劣。各國的證券投資信託制度均以這兩種組織形式為基本模式。英國的單位信託基金以契約型基金為主，美國的共同基金以公司型基金為主，中國的投資基金多屬於契約型基金。

2. 按基金發行的限制條件分類

按發行的限制條件，基金可分為封閉式基金和開放式基金。

封閉型基金（Close—end Fund）是指基金的發起人在設立基金時，限定了基金單位的發行總額和發行期限，在募集期間結束和達到基金發行限額後，基金即宣告成立，並進行封閉，在封閉期內發起人不再追加發行新的基金單位，也不可贖回原有的基金單位。

開放型基金（Open—ell Fund）是指基金發起人在設立基金時，對基金單位的總數不固定，可視經營策略和發展需要追加發行，對發行期限也沒有限定。投資者可以根據市場狀況和各自的投資決策，隨時按現期淨資產值扣除手續費後贖回股份或受益憑證，或者再買入股份或收益憑證，增加基金單位份額的持有比例。因此開放型基金也叫可贖回基金。

在市場流通方面，封閉型基金採用證券交易所上市的方式，基金募集完畢上市後，投資者要購買或轉讓基金，都要通過證券經紀商在二級市場上競價交易。可以說，封閉型基金類似於普通股票，交易價格受供求關係影響。開放型基金在國家規定的營業場所申購，投資者通過基金經理公司的櫃臺交易贖回，其贖回價格由基金單位淨資產值決定。

在基金期限方面，開放型基金的投資者由於隨時可以向基金經理人提出贖回要求，故無設定基金期限的必要，而封閉型基金則需要設定一個固定的基金經營期限。中國國務院證券委員會頒布的《證券投資基金管理暫行辦法》（1997 年）規定，封閉型基金的存續年限不得少於 5 年。

3. 按投資對象分類

按投資對象，投資基金可劃分為股票基金、債券基金、期貨基金、期權基金和認股權證基金等。

股票基金是最主要的基金品種，以股票作為投資對象，包括優先股股票和普通股股票。股票基金的主要功能是將大眾投資者的小額資金集中起來，投資於不同的股票組合。股票基金可以按照股票種類的不同分為優先股基金和普通股基金。

債券基金是一種以債券為投資對象的證券投資基金，其規模稍小於股票基金。由於債券是一種收益穩定、風險較小的有價證券，因此，債券基金適合於想獲得穩定收入的投資者。債券基金基本上屬於收益型投資基金，一般會定期派息，具有低風險且收益穩定的特點。

期貨基金是一種以期貨為主要投資對象的投資基金。期貨是一種合約，只需一定的保證金即可買進。期貨可以用來套期保值，也可以以小博大。投資者如果預測準確，短期能夠獲得很高的投資回報；如果預測不準，遭受的損失也很大。因此，期貨基金是一種高風險高收益的基金。

期權基金是以期權為主要投資對象的投資基金。期權也是一種合約，是指投資者在一定時期內按約定的價格買入或賣出一定數量的某種投資標的的權利。如果市場價格變動對履約有利，投資者就會行使這種買入和賣出的權利，即行使期權；反之，投資者亦可放棄期權而聽任合同過期作廢。作為對這種權利佔有的代價，期權購買者需要向期權出售者支付一筆期權費（期權的價格）。期權基金的風險較小，適合於想要獲得穩定收入的投資者。其投資目的是為了獲取最大的當期收入。

認股權證基金主要投資於認股權證。基於認股權證有高槓桿、高風險的產品特性，此類型基金的波動幅度亦較股票型基金大。

4. 按投資目標分類

按投資目標，基金可分為成長型基金、收入型基金、平衡型基金。

成長型基金是基金中最常見的一種，它追求的是基金資產的長期增值。成長型基金投資的對象主要是信譽度高、有長期成長前景和長期盈餘的公司股票。

收入型基金主要投資於可帶來現金收入的有價證券，以獲取當期的最大收入為目的。收入型基金的資產成長潛力較小，損失本金的風險相對也較低。

平衡型基金的投資目的是既要獲得當期收入，又要追求長期增值，投資人通常是把資金分散投資於股票和債券，以保證資金的安全性和盈利性。

三、基金投資收益分析

基金投資的收益直接決定著基金投資者的權益，基金投資的費用直接影響著基金的淨資產價值，因此收益與費用是基金投資日常管理的**重要內容**。

1. 基金投資的收益

基金投資的收益是通過基金的經營運作所獲得的經營利潤，不論何種類型的基金，其收益的來源和方式一般有股利、利息收入、資本利得等。其中資本利得是基金投資收益中最重要而且是最主要的部分，因為絕大部分基金的投資目標就是謀取資本的迅速或長期增值，特別是對於成長型基金更是如此。基金投資是專家理財，比普通個體投資者更具有資金優勢和信息優勢，專家能夠正確判斷投資對象的升值潛力，因此獲取資本利得的能力往往直接體現了基金經理人的管理水平。

2. 基金投資的費用

在基金的運作過程中，有一些必要的開支需由基金承擔，包括基金發起募集費用、基金管理費用、基金託管費用、交易手續費和各項仲介機構佣金等。其中基金管理費和基金託管費是基金支付的主要費用。基金管理費，即經理公司和投資顧問委員會為管理、運作而需要的費用，一般是以基金淨產值的一定比率按年收取，比率的大小與基金規模有關。在美國，管理年費率一般不超過基金總資產的1%，通常在0.7%左右。其計算和提取一般是逐日累計、按月支付。基金託管費用，即保管公司為保管、處理基金資產而收取的費用。每年的費用標準一般為總資產淨值的0.2%。計提方式也是按日計算、按月支付。

不同類型的基金，其費用比率也有一定的差別。一般表現不好的基金，投資人不斷把資金撤出，資金減小而固定開銷不減少，單位費用比率因此而增大；一些投資額較小的基金，由於投資人多，須花費更多的人力、物力；還有一些投資於國際的海外基金，需支付駐外人員和機構的開支，費用比率也較高。

3. 投資利潤的分配

基金在獲取投資收益並扣除費用後，需將投資利潤分配給受益人。基金投資利潤的分配對於不同國家或不同基金，均有不同的分配方式。在美國，有關法律規定，基金至少把獲利的95%分配給投資者，很多基金都是把利潤全部分配給投資者。在分配方式上，貨幣市場基金的收入全部是利息，通常每月分配一次；債券基金則每月或每季分配，分配項目包括利息和資本利得；其他購買股票的基金，通常每年分配一次，包括利息、股利和資本利得。與此相對應，投資者領取獲利的分配，可以有三種選擇：如領取利息和股利，將資本利息滾入本金再投資；領取資本利得，將利息和股利再投資；將利息、股利和資本利息都滾入本金再投資。這裡的再投資就是把應分配的收益按基金單位淨資產值折換成相應的基金份額。投資者要做哪一樣選擇，通常在填寫認購基金申請書時即要聲明，如有更改，須提出書面申請。

四、基金投資的評價

基金投資的最大特點是能夠在不承擔太大風險的情況下獲得較高收益，這一點是由基金投資的特性決定的。基金投資具有規模經營、專家理財的優勢，它不僅能夠利用充裕的資金實現有效的證券投資組合，降低投資風險，而且基金投資的管理人員是證券的專家，專業化理財行為更提高了保證程度。通常，基金投資的風險小於股票投資，但大於債券投資。

課後思考與練習

一、思考題

1. 企業對外投資與對內投資存在什麼差異？
2. 投資與投機的聯繫和區別是什麼？中國股票市場是否存在"投機主導"？
3. 除了教材中提到的幾種長期對外投資，你還知道哪些對外長期投資種類？你如何看待互聯網金融熱？
4. 投資名義收益率和實際收益率有何區別？它們對投資決策有何影響？
5. 基金的種類有哪些？基金投資收益來源有哪些？如何更好地減少投資費用從而提高收益？
6. 如何度量投資組合的風險和收益？

二、練習題

1. 一張面值為1,000元的債券，票面收益率為12%，期限為5年，到期一次還本付息。A企業於債券發行時以1,050元購入並持有到期；B企業於債券第三年年初以1,300元購入，持有三年到期；C企業於第二年年初以1,170元購入，持有兩年後，以

1,300元賣出。

要求：
(1) 計算 A 企業的最終實際收益率？
(2) 計算 B 企業的到期收益率？
(3) 計算 C 企業的持有期間收益率？

2. 某公司持有 A、B、C 三種股票構成的證券組合，目前的市價分別為 20 元/股、6 元/股、4 元/股，其 β 系數分別為 2.1、1 和 0.5，投資比例分別為 50%、40%、10%，上年的股利分別為 2 元/股、1 元/股、0.5 元/股，預期持有 B、C 股每年可獲得穩定的股利，A 股股利預期以 5% 的速度遞增。若目前市場收益率為 14%，無風險報酬率為 10%。要求：
(1) 計算持有 A、B、C 三種股票投資組合的風險報酬率和必要收益率。
(2) 分別計算 A、B、C 三種股票的必要收益率
(3) 分別計算 A、B、C 三種股票的內在價值
(4) 判斷該公司應否出售 A、B、C 三種股票。

3. ABC 公司購買某公司股票作為長期投資，有三種股票可供選擇：甲股票目前的市價為 7 元，該公司採用固定股利政策，每股股利為 1.2 元；乙股票目前的市價為 10 元，該公司剛剛支付的股利為每股 0.8 元，預計第一年的股利為每股 1 元，第二年的每股股利為 1.05 元，以後各年股利的固定增長率為 3%；丙股票每年支付固定股利 1.5 元，目前的每股市價為 13 元。已知無風險收益率為 8%，市場上所有股票的平均收益率為 13%，甲股票的 β 系數為 1.4，乙股票的 β 系數為 1.2，丙股票的 β 系數為 0.8。請回答以下問題：
(1) 分別計算甲、乙、丙三種股票的必要收益率。
(2) 分別計算甲、乙、丙三種股票的價值，根據計算結果說明應選擇哪種股票進行投資。

4. ABC 公司購買某公司債券作為長期投資並持有至到期日，要求的必要收益率為 6%。現有三家公司同時發行 5 年期，面值均為 1,000 元的債券。其中：甲公司債券的票面利率為 8%，每年付息一次，到期還本，債券發行價格為 1,000 元；乙公司債券的票面利率為 8%，以單利計息，到期一次還本付息，債券發行價格為 1,080 元；丙公司債券的票面利率為零，債券發行價格為 800 元，到期按面值還本。請回答以下問題：
(1) 分別計算甲、乙、丙公司債券的價值及到期收益率。
(2) 根據結果分析 ABC 公司應該選擇哪家公司的債券進行投資。

第十一章　盈餘及其分配管理

學習目標

要求學生通過本章學習，瞭解盈餘構成及盈餘管理，熟悉收入、成本、費用的主要項目，掌握利潤分配的主要政策。

本章內容

營業收入管理：營業收入的涵義，主營業務收入的預測，主營業務收入，其他業務收入；**營業成本與費用管理**：營業成本管理，費用管理；**盈餘管理**：盈餘構成，盈餘管理；**利潤分配管理**：利潤分配的原則，利潤分配的程序，利潤分配理論，股利分配政策。

第一節　營業收入管理

一、營業收入的涵義

《企業會計準則第14號——收入》將收入定義為："收入，是指企業在日常活動中形成的、會導致所有者權益增加的、與所有者投入資本無關的經濟利益的總流入。"準則將收入按其來源的渠道分為銷售商品收入、提供勞務收入和讓渡資產使用權收入三類。而作為財務管理層面，我們必須知道企業收入的主要來源與企業盈餘的主要依靠。因此，在財務管理上將收入劃分為營業收入與營業外收入就非常必要。

營業收入指在企業日常經營活動中，按照預定計劃所產生的、與投入資本和借貸資金無關的經濟利益的流入。它是企業經營所追求的直接目標（企業的最終目標是企業價值最大化或股東財富最大化），是意料中應當發生的經濟事項，是企業盈餘的主要依靠，是企業的"正業"。而營業外收入是企業偶然發生的，不是計劃中的經濟事項，是企業的"非正業"。

根據企業經營的主要目標，我們將營業收入分為主營業務收入和其他業務收入，主營業務收入是企業追求的主要收入來源，其他業務收入是企業追求的次要收入來源。一個正常的、可持續經營的企業必須是營業收入占總收入的絕大多數，主營業務收入是營業收入的主體。

在會計與財務管理理論上並未界定什麼業務是主營業務，什麼業務是其他業務，我們也不可能找到一個通用的標準，因為企業所處的行業不同，其主營業務與其他業務必然有差異。理論上對主營業務與其他收入的界定：企業的主要收入來源的業務是主營業務，次要收入來源的業務是其他業務。但這存在會計處理上的矛盾：可能企業某一年度的主要收入來源於某項業務，而另一年主要收入來源於另一項業務。這勢必造成會計核算的搖擺不定，財務管理也難以把握管理重點。

因此，我們在會計與財務管理的實踐中以企業（法人）營業執照上所登記業務為基礎劃分：凡是"經營範圍"中所列業務為"主營業務"，不論其所列事項多少，全部認為是主營業務；凡是"兼營業務"所列業務為其他業務；執照上未列的業務所形成的收入應該為營業外收入。

在會計教科書上將企業出賣材料、低值易耗品的收入作為其他業務收入處理，也是考慮在生產型企業中，材料與低值易耗品是為生產所準備的，出賣它們不是企業計劃中的事項，但可能會形成較大收入，作為營業外收入處理數額過大。我們認為，如果企業經常會有材料與低值易耗品的處理，且金額較大，就應該在營業執照上註明是兼營業務，否則，偶爾的較大金額的處理仍然應該作為營業外收入處理。這樣才有利於企業的財務管理輕重點確定。

在營業收入管理中主營業務收入是財務管理的核心，主營業務收入管理的基礎是主營業務收入的預測，重點是主營業務收入的分析與管理。

二、主營業務收入的預測

本部分雖然只以主營業務收入作為預測對象，實際上其他業務收入同樣可以使用這些方法。

財務管理一個重要內容是確保企業生存與發展所需資金，財務人員就必須清楚知道企業需要哪些資金支出？有哪些資金流入？缺口與多餘資金怎麼解決？其中要確定"有哪些資金流入"就必須能夠預測企業主要資金流入的主營業務收入。在確定了主營業務收入的基礎上，財務人員根據企業的信用政策和歷史上收現比率，就很容易確定出主營業務的現金流入。

收入＝銷售數量×銷售單價，這是一個非常簡單的公式，但整個收入預測卻需要從這個簡單公式入手。

（一）銷售單價預測

在收入預測中，與銷售數量相比，銷售單價預測較為容易。而銷售單價的預測需要確定本企業的競爭地位、競爭戰略與行業管制。

1. 企業競爭地位與銷售單價確定

企業根據競爭地位可以分為領頭企業、影響企業與跟隨企業三種。領頭企業在該行業或該產品領域具有絕對的市場競爭優勢，該行業或該產品的市場價格主要由本企業決定或影響；影響企業在該行業或該產品領域雖然不具有絕對的市場競爭優勢，但卻是幾個少數市場份額較大的企業之一，在該領域產品的價格決定上有影響力；跟隨企業在該領域有一定的市場份額，但小到無足輕重，其對商品價格的定價權沒有任何影響力，只能跟隨其他企業已經確定好的價格。

領頭企業一般出現在某行業或產品領域形成了壟斷、一企獨大的局面，這在實踐中比較少見。一方面是因為市場經濟比較發達的國家都有反壟斷法，一般不容易形成壟斷局面；另一方面，由於資本的逐利性，某領域一旦形成壟斷就必然會產生高額利潤，就會吸引大量資源進入，從而使壟斷局面解體。所以，一般只在需要國家控制的關係國計民生的重大領域才會形成壟斷經營，但其價格一般由國家制定，而不是由企業自己制定。另外，資本、技術、人才等原因會促使一些壟斷型企業的形成，但國家往往以反壟斷為由對這些企業的產品進行價格干預。所以，在某領域的領頭企業往往也不能隨意定價。

　　理論上講，有影響力的企業之間可以聯合制定價格，但實際操作很難。一則有價格制定影響力的企業之間往往存在激烈的競爭關係，很難達到雙贏合作制定價格；二則政府往往以反壟斷為由出面干涉價格的聯合制定。有影響的企業數量在該領域內一般占少數。

　　跟隨企業是數量最大的企業群，幾乎所有的中小企業都屬於這個企業群。它們所生產的產品或提供的勞務的價格往往是按照市場機制制定，企業只能在這一既定的價格體系下從事生產經營。

2. 競爭戰略與銷售單價確定

　　上面論述表明企業在價格制定上受到競爭地位的限制，但在通行的市場價格幅度內企業可以根據自己的經營戰略適當調整價格，特別是對低於市場平均價格制定。只要企業能夠持續經營，在平均市場價格之下、綜合成本之上是有價格制定空間的。企業以低於生產成本的大量銷售可能會觸犯反不正當競爭法而受到制裁。

　　高價格銷售一般只能在產品供不應求、企業是該產品的主要供應商、短期內很難形成大量的商品供應的情況下產生，這在商品經濟較發達的國家是不多見的。

　　企業可能在某一地區、對某種型號商品、對某特殊消費群體、在某特定的時間進行低價格銷售，低價銷售的目的是增加市場份額。一般原則是銷售收入不能下降，因為單價的下降一定要有銷售數量的上升予以彌補。企業在低價銷售戰略中應注意三個問題：一是不能產生虧損，至少不能較長時間產生虧損；二是防止引起價格戰，因低價銷售所增加的市場份額往往是其他企業所失去的市場份額，這勢必引起其他企業價格下降的連鎖反應，最終使整個行業受損，企業得不償失；三是不要觸犯政府的反不正當競爭法。

3. 行業管制與銷售單價確定

　　政府是民眾利益的代表，它必須維護大多數消費者的權益，因此，它不會容忍企業為自身利益而形成壟斷價格，也不會放任企業為了擊垮競爭對手而實行低價傾銷，因為這樣將損害民眾的長期利益（擊垮競爭對手的企業往往成為壟斷企業），影響整個行業的健康發展（惡性競爭使行業全面虧損）。因此，大多數市場經濟國家均制定有反壟斷法和反不正當競爭法來保證競爭性行業的健康發展。

　　非競爭性行業，如能源、交通、通信、軍事、基礎設施等行業，國家往往出於安全目的而收歸國家壟斷經營。在這些受管制的行業中，商品價格的制定權也收歸國家。成熟的市場經濟國家多採用價格聽證會等形式讓民眾參與價格制定，轉軌國家或計劃經濟國家則由政府包辦定價。

　　綜上所述，在市場經濟國家裡沒有純粹的由企業自由制定價格的產品存在，企業必須在遵循系列相關規定的前提下制定適合自身實際情況的價格，這價格往往是既定的，變動不會特別巨大。

(二) 銷售數量預測

　　整個收入預測的重點是銷售數量的預測。但嚴格來講，銷售數量預測是銷售部門的工作，不由財務部門負責。因此，在財務預測中，一般是在假定銷售收入為已知的情況下預測企業的現金流，提前做好財務調度安排，保證企業資金鏈條的平滑運轉。

銷售預測方法分為定性預測與定量預測。定性預測主要包括意見綜合預測法、經濟壽命週期預測法、市場景氣預測法、因素分析預測法、直接推算預測法等；定量預測方法主要有時序預測法、迴歸分析預測法、經濟計量模型預測法等。

1. 意見綜合預測法

意見綜合預測法又稱集合判斷預測法，是指對某一預測問題先由有關的專業人員和行家分別做出預測，然後預測人員綜合全體成員所提供的預測信息做出最終的預測結論。許多預測問題只憑預測者個人的知識和經驗進行預測往往具有局限性。意見綜合預測法則能集思廣益，克服個人預測的局限性，有利於提高預測的質量。意見綜合預測法可分為下列四種：

（1）銷售人員意見綜合預測法

銷售人員意見綜合預測法是指企業直接將從事銷售的經驗豐富的人員組織起來，先由預測組織者向他們介紹預測目標、內容和預測期的市場經濟形勢等情況，要求銷售人員利用平時掌握的信息結合提供的情況，對預測期的市場銷售前景提出自己的預測結果和意見，最後提交給預測組織者進行綜合分析，以得出最終的預測結論。

這種方法多在一些統計資料缺乏或不全的情況下採用，對短期市場預測效果好。

（2）業務主管人員意見綜合預測法

業務主管人員意見綜合預測法是指預測組織者邀請本企業內部的經理人員和採購、銷售、倉儲、財務、統計、策劃、市場研究等部門的負責人作為預測參與者，向他們提供有關預測的內容、市場環境、企業經營狀況和其他預測資料，要求他們根據提供的資料，並結合自己掌握的市場動態提出預測意見和結果，或者用會議的形式組織他們進行討論，然後預測組織者將各種意見進行綜合，做出最終的預測結論。

對定性描述的預測結果應進行綜合分析與論證，以消除某些主觀因素的影響；對定量描述的預測結果，一般可採用簡單或加權算術平均法求綜合預測值。

（3）專家會議綜合預測法

專家會議綜合預測法是指預測人員組織召開專家會議，在廣泛聽取專家預測意見的基礎上，綜合專家們的意見做出最終預測結論。該預測法主要包括交鋒式會議法、非交鋒式會議法和混合式會議法。

專家會議綜合預測法既要注意選擇精通專業技術的專家，也要注意物色有經驗的實際工作者；專家人數一般以10人左右為宜。

（4）德爾菲法

本法是在專家會議意見測驗法的基礎上發展起來的預測法。它以匿名的方式通過幾輪函詢徵求專家們的預測意見，預測組織者對每輪意見都進行匯總整理，作為參考資料再寄發給每位專家，供他們分析判斷和提出新的預測意見和結果。如此幾次反覆，專家們的預測意見漸趨一致，預測結論的可靠性越來越大。

2. 商品經濟壽命週期預測法

商品經濟壽命週期預測法的關鍵在於正確判斷目前和未來商品經濟壽命週期所處的階段，以便對未來的市場前景做出預測，為制定市場經營策略提供依據。該方法主要有商品銷售狀況判斷法、耐用消費品普及率判斷法、對比類推法等。

3. 市場景氣預測法

市場景氣預測法是指預測人員對整個市場或某類產品市場的形勢和運行狀態進行

評價和預警，揭示市場週期變動的規律，反應市場形勢和運行狀態的冷熱程度或正常與否，為企業經營決策和宏觀經濟調控提供依據的一種方法。

市場景氣預測的方法很多，主要有領先落後指標法、企業景氣調查法、擴散指數法和壓力指數法等。

4. 因素分析預測法

因素分析預測法是指預測人員憑藉經驗理論與實踐經驗，通過分析影響預測目標的各種因素的作用大小與方向，對預測目標未來的發展變化做出推斷的方法。

因素分析預測法主要包括因素列舉歸納法、相關因素推斷法、因素分解推斷法和購買力區域指數法。

5. 直接推算預測法

直接推算預測法是帶有定量性質的定性預測方法，即預測人員利用有關指標之間的相互關係，在分析研究的基礎上，做出有根據的數量化的判斷預測。

直接推算預測法主要有進度判斷預測法、比重推算法、比例推算法、消耗水平推算法、平衡推算法和均衡點分析法。

6. 時間序列預測法

時間序列預測法是指預測人員根據預測目標自身的時間序列的分析處理，揭示其自身發展變化的特徵、趨勢和規律，建立預測模型，外推預測事物未來可能達到的規模、水平或速度。

時間序列預測法一般包括趨勢分析預測法、季節變動預測法和循環變動分析預測法三種方法。

7. 迴歸分析預測法

迴歸分析預測法是指預測人員利用預測目標（因變量）與影響因素（自變量）之間的相關關係，通過建立迴歸模型，由影響因素的數值推算預測目標的數值。

迴歸分析預測法是一種因果分析預測法，可分為因迴歸預測法和自迴歸預測法兩類。因迴歸預測是利用因變量與自變量之間的相關關係（因相關），建立迴歸模型進行預測分析；自迴歸預測是利用因變量的時間數列中不同時間的取值存在自身相關關係（自相關），建立迴歸模型進行預測分析。

迴歸分析預測法常用的是因迴歸預測，主要方法有一元線性迴歸模型、多元線性迴歸模型、非線性迴歸模型和時間數列自迴歸模型。

8. 經濟計量模型預測法

經濟計量模型預測法是利用經濟變量之間的相互依存關係，通過經濟分析，找出其相互的因果聯繫，建立經濟計量模型來描述經濟關係，並運用模型進行預測分析。

變量包括內生變量、外生變量、前定變量和虛擬變量；方程組包括行為方程、技術方程、制度方程、定義方程和平衡方程；預測步驟包括模型設計、模型識別、模型估計、模型檢驗和模型使用。

三、主營業務收入

主營業務收入是企業經營現金的主要來源，是企業賴以長期存續的基礎，主營業務收入的分析與管理是財務管理的重要內容之一。

(一) 主營業務收入結構分析與管理

主營業務收入結構分析與管理的重點是判別企業收入來源的主渠道，為企業財務管理找準收入管理的重心。常有的指標有以下幾種：

1. 主營業務收入比率

$$主營業務收入比率 = 主營業務收入 \div 企業總收入 \times 100\%$$

該指標用於判斷企業"是否務正業"。如果該指標越高，則表明企業的核心業務越集中，越容易形成核心競爭能力；如果該指標越低，則表明企業可能缺乏明確的發展方向和核心業務，企業可持續發展會面臨問題。

2. 產品主營業務收入比率

一個企業可能同時經營若干個產品作為企業的主營業務，各產品對企業收入的貢獻可能存在差異，財務管理必須優先保證貢獻最大的產品的資金等需求。

$$某產品收入比率 = 某產品收入 \div 主營業務收入 \times 100\%$$

3. 客戶主營業務收入比率

企業的客戶有大小之分，這種區別主要以購買量（銷售收入）為依據劃分，企業對購買量大的客戶在財務管理的信用政策等方面要給予優惠照顧，以培育企業的優質客戶和增強客戶對企業的忠誠度。

$$某客戶收入比率 = 來自某客戶收入 \div 主營業務收入 \times 100\%$$

4. 地區主營業務收入比率

企業產品銷售往往存在地區性差異，有的企業甚至主要依靠一個或幾個主要的地區銷售產品，企業主銷區自然成為財務管理的主要地區。

$$某地區收入比率 = 來自某地區收入 \div 主營業務收入 \times 100\%$$

5. 顧客群體主營業務收入比率

企業往往依據一定標準對顧客群體進行分類管理，如兒童、老人、男青年、女青年等，因各個群體的消費偏好不同，消費商品特性有差異。財務管理上要重點管理能給企業帶來主要收入的顧客群體。

$$某顧客群體收入比率 = 來自某顧客群體收入 \div 主營業務收入 \times 100\%$$

6. 季節主營業務收入比率

有的企業的產品本身就存在很強的季節消費性，如月餅生產企業、種子銷售企業；此外，企業往往在節假日的銷售不同於平常日子。因此，財務管理中要特別重視對能為企業帶來大量收入的特殊季節的管理。

$$某季節收入比率 = 來自某季節收入 \div 主營業務收入 \times 100\%$$

(二) 主營業務收入趨勢分析與管理

企業可通過識別各種主營業務收入時間序列長期趨勢來判斷其基本走向；對發展勢頭好的業務，財務上應重點支持；對發展勢頭差的業務應仔細分析，若是客觀趨勢不能使之好轉，就應該放棄或逐步放棄對其資金支持；對不穩定的業務，要分析能否通過財務支持使其穩定。

此外，企業要判斷各主營業務的增長率是否達到企業要求的財務目標增長率，達到和超過的應是財務支持的重點業務；要判斷企業有無潛在的利潤或收入增長業務，如有則是財務支持的重點。

(三) 收現比率分析與管理

高盈利破產在現代企業中並不少見，破產的重要原因之一是不能清償到期債務。能不能清償債務是現金流的問題，盈利與否是利潤流的問題。前者依據的是收付實現制，後者的基礎是會計核算的基本原則之一的權責發生制。

當企業實現的收入對應的是債權（應收帳款等），收入確認了，該支付的成本費用等現金需要支付，該繳納的流轉稅與所得稅需要現金繳納，而企業卻沒有多少現金流入，從而形成財務上的支付困難。所以，對於企業財務而言，真正實現了的收入是收回了現金及其等價物的收入，這樣的收入才是高質量的收入。

一個企業只有實現高比率的收現才可能得到長期的持續發展。

$$收現比率 = 銷售收回的現金數額 \div 主營業務收入 \times 100\%$$

四、其他業務收入

其他業務收入核算企業除主營業務收入以外的其他銷售或其他業務所取得的收入。它是企業收入的次要部分，不是企業利潤和現金流的主要來源。財務對其管理也處於次要地位，管理的方式方法與主營業務收入相同。

一般而言，在企業營業執照上註明的兼營業務收入應該按其他業務收入核算。財政部制定的企業會計制度，不可能涉及企業所有的兼營業務，所以規定將材料銷售、代購代銷、包裝物出租等收入作為其他業務收入。

第二節　營業成本與費用管理

成本和費用都是企業經濟資源的耗費，會導致所有者權益減少。成本指為生產產品、提供勞務而發生的各種耗費，它與特定的產品（包括勞務）相聯繫，能夠找到具體的對象進行歸屬；費用指為銷售商品、提供勞務等日常活動所發生的經濟利益的流出，它不能或很難找到歸屬對象，而以期間作為其歸屬的基礎。

當企業無法左右產品銷售價格時，增加盈餘的可靠辦法就是節約成本與費用開支。

一、營業成本管理

成本一詞在財務學中包括生產成本（採購成本）、庫存商品、主營業務成本（其他業務成本）等。生產成本是指取得資產或勞務的支出，發生在生產過程或採購過程（商品流通業）；當產品的商品形態已經完成，等待對外銷售時，就由生產成本轉入庫存商品科目；企業實現對外銷售，在確認收入的同時需要結轉收入所對應的成本，成本就由庫存商品科目轉入主營業務成本，與收入配比而形成損益。

營業成本有廣義與狹義之分。廣義的營業成本泛指生產經營過程中所發生的支出，包括期間費用（銷售費用、管理費用與財務費用）；狹義的營業成本是不包括期間費用的成本。本章所稱營業成本是狹義的營業成本，期間費用單獨在費用部分論述。營業成本包括主營業務成本與其他業務成本，營業外支出將在第三節講述。由於其他業務成本的管理與主營業務成本類似，故營業成本管理以主營業務成本管理為主。

(一) 成本收益率

某項業務的所費與所得之比就是成本收益率（不同於成本利潤率），如主營業務成本收益率＝主營業務成本÷主營業務收入×100％。該指標與毛利率之和為1，企業要盈餘比例高，就必須要有足夠高的毛利率。因此，該指標越低越好。

(二) 營業成本結構分析

當通過成本收益率分析發現該比率較大，企業沒有足夠的毛利率支持，此時就必須進一步分析成本構成，找出降低成本的關鍵點。

營業成本結構分析以製造企業為例，因為商品流通企業的營業成本結構比較簡單，由採購成本構成，所發生的其他支出作為期間費用處理。

1. 營業成本經濟性質結構分析

在實務中，成本按經濟性質劃分為外購材料、外購燃料、外購動力、人工費用（工資、職工福利費、社會保險等）、折舊費、價內稅金與其他支出等費用要素。

各費用要素占成本的比重，與同行業的平均水平、先進水平進行比較，比重偏高的就是財務管理的重點對象。

2. 成本核算項目結構分析

成本核算一般分為直接材料、直接人工、燃料和動力、製造費用四個子項目，其分析方法與經濟性質結構分析方法相同，只是比較粗略一些，一般在經濟性質結構分析之前作核算項目結構分析可以起到事半功倍的效果。

3. 成本經濟用途結構分析

成本按其經濟用途分為研究與開發成本、設計成本、生產成本、營銷成本、配送成本、客戶服務成本與行政管理成本，這種分析便於從更廣的範圍內查找成本居高不下的原因。

(三) 成本性態分析

成本性態，是指成本總額與產量之間的依存關係。成本性態不同，對應的成本管理措施就應該有所差別。

1. 固定成本與變動成本分析

全部成本按其性態可分為固定成本、變動成本和混合成本三大類。

固定成本是指在特定的產量範圍內不受產量變動影響，一定期間的總額能保持相對穩定的成本。例如，固定月工資、固定資產折舊、取暖費、財產保險費、職工培訓費、科研開發費、廣告費等。

變動成本是指在特定的產量範圍內其總額隨產量變動而正比例變動的成本。例如，直接材料、直接人工、外部加工費等。

混合成本，是指除固定成本和變動成本之外的，介於兩者之間的成本，它們因產量變動而變動，但不是成正比例關係。

企業"薄利多銷"策略只能用在降低單位固定成本上，不能降低變動成本，一般適用於固定成本比重大而變動成本比重較小的企業。

2. 混合成本分析

混合成本比較複雜，而成本管理的難點也在混合成本管理上。混合成本一般分為四個主要類別：

（1）半變動成本

半變動成本，是指在初始基數的基礎上隨產量正比例增長的成本。例如，電費和電話費等公用事業費、燃料、維護和修理費等，多屬於半變動成本。這類成本通常有一個初始基礎，一般不隨產量變化，相當於固定成本；在這個基礎上，成本總額隨產量變化成正比例變化，又相當於變動成本。

半變動成本可以通過在初始值內增加量來降低成本，超過這個基數就不能依靠量的增加來降低成本。

（2）階梯式成本

階梯式成本指總額隨產量呈階梯式增長的成本，亦稱步增成本或半固定成本。例如，受開工班次影響的動力費、整車運輸費用、檢驗人員工資等。

這類成本在一定產量範圍內發生額不變，當產量增長超過一定限度，其發生額會突然跳躍到一個新的水平，然後，在產量增長的一定限度內其發生額又保持不變，直到另一個新的跳躍為止。

當某個階梯跳躍比較大，企業在產品生產上盡量不要突破這個階梯，否則可能導致成本較大幅度上升。

（3）延期變動成本

延期變動成本，是指在一定產量範圍內總額保持穩定，超過特定產量則開始隨產量比例增長的成本。例如，企業在正常產量情況下給員工支付的固定月工資，當產量超過正常水平後支付的加班費，這種人工成本就屬於延期變動成本。

在成本管理中除了比較特殊的情況，一般不要過多發生此項成本。

（4）曲線成本

曲線成本是指總額隨產量增長而呈曲線增長的成本。這種成本和產量有依存關係，但不是直線關係。曲線成本可以進一步分為兩種類型：一種是變化率遞減的曲線成本。例如，自備水源的成本，用水量越大則總成本越高，但兩者不成正比例，而呈非線性關係，變化率是遞減的。另一種是變化率遞增的曲線成本。例如，各種違約金、罰金、累進計件工資等。這種成本隨產量增加而增加，而且比產量增加得還要快，變化率是遞增的。

遞減曲線成本可以通過增加產量降低成本，遞增曲線成本則要通過限制產量減少成本。

（四）成本差異分析

實際成本與目標成本（預算成本、標準成本、行業先進成本等）之間的差額，稱為成本差異。成本差異是反應實際成本脫離預定目標程度的信息。為了消除這種偏差，企業要對產生的成本差異進行分析，找出原因和對策，以便採取措施加以糾正。

1. 變動成本差異的分析

變動成本的實際成本高低取決於實際用量和實際價格，目標成本的高低取決於目標用量和目標價格，所以其成本差異可以歸結為價格脫離目標造成的價格差異與用量脫離目標造成的數量差異兩類。

$$成本差異 = 實際成本 - 目標成本$$
$$= 實際數量 \times 實際價格 - 目標數量 \times 目標價格$$
$$= 實際數量 \times （實際價格 - 目標價格）$$

　　　　　　　　＋（實際數量－目標數量）×目標數量
　　　　　　　　＝價格差異＋數量差異

（1）直接材料差異分為材料價格差異與材料數量差異。材料價格差異是在採購過程中形成的，不應由耗用材料的生產部門負責，而應由採購部門對其做出說明；材料數量差異是在材料耗用過程中形成的，反應生產部門的成本控制業績。

（2）直接人工差異分為工資率差異與人工效率差異。一般說來，工資率差異形成的原因應歸屬於人事勞動部門管理，差異的具體原因會涉及生產部門或其他部門；工效率差異的形成原因主要是生產部門的責任，但這也不是絕對的，例如，材料質量不好，也會影響生產效率。

（3）變動製造費用差異分為耗費差異（價差）與效率差異（量差）。耗費差異是部門經理的責任，他們有責任將變動製造費用控制在彈性預算限額之內；效率差異是由於實際工時脫離了標準，多用工時導致的費用增加，因此其形成原因與人工效率差異相同。

2. 固定製造費用差異分析

固定製造費用的差異分析與各項變動成本差異分析不同，其分析方法有"二因素分析法"和"三因素分析法"兩種。

（1）二因素分析法，是將固定製造費用差異分為耗費差異和能量差異的分析法。耗費差異是指固定製造費用的實際金額與固定製造費用預算金額之間的差額，耗費差異＝固定製造費用實際數－固定製造費用預算數。能量差異是指固定製造費用預算與固定製造費用標準成本的差異，或者說是實際業務量的標準工時與生產能量的差額用標準分配率計算的金額，它反應實際產量標準工時未能達到生產能量而造成的損失，能量差異＝（生產能量－實際產量目標工時）×費用目標分配率。

［例11.1］某企業每件產品目標工時為2小時，目標分配率為1.50元/小時。企業本月實際產量為400件，發生固定製造成本1,424元，實際工時為890小時；企業生產能力為500件。

　　　　　　　固定製造費用耗費差異＝1,424－500×2×1.5＝－76（元）
　　　　　　　固定製造費用能量差異＝500×2×1.5－400×2×1.5＝300（元）

驗算：

　　　　　　　固定製造費用成本差異＝實際固定製造費用－目標固定製造費用
　　　　　　　　　　　　　　　　　＝1,424－400×3＝224（元）
　　　　　　　固定製造費用成本差異＝耗費差異＋能量差異＝－76＋300＝224（元）

（2）三因素分析法，是將固定製造費用成本差異分為耗費差異、效率差異和閒置能量差異三部分的分析法。耗費差異的計算與二因素分析法相同。不同的是要將二因素分析法中的"能量差異"進一步分為兩部分：一部分是實際工時未達到生產能量而形成的閒置能量差異；另一部分是實際工時脫離目標工時而形成的效率差異。

　　閒置能量差異＝費用預算－實際工時×目標分配率
　　　　　　　　＝（生產能量－實際工時）×目標分配率
　　效率差異＝實際工時×目標分配率－實際產量目標工時×目標分配率
　　　　　　＝（實際工時－實際產量目標工時）×目標分配率

依例11.1的資料計算：

　　　　　固定製造費用閒置能量差異＝（1,000－890）×1.5＝110×1.5＝165（元）

固定製造費用效率差異＝（890-400×2）×1.5＝90×1.5＝135（元）

三因素分析法的閒置能量差異（165元）與效率差異（135元）之和為300元，與二因素分析法中的"能量差異"數額相同。

二、費用管理

費用指企業為銷售商品、提供勞務等日常活動所發生的經濟利益的流出。由於它不與特定的產品相聯繫，而與特定期間有關，所以一般稱之為期間費用。

期間費用應當直接計入當期損益，並在利潤表中分項目列示。

（一）期間費用核算範圍界定

（1）銷售費用。銷售費用指企業在銷售商品過程中發生的費用，包括企業銷售商品過程中發生的運輸費、裝卸費、包裝費、保險費、展覽費和廣告費，以及為銷售本企業商品而專設的銷售機構（含銷售網點，售後服務網點等）的職工工資及福利費、類似工資性質的費用、業務費等經營費用。商品流通企業在購買商品過程中發生的進貨費用也包括在內。

（2）管理費用。管理費用指企業為組織和管理企業生產經營所發生的管理方面的費用，包括企業的董事會和行政管理部門在企業的經營管理中發生的，或者應當由企業統一負擔的公司經費（包括行政管理部門職工工資、修理費、物料消耗、低值易耗品攤銷、辦公費與差旅費等）、工會經費、社會保險費、董事會費、聘請仲介機構費、諮詢費（含顧問費）、訴訟費、業務招待費、房產稅、車船使用稅、土地使用稅、印花稅、技術轉讓費、礦產資源補償費、無形資產攤銷、職工教育經費、研究與開發費、排污費、存貨盤虧或盤盈（不包括應計入營業外支出的存貨損失）、計提的壞帳準備和存貨跌價準備等。

（3）財務費用。財務費用指企業為籌集生產經營所需資金等而發生的費用，包括應當作為期間費用的利息支出（減利息收入）、匯兌損失（減匯兌收益）以及相關的手續費等。

（二）期間費用分析

在確保各項經營管理任務完成的情況下，降低期間費用是財務管理的重要任務之一。降低期間費用的主要途徑是精打細算，而精打細算的基礎是進行費用項目分析，以期發現能夠節約的支出。

1. 費用結構分析

不少企業常出現費用總額很大、不少明細費用項目金額卻不大的情況，這就有必要分析費用各明細項目的情況，找出對整個費用影響較大的項目進行重點控制。常見的費用結構分析是使用"費用結構分析表"，如表11.1所示。

表11.1　　　　　　　　費用結構分析表

費用項目	本期數		前期數		預算數		行業平均數		行業先進數	
	金額	比重	金額	比重	金額	比重	金額	比重	金額	比重

表11.1(續)

費用項目	本期數		前期數		預算數		行業平均數		行業先進數	
	金額	比重	金額	比重	金額	比重	金額	比重	金額	比重
合計										

在表 11.1 上我們能清楚看出：費用與預算、與前期、與行業平均、與行業先進的差異，容易找出企業應當重點控制的費用項目。

2. 費用趨勢分析

趨勢分析是企業將費用總額及其構成明細項目按時間序列排序分析，分析期間至少 3 年，一般要求 5 年以上，目的是看費用的基本走勢，結合宏觀經濟環境與企業的實際，判斷其增減是否合理。

實際工作中也是採用表格的方式進行分析，具體表格形式可以參考表 11.1，沒有統一的要求。

3. 費用差異分析

費用差異分析的基本方法與成本差異分析相同，差異計算在前面已經講述，此處講解差異發現後的管理，包括原因調查、獎與懲、糾正差異三方面。

(1) 差異調查

企業通過調查研究，找到原因，分清責任，才能採取糾正行動，收到降低成本的實效。

發生費用差異的原因主要有三類：執行人的原因，包括過錯、沒經驗、技術水平低、責任心差、不協作等；目標不合理，包括原來制定的目標過高或過低，或者情況變化使目標不再適用等；實際成本核算有問題，包括數據的記錄、加工和匯總有錯誤，故意造假等。

(2) 獎勵與懲罰

獎勵的對象必須是符合企業目標、值得提倡的行為，企業要讓職工事先知道費用 (成本) 達到何種水平將會得到何種獎勵；企業要避免獎勵華而不實的行為和僥幸取得好成績的人；獎勵要盡可能前後一致。

懲罰預先要有警告，只有重犯者和違反盡人皆知準則的人才受懲罰；企業在調查研究的基礎上，盡快採取行動，拖延會減弱懲罰的效力；懲罰要一視同仁，前後一致。

(3) 糾正偏差

糾正偏差是各責任中心主管人員的主要職責。糾正偏差的措施通常包括：第一，重新制訂計劃或修改目標；第二，採取組織手段重新委派任務或明確職責；第三，採取人事管理手段增加人員，選拔和培訓主管人員或者撤換主管人員；第四，改進指導和領導工作，給下屬以更具體的指導和實施更有效的領導。

(三) 費用預算控制

預算控制是財務控制的重要內容，費用預算控制就是財務人員事先制定好各項費用發生的數額或比重，作為費用支出控制依據，對在預算範圍內的費用支出不予特別審批，對超出預算的費用進行特別管理。

根據預算編製的不同要求，實際操作中費用預算有普通預算、專門預算、全面預算、彈性預算與零基預算等。

1. 普通預算

普通預算一般根據歷史數據和經驗判斷確定各費用項目的支出額，再匯總得出總的費用支出總額。

這種方法的主要優點是節省編製預算開支、技術要求不高；但缺點也非常顯著，一是歷史數據未必合理，二是相關人員的經驗容易產生主觀性的結果。中小企業常採用這種預算。

2. 專門預算

專門預算主要是針對企業影響大的費用項目進行的單獨預算控制，其編製方法沒有特殊之處，只是預算的對象比較特殊而已。

3. 全面預算

我們一般將預算作為支出控制的工具，全面預算則將預算看成"使企業的資源獲得最佳生產率和獲利率的一種方法"。全面預算是由一系列預算構成的體系，各項預算之間相互聯繫，關係比較複雜，很難用一個簡單的辦法準確描述。

全面預算按其涉及的預算期分為長期預算和短期預算。長期預算包括長期銷售預算和資本支出預算，有時還包括長期資金籌措預算和研究與開發預算。短期預算是指年度預算，或者時間更短的季度或月度預算，如直接材料預算、現金預算等。通常長期和短期的劃分以1年為界限，有時把2~3年期的預算稱為中期預算。全面預算按其涉及的內容分為總預算和專門預算。總預算是指利潤表預算和資產負債表預算，它們反應企業的總體狀況，是各種專門預算的綜合。專門預算是指其他反應企業某一方面經濟活動的預算。全面預算按其涉及的業務活動領域分為銷售預算、生產預算和財務預算。前兩個預算統稱業務預算，用於計劃企業的基本經濟業務。財務預算是關於資金籌措和使用的預算，包括短期的現金收支預算和信貸預算，以及長期的資本支出預算和長期資金籌措預算。

財務預算是企業全面預算的一部分，它和其他預算是聯繫在一起的，整個全面預算是一個數字相互銜接的一個整體。整個全面預算的起點是以銷售預算為基礎的，在銷售預算的基礎上編製生產預算，再編製直接材料預算、直接人工預算、製造費用預算、產品成本預算、期間費用預算和現金預算。後面幾種預算就屬於財務預算範圍。

全面預算是一種典型的預算，其編製方法代表了預算的編製方法。企業全面預算的編製程序如下：

（1）企業決策機構根據長期規劃，利用量本利分析等工具，提出企業一定時期的總目標，並下達規劃指標。

（2）最基層成本控制人員自行草編預算，使預算能較為可靠、較為符合實際。

（3）各部門匯總部門預算，並初步協調本部門預算，編製出銷售、生產、財務等預算。

（4）預算委員會審查、平衡各預算，匯總出公司的總預算。

（5）經過總經理批准，審議機構通過或者駁回修改預算。

（6）主要預算指標報告給董事會或上級主管單位，討論通過或者駁回修改。

（7）批准後的預算下達給各部門執行。

4. 彈性預算

彈性預算是企業在不能準確預測業務量的情況下，根據量本利之間有規律的數量關係，按照一系列業務量水平編製的有伸縮性的預算。只要這些數量關係不變，彈性預算可以持續使用較長時期，不必每月重複編製。彈性預算主要用於各種間接費用預算，有些企業也用於利潤預算。

彈性預算有兩個顯著特點：第一，彈性預算是按一系列業務量水平編製的，從而擴大了預算的適用範圍；第二，彈性預算是按成本的不同性態分類列示的，便於在計劃期終了時計算"實際業務量的預算成本"（應當達到的成本水平），使預算執行情況的評價和考核，建立在更加現實和可比的基礎上。

企業編製彈性預算的基本步驟是：選擇業務量的計量單位；確定適用的業務量範圍；逐項研究並確定各項成本和業務量之間的數量關係；計算各項預算成本，並用一定的方式來表達。企業編製彈性預算，要選用一個最代表本部門生產經營活動水平的業務量計量單位。彈性預算的業務量範圍，視企業或部門的業務量變化情況而定，務必使實際業務量不至於超出確定的範圍。一般來說，業務量範圍可定在正常生產能力的 70%～110%，或以歷史上最高業務量和最低業務量為其上下限。

彈性預算的表達方式，主要有多水平法和公式法兩種。①多水平法（列表法）。企業首先要在確定的業務量範圍內，劃分出若干個不同水平業務量，然後分別計算各項預算成本，匯總列入一個預算表格。業務量的間隔一般為 10%，這個間隔可以更大些，也可以更小些。多水平法的優點是：不管實際業務量是多少，不必經過計算即可找到與業務量相近的預算成本，用以控制成本比較方便；混合成本中的階梯成本和曲線成本，可按其性態計算填列，不用以數學方法修正為近似的直線成本。但是，企業運用多水平法彈性預算評價和考核實際成本時，往往需要使用插補法來計算"實際業務量的預算成本"，比較麻煩。②公式法。因為任何成本都可用公式"$y=a+bx$"來近似地表示，所以只要在預算中列示 a（固定成本）和 b（單位變動成本），便可隨時利用公式計算任一業務量（x）的預算成本（y）。公式法的優點是便於計算任何業務量的預算成本。但是，階梯成本和曲線成本只能用數學方法修正為直線，以便用"$y=a+bx$"公式來表示。必要時，還需要在"備註"中說明不同的業務量範圍內，應該採用的不同的固定成本金額和單位變動成本金額。

彈性預算的主要用途是作為控制成本支出的工具。在計劃期開始時，彈性預算提供控制成本所需要的數據；在計劃期結束後，彈性預算可用於評價和考核實際成本。

5. 零基預算

零基預算是指企業在編製成本費用預算時，不考慮以往會計期間所發生的費用項目或費用數額，而是以所有的預算支出為零作為出發點，一切從實際需要與可能出發，逐項審議預算期內各項費用的內容及其開支標準是否合理，在綜合平衡的基礎上編製費用預算的一種方法。

零基預算的基本特徵是不受以往預算安排和預算執行情況的影響，一切預算收支都建立在成本效益分析的基礎上，根據需要和可能來編製預算。

零基預算法與傳統的調整預算法截然不同，有以下三個特點：①預算的基礎不同。調整預算法的編製基礎是前期結果，本期的預算額是根據前期的實際結果調整確定的。零基預算的基礎是零，本期的預算額是根據本期經濟活動的重要性和可供分配的資金量確定的。②預算編製分析的對象不同。調整預算法重點對新增加的業務活動進行成本效益分析，而對性質相同的業務活動不作分析研究，零基預算法則不同，它要對預算期內所有的經濟活動進行成本—效益分析。③預算的著眼點不同。調整預算法主要以金額高低為重點，著重從貨幣角度控制預算金額的增減。零基預算除重視金額高低外主要是從業務活動的必需性以及重要程度來分配有限的資金的。

零基預算的基本做法：一是要掌握準確的信息資料，對單位的人員編製、人員結構、工資水平，以及工作性質、設備配備所需資金規模等都要瞭解清楚，在平時就要建立單位情況數據庫，非經法定程序，不得隨意變動。二是要確定各項開支定額，這是編製零基預算的基本要求。三是要根據事業需要和客觀實際情況，對各個預算項目逐個分析，按照效益原則，分清輕重緩急，確定預算支出項目和數額。零基預算能彌補中國長期沿用的"基數加增長"的預算編製方式中的不足，不受既成事實的影響，一切都從合理性和可能性出發。實行零基預算是細化預算、提前編製預算的前提。

零基預算編製有以下五個步驟：

（1）劃分和確定基層預算單位：企業裡各基層業務單位通常被視為能獨立編製預算的基層單位。

（2）編製本單位的費用預算方案：企業提出總體目標，然後各基層預算單位根據企業的總目標和自身的責任目標出發，編製本單位為實現上述目標的費用預算方案，在方案中必須詳細說明提出項目的目的、性質、作用，以及需要開支的費用數額。

（3）進行成本—效益分析：基層預算單位按下達的"預算年度業務活動計劃"，確認預算期內需要進行的業務項目及其費用開支後，管理層對每一個項目的所需費用和所得收益進行比較分析，權衡輕重，區分層次，劃出等級，挑出先後。基層預算單位的業務項目一般分為三個層次：第一層次是必要項目，即非進行不可的項目；第二層次是需要項目，即有助於提高質量、效益的項目；第三層次是改善工作條件的項目。企業進行成本—效益分析的目的在於判斷基層預算單位各個項目費用開支的合理程度、先後順序以及對本單位業務活動的影響。

（4）審核分配資金：企業根據預算項目的層次、等級和次序，按照預算期可動用的資金及其來源，依據項目的輕重緩急次序，分配資金，落實預算。

（5）編製並執行預算：資金分配方案確定後，基層預算單位就制定零基預算正式稿，經批准後下達執行。執行中遇有偏離預算的地方要及時糾正，遇有特殊情況要及時修正，遇有預算本身問題要找出原因，總結經驗加以提高。

零基預算的優點：①有利於提高員工的"投入—產出"意識。傳統的預算編製方法，主要是由專業人員完成的，零基預算以"零"為起點觀察和分析所有業務活動，並且不考慮過去的支出水平，因此，需要動員企業的全體員工參與預算編製，這樣使得不合理的因素不能繼續保留下去，從投入開始減少浪費，通過成本—效益分析，提高產出水平，從而能使投入—產出意識得以增強。②有利於合理分配資金。企業對每項業務都要進行成本—效益分析，對每個業務項目是否應該存在、支出金額若干，都要進行分析計算，精打細算，量力而行，使有限的資金流向富有成效的項目，所分配的資金能更加合理。③有利於發揮基層單位參與預算編製的創造性。在零基預算的編製過程中，企業內部情況易於溝通和協調，企業整體目標更趨明確，多業務項目的輕重緩急容易得到共識，這有助於調動基層單位參與預算編製的主動性、積極性和創造性。④有利於提高預算管理水平。零基預算極大地增加了預算的透明度，預算支出中的人頭經費和專項經費一目了然，各級之間爭吵的現象可能緩解，預算會更加切合實際，會更好地起到控制作用，整個預算的編製和執行也能逐步規範，預算管理水平會得以提高。

零基預算法的缺點：儘管零基預算法和傳統的預算方法相比有許多好的創新之處，但在實際運用中仍存在一些"瓶頸"。①由於一切工作從"零"做起，因此企業採用零基預算法編製工作量大、費用相對較高；②在分層、排序和資金分配時，可能有主觀影響，容易引起部門之間的矛盾；③任何單位工作項目的"輕重緩急"都是相對的，過分強調當前的項目，可能使有關人員只注重短期利益，忽視本單位作為一個整體的長遠利益。

第三節　盈餘管理

一、盈餘構成

一般意義上講，盈餘就是利潤表中的"淨利潤"項目，這是股東非常關注的財務指標。哪些因素可能影響到盈餘的多少？首先我們必須瞭解盈餘的構成。

(一) 營業利潤

營業利潤＝營業收入－營業成本－營業稅金及附加－銷售費用－管理費用
－財務費用－資產減值損失＋公允價值變動收益（－公允價值變動損失）
＋投資收益（－投資損失）

營業收入由主營業務收入和其他業務收入組成，本章第一節已經講述；營業成本（主營業務成本、其他業務成本）與期間費用（銷售費用、管理費用、財務費用）在本章第二節已講述；本節講述營業利潤剩餘的構成項目。

1. 營業稅金及附加

本科目核算企業日常活動應負擔的稅金及附加，包括營業稅、消費稅、城市維護建設稅、資源稅、土地增值稅和教育費附加等。

營業稅是對在中國境內提供應稅勞務、轉讓無形資產和銷售不動產的行為為課稅對象所徵收的一種稅。同一業務增值稅與營業稅只徵其一。

國家在對貨物普遍徵收增值稅的基礎上，選擇少數消費品再徵收一道消費稅，目的是為了調節產品結構，引導消費方向，保證國家財政收入。在中華人民共和國境內生產、委託加工和進口應稅消費品的單位和個人，為消費稅納稅義務人。消費稅具有單一環節徵稅的特點，在生產銷售環節徵稅以後，貨物在流通環節無論再轉銷多少次，不用再繳納消費稅。消費稅只針對菸、酒及酒精、化妝品、貴重首飾及珠寶玉石、鞭炮與焰火、成品油、汽車輪胎、小汽車、摩托車、高爾夫球及球具、高檔手錶、遊艇、木制一次性筷子、實木地板等十四個項目徵收。

城市維護建設稅是國家對繳納增值稅、消費稅、營業稅（簡稱"三稅"）的單位和個人就其實際繳納的"三稅"稅額為計稅依據而徵收的一種稅。如果要免徵或者減徵"三稅"，也就要同時免徵或者減徵城市維護建設稅。

資源稅的納稅義務人是指在中華人民共和國境內開採應稅資源的礦產品或者生產鹽的單位和個人。資源稅只能對原油、天然氣、煤炭、其他非金屬礦原礦、黑色金屬礦原礦、有色金屬礦原礦、鹽等七個項目徵收。

土地增值稅是對轉讓國有土地使用權、地上建築物及其附著物並取得收入的單位和個人，就其轉讓房地產所取得的增值額徵收的一種稅。

2. 資產減值損失

資產的主要特徵之一是它必須能夠為企業帶來經濟利益的流入，如果資產不能夠為企業帶來經濟利益或者帶來的經濟利益低於其帳面價值，那麼，該資產就不能再予確認，或者不能再以原帳面價值予以確認，否則不符合資產的定義，也無法反應資產的實際價值，其結果會導致企業資產虛增和利潤虛增。因此，當企業資產的可收回金額低於其帳面價值時，即表明資產發生了減值，企業應當確認資產減值損失，並把資產的帳面價值減記至可收回金額。

3. 公允價值變動損益

在資產實際價值背離帳面價值的情況下，會計有兩種辦法處理其差異。一種是利用減值準備（成本模式），但只有當資產帳面價值小於實際價值時才提取減值準備，而大於時則不進行帳務處理，也不能客觀反應資產的實際價值。另一種辦法是運用公允價值計量。

公允價值亦稱公允市價、公允價格，是熟悉情況的買賣雙方在公平交易的條件下所確定的價格，或無關聯的雙方在公平交易的條件下一項資產可以被買賣的成交價格。在購買法下，購買企業對合併業務的記錄需要運用公允價值的信息。公允價值的確定，需要依靠會計人員的職業判斷。在實務中，通常由資產評估機構對被並企業的淨資產進行評估。

在新會計準則體系中，目前已頒布的41個具體準則中至少有17個不同程度地運用了公允價值計量屬性。在有確鑿證據表明其公允價值能夠持續可靠取得的，企業可以採用公允價值計量模式。

4. 投資收益

投資收益是企業在一定的會計期間對外投資所取得的回報。投資收益包括對外投資所分得的股利和收到的債券利息，以及投資到期收回的或到期前轉讓債權所得款項高於帳面價值的差額等。投資活動也可能遭受損失，如投資到期收回的或到期前轉讓所得款低於帳面價值的差額，即為投資損失。投資收益減去投資損失則為投資淨收益。隨著企業握有的管理和運用資金權力的日益增大，資本市場的逐步完善，投資淨收益雖不是企業通過自身的生產或勞務供應活動所得，卻是企業利潤總額的重要組成部分，並且其比重發展呈越來越大的趨勢。

投資收益包括：企業根據投資性房地產準則確認的採用公允價值模式計量的投資性房地產的租金收入和處置損益；企業處置交易性金融資產、交易性金融負債、可供出售金融資產實現的損益；企業的持有至到期投資和買入返售金融資產在持有期間取得的投資收益和處置損益；證券公司自營證券所取得的買賣價差收入等。

(二) 利潤總額

$$利潤總額 = 營業利潤 + 營業外收入 - 營業外支出$$

營業外收入和營業外支出是指企業發生的與其生產經營活動無直接關係的各項收入和各項支出。

1. 營業外收入的主要內容

（1）固定資產盤盈。它指企業在財產清查盤點中發現的帳外固定資產的估計原值減去估計折舊後的淨值。

（2）處理固定資產淨收益。它指處置固定資產所獲得的處置收入扣除處置費用及該項固定資產帳面淨值與所計提的減值準備相抵差額後的餘額。

（3）罰款收入。它是指對方違反國家有關行政管理法規，按照規定支付給本企業的罰款，不包括銀行的罰息。

（4）出售無形資產收益。它指企業出售無形資產時，所得價款扣除其相關稅費後的差額，大於該項無形資產的帳面餘額與所計提的減值準備相抵差額的部分。

（5）因債權人原因確實無法支付的應付款項。它主要是指因債權人單位變更登記或撤銷等而無法支付的應付款項等。

（6）教育費附加返還款。它是指自辦職工子弟學校的企業，在繳納教育費附加後，教育部門返還給企業的所辦學校經費補貼費。

（7）非貨幣性交易中發生的非貨幣性交易收益（與關聯方交易除外）。

2. 營業外支出的主要內容

（1）固定資產盤虧。它是指在財產清查盤點中，因實際固定資產實有數低於固定資產帳面數而發生的固定資產淨值損失。

（2）處理固定資產淨損失。它指企業在生產經營期間處置固定資產時所取得的價款不足以抵補應支付的相關稅費和該項固定資產的帳面淨值與所計提的減值準備相抵差額而發生的處理差額。

（3）出售無形資產淨損失。它指企業出售無形資產時，所得價款不足以抵補應支付的相關稅費及該項無形資產的帳面餘額與所計提的減值準備相抵後的差額所發生的損失。

（4）罰款支出。它指企業因違反法律或未履行經濟合同、協議而支付的賠償金、違約金、罰息、罰款支出、滯納金等以及因違法經營而發生的被沒收財物損失。

（5）捐贈支出。它是企業對外捐贈的各種財產的價值。

（6）非常損失。它指自然災害造成的各項資產淨損失，如地震等造成的損失，還包括由此造成的停工損失和善後清理費用。

（7）計提無形資產、固定資產和在建工程的減值準備。它指企業按規定對無形資產、固定資產和在建工程實質上發生減值時提取的減值準備。

（8）職工子弟學校經費和技工學校經費。它指企業按照國家規定，自辦職工子弟學校發生的支出大於收入的差額，以及自辦技工學校發生的經費支出。

（9）債務重組損失。它是指按照債務重組會計處理的有關規定應計入營業外支出的債務重組損失。

（三）淨利潤

企業淨利潤等於利潤總額扣除所得稅費用後的餘額。

企業所得稅是就企業的應稅所得額課徵的一種稅收，在中華人民共和國境內，企業和其他取得收入的組織為企業所得稅的納稅人。

1. 應納稅額

$$應納稅額 = 應納稅所得額 \times 適用稅率 - 減免稅額 - 抵免稅額$$

適用稅率為25%，減免稅額和抵免稅額是指依照《中華人民共和國企業所得稅法》和國務院的稅收優惠規定減徵、免徵和抵免的應納稅額。

2. 應納稅所得額

（1）"應納稅所得額＝收入總額－不徵稅收入－免稅收入－各項扣除（包括允許彌補虧損額）"。這種計算方法為直接計算法。這種方法只考慮了稅法的要求，未顧及企業會計核算的要求。2007年之前的納稅申報採用該計算方法，由1張主表與16張附表組成。

不徵稅收入包括：財政撥款；依法收取並納入財政管理的行政事業性收費、政府性基金；國務院規定的其他不徵稅收入。

免稅收入包括：①國債利息收入；②符合條件的居民企業之間的股息、紅利等權益性投資收益；在中國境內設立機構、場所的非居民企業從居民企業取得與該機構、場所有實際聯繫的股息、紅利等權益性投資收益；不包括連續持有居民企業公開發行並上市流通的股票不足12個月取得的投資收益；③符合條件的非營利組織的收入，不包括非營利組織從事營利性活動取得的收入，但國務院財政、稅務主管部門另有規定的除外。

（2）"應納稅所得額＝會計利潤±納稅調整"。會計與稅法的差異主要通過納稅調整來體現，納稅調整通過一系列附表實現。2008年起的納稅申報採用該方法，由1張主表與11張附表構成。

二、盈餘管理

（一）盈餘項目管理

1. 營業稅金及附加管理

營業稅金及附加大都跟收入或產量有關，而且往往不能稅負轉嫁，額度約佔一般企業收入的10%，而一般企業的淨利潤在5%～10%。企業若沒有充分考慮這部分稅收及附加，可能使決策認為盈利的項目產生虧損。

2. 資產減值損失管理

會計上規定企業可以提取八大資產減值準備，這主要是彌補成本法核算資產價值的不足。企業一定要注意減值準備的提取、衝回、稅法允許調整額度的相關規定，不要過分強調其抵稅作用，同時也要避免通過減值準備人為操作利潤，這種利潤會造成企業虛假繁榮，最終受害者是企業投資者。

3. 公允價值變動收益管理

公允價值計量在中國一般只用於金融資產、金融負債、投資性房地產等有限項目的計價。當存在大量收益為負的情況下，企業的投資資產是嚴重縮水的。

4. 投資收益管理

企業對外投資的目的一般有二：一是獲得比本企業利潤率更高的回報，二是出於戰略控制的目的。當企業的投資收益背離了這兩個目的，就必須重新審查投資的必要性，審查是否存在資源人為轉移等問題。

5. 營業外收支淨額管理

企業對營業外收支淨額的管理一定要清楚其特點。營業外收支的主要特點：①營業外收入和營業外支出一般彼此相互獨立，不具有因果關係；②營業外收支通常意外出現，企業難以控制；③營業外收支通常偶然發生，不重複出現，企業難以預見；④營業外收支不與企業經營努力有關。

一般企業的營業外收支淨額往往為負，即營業外收入小於營業外支出。當企業長期產生大量的營業外收入，一則企業核算口徑可能有問題，二則企業缺乏核心競爭力，因此要盡可能降低營業外支出。

6. 所得稅管理

由於稅法與財務會計規範的目的不同，兩者之間計算的應納稅所得額必然存在差異。為了更好指導企業納稅，在自覺納稅的原則下盡可能不交"冤枉稅"，我們有必要深刻理解"納稅調整"。納稅調整主要通過11張附表完成。

(二) 影響利潤各因素變動分析

企業應根據成本、銷量和利潤的關係，確定盈虧臨界點，在此基礎上進行因素變動對利潤影響的分析。

1. 盈虧臨界點的確定

盈虧臨界點，是指企業收入和成本相等的經營狀態，即邊際貢獻等於固定成本時企業所處的既不盈利又不虧損的狀態。我們通常用一定的業務量來表示這種狀態。

（1）盈虧臨界點銷售量

單一產品盈虧臨界點銷售量計算：

$$盈虧臨界點銷售量 = \frac{固定成本}{單價 - 單位變動成本} = \frac{固定成本}{單位邊際貢獻}$$

（2）盈虧臨界點銷售額

多產品企業由於產品之間數量不具有可比性，其盈虧臨界點計算一則可以使用聯合單位銷售量（可比銷售量），二則使用銷售額。

$$盈虧臨界點銷售額 = \frac{固定成本}{邊際貢獻率}$$

（3）盈虧臨界點作業率

盈虧臨界點作業率，是指盈虧臨界點銷售量占企業正常銷售量的比重。所謂正常銷售量，是指在正常市場和正常開工情況下，企業的銷售數量，也可以用銷售金額來表示。

$$盈虧臨界點作業率 = \frac{盈虧臨界點銷售量}{正常銷售量} \times 100\%$$

這個比率表明企業保本的業務量在正常業務量中所占的比重。由於多數企業的生產經營能力是按正常銷售量來規劃的，生產經營能力與正常銷售量基本相同。所以，盈虧臨界點作業率還表明保本狀態下的生產經營能力的利用程度。當某企業的盈虧臨界點作業率為80%，該企業的作業率必須達到正常作業的80%以上才能取得盈利，否則就會產生虧損。

2. 分析有關因素變動對利潤的影響

盈虧臨界分析主要研究利潤為零的特殊經營狀態的有關問題，變動分析則主要研究利潤不為零的一般經營狀態的有關問題。

企業在決定任何生產經營問題時，都應事先分析擬採取的行動對利潤有何影響。如果該行動產生的收益大於它所引起的支出，可以增加企業的盈利，則這項行動在經濟上是可取的。雖然企業在決策時需要考慮各種非經濟因素，但是經濟分析總是最基本的，甚至是首要的分析。

影響利潤諸因素的變動分析，主要方法是將變化了的參數帶入量本利方程式，測定其造成的利潤變動。

[例11.2] 某企業目前的損益狀況如下：
銷售收入（1,000件×10元/件）：10,000元
銷售成本：
變動成本（1,000件×6元/件）：6,000元
固定成本：2,000元
銷售和管理費（全部固定）：1,000元
利潤：1,000元

顯然，銷量、單價、單位變動成本、固定成本諸因素中的一項或多項同時變動，都會對利潤產生影響。

通常，企業遇到下列三種情況時，常要測定利潤的變化：

(1) 外界單一因素發生變化

外界某一因素發生變化時，企業需要測定其對利潤的影響，預計未來期間的利潤。
例11.2的損益狀況，如果用方程式來表示，可以寫成下列形式：

$$利潤 = 銷售收入 - 變動成本 - 固定成本$$
$$= 1,000 \times 10 - 1,000 \times 6 - (2,000 + 1,000)$$
$$= 1,000（元）$$

假設由於材料漲價，使單位變動成本上升到7元，利潤將變為：

$$利潤 = 1,000 \times 10 - 1,000 \times 7 - (2,000 + 1,000) = 0（元）$$

由於單位變動成本上升1元（7-6），企業最終利潤減少1,000（1,000-0）元。企業應根據這種預見到的變化，採取措施，設法抵消這種影響。

如果價格、固定成本或銷量發生變動，也可以用上述同樣方法測定其對利潤的影響。

(2) 企業擬採取某項行動

由於企業擬採取某項行動，將使有關因素發生變動時，企業需要測定其對利潤的影響，作為評價該行動經濟合理性的尺度。

①假設例11.2的企業擬採取更有效的廣告方式，從而使銷量增加10%。利潤將因此變為：

$$利潤 = 1,000 \times (1+10\%) \times 10 - 1,000 \times (1+10\%) \times 6 - (2,000 + 1,000)$$
$$= 1,400（元）$$

這項措施將使企業利潤增加400（1,400-1,000）元，它是增加廣告開支的上限。如果這次廣告宣傳的支出超過400元，就可能得不償失。

②假設該企業擬實施一項技術培訓計劃，以提高工效，使單位變動成本由目前的6元降至5.75元。利潤將因此變為：

$$利潤 = 1,000 \times 10 - 1,000 \times 5.75 - (2,000 + 1,000) = 1,250（元）$$

這項計劃將使企業利潤增加250（1,250-1,000）元，它是培訓計劃開支的上限。如果培訓計劃的開支不超過250元，則可從當年新增利潤中得到補償，並可獲得長期收益。如果開支超過250元則要慎重考慮這項計劃是否真的具有意義。

③假設該企業擬自建門市部，售價由目前的10元提到11.25元，而能維持銷量不變。利潤將因此變為：

利潤＝1,000×11.25-1,000×6-（2,000+1,000）＝2,250（元）

這項計劃將使企業利潤增加1,250元（2,250-1,000），它是門市部每年開支的上限。

由於企業的任何經濟活動都要消耗錢物，因此，評價其對利潤的影響，權衡得失總是必要的。企業利用量本利方程式，可以具體計算出對最終利潤的影響，有利於經營者決策。

（3）有關因素發生相互關聯的變化

由於外界因素變化或企業擬採取某項行動，有關因素發生相互關聯的影響，企業需要測定其引起的利潤變動，以便選擇決策方案。

［例11.3］假設例11.2中，企業按國家規定普調工資，使單位變動成本增加4%，固定成本增加1%，結果會導致利潤下降。為了抵消這種影響企業有兩個應對措施：一是提高價格5%，而提價會使銷量減少10%；二是增加產量20%，為使這些產品能銷售出去，要追加500元廣告費。

調整工資後不採取措施的利潤為：

利潤＝1,000×［10-6×（1+4%）］-（2,000+1,000）×（1+1%）＝730（元）

採取第一種方案的預計利潤：

利潤＝1,000×（1-10%）×［10×（1+5%）-6×（1+4%）］
　　　-（2,000+1,000）×（1+1%）
　　＝804（元）

採取第二種方案的預計利潤：

利潤＝1,000×（1+20%）×［10-6×（1+4%）］
　　　-［（2,000+1,000）×（1+1%）+500］
　　＝982（元）

通過比較可知，第二種方案較好。

3. 分析實現目標利潤的有關條件

上面的分析，以影響利潤的諸因素為已知數，利潤是待求的未知數。在企業裡有時會碰到另一種相反的情況，即利潤是已知數而其他因素是待求的未知數。例如，經營承包合同規定了利潤目標，主管部門下達了利潤指標，或者根據企業長期發展和職工生活福利的需要企業必須達到特定利潤水平等。在這種情況下，我們應當研究如何利用企業現有資源，合理安排產銷量、收入和成本支出，以實現特定利潤，也就是分析實現目標利潤所需要的有關條件。

（1）採取單項措施以實現目標利潤

假設例11.2的企業欲使利潤增加50%，即達到1,500元，可以從以下幾個方面著手採取相應的措施：

①減少固定成本

減少固定成本，可使利潤相應增加。現在的問題是確定需減少多少固定成本，才能使原來的利潤增加50%，達到1,500元。

現將固定成本（FC）作為未知數，目標利潤1,500元作為已知數，其他因素不變，代入量本利關係方程式：

$$1,500 = 1,000 \times 10 - 1,000 \times 6 - FC$$
$$FC = 2,500（元）$$

如其他條件不變，固定成本從3,000元減少到2,500元，降低16.7%，可保證實現目標利潤。

②減少變動成本

按上述同樣方法，將單位變動成本（VC）作為未知數代入量本利關係方程式：

$$1,500 = 1,000 \times 10 - 1,000 \times VC - 3,000$$
$$VC = 5.50 （元）$$

如其他條件不變，單位變動成本從6元降低到5.50元，減少8.3%，可保證實現目標利潤。

③提高售價

按上述同樣方法，將單位產品的售價（SP）作為未知數代入量本利關係方程式：

$$1,500 = 1,000 \times SP - 1,000 \times 6 - 3,000$$
$$SP = 10.50 （元）$$

如其他條件不變，單位產品的售價從10元提高到10.50元，提高5%，可保證實現目標利潤。

④增加產銷量

按上述同樣方法，將產銷數量（V）作為未知數代入量本利關係方程式：

$$1,500 = V \times 10 - V \times 6 - 3,000$$
$$V = 1,125 （件）$$

如其他條件不變，產銷量從1,000件增加到1,125件，增加12.5%，可保證實現目標利潤。

（2）採取綜合措施以實現目標利潤

在現實經濟生活中，影響利潤的諸因素是相互關聯的。企業為了提高產量，往往需要增加固定成本。與此同時，企業為了把它們順利地銷售出去，有時又需要降低售價或增加廣告費等固定成本。因此，企業很少採取單項措施來提高利潤，而大多採取綜合措施以實現利潤目標，這就需要進行綜合計算和反覆平衡。

會計師可按下述步驟去落實目標利潤：

假設例11.2中，企業有剩餘的生產能力，可以進一步增加產量，但由於售價偏高，使銷路受到限制。為了打開銷路，企業經理擬降價10%，採取薄利多銷的方針，爭取實現利潤1,500元。

①計算降價後實現目標利潤所需的銷售量

$$銷售量 = \frac{固定成本+目標利潤}{單位邊際貢獻} = \frac{(2,000+1,000)+1,500}{10 \times (1-10\%)-6} = 1,500 （件）$$

如果銷售部門認為，降價10%後可使銷量達到1,500件，生產部門也可以將其生產出來，則目標利潤就可以落實了。否則，還需要繼續分析並進一步落實。

②計算既定銷量下實現目標利潤所需要的單位變動成本

假設銷售部門認為，上述1,500件的銷量是達不到的，降價10%後只能使銷量增至1,300件。為此，需要在降低成本上挖潛。

$$單位變動成本 = \frac{單價 \times 銷量-(固定成本+目標利潤)}{銷量}$$
$$= \frac{10 \times (1-10\%) \times 1,300-(3,000+1,500)}{1,300} = 5.54 （元）$$

为了實現目標利潤，企業在降價10%的同時，還須使單位變動成本從6元降至5.54元。如果生產部門認為，通過降低原材料和人工成本，這個目標是可以實現的，則預定的利潤目標可以落實。否則，還要在固定成本的節約方面想辦法。

③計算既定產銷量和單位變動成本下實現目標利潤所需的固定成本

假設生產部門認為，通過努力，單位變動成本可望降低到5.60元。為此，企業還需要壓縮固定成本支出。

$$固定成本 = 銷量 \times 單位邊際貢獻 - 目標利潤$$
$$= 1,300 \times [10 \times (1-10\%) - 5.60] - 1,500 = 2,920（元）$$

為了實現目標利潤，在降價10%，使銷量增至1,300件，單位變動成本降至5.60元的同時，還須壓縮固定成本80（3,000-2,920）元，則目標利潤可以落實。否則，銷售部門與生產部門可以返回去再次協商，尋找進一步增收節支的辦法，重新分析計算並分別落實，或者向經理匯報，請其考慮修改目標利潤。

第四節 利潤分配管理

利潤分配，是企業將實現的淨利潤，按照國家財務制度規定的分配形式和分配順序，在國家、企業和投資者之間進行分配。利潤分配的過程與結果，關係到所有者的合法權益能否得到保護，企業能否長期、穩定發展，為此，企業必須加強利潤分配的管理和核算。

一、利潤分配的原則

利潤分配是企業財務管理中的重要內容，關係到企業有經濟利益關係的各種當事人，包括國家、投資者、企業債權人和企業職工的切身利益，分配不當會影響企業的生存和發展。因此，企業利潤分配必須遵循以下基本原則：

(一) 依法分配的原則

企業利潤分配的對象是在一定會計期間內實現的稅後利潤。稅後利潤是企業投資者擁有的權益，對這部分權益的處置與分配，以《公司法》為核心的有關法律都有明確的規定和要求，並制定了繳稅、提留、分紅的基本程序。企業的稅前利潤首先應按國家規定做出相應調整，增減應納稅所得額，然後依法繳納所得稅。稅後利潤的分配應按順序彌補以前年度虧損，提取法定公積金、公益金，再向投資者分配利潤。

(二) 利潤激勵的原則

在保障投資者應分配利潤的前提下，如何確保經營者和職工的利益，以提高職工的主人翁意識，調動職工的積極性，是現代企業管理層面臨的重要而又特別的課題。中國現行法規規定，稅後利潤應當提取公益金，用於職工集體福利設施的開支；在現行企業中，使用稅後可供分配利潤對具有一定工作年限或做出較大貢獻的職工發送紅股，使員工也成為企業的主人參與企業利潤的分配。這種紅股雖然在其轉讓、繼承等方面作了一定的限制，但對提高職工的歸屬感和參與意識無疑具有積極的意義；有部分企業試行的"內部職工股"與"期權"，也是一種積極有效的探索。

(三）權益對等的原則

　　企業在利潤分配中應遵守公平、公正、公開的原則，企業的投資者在企業中只有以其股權比例享有合法權益，不得在企業中謀取私利，企業的獲利情況應當向所有的投資人及時公開，利潤的分配方案應交股東會討論，並充分考慮小股東的意見，利潤分配的方式應當對所有股東一視同仁。

（四）盈利確認的原則

　　進行利潤分配的企業當年必須要有可確認盈餘利潤，或有歷年來分配利潤結餘及留存盈利。凡在年終會計核算中沒有確認的帳面盈利或沒有留存盈利的企業不得分配利潤。

（五）資本保全的原則

　　利潤的分配是對投資者資本增值部分的分配，而不是投資者資本金的返回。利潤分配中不允許企業在無盈利或虧損情況下用資金向投資者分配。這與盈利確認原則的要求是一致的，只是比盈利確認原則作了進一步的限制。

（六）保護債權人權利的原則

　　利潤分配中要體現對債權人權利的保護，企業在沒有償還完所有債權人到期的債務之前，不得分配利潤。另外，在所有到期債務償還結束後分配利潤，也要注意保持企業一定的償債能力（還有未到期和即將到期的債務要支付），也就是說，要有一定比例的未分配利潤和留存盈利。

二、利潤分配的程序

　　向股東支付投資利潤（股利）是一項稅後淨利潤的分配，但不是利潤分配的全部。按照中國《公司法》的規定，公司利潤分配的項目和順序如下：

（一）虧損彌補

　　企業存在的歷年虧損在進行分配前必須予以彌補，補虧有稅前補虧和稅後補虧兩種方式。稅前補虧在所得稅部分已經講解，在稅前不能完全彌補虧損時必須用稅後利潤補虧。

　　稅後補虧一是用利潤當年的淨利潤彌補，二是用提取的法定盈餘公積彌補。這種"補虧"是按帳面數字進行的，與所得稅法的虧損後轉無關，關鍵在於不能用資本發放股利，也不能在沒有累計盈餘的情況下提取公積金。

（二）計提法定盈餘公積金

　　當企業有累計盈餘的情況下應該提取法定公積金。

　　法定盈餘公積金按照稅後累計淨利潤的10%提取。法定盈餘公積金已達註冊資本的50%時可不再提取。企業提取的法定盈餘公積金用於彌補以前年度虧損或轉增資本金。但轉增資本金後留存的法定盈餘公積金不得低於註冊資本的25%。

（三）可分配利潤的確定

　　嚴格意義上講，只有提取法定盈餘公積金後剩餘的累計淨利潤，企業才能自由支配，此時的累計淨利潤才是真正意義上的可分配利潤。

企業可將本年淨利潤（或虧損）與年初未分配利潤（或虧損）合併，計算出可供分配的利潤。如果可供分配的利潤為負數（即虧損），則不能進行後續分配；如果可供分配利潤為正數（即本年累計盈利），則進行後續分配。

可供分配利潤提取法定盈餘公積後就是可分配利潤。

（四）計提任意公積金

公司從稅後利潤中提取法定公積金後，經股東會或者股東大會決議，還可以從稅後利潤中提取任意公積金。

（五）向投資人分配利潤

公司提取公積金之後，可以將剩餘利潤向投資者（股東）分配利潤（支付股利）。

股利（利潤）的分配應以各股東（投資者）持有股份（投資額）的數額為依據，每一股東（投資者）取得的股利（分得的利潤）與其持有的股份數（投資額）成正比。股份有限公司原則上應從累計盈利中分派股利，無盈利不得支付股利，即所謂"無利不分"。但若公司用公積金抵補虧損以後，為維護其股票信譽，經股東大會特別決議，也可用公積金支付股利。

上市公司股東大會對利潤分配方案做出決議後，公司董事會須在股東大會召開後兩個月內完成股利（或股份）的派發事項。

公司股東會或董事會違反上述利潤分配順序，在抵補虧損和提取法定公積金之前向股東分配利潤的，必須將違反規定發放的利潤退還公司。

三、股利分配理論

股利分配作為財務管理的一部分，同樣要考慮其對公司價值的影響。在股利分配對公司價值的影響這一問題上，存在不同的觀點，主要有：

（一）股利無關論

股利無關論認為股利分配對公司的市場價值（或股票價格）不會產生影響。這一理論建立在這樣的假定之上：①不存在個人或公司所得稅；②不存在股票的發行和交易費用（即不存在股票籌資費用）；③公司的投資決策與股利決策彼此獨立（即投資決策不受股利分配的影響）；④公司的投資者和管理當局可相同地獲得關於未來投資機會的信息。上述假定描述的是一種完美無缺的市場，因而股利無關論又被稱為完全市場理論。

股利無關論認為：

1. 投資者並不關心公司股利的分配

若公司留存較多的利潤用於再投資，會導致公司股票價格上升；此時儘管股利較低，但需用現金的投資者可以出售股票換取現金。若公司發放較多的股利，投資者又可以用現金再買入一些股票以擴大投資。也就是說，投資者對股利和資本利得並無偏好。

2. 股利的支付比率不影響公司的價值

既然投資者不關心股利的分配，公司的價值就完全由其投資的獲利能力所決定，公司的盈餘在股利和保留盈餘之間的分配並不影響公司的價值（即使公司有理想的投資機會而又支付了高額股利，也可以募集新股，新投資者會認可公司的投資機會）。

(二) 股利相關論

股利相關論認為公司的股利分配對公司市場價值有影響。在現實生活中，不存在無關論提出的假定前提，公司的股利分配是在種種制約因素下進行的，公司不可能擺脫這些因素的影響。

影響股利分配的因素有：

1. 法律限制

為了保護債權人和股東的利益，有關法規對公司的股利分配經常作如下限制：

（1）資本保全。規定公司不能用資本（包括股本和資本公積）發放股利。

（2）企業累積。規定公司必須按淨利潤的一定比例提取法定盈餘公積金。

（3）淨利潤。規定公司年度累計淨利潤必須為正數時才可發放股利，以前年度虧損必須足額彌補。

（4）超額累積利潤。由於股東繳納的股利所得稅高於其進行股票交易的資本利得稅，於是許多國家規定公司不得超額累積利潤，一旦公司的保留盈餘超過法律認可的水平，將被加徵額外稅額。中國法律對公司累積利潤尚未做出限制性規定。

2. 經濟限制

股東從自身經濟利益需要出發，對公司的股利分配往往產生這樣一些影響：

（1）穩定的收入和避稅。一些依靠股利維持生活的股東，往往要求公司支付穩定的股利，若公司留存較多的利潤，將受到這部分股東的反對。另外，一些高股利收入的股東又出於避稅的考慮（股利收入的所得稅高於股票交易的資本利得稅），往往反對公司發放較多的股利。

（2）控制權的稀釋。公司支付較高的股利，就會導致留存盈餘減少，這又意味著將來發行新股的可能性加大，而發行新股必然稀釋公司的控制權，這是公司原有的持有控制權的股東們所不願看到的局面。因此，他們若拿不出更多的資金購買新股以滿足公司的需要，寧肯不分配股利而反對募集新股。

3. 財務限制

就公司的財務需要來講，也存在一些限制股利分配的因素：

（1）盈餘的穩定性。公司是否能獲得長期穩定的盈餘，是其股利決策的重要基礎。盈餘相對穩定的公司能夠較好地把握自己，有可能支付比盈餘不穩定的公司較高的股利；而盈餘不穩定的公司一般採取低股利政策。對於盈餘不穩定的公司來講，低股利政策可以減少因盈餘下降而造成的股利無法支付、股價急遽下降的風險，還可將更多的盈餘再投資，以提高公司權益資本比重，減少財務風險。

（2）資產的流動性。較多地支付現金股利，會減少公司的現金持有量，使資產的流動性降低；而保持一定的資產流動性，是公司經營所必需的。

（3）舉債能力。具有較強舉債能力（與公司資產的流動項相關）的公司因為能夠及時地籌措到所需的現金，有可能採取較寬鬆的股利政策；而舉債能力弱的公司則不得不多滯留盈餘，因而往往採取較緊的股利政策。

（4）投資機會。有著良好投資機會的公司，需要有強大的資金支持，因而往往少發放股利，將大部分盈餘用於投資；缺乏良好投資機會的公司，保留大量現金會造成資金的閒置，於是傾向於支付較高的股利。正因為如此，處於成長中的公司多採取低股利政策；處於經營收縮期的公司多採取高股利政策。

(5) 資本成本。與發行新股相比，保留盈餘不需花費籌資費用，是一種比較經濟的籌資渠道。所以，從資本成本考慮，如果公司有擴大資金的需要，也應當採取低股利政策。

(6) 債務需要。具有較高債務償還需要的公司，可以通過舉借新債、發行新股籌集資金償還債務，也可直接用經營累積償還債務。如果公司認為後者適當的話（比如，前者資本成本高或受其他限制難以進入資本市場），將會減少股利的支付。

4. 其他限制

(1) 債務合同約束。公司的債務合同，特別是長期債務合同，往往有限制公司現金支付程度的條款，這使公司只得採取低股利政策。

(2) 通貨膨脹。在通貨膨脹的情況下，公司折舊基金的購買力水平下降，會導致沒有足夠的資金來源重置固定資產。這時盈餘會被當作彌補折舊基金購買力水平下降的資金來源，因此在通貨膨脹時期公司股利政策往往偏緊。

由於存在上述種種影響股利分配的限制，股利政策與股票價格就不是無關的，公司的價值或者說股票價格不會僅僅由其投資的獲利能力所決定。

四、股利分配政策

支付給股東的盈餘與留在企業的保留盈餘，存在此消彼長的關係。所以，股利分配既決定給股東分配多少紅利，也決定有多少淨利留在企業。公司減少股利分配，會增加保留盈餘，減少外部籌資需求。股利決策也是內部籌資決策。

在進行股利分配的實務中，公司經常採用的股利政策如下：

(一) 剩餘股利政策

1. 股利分配方案的確定

以上談到，股利分配與公司的資本結構相關，而資本結構又是由投資所需資金構成的，因此實際上股利政策要受到投資機會及其資金成本的雙重影響。剩餘股利政策就是在公司有著良好的投資機會時，根據一定的目標資本結構（最佳資本結構），測算出投資所需的權益資本，先從盈餘當中留用，然後將剩餘的盈餘作為股利予以分配。

公司採用剩餘股利政策時，應遵循四個步驟：①設定目標資本結構，即確定權益資本與債務資本的比率，在此資本結構下，加權平均資本成本將達到最低水平；②確定目標資本結構下投資所需的股東權益數額；③最大限度地使用保留盈餘來滿足投資方案所需的權益資本數額；④投資方案所需權益資本已經滿足後若有剩餘盈餘，再將其作為股利發放給股東。

[例11.4] 某公司上年稅後利潤為600萬元，今年年初公司討論決定股利分配的數額。公司預計今年需要增加投資資本800萬元。公司的目標資本結構是權益資本占60%，債務資本占40%，今年繼續保持。按法律規定，公司至少要提取10%的公積金。公司採用剩餘股利政策。籌資的優先順序是留存利潤、借款和增發股份。問：公司應分配多少股利？

解答：利潤留存 = 800×60% = 480（萬元）

股利分配 = 600−480 = 120（萬元）

2. 採用本政策的理由

奉行剩餘股利政策，意味著公司只將剩餘的盈餘用於發放股利。公司這樣做的根本理由是為了保持理想的資本結構，使加權平均資本成本最低。在例11.4中，如果公司不按剩餘股利政策發放股利，將可向股東分配的600萬元全部留用於投資（這樣當年將不發放股利），或全部作為股利發放給股東（這樣當年每股股利將達到6元），然後再去籌借債務，這兩種做法都會破壞目標資本結構，導致加權平均資本成本的提高，不利於提高公司的價值（股票價格）。

（二）固定或持續增長的股利政策

1. 分配方案的確定

這一股利政策是將每年發放的股利固定在某一固定的水平上並在較長的時期內保持不變，只有當公司認為未來盈餘會顯著地、不可逆轉地增長時，才提高年度的股利發放額。

2. 採用本政策的理由

固定或持續增長股利政策的主要目的是避免出現由於經營不善而削減股利的情況。公司採用這種股利政策的理由在於：

（1）穩定的股利向市場傳遞著公司正常發展的信息，有利於樹立公司良好形象，增強投資者對公司的信心，穩定股票的價格。

（2）穩定的股利額有利於投資者安排股利收入和支出，特別是對那些對股利有著很高依賴性的股東更是如此。而股利忽高忽低的股票，則不會受這些股東的歡迎，股票價格會因此而下降。

（3）穩定的股利政策可能會不符合剩餘股利理論，但考慮到股票市場會受到多種因素的影響，其中包括股東的心理狀態和其他要求，因此為了使股利維持在穩定的水平上，公司即使推遲某些投資方案或者暫時偏離目標資本結構，也可能要比降低股利或降低股利增長率更為有利。

該股利政策的缺點在於股利的支付與盈餘相脫節。當盈餘較低時公司仍要支付固定的股利，這可能導致資金短缺，財務狀況惡化；同時該股利政策不能像剩餘股利政策那樣保持較低的資本成本。

（三）固定股利支付率政策

1. 分配方案的確定

固定股利支付率政策，是公司確定一個股利占盈餘的比率，長期按此比率支付股利的政策。在這一股利政策下，各年股利額隨公司經營的好壞而上下波動，獲得較多盈餘的年份股利額高，獲得盈餘少的年份股利額低。

2. 採用本政策的理由

主張實行固定股利支付率的人認為，這樣做能使股利與公司盈餘緊密地配合，以體現多盈多分、少盈少分、無盈不分的原則，才算真正公平地對待了每一位股東。但是，在這種政策下各年的股利變動較大，極易造成公司不穩定的感覺，對於穩定股票價格不利。

（四）低正常股利加額外股利政策

1. 分配方案的確定

低正常股利加額外股利政策，是公司一般情況下每年只支付固定的、數額較低的股利；在盈餘多的年份，再根據實際情況向股東發放額外股利。但額外股利並不固定化，不意味著公司永久地提高了規定的股利率。

2. 採用本政策的理由

（1）這種股利政策使公司具有較大的靈活性。當公司盈餘較少或投資需用較多資金時，可維持設定的較低但正常的股利，股東不會有股利跌落感；而當盈餘有較大幅度增加時，則可適度增發股利，把經濟繁榮的部分利益分配給股東，使他們增強對公司的信心，這有利於穩定股票的價格。

（2）這種股利政策可使那些依靠股利度日的股東每年至少可以得到雖然較低，但比較穩定的股利收入，從而吸引住這部分股東。

以上各種股利政策各有所長，公司在分配股利時應借鑑其基本決策思想，制定適合自己具體實際情況的股利政策。

課後思考與練習

一、思考題

1. 在營業收入中，常用的定性和定量預測方法主要有哪幾種？
2. 主營業務收入結構分析與管理中運用的各種比率說明了什麼問題？這對企業財務管理工作有何啟示？
3. 除了直接材料差異、直接人工差異、變動製造費用差異以及固定製造成本差異這些成本的差異分析之外，你覺得關於銷售收入可以設計出哪些差異分析方法呢？
4. 股利政策有哪幾種？公司採用每種股利政策的理由是什麼？
5. 據規定，公司利潤分配的程序是虧損彌補、計提法定盈餘公積金、確定可分配利潤、計提任意公積金、向投資人分配利潤。那麼，向員工發放工資及獎金以及償還債務屬於利潤分配嗎？為什麼？

二、計算題

1. 2007年城鎮某品牌彩電普及率為13.48萬/百戶，預計2008年年底達13.63萬/百戶，城鎮居民家庭為58.6萬戶，年增長率為0.35%。居民彩電需求量占社會需求量的87%。

要求：按產品壽命週期分析法預測該品牌在這個城鎮的銷售量。

2. 2014年某企業對其生產的某產品銷售情況進行調查。該產品已試銷1年，截至當年年底在本市已擁有30,000用戶，本市共有居民1,500,000戶。據悉2015年外地從本市訂貨該產品3,500臺，本市從外地訂貨該類產品1,600臺。假定該產品壽命週期的試銷期為3~5年，產品普及率為1%~5%，按產品壽命週期分析法預測該廠2015年銷售量為12,200臺。

要求：求該廠的市場佔有率。

3. 某產品本月成本資料如下：

（1）單位產品標準成本如表11.2所示。

表11.2　　　　　　　　　　單位產品標準成本

直接項目	用量標準	價格標準	標準成本
直接材料	50千克	9元/千克	450元/件
直接人工	45小時	4元/小時	180元/件
變動製造費用	45小時	3元/小時	135元/件

表11.2(續)

直接項目	用量標準	價格標準	標準成本
固定製造費用	45 小時	2 元/小時	90 元/件
合計			855 元/件

本企業該產品預算產量的標準工時為1,000小時。

(2) 本月實際產量為20件,實際耗用材料為900千克,實際人工工時為950小時,實際成本如下表11.3所示。

表11.3　　　　　　　　　　實際成本

直接材料	900 元
直接人工	3,325 元
變動製造費用	2,375 元
固定製造費用	2,850 元
合計	17,550 元

要求：(1) 計算本月產品成本差異總額。
(2) 計算直接材料價格差異和用量差異。
(3) 計算直接人工效率差異和工資率差異。
(4) 計算變動製造費用耗費差異和效率差異。
(5) 計算固定製造費用耗費差異、閒置能量差異、效率差異。

4. 某企業生產電飯煲,其設計生產能力為年產15萬臺,目前材料供應充足,產量完全可以達到這個水平。該產品價格為每臺200元,單位變動成本為150元,月固定成本為120,000元,預計全年固定費用為120,000×12 = 1,440,000元。

要求：(1) 求月盈虧臨界點銷售量、銷售額。
(2) 求企業產量達到生產能力時可實現的利潤。
(3) 假設單位變動成本提高1%,求對利潤的影響。
(4) 產銷量增加1個百分點時,求對利潤的影響。

5. 某公司執行剩餘股利政策,目標資本結構的資產負債率為50%,本年稅後利潤為100萬元,若不增發新股,公司的最大投資支出是多少？可支付的股利是多少？

第十二章　財務分析與評價

學習目標

要求學生通過本章學習，明確財務分析與評價的目的和作用，對財務分析與評價的資料依據有一個全面的認識和瞭解，掌握財務分析的評價標準和基本方法，尤其是比率分析法和杜邦分析法。

本章內容

財務分析與評價概述：財務分析與財務評價的關係，財務信息的使用者，財務分析的依據，財務分析應注意的問題，財務分析的內容與種類，財務分析的程序；**財務分析方法**：趨勢分析法，因素分析法；**財務比率分析**：償債能力分析，營運能力分析，盈利能力分析，發展能力分析，上市公司特殊財務比率；**綜合分析法**：綜合分析法的基本思路，杜邦財務分析法，改進的財務綜合分析體系，財務比率綜合分析法。

第一節　財務分析與評價概述

一、財務分析與財務評價的關係

(一) 財務評價

財務評價常常在兩種場合使用：項目財務評價和企業財務評價。

1. 項目財務評價

項目財務評價是根據國家現行財稅制度和價格體系，分析、計算項目直接發生的財務效益和費用，編製財務報表，計算評價指標，考查項目的盈利能力、清償能力以及外匯平衡等財務狀況，據以判別項目的財務可行性的方法。

項目財務評價多用靜態分析與動態分析相結合，以動態為主的辦法進行。動態指標主要有內部收益率、淨現值，靜態指標主要有投資回收期。我們將項目的財務評價指標分別和相應的基準參數——基準收益率、行業平均投資回收期、平均投資利潤率、投資利稅率等相比較，以判斷項目在財務上的可行性。財務評價是項目可行性研究的核心內容，其評價結論是決定項目取捨的重要決策依據。

2. 企業財務評價

企業財務評價是在財務分析的基礎上，運用財務綜合評價方法對企業財務活動過程和財務效果得出綜合結論的方法。一般而言，財務分析的結果只反應企業某一方面或某一環節的財務狀況或財務成果，我們要想對整個企業的財務狀況和財務成果得出總體結論，必須在財務綜合分析的基礎上對企業財務狀況和財務成果進行綜合評價。

企業財務評價以會計核算資料和報表資料等為依據的，採用一系列專門的財務分析技術和方法，對企業過去和現在的經營成果、財務狀況及其他相關項目所作的一種客觀判斷和分析。其根本目的是為管理者服務。

企業財務評價主要有以下兩個方面的作用：

第一，企業財務評價是財務決策的依據。財務決策是財務管理和企業管理的關鍵環節，財務評價既是判別過去財務決策是否正確的依據，也是將來正確財務決策的基礎。在投資決策中，企業通過財務評價可確定被投資企業在同行業中的水平和地位，可明確投資潛力與投資風險；在企業重組決策中，通過財務評價可確定哪些企業應合併、哪些企業應分立、哪些企業應破產等。

第二，企業財務評價是完善激勵機制的基礎。激勵機制是現代企業經營機制的重要組成部分，激勵機制的基礎在於評價，特別是財務評價。我們通過企業財務評價可明確經營者的經營業績水平，通過對部門的財務評價可明確部門經營者的經營業績水平，通過對職工責任指標的評價可明確職工的業績水平。激勵機制正是在明確業績水平基礎上實施的獎勵與懲罰。

企業財務評價的方法有綜合指數法、綜合評分法、功效系數法、分析判斷法等。評價指標與財務分析的常用指標是通用的。

(二) 財務分析

財務分析是以會計核算和報表資料及其他相關資料為依據，採用一系列專門的分析技術和方法，對企業等經濟組織的過去和現在有關籌資活動、投資活動、經營活動的償債能力、盈利能力和營運能力狀況等進行分析與評價，為企業的投資者、債權人、經營者以及其他關心企業的組織或個人瞭解企業過去、評價企業現狀、預測企業未來、做出正確決策提供準確的信息或依據的經濟應用方法。

廣義的財務分析包括會計分析、財務分析和綜合分析。會計分析包括籌資活動分析、投資活動分析、經營活動分析和分配活動分析；財務分析包括償債能力分析、盈利能力分析、營運能力分析和增長能力分析；綜合分析包括財務綜合分析、財務綜合評價、財務預測分析和企業價值評估。

(三) 財務評價與財務分析的關係

財務評價與財務分析都涉及企業籌資活動、投資活動、經營活動和分配活動，都需要分析或評價償債能力、盈利能力、營運能力和增長能力，使用的方法、指標體系基本相同。科學的財務評價必須建立在財務分析的基礎上。

財務評價關注的是結果，財務分析注重結果的原因探究；財務評價得出的往往是一個總括性結論，無法反應存在的問題以及產生問題的根本癥結，而財務分析卻能夠對評價結果進行更深層次的解釋和說明。

財務分析包括了指標計算和指標比較，而指標比較就帶有評價的職能；財務評價之前需要比較詳細的分析作為結論的支撐。故，財務評價與財務分析常常被混同使用，無論是理論上或是實務中一般都未對其加以嚴格區分。

二、財務信息的使用者

財務信息是財務分析與評價的基礎數據，財務信息的使用者大體上分為兩類：內部使用者和外部使用者。內部使用者包括企業管理者與員工，他們既是企業財務信息的生產者，也是財務信息的使用者，他們使用財務信息主要是為了改進自己的經營管理工作。外部使用者是並不參與企業經營活動的個人和單位，他們必須依賴企業提供的信息。一般而言，內部信息使用者多使用內部信息，外部信息使用者使用外部信息。由於外部信息按照統一規定產生，具有可比性與公開性的特點。故，財務評價與分析使用的財務信息是外部信息。

(一) 內部使用者

內部使用者使用內部信息，內部信息是專門為內部決策者設計的，不需要滿足統一的格式要求，但針對性和時效性極強。由於內部信息不要求公開，且具有一定的保密性，所以，我們研究財務信息及其使用者時一般不將內部信息作為重點。

(二) 外部使用者

財務信息外部使用者很多，其使用信息的目的也不相同。

(1) 債權人。金融機構、債券持有人和其他一些借款給企業的人，他們利用財務信息尋找借款人是否有能力定期支付利息、到期償還本金的證明。

(2) 權益投資者，包括公司現有和潛在的股東。現有股東需要財務信息以確定是繼續持有該公司股票，還是應把它賣掉；潛在股東需要財務信息以幫助他們在競爭性的投資機會中做出選擇。權益投資者通常對評價公司的未來獲利能力和風險感興趣。

(3) 董事會。完全兩權分離下的董事會也是外部使用者，受股東委託監督管理當局的行為，這個受託責任的完成和履行情況需要財務信息。

(4) 審計師。審計師為減少審計風險需要評估公司的盈利性和破產風險信息；為確定審計的重點，需要分析財務數據的異常變動。

(5) 監管機構。監管機構使用財務信息以實施監督職能，如證券交易委員會監視企業公開財務信息是否符合證券法律。一些價格管制行業，如公用事業，為了制定收費率需要向監管機構遞交財務信息資料。政府為履行政府職能，需要瞭解公司納稅情況、遵守政府法規和市場秩序的情況以及職工的收入和就業狀況。

(6) 客戶。客戶為決定是否建立長期合作關係，需要分析公司的長期盈利能力和償債能力；為決定信用政策，需要分析公司的短期償債能力。

(7) 併購分析師。併購分析師需要信息確定潛在兼併對象的經濟價值和評估其財務上和經營上的兼容性。

三、財務分析的依據

財務分析以企業的會計核算資料為依據，通過對會計所提供的核算資料進行加工整理，得出一系列科學的、系統的財務指標進行比較、分析和評價。這些會計核算資料通常包括日常核算資料和財務報告，但財務分析主要是以財務報告為依據，日常核算資料只作為財務分析的一種補充資料。企業的財務報告主要包括資產負債表、利潤表、現金流量表、會計報表附表、會計報表附註以及財務狀況說明書等。

(一) 資產負債表

資產負債表是反應企業某一特定時期財務狀況的會計報表。我們利用該表可以分析資產的分佈狀況、負債和所有者權益的構成情況，據以評價企業的資產、資本結構是否正常、合理；可以分析企業資產的流動性或變現能力，以及長、短期債務金額及償債能力，評價企業的財務彈性以及承擔風險的能力；利用資產負債表還有助於分析企業的獲利能力，評價企業的經營業績。

(二) 利潤表

利潤表又稱損益表或收益表，是反應企業在一定期間內經營成果的報表。通過利潤表提供的收入、費用等情況，我們能夠知曉企業生產經營的收益和成本的耗費，評價企業生產經營成果；通過利潤表提供的不同時期的比較數字，可以分析企業獲利能力以及利潤增減變化的原因，預測企業的發展趨勢，瞭解投資者投入資本的完整性。

(三) 現金流量表

現金流量表是以現金及現金等價物為基礎編製的財務狀況變動表，是聯繫資產負債表及利潤表的紐帶，它提供企業一定會計期間內現金及現金等價物流入和流出的信息，以便於報表使用者瞭解和評價企業現金和現金等價物的能力，並據以預測企業未來的現金流量。

現金流量表提供的信息有助於利益相關者評價企業在未來創造有利的淨現金流量的能力，評價企業償還債務的能力、分派股利的能力、對外融資的需求，確定淨收益與相關現金收支之間產生差異的原因，評估當期的現金和非現金投資及理財交易對企業財務狀況的影響。

(四) 會計報表附表

會計報表的趨勢是內容精煉化、概括化，將大量詳細、重要的信息在附表中列示。因此，附表對揭示財務狀況正發揮著越來越重要的作用。中國目前外報的附表主要包括利潤分配表、資產減值準備明細表、所有者權益增減變動表、分部報表以及其他報表。

(五) 會計報表附註

會計報表附註是對會計報表本身無法或難以充分表達的內容和項目所作的補充說明和詳細解釋，以提高表內信息的可理解性。附註主要內容包括：企業一般情況，不符合會計核算前提的說明，關聯方關係及其交易的說明，重要資產轉讓及其出售的說明，企業合併、分立的說明，會計報表重要項目的說明，收入，有助於理解和分析會計報表需要說明的其他事項。

(六) 財務狀況說明書

財務狀況說明書是企業一定會計期間內生產經營、資金週轉、利潤實現及分配等情況的綜合性分析報告，是年度財務決算報告的重要組成部分。財務狀況說明書主要包括：企業生產經營的基本情況，利潤實現、分配及企業虧損情況，資金增減和週轉情況，所有者權益增減變動及國有資本保值增值情況，對企業財務狀況、經營成果和現金流量有重大影響的其他事項，針對本年度企業經營管理中存在的問題，新年度擬採取的改進管理和提高經營業績的具體措施，以及業務發展計劃。

四、財務分析應注意的問題

1. 財務報表的真實性問題

財務報表失真是指企業的管理層和會計人員違反會計法律、法規，為了小集團甚至個人利益而編造利潤，粉飾經營業績，或者掩蓋真實財務情況。其動因一是經濟利益驅動（資本市場"圈錢"、偷稅），二是政治利益驅動（職位升遷、追逐榮譽、樹立形象）。

案例：萬福生科財務造假案

2012年湖南證監局上市公司檢查組發現萬福生科2012年半年報預付帳款存在重大異常：公開披露的資產負債表顯示，預付帳款餘額為1.46億元，而科目餘額表顯示，萬福生科預付帳款餘額超過3億元，預付帳款"帳表不符"。財務總監解釋稱為了讓報表好看一點，將一部分預付帳款重分類至"在建工程"等其他科目，但檢查組職業敏感讓其意識到如此畸高的預付帳款絕對不正常，因為上年同期才只有0.2億元，那麼這些預付款去哪裡了？

檢查組立即追查銀行追蹤資金真實去向，結果不查不知道，一查嚇一跳。銀行真實的資金流水顯示，帳列預付8,036萬元設備供應款根本就沒有打給供應商（法人），而是打給自然人；再一比對，發現下游回款根本不是客戶（法人）打進來的，而是自然人打進來的。現場檢查組發現萬福生科銀行回單涉嫌造假重大違法事實之後，湖南證監局立即於2012年9月14日宣布對其立案調查。案情上報之後得到證監會高度重視，9月17日中國證監會稽查總隊宣布對其立案調查。

在鐵的事實面前，財務總監無奈交出私人控制的56張個人銀行卡，稽查大隊又在現場截獲存有2012年上半年真實收入數據的U盤，從此揭開了一個偽造銀行回單14億元、虛構收入9億多元的驚天大案。

2. 注意報表本身的局限性問題

財務報表是會計的產物，會計有特定的假設前提，並要執行統一的規則。因此，我們只能在規範意義上使用報表數據進行分析，不能認為報表揭示了企業的全部實際情況。

3. 企業會計政策的不同選擇影響可比性

對同一會計事項的帳務處理，會計準則允許使用幾種不同的規則和程序，企業可以自行選擇。一般來說，企業財務報表附註中對會計政策的選擇會有一定的表述，財務分析人員應當研讀報表附註對會計政策選擇的說明，完成可比性的調整工作。

4. 比較基礎問題

企業進行財務分析時，常常要將幾個有關的數據加以比較，以揭示差異和矛盾。作為比較基礎的有經驗數據、本企業歷史數據、同行業數據和本企業計劃預算數據。其中，經驗數據和計劃預算數據均帶有一定的主觀性；過去被實踐證明是比較合理的經驗數據，隨著時間和經濟環境的變化可能變得不太合理了。將實際數據與計劃預算進行差異分析時，如果計劃偏高，企業難以完成，如果計劃偏低，企業輕易超額完成，這都是計劃預算數據本身缺乏科學性造成的。所以我們在進行財務分析時，對比較基礎要準確理解，切忌簡單化和絕對化，以免判斷失誤。

5. 非貨幣信息的使用

企業的財務狀況及發展前景等問題有些是難以用貨幣來表示的，但這些非貨幣信息對企業的信息使用者來說往往比貨幣信息更重要。例如，兩個財務狀況相同（從報表信息看）的同類企業，一個處於上升期，一個處於下滑期。它們只是在上升和下滑的過程中的某一時點表現為相同的財務狀況。但是，這種上升和下滑的趨勢就不一定能從報表中反應出來，特別是無法從一個會計年度的報表信息中體現。因此，財務分析人員應特別注意對企業的非貨幣信息的收集和分析。

6. 定性分析與定量分析相結合

我們在進行財務分析時，既要借助文字語言工具來歸納、分解各種技術經濟指標，闡述各種經濟指標的含義及其質的變化，還要借助數學語言工具表達各種技術經濟指標的規模和水平，說明計劃要求與實際狀況之間的關係，判定各種因素對經濟指標的影響程度。

五、財務分析的內容與種類

廣義的財務分析內容與種類包括財務活動分析、財務報表分析和綜合分析。

（一）財務活動分析

1. 籌資活動分析

籌資活動分析是指利益相關者在對企業籌資活動總括瞭解的基礎上，判斷資金來源的合理性，分析企業相關會計政策對籌資活動的影響，進而對企業的籌資政策、籌資規模與籌資結構進行客觀評價。

2. 投資活動分析

投資活動分析是指利益相關者通過對企業不同時期的資產規模以及變動情況的分析與比較，瞭解企業資產規模增減變動的原因，發現投資活動中存在的問題；通過對企業不同時期的資產結構以及變動情況的分析與比較，瞭解企業經濟資源的配置情況，判斷企業資產結構是否合理，進而優化企業的資產結構；通過對企業投資活動所採用的會計政策、會計估計以及變更情況的發現與評價，確定企業靠近報表各項資產項目信息披露與實際財務狀況的偏差，並進行調整，盡量消除會計信息失真，從而為進一步利用會計信息進行財務分析奠定基礎，並保證財務分析結論的可靠性。

3. 經營活動分析

利潤分析是經營活動分析的核心。我們通過對利潤進行會計分析，可確定利潤的會計原則、會計政策等因素變動，糾正利潤偏差，更好地實現利潤分析的作用。

4. 分配活動分析

利益相關者依據利潤分配表的資料，分析企業淨利潤在企業與投資者之間以及企業內部各項基金之間分配的情況及變動狀況，從而確定各主要分配渠道分配額的增減變動幅度、利潤分配去向結構是否合理、合法。

（二）財務報表分析

1. 償債能力分析

企業償還債務的能力是企業財務狀況的重要內容，對其進行分析有利於投資者進行正確的投資決策、經營者進行正確的經營決策、債權人進行正確的借貸決策。

2. 營運能力分析

利益相關者通過對反應企業資產營運效率（週轉速度）與效益（投入與產出比）的指標進行計算與分析，評價企業的營運能力，為企業提高經濟效益指明方向。

3. 盈利能力分析

利益相關者通過盈利能力的有關指標瞭解和衡量企業經營業績，通過分析發現經營管理中存在的問題。

4. 增長能力分析

企業未來生產經營趨勢和發展水平對企業相關利益團體至關重要，企業價值在很大程度上取決於企業未來的獲利能力，所以對企業增長能力的深入分析構成財務分析的內容。

(三) 綜合分析

1. 財務綜合分析

利益相關者對四大活動和四大能力的分析是從某一角度或某一方面來深入分析研究企業的財務狀況與財務成果的，很難對企業財務總體狀況和業績的關聯性及水平得出綜合結論，因而有必要在會計分析和財務能力單項分析的基礎上進行財務綜合分析。

利益相關者通過財務綜合分析可明確企業盈利能力、營運能力、償債能力及發展能力之間的相互關係，找出制約企業發展的"瓶頸"所在；財務綜合分析是財務綜合評價的基礎，利益相關者通過財務綜合分析有利於綜合評價企業經營業績，明確企業的經營水平與位置。

2. 財務預測分析

財務預測分析是利益相關者根據企業過去一段時期財務活動的歷史資料，依據現實條件並考慮企業的發展趨勢，運用定量分析法以及根據預測人員的主觀判斷，對企業未來一定時期的財務狀況和經營成果所進行的分析、測算或估計。

由於未來的財務活動存在很多的不確定性，所以財務預測分析是一種特殊的財務分析，它需要在分析過去、把握現在的基礎上，掌握財務活動發展的一般規律，以便對未來的財務活動進行較為準確的預測分析。

3. 財務綜合評價

財務綜合評價是指利益相關者在財務綜合分析的基礎上，運用財務綜合評價方法對財務活動過程和財務效果得出的綜合結論。財務綜合評價是進行財務決策的依據，是完善激勵機制的基礎。常見的財務綜合評價方法有綜合指數法、綜合評分法、功效係數法和分析判斷法。

4. 企業價值評估

價值評估是對企業全部或部分價值進行評估的過程。資本增值是資本所有者投資的根本目的，而資本增值的衡量離不開價值評估，價值是衡量業績的最佳標準，價值增加有利於企業各利益主體，價值評估是企業種種重要財務活動的基本行為準則。

六、財務分析的程序

財務分析的程序與步驟可以歸納為四個階段十個步驟：

1. 財務分析信息收集整理階段

(1) 明確財務分析的目的。相關人員只有確定了財務分析的目的，才能正確地收集整理信息，選擇正確的分析方法，從而得出正確的結論。

(2) 制訂財務分析計劃。計劃包括財務分析人員組成及分工、時間進度安排、分析內容及擬採用的分析方法等。

(3) 收集整理財務分析信息。信息的收集整理應根據分析的目的和計劃進行。

2. 戰略分析與會計分析階段

(1) 企業戰略分析。戰略分析包括行業分析和企業競爭策略分析。

（2）財務報表分析。財務報表分析指評價企業會計所反應的財務狀況與經營成果的真實程度，包括對會計政策、會計方法、會計披露的評價以揭示會計信息的質量，以及對會計靈活性、會計估計的調整，修正會計數據。它為財務分析奠定基礎，並保證財務分析結論的可靠性。

3. 財務分析實施階段

（1）財務指標分析。財務指標包括絕對指標和相對指標，正確選擇與計算財務指標是正確判斷和評價企業財務狀況的關鍵所在。

（2）基本因素分析。基本因素分析是指相關人員在報表整體分析和財務指標分析的基礎上，對一些主要指標的完成情況，從其影響因素角度，深入進行定量分析，確定各因素對其影響方向和程度，為企業正確進行財務評價提供最基本的依據。

4. 財務分析綜合評價階段

（1）財務綜合分析與評價。相關人員在應用各種財務分析方法進行分析的基礎上，將定量分析結果、定性分析判斷及實際調查情況結合起來，以得出財務分析結論。結論的正確與否是判斷財務分析質量的唯一標準。

（2）財務預測與價值評估。財務分析不僅要在事後分析原因、得出結論，而且要對企業未來發展及價值狀況進行分析與評價。

（3）財務分析報告。相關人員將財務分析的基本問題、財務分析結論，以及針對問題提出的措施建議以書面的形式表示出來，為財務分析主體及財務分析報告的其他受益者提供決策依據。

以上是完整意義上的財務分析程序，而一般書籍只介紹其中部分程序。

第二節　財務分析方法

財務分析通常包括定性分析和定量分析兩種類型。定性分析是指分析人員根據自己的知識、經驗，以及對企業內部情況、外部環境的瞭解程度做出的非量化的分析和評價；定量分析是指分析人員運用一定的量化技術方法和分析工具、分析技巧對有關指標做出的數量化分析。本章主要介紹定量分析方法。

常見的財務定量分析方法有比率分析法、趨勢分析法、因素分析法和綜合分析法。由於比率分析和綜合分析法內容較多，將分別在第三節和第四節講解。

一、趨勢分析法

趨勢分析法是指分析人員通過比較企業連續數期的會計報表，瞭解企業經營成果與財務狀況的變化趨勢，並以此來預測企業未來經營成果與財務狀況。在趨勢分析中經常會用到比較會計這種形式，它是將兩期或兩期以上的會計報表所提供的信息並行予以列示，互相比較，以便揭示差距，尋找原因，進而預測變化趨勢。一般來講，趨勢分析主要應用於會計報表的橫向比較和會計報表的縱向比較。

（一）橫向比較法

橫向比較法又稱水平分析法，是最簡單的一種分析方法。具體分析方法是：分析人員將某特定企業連續若干會計年度的報表資料在不同年度間進行橫向對比，確定不同年度間的差異額或差異率，以分析企業各報表項目的變動情況及變動趨勢。橫向比較法有兩種：比較分析法和定基百分比分析。

1. 比較分析法

比較分析法是將企業連續兩個會計年度的財務報表進行比較分析，旨在找出單個項目各年之間的不同，以便發現某種趨勢。在進行比較分析時，分析人員除了可以針對單個項目研究其趨勢，還可以對特定項目之間的關係進行比較，以揭示出隱藏的問題。

［例 12.1］ A 公司的比較利潤表如表 12.1 所示。

表 12.1　　　　　　　　　比較利潤表（比較分析）

編製單位：A 公司　　　　　　　　　　　　　　　　　　　　　　　　單位：萬元

項目	2006 年 ①	2007 年 ②	差異（金額） ③＝②－①	差異（%） ④＝③÷①
一、主營收入	1,500.00	1,600.00	100.00	6.67
減：營業成本	720.00	800.00	80.00	11.00
營業稅金及附加	60.00	64.00	4.00	6.67
銷售費用	60.00	66.00	6.00	10.00
管理費用	90.00	130.00	40.00	44.44
勘探費用				
財務費用	16.00	32.00	16.00	100.00
資產減值損失				
加：公允價值變動淨收益				
投資收益	10.00	15.00	5.00	50.00
其中：對聯營企業和合營企業的投資權益				
影響營業利潤的其他科目				
二、營業利潤	564.00	523.00	－41.00	－7.27
加：補貼收入				
營業外收入	8.00	10.00	2.00	25.00
減：營業外支出	25.00	28.00	3.00	12.00
其中：非流動資產處置淨損失				
加：影響利潤總額的其他科目				
三、利潤總額	547.00	505.00	－42.00	－7.68
減：所得稅	136.75	126.25	－10.50	－7.68
加：影響利潤的其他科目				
四、淨利潤	410.25	378.75	－31.50	－7.68
歸屬於母公司所有者的淨利潤				
少數股東損益				

從表 12.1 可以看出，公司營業收入增長 6.67%，而營業成本、銷售費用、管理費用和財務費用卻分別上漲了 11.11%、10%、44.44% 和 100.00%，儘管投資收益有 50% 的增長，但投資收益比重太小，最終導致營業利潤下降 7.27%；營業外支出和營業外

收入比重不大，小幅影響利潤總額，利潤總額減小的幅度為7.68%；由於所得稅是按利潤總額的25%的比例繳納，淨利潤減少幅度與利潤總額相同。

2. 定基百分比分析

當比較3年以上的財務報表時，比較分析法就變得很麻煩，於是就產生了定基百分比分析。定基百分比分析的具體方法是，在分析連續幾年的財務報表時，選擇一年的報表作為基期報表，將基期報表上各項數據的指數均定為100，把其他各年度會計報表的數據也均轉換為基期數據的百分數，然後比較分析相對數的大小，查明各項目的變化趨勢。

比較年度的指數＝（比較年度數據÷基期數據）×100%

［例12.2］B公司的定基百分比比較利潤表如表12.2所示。

表12.2　　　　　　B公司比較利潤表（定基百分比分析）

項目	2012年 數據	2012年 定基	2013年 數據	2013年 指數	2014年 數據	2014年 指數
一、主營收入	200	100	240	120	300	150
減：營業成本	100	100	160	160	125	125
營業稅金及附加	16	100	16	100	20	125
銷售費用	20	100	22	110	20	100
管理費用	20	100	22	110	20	100
勘探費用						
財務費用	8	100	8	100	8	100
資產減值損失						
加：公允價值變動淨收益						
投資收益	50	100	6	12	6	12
其中：對聯營企業和合營企業的投資權益						
影響營業利潤的其他科目	8	100	10	125	14	175
二、營業利潤	94	100	28	30	127	135
加：補貼收入	2	100	2	100	2	100
營業外收入	6	100	6	100	6	100
減：營業外支出	2	100	2	100	2	100
其中：非流動資產處置淨損失						
加：影響利潤總額的其他科目						
三、利潤總額	100	100	34	34	133	133
減：所得稅	25	100	8.5	34	33.25	133
加：影響利潤的其他科目						
四、淨利潤	75	100	25.5	34	99.75	133
歸屬於母公司所有者的淨利潤						
少數股東損益						

從表12.2可以看出，B公司營業收入穩定增長，但營業成本在2013年出現大幅的上

漲，投資收益在 2012 年很大，以後兩年均只有 2012 年的 12%，說明 2012 年獲得高額投資收益只是一種非正常情況。2013 年的營業成本大幅上漲和投資收益的大幅下滑導致營業利潤只有 2012 年的 30%。公司其他收入和費用支出較平穩，沒有大的變動。由於營業利潤大幅波動致使公司淨利潤波動很大，2013 年公司淨利潤只有 2012 年的 34%。

(二) 縱向比較法

縱向比較法又稱垂直分析法，是將常規的會計報表換算成結構百分比形式的報表，然後將本期和前一期或前幾期的結構百分比報表匯編在一起，查明各特定項目在不同年度所占的比重變化情況，並進一步判斷企業經營成果與財務狀況的發展趨勢。

同一報表中不同項目的結構百分比 =（部分÷總體）×100%

通常，損益表的"總體"是"業務收入"，資產負債表的"總體"是"總資產（或資產總額）"，現金流量表的"總體"是"流動資產（營運資金）來源合計"。

[例 12.3] C 公司的結構百分比比較利潤表如表 12.3 所示。

表 12.3　　　　　　　　C 公司比較利潤表（結構百分比）

項目	2012 年	2013 年	2014 年
一、主營收入	100	100	100
減：營業成本	53.5	52	54.5
營業稅金及附加	12	11	12
銷售費用	8	10	6.5
管理費用	13	11	10
勘探費用			
財務費用	6	6	13
資產減值損失			
加：公允價值變動淨收益			
投資收益	14	7	11
其中：對聯營企業和合營企業的投資權益			
影響營業利潤的其他科目	6	7	
二、營業利潤	27.5	23	15
加：補貼收入	2	2	2
營業外收入	2	4	2
減：營業外支出	1	1	1
其中：非流動資產處置淨損失			
加：影響利潤總額的其他科目			
三、利潤總額	30.5	28	18
減：所得稅	7.63	7	4.5
加：影響利潤的其他科目			
四、淨利潤	22.87	21	13.5
歸屬於母公司所有者的淨利潤			
少數股東損益			

從表12.3可看出，該公司營業成本率比較穩定，而投資收益的比重不太穩定，淨利潤則有穩步下降的趨勢。

橫向比較分析側重於同一項目在不同年度的金額增減百分比變化分析，而縱向比較分析側重於某一項目在不同年度比重（重要性程度）的變化，兩者結合，更有利於我們正確評價、預測企業經營成果與財務狀況的演變。

此外，比較分析的參照標準除選用本公司歷史數據外，還可以選用同業數據和計劃預算數據。

橫向比較時需要使用同業標準。同業的平均數只有一般性的指導作用，不一定有代表性，不是合理性的標誌。選一組有代表性的公司求其平均數，作為同業標準，可能比整個行業的平均數更有意義。近年來，公司更重視以競爭對手的數據作為分析基礎。不少公司實行多種經營，沒有明確的行業歸屬，同業比較更加困難。

趨勢分析以本公司歷史數據作為比較基礎。歷史數據代表過去，並不一定具有合理性。經營環境是變化的，公司今年利潤比上年提高了，不一定說明已經達到應該達到的水平，甚至不一定說明管理有了改進。會計規範的改變會使財務數據失去直接可比性，公司要恢復其可比性，成本很大，甚至缺乏必要的信息。

實際與計劃的差異分析，以計劃預算作為比較基礎。實際和預算出現差異，可能是執行中有問題，也可能是預算不合理，對兩者的區分並非易事。

總之，我們對比較基礎本身要準確理解，並且要在限定意義上使用分析結論，避免簡單化和絕對化。

二、因素分析法

因素分析法是依據分析指標與其影響因素的關係，從數量上確定各因素對分析指標影響方向和影響程度的一種方法。公司採用這種方法的出發點在於，當有若干因素對分析指標產生影響時，假定其他各個因素都無變化，順序確定每個因素單獨變化所產生的影響。因素分析法具體有兩種：連環替代法和差額分析法。

（一）連環替代法

連環替代法是將分析指標分解為各個可計量的因素，並根據各個因素之間的依存關係，順序用各因素的比較值（通常即本期值或實際值）替代基準值（通常即前期值或計劃值），據以測定各因素對分析指標的影響。

［例12.4］某鋁業有限公司的相關資料如表12.4所示。

表12.4　　　　　　　　某鋁業有限公司相關資料

項目	2013 年	2014 年
權益淨利率	14.64%	8.19%
資產淨利率	6%	4.55%
權益乘數	2.44	1.8

從表12.4可知，2014年權益淨利率比2013年減少了6.45%，這是資產淨利率和權益乘數共同作用的結果。下面用連環替代法分析這兩個因素對權益淨利率的影響程度。

①前期指標（2013 年）：6%×2.44＝14.64%
②第一次替代：4.55%×2.44＝11.102%
③第二次替代：4.55%×1.8＝8.19%
②－①＝－3.538%：資產淨利率增加的影響
③－②＝－2.912%：權益乘數增加的影響
③－①＝－6.45%：全部因素的影響

(二) 差額分析法

差額分析法是連環替代法的一種簡化形式，它是利用各個因素的比較值和基準值之間的差額，來計算各因素對分析指標的影響。

仍以表 12.4 所列數據為例，我們可採用差額分析法計算確定各因素變動對材料費用的影響。

資產淨利率增加對權益淨利率的影響：（4.55%－6%）×2.44＝－3.538%

權益乘數增加對權益淨利率的影響：（1.8－2.44）×6%＝－3.84%

(三) 應用因素分析法時應注意的問題

因素分析法既可以全面分析各因素對某一經濟指標的影響，又可以單獨分析某個因素對某一經濟指標的影響，在財務分析中應用頗為廣泛。企業在應用這一方法時必須注意以下幾個問題：

1. 因素分析的關聯性

構成經濟指標的因素，必須是客觀上存在著因果關係，能夠反應形成該項指標差異的內在構成原因的因素，否則就失去了其存在價值。

2. 因素替代的順序性

企業在選擇替代因素時，必須按照各因素的依存關係，排成一定的順序並依次替代，不可隨意加以顛倒，否則就會得出不同的計算結果。一般而言，確定正確排列因素替代順序的原則是，按分析對象的性質，從諸因素相互依存關係出發，並使分析結果有助於分清責任。

3. 順序替代的連環性

連環替代法在計算每一個因素變動的影響時，都是在前一次計算的基礎上進行的，並採用連環比較的方法確定因素變化影響結果。因此，只有保持計算程序上的連環性，才能使各個因素影響之和等於分析指標變動的差異，以全面說明分析指標變動的原因。

4. 計算結果的假定性

連環替代法計算的各因素變動的影響數，會因替代計算順序的不同而有差異，因而計算結果不免帶有假定性，即它不可能使每個因素計算的結果都達到絕對的準確。它只能是在某種假定前提下的影響結果，離開了這種假定前提條件，也就不是這種影響結果了。為此，財務人員應力求使這種假定合乎邏輯，具有實際經濟意義。這樣，計算結果的假定性才不至於妨礙分析的有效性。

第三節　財務比率分析

財務比率分析是將會計報表中的相關項目的金額進行對比，得出一系列具有一定意義的財務比率，以此揭示、分析企業的經營業績和財務狀況。所謂的相關項目，可以取自同一張會計報表，也可以取自兩張不同的會計報表，然而不論如何選擇，都要求各項目之間存在一定的邏輯關係，這樣比率才有經濟意義。

比率分析的應用非常廣泛，可供分析的指標種類繁多，使用者根據自己的需要會選擇不同的比率指標進行分析。本書著重討論人們普遍關注並採用的比率指標，分為償債能力比率、營運能力比率、盈利能力比率和發展能力比率。

一、償債能力分析

償債能力是指企業償還債務（包括本息）的能力。償債能力的衡量方法有兩種：一種是比較債務與可供償債資產的存量，資產存量超過債務存量較多，則認為償債能力強；另一種是比較償債所需現金和經營活動產生的現金流量，如果經營活動產生的現金超過需要的現金較多，則認為償債能力強。

企業保持適當的償債能力，具有重要意義。對股東來說，不能及時償債可能導致企業破產，但是提高流動性必然降低盈利性，因此他們希望企業權衡收益和風險，保持適當的償債能力。對於債權人來說，企業償債能力不足可能導致他們無法及時、足額收回債權本息，因此他們希望企業具有盡可能強的償債能力。在償債能力問題上，股東和債權人的利益並不一致。股東更願意拿債權人的錢去冒險，如果冒險成功，超額報酬全部歸股東，債權人只能得到固定的利息而不能分享冒險成功的額外收益。如果冒險失敗，債權人有可能無法收回本金，要承擔冒險失敗的部分損失。對企業管理者來說，為了股東的利益他們必須權衡企業的收益和風險，保持適當的償債能力。為了能夠取得貸款，他們必須考慮債權人對償債能力的要求。他們從自身的利益考慮，更傾向於維持較高的償債能力。如果企業破產，股東失掉的只是金錢，而經理人不僅會丟掉職位，而且他們作為經理人的"無形資產"也會大打折扣。對企業的供應商和消費者來說，企業短期償債能力不足意味著企業履行合同的能力較差。企業如果無力履行合同，供應商和消費者的利益將受到損害。

償債能力分析包括短期償債能力分析和長期償債能力分析。

（一）短期償債能力分析

短期償債能力是指企業流動資產對流動負債及時足額償還的保證程度，是衡量企業當前財務能力，特別是流動資產變現能力的重要標誌。

1. 營運資本

營運資本是指流動資產超過流動負債的部分。企業短期債務的存量，是資產負債表中列示的各項流動負債年末餘額。可以用來償還這些債務的資產，是資產負債表中列示的流動資產年末餘額。流動負債需要在一年內用現金償還，流動資產將在一年內變成現金，因此兩者的比較可以反應短期償債能力。

$$營運資本 = 流動資產 - 流動負債$$

如果流動資產與流動負債相等，並不足以保證償債，因為債務的到期與流動資產的現金生成，不可能同步同量。企業必須保持流動資產大於流動負債，即保有一定數額的營運資本作為緩衝，以防止流動負債"穿透"流動資產。因此，營運資本越多，流動負債的償還越有保障，短期償債能力越強。

營運資本之所以能夠成為流動負債的"緩衝墊"，是因為它是長期資本用於流動資產的部分，不需要在一年內償還。

$$營運資本 = 流動資產 - 流動負債$$
$$= （總資產 - 非流動資產）-（總資產 - 股東權益 - 非流動負債）$$
$$= （股東權益 + 非流動負債）- 非流動資產$$
$$= 長期資本 - 長期資產$$

當流動資產大於流動負債時，營運資本為正數，表明長期資本的數額大於長期資產，超出部分被用作流動資產。營運資本的數額越大，財務狀況越穩定。若全部流動資產都由營運資本提供資金來源，則企業沒有任何償債壓力。

當流動資產小於流動負債時，營運資本為負數，表明長期資本小於長期資產，有部分長期資產由流動負債提供資金來源。由於流動負債在1年內需要償還，而長期資產在1年內不能變現，企業償債所需現金不足，必須設法另外籌資，則財務狀況不穩定。

營運資本的比較分析，主要是與本企業上年數據的比較，通常稱之為變動分析。

2. 流動比率

流動比率與後面的速動比率、現金比率均屬於短期債務的存量比率。

$$流動比率 = 流動資產 \div 流動負債$$

流動比率假設全部流動資產都可以用於償還短期債務，表明每1元流動負債有多少流動資產作為償債的保障。

流動比率和營運資本配置比率所反應的償債能力是相同的，它們可以互相換算：

$$流動比率 = 1 \div （1 - 營運資本/流動資產）$$

流動比率是相對數，排除了企業規模不同的影響，更適合同業比較以及本企業不同歷史時期的比較。流動比率的計算簡單，得到廣泛應用。

不存在統一的、標準的流動比率數值。不同行業的流動比率，通常有明顯差別。營業週期越短的行業，合理的流動比率越低。過去很長時期，人們認為生產型企業合理的最低流動比率是2。這是因為流動資產中變現能力最差的存貨金額約占流動資產總額的一半，剩下的流動性較好的流動資產至少要等於流動負債，才能保證企業最低的短期償債能力。這種認識一直未能從理論上證明。最近幾十年，企業的經營方式和金融環境發生很大變化，流動比率有降低的趨勢，許多成功企業的流動比率都低於2。

如果流動比率與上年相比發生較大變動，或與行業平均值相比出現重大偏離，企業就應對構成流動比率的流動資產和流動負債各項目逐一進行分析，尋找形成差異的原因。為了考察流動資產的變現能力，有時還需要分析其週轉率。

流動比率有某些局限性，企業在使用時應注意：流動比率假設全部流動資產都可以變為現金並用於償債，全部流動負債都需要還清。實際上，有些流動資產的帳面金額與變現金額有較大差異，如產成品等；經營性流動資產是企業持續經營所必需的，不能全部用於償債；經營性應付項目可以滾動存續，無須動用現金全部結清。因此，流動比率是對短期償債能力的粗略估計。

3. 速動比率

構成流動資產的各個項目的流動性有很大差別。其中的貨幣資金、交易性金融資產和各種應收、預付款項等，可以在較短時間內變現，稱之為速動資產。另外的流動資產，包括存貨、待攤費用、一年內到期的非流動資產及其他流動資產等，稱為非速動資產。

非速動資產的變現時間和數量具有較大的不確定性：①存貨的變現速度比應收款項要慢得多；部分存貨可能已損失報廢但還沒做處理，或者已抵押給某債權人，不能用於償債；存貨估價有多種方法，可能與變現金額相差懸殊。②待攤費用不能出售變現。③一年內到期的非流動資產和其他流動資產的數額有偶然性，不代表正常的變現能力。因此，將可償債資產定義為速動資產，計算出來的短期債務存量比率更令人可信。

速動資產與流動負債的比值，稱為速動比率，其計算公式為：

速動比率＝速動資產÷流動負債

速動比率假設速動資產是可以用於償債的資產，表明每1元流動負債有多少速動資產作為償還保障。如同流動比率一樣，不同行業的速動比率有很大差別。例如，採用大量現金銷售的商店，幾乎沒有應收帳款，速動比率大大低於1是很正常的。相反，一些應收帳款較多的企業，速動比率可能要大於1。

影響速動比率可信性的重要因素是應收帳款的變現能力。帳面上的應收帳款不一定都能變成現金，實際壞帳可能比計提的準備要多；季節性的變化，可能使報表上的應收帳款數額不能反應平均水平。這些情況，外部分析人不易瞭解，而內部人員卻有可能做出估計。

案例：茅臺公司的流動比率和速動比率

流動比率是流動資產比流動負債，用於衡量企業在某一時點償還即將到期的債務的能力。一般來說，企業的流動比率越高，其短期償債能力越強，流動比率在2：1時比較理想。近五年來茅臺公司的流動比率幾乎都在2以上，接近於3，短期償債能力很好。與其他公司對比，可看出，茅臺的流動比率大大高於其他公司。但流動比率並非越高越好，存貨的積壓也可能是流動比率過高的一個因素，因而我們需要結合速動比率分析。

速動比率是速動資產比流動負債，剔除了存貨等非速動資產，是衡量企業在某一個時點上運用隨時可變現的資產償付到期債務的能力。一般情況下，該指標正常值是1：1。茅臺的速動比率保持在2以上，較行業其他公司來講也是較高。其中的貨幣資金的大量持有也是流動比率和速動比率維持在較高水平的原因之一。

4. 現金比率

速動資產中，流動性最強、可直接用於償債的資產稱為現金資產。現金資產包括貨幣資金、交易性金融資產等。它們與其他速動資產有區別，其本身就是可以直接償債的資產，不像速動資產，需要等待不確定的時間，才能轉換為不確定數額的現金。

現金資產與流動負債的比值稱為現金比率，其計算公式如下：

現金比率＝（貨幣資金＋交易性金融資產）÷流動負債

現金比率假設現金資產是可償債資產，表明1元流動負債有多少現金資產作為償還保障。

5. 短期債務與現金流量的比較

短期債務的數額是償債需要的現金流量，經營活動產生的現金流量是可以償債的現金流量，兩者相除稱為現金流量比率。其計算公式為：

現金流量比率＝經營現金淨流量÷流動負債

現金流量比率表明每1元流動負債的經營現金流量保障程度。該比率越高，償債越有保障。

6. 影響短期償債能力的其他因素

上述短期償債能力比率，都是根據財務報表中資料計算的。還有一些表外因素也會影響企業的短期償債能力，影響可能相當大。財務報表的使用人應盡可能瞭解這方面的信息，有利於做出正確的判斷。

（1）增強短期償債能力的因素

增強短期償債能力的表外因素主要有：

①可動用的銀行貸款指標：銀行已同意、企業未辦理貸款手續的銀行貸款限額，可以隨時增加企業的現金，提高支付能力。這一數據不反應在財務報表中，但會在董事會決議中披露。

②準備很快變現的非流動資產：企業可能有一些長期資產可以隨時出售變現，而不出現在"一年內到期的非流動資產"項目中。例如，儲備的土地、未開採的採礦權、目前出租的房產等，在企業發生週轉困難時，將其出售並不影響企業的持續經營。

③償債能力的聲譽：如果企業的信用很好，在短期償債方面出現暫時困難比較容易籌集到短缺的現金。

（2）降低短期償債能力的因素

降低短期償債能力的表外因素有：

①與擔保有關的或有負債，如果它的數額較大並且可能發生，就應在評價償債能力時給予關注。

②經營租賃合同中承諾的付款，很可能是需要償付的義務。

③建造合同、長期資產購置合同中的分階段付款，也是一種承諾，應視同需要償還的債務。

(二) 長期償債能力比率

衡量長期償債能力的財務比率，也分為存量比率和流量比率兩類。

從長期來看，企業所有的債務都要償還。因此，反應長期償債能力的存量比率是總債務、總資產和股東權益之間的比例關係，常用比率包括資產負債率、產權比率、權益乘數和長期資本負債率。反應長期償債能力的流量比率有利息保障倍數、現金流量利息保障倍數和長期資本負債率。

1. 資產負債率

資產負債率是負債總額占資產總額的百分比：

$$資產負債率 = （負債 \div 資產） \times 100\%$$

資產負債率反應總資產中有多大比例是通過負債取得的。它可以衡量企業在清算時保護債權人利益的程度。資產負債率越低，企業償債越有保證，債權人的債權越安全。資產負債率還代表企業的舉債能力。一個企業的資產負債率越低，舉債越容易。如果資產負債率高到一定程度，沒有人願意提供貸款了，則表明企業的舉債能力已經用盡。

通常，資產在破產拍賣時的售價不到帳面價值的50%，因此資產負債率高於50%則債權人的利益就缺乏保障。各類資產變現能力有顯著區別，房地產變現的價值損失小，專用設備則難以變現。不同企業的資產負債率不同，與其持有的資產類別有關。

2. 產權比率和權益乘數

產權比率和權益乘數是資產負債率的另外兩種表現形式，它和資產負債率的性質一樣。

$$產權比率 = 負債總額 \div 股東權益$$
$$權益乘數 = 總資產 \div 股東權益$$
$$= 1 + 產權比率$$
$$= \frac{1}{1 - 資產負債率}$$

產權比率表明 1 元股東權益借入的債務數額。權益乘數表明 1 元股東權益擁有的總資產。它們是兩種常用的財務槓桿，可以反應特定情況下資產利潤率和權益利潤率之間的倍數關係。財務槓桿表明債務的多少，與償債能力有關，並且可以表明權益淨利率的風險，也與盈利能力有關。

3. 長期資本負債率

長期資本負債率是指非流動負債占長期資本的百分比：

$$長期資本負債率 = [非流動負債 \div (非流動負債 + 股東權益)] \times 100\%$$

長期資本負債率反應企業長期資本的結構。由於流動負債的數額經常變化，資本結構管理大多使用長期資本結構。

4. 利息保障倍數

利息保障倍數是指息稅前利潤為利息費用的倍數：

$$利息保障倍數 = 息稅前利潤 \div 利息費用$$
$$= (淨利潤 + 利息費用 + 所得稅費用) \div 利息費用$$

通常，我們可以用財務費用的數額作為利息費用，也可以根據報表附註資料確定更準確的利息費用數額。

長期債務不需要每年還本，卻需要每年付息。利息保障倍數表明 1 元債務利息有多少倍的息稅前收益作保障，它可以反應債務政策的風險大小。如果企業一直保持按時付息的信譽，則長期負債可以延續，舉借新債也比較容易。利息保障倍數越大，利息支付越有保障。如果利息支付尚且缺乏保障，歸還本金就很難指望。因此，利息保障倍數可以反應長期償債能力。

如果利息保障倍數小於 1，表明企業自身產生的經營收益不能支持現有的債務規模。利息保障倍數等於 1 也是很危險的，因為息稅前利潤受經營風險的影響，是不穩定的，而利息的支付卻是固定數額。利息保障倍數越大，企業擁有的償還利息的緩衝資金越多。

5. 現金流量利息保障倍數

現金流量基礎的利息保障倍數，是指經營現金淨流量為利息費用的倍數：

$$現金流量利息保障倍數 = 經營現金淨流量 \div 利息費用$$

現金基礎的利息保障倍數表明，1 元的利息費用有多少倍的經營現金流量作保障。它比以收益為基礎的利息保障倍數更可靠，因為實際用以支付利息的是現金，而不是收益。

6. 現金流量債務比

現金流量與債務比，是指經營活動所產生的現金淨流量與債務總額的比率。其計算公式為：

經營現金流量與債務比＝（經營現金流量÷債務總額）×100%

該比率表明企業用經營現金流量償付全部債務的能力。比率越高，企業承擔債務總額的能力越強。

7. 影響長期償債能力的其他因素

上述衡量長期償債能力的財務比率是根據財務報表數據計算的，還有一些表外因素影響企業的長期償債能力，必須引起足夠的重視。

（1）長期租賃

當企業急需某種設備或廠房而又缺乏足夠的資金時，可以通過租賃的方式解決。財產租賃的形式包括融資租賃和經營租賃。融資租賃形成的負債大多會反應於資產負債表，而經營租賃形成的負債則沒有反應於資產負債表。當企業的經營租賃量比較大、期限比較長或具有經常性時，就形成了一種長期性籌資，這種長期性籌資，到期時必須支付租金，會對企業的償債能力產生影響。因此，如果企業經常發生經營租賃業務，應考慮租賃費用對償債能力的影響。

（2）債務擔保

擔保項目的時間長短不一，有的涉及企業的長期負債，有的涉及企業的流動負債。我們在分析企業長期償債能力時，應根據有關資料判斷擔保責任帶來的潛在長期負債問題。

（3）未決訴訟

未決訴訟一旦判決敗訴，便會影響企業的償債能力，因此在評價企業長期償債能力時要考慮其潛在影響。

案例：未決訴訟對公司長期償債能力的影響

2012年12月31日，甲公司存在一項未決訴訟。根據類似案例的經驗判斷，該項訴訟敗訴的可能性為90%。如果敗訴，甲公司將賠償對方100萬元並承擔訴訟費用5萬元，但很可能從第三方收到補償款10萬元。2012年12月31日，甲公司就此項未決訴訟確認的預計負債金額為105萬元。同時，由於補償款未基本確定收到，不能確認資產。這項未決訴訟，會造成甲公司利潤總額下降105萬元，長期來看會影響其長期償債能力。

二、營運能力分析

營運能力分析是指對企業資金週轉狀況進行的分析，也稱為資產管理比率分析。一般而言，資金週轉得越快，說明資金利用率越高，企業的經營管理水平也就越好。

常用的比率有應收帳款週轉率、存貨週轉率、流動資產週轉率、非流動資產週轉率、總資產週轉率和營運資本週轉率等。

（一）應收帳款週轉率

應收帳款週轉率是應收帳款與銷售收入的比率。它有三種表示形式：應收帳款週轉次數、應收帳款週轉天數和應收帳款與收入比。

應收帳款週轉次數＝銷售收入÷應收帳款

應收帳款週轉天數＝365÷應收帳款週轉次數

應收帳款與收入比＝應收帳款÷銷售收入

應收帳款週轉次數，表明應收帳款一年中週轉的次數，或者說1元應收帳款投資支持的銷售收入。應收帳款週轉天數，也稱為應收帳款的收現期，表明從銷售開始到回收現金平均需要的天數。應收帳款與收入比，表明1元銷售收入需要的應收帳款投資。

在計算和使用應收帳款週轉率時應注意以下問題：

1. 銷售收入的賒銷比例問題

從理論上說應收帳款是賒銷引起的，其對應的流量是賒銷額，而非全部銷售收入。因此，我們在計算時應使用賒銷額取代銷售收入。但是，外部分析人無法取得賒銷的數據，只好直接使用銷售收入計算。這相當於假設現金銷售是收現時間等於零的應收帳款。只要現金銷售與賒銷的比例是穩定的，這不妨礙與上期數據的可比性，只是一貫高估了週轉次數。問題是與其他企業比較時，不知道可比企業的賒銷比例，也就無從知道應收帳款是否可比。

2. 應收帳款年末餘額的可靠性問題

應收帳款是特定時點的存量，容易受季節性、偶然性和人為因素影響。企業在將應收帳款週轉率用於業績評價時，最好使用多個時點的平均數，以減少這些因素的影響。

3. 應收帳款的減值準備問題

統一財務報表上列示的應收帳款是已經提取減值準備後的淨額，而銷售收入並沒有相應減少。其結果是，提取的減值準備越多，應收帳款週轉天數越少。這種週轉天數的減少不是好的業績的反應，反而說明應收帳款管理欠佳。如果減值準備的數額較大，企業就應進行調整，使用未提取壞帳準備的應收帳款計算週轉天數。報表附註中應披露應收帳款減值的信息，可作為調整的依據。

4. 應收票據是否計入應收帳款週轉率

大部分應收票據是銷售形成的，只不過是應收帳款的另一種形式，應將其納入應收帳款週轉天數的計算，稱為"應收帳款及應收票據週轉天數"。

5. 應收帳款週轉天數是否越少越好

應收帳款是賒銷引起的，如果賒銷有可能比現金銷售更有利，週轉天數就不是越少越好。收現時間的長短與企業的信用政策有關。例如，甲企業的應收帳款週轉天數是18天，信用期是20天；乙企業的應收帳款週轉天是15天，信用期是10天。前者的收款業績優於後者，儘管其週轉天數較多。改變信用政策，通常會引起企業應收帳款週轉天數的變化。信用政策的評價涉及多種因素，不能僅僅考慮週轉天數的縮短。

6. 應收帳款分析應與銷售額分析、現金分析聯繫起來

應收帳款的起點是銷售，終點是現金。正常的情況是銷售增加引起應收帳款增加，現金的存量和經營現金流量也會隨之增加。如果一個企業應收帳款日益增加，而銷售和現金日益減少，則可能是銷售出了比較嚴重的問題，促使放寬信用政策，甚至隨意發貨，而現金收不回來。

總之，我們應當深入應收帳款的內部，並且要注意應收帳款與其他問題的聯繫，才能正確評價應收帳款週轉率。

(二) 存貨週轉率

存貨週轉率是銷售收入與存貨的比值。也有三種計量方式：

$$存貨週轉次數＝銷售收入÷存貨$$
$$存貨週轉天數＝365÷（銷售收入÷存貨）$$
$$存貨與收入比＝存貨÷銷售收入$$

在計算和使用存貨週轉率時，應注意以下問題：

1. 計算存貨週轉率時，使用"銷售收入"還是"銷售成本"作為週轉額，要看分析的目的

企業在短期償債能力分析中，為了評估資產的變現能力需要計量存貨轉換為現金的數量和時間，應採用"銷售收入"；在分解總資產週轉率時，為系統分析各項資產的週轉情況並識別主要的影響因素，應統一使用"銷售收入"計算週轉率；如果是為了評估存貨管理的業績，應當使用"銷售成本"計算存貨週轉率，使其分子和分母保持口徑一致。實際上，兩種週轉率的差額是毛利引起的，用哪一個計算都能達到分析目的。

2. 存貨週轉天數不是越低越好

存貨過多會浪費資金，存貨過少不能滿足流轉需要，在特定的生產經營條件下存在一個最佳的存貨水平，所以存貨不是越少越好。

3. 應注意應付款項、存貨和應收帳款（或銷售）之間的關係

一般說來，銷售增加會拉動應收帳款、存貨、應付帳款增加，不會引起週轉率的明顯變化。但是，當企業接受一個大的訂單時，先要增加採購，然後依次推動存貨和應收帳款增加，最後才引起收入上升。因此，在該訂單沒有實現銷售以前，先表現為存貨週轉天數增加。這種週轉天數增加，沒有什麼不好。與此相反，企業預見到銷售會萎縮時，先行減少採購，依次引起存貨週轉天數的下降。這種週轉天數下降不是什麼好事，並非資產管理的改善。因此，任何財務分析都以認識經營活動的本來面目為目的，不可根據數據的高低做出簡單結論。

4. 應關注構成存貨的產成品、自製半成品、原材料、在產品和低值易耗品之間的比例關係

各類存貨的明細資料以及存貨重大變動的解釋，在報表附註中應有披露。正常的情況下，它們之間存在某種比例關係。如果產成品大量增加，其他項目減少，很可能是企業銷售不暢，放慢了生產節奏。此時，總的存貨金額可能並沒有顯著變動，甚至尚未引起存貨週轉率的顯著變化。因此，我們在分析時既要重點關注變化大的項目，也不能完全忽視變化不大的項目，其內部可能隱藏著重要問題。

(三) 流動資產週轉率

流動資產週轉率是銷售收入與流動資產的比值，也有三種計量方式：

$$流動資產週轉次數＝銷售收入÷流動資產$$
$$流動資產週轉天數＝365÷（銷售收入÷流動資產）$$
$$＝365÷流動資產週轉次數$$
$$流動資產與收入比＝流動資產÷銷售收入$$

流動資產週轉次數，表明流動資產一年中週轉的次數，或者說是1元流動資產所支持的銷售收入。流動資產週轉天數表明流動資產週轉一次所需要的時間，也就是期末流動資產轉換成現金平均所需要的時間。流動資產與收入比，表明1元收入所需要的流動資產投資。

通常，流動資產中應收帳款和存貨占絕大部分，因此它們的週轉狀況對流動資產週轉具有決定性影響。

(四) 非流動資產週轉率

非流動資產週轉率是銷售收入與非流動資產的比值，也有三種計量方式：

$$非流動資產週轉次數 = 銷售收入 \div 非流動資產$$

$$非流動資產週轉天數 = 365 \div (銷售收入 \div 非流動資產)$$

$$= 365 \div 非流動資產週轉次數$$

$$非流動資產與收入比 = 非流動資產 \div 銷售收入$$

非流動資產週轉率反應非流動資產的管理效率。我們主要是針對投資預算和項目管理，分析投資與其競爭戰略是否一致，收購和剝離政策是否合理等。

(五) 總資產週轉率

總資產週轉率是銷售收入與總資產之間的比率。它有三種表示方式：總資產週轉次數、總資產週轉天數、總資產與收入比。

1. 總資產週轉率及其計算

總資產週轉次數表示總資產在一年中週轉的次數：

$$總資產週轉次數 = 銷售收入 \div 總資產$$

在銷售利潤率不變的條件下，週轉的次數越多，形成的利潤越多，所以它可以反應盈利能力。它也可以理解為1元資產投資所產生的銷售額。產生的銷售額越多，說明資產的使用和管理效率越高。習慣上，總資產週轉次數又稱為總資產週轉率。

以時間長度表示的總資產週轉率，稱為總資產週轉天數。其計算公式為：

$$總資產週轉天數 = 365 \div (銷售收入 / 總資產) = 365 \div 總資產週轉次數$$

總資產週轉天數表示總資產週轉一次所需要的時間。時間越短，總資產的使用效率越高，盈利性越好。

總資產週轉次數的倒數，稱為"總資產與收入比"：

$$總資產與收入比 = 總資產 \div 銷售收入 = 1 / 總資產週轉次數$$

總資產與收入比表示1元收入需要的總資產投資。收入相同時，需要的投資越少，說明總資產的盈利性越好或者說總資產的使用效率越高。

2. 總資產週轉率的驅動因素

總資產是由各項資產組成的，在銷售收入既定的條件下，總資產週轉率的驅動因素是各項資產。我們通過驅動因素的分析，可以瞭解總資產週轉率變動是由哪些資產項目引起的，以及影響較大的因素，為進一步分析指出方向。

資產週轉率的驅動因素分析，通常可以使用"資產週轉天數"或"資產與收入比"指標，不使用"資產週轉次數"。因為各項資產週轉次數之和不等於總資產週轉次數，不便於分析各項目變動對總資產週轉率的影響。

三、盈利能力分析

盈利能力就是企業賺取利潤的能力，是各方面都日益重視和關心的指標。一般而言，企業的盈利能力只涉及正常的營業狀況。非正常的營業狀況也會給企業帶來收益或損失，但只是特殊情況下的個別結果，並不能說明企業的能力。

反應企業盈利能力的指標很多，通常使用的有以下一些指標：

(一) 銷售利潤率

銷售利潤率又被稱為"銷售淨利率"或簡稱"利潤率"。通常，在"利潤"前面沒有加任何定語，就是指"淨利潤"；某個利潤率，如果前面沒有指明計算比率使用的分母，則以銷售收入為分母。

銷售利潤率是指淨利潤與銷售收入的比率，通常用百分數表示：

$$銷售利潤率＝（淨利潤÷銷售收入）×100\%$$

它表明 1 元銷售收入與其成本費用之間可以"擠"出來的淨利潤。該比率越大則企業的盈利能力越強。

它的派生指標有主營業務利潤率：

$$主營業務利潤率＝（主營業務利潤÷主營業務收入淨額）×100\%$$

(二) 資產利潤率

1. 資產利潤率及其計算

資產利潤率是指淨利潤與總資產的比率，它反應公司從 1 元受託資產（不管資金來源）中得到的淨利潤。

$$資產利潤率＝（淨利潤÷總資產）×100\%$$

與它相似的指標為總資產報酬率：

$$總資產報酬率＝（息稅前利潤總額÷平均資產總額）×100\%$$

資產利潤率是企業盈利能力的關鍵。雖然股東的報酬由資產利潤率和財務槓桿共同決定，但提高財務槓桿會同時增加企業風險，往往並不增加企業價值。此外，財務槓桿的提高有諸多限制，企業經常處於財務槓桿不可能再提高的臨界狀態。因此，驅動權益淨利率的基本動力是資產利潤率。

2. 資產利潤率的驅動因素

影響資產利潤率的驅動因素是銷售利潤率和資產週轉率。

$$資產利潤率＝\frac{淨利潤}{總資產}＝\frac{淨利潤}{銷售收入}×\frac{銷售收入}{總資產}$$
$$＝銷售利潤率×總資產調轉次數$$

總資產週轉次數是 1 元資產創造的銷售收入，銷售利潤率是 1 元銷售收入創造的利潤，兩者共同決定了資產利潤率即 1 元資產創造的利潤。

(三) 權益淨利率

權益淨利率是淨利潤與股東權益的比率，它反應 1 元股東資本賺取的淨收益，可以衡量企業的總體盈利能力，也稱為淨資產收益率。

$$權益淨利率＝（淨利潤÷股東權益）×100\%$$

權益淨利率的分母是股東的投入（包括累積等），分子是股東的所得。對於股權投資人來說，它具有非常好的綜合性，概括了企業的全部經營業績和財務業績。

案例：通威股份迴歸主業淨資產收益率（ROE）連續增長

通威股份在 2011—2013 年的淨資產收益率情況分別為 6.01%、6.61% 和 16.34%。

分析公司近年來的財務情況，就可以發現它最近三年無論是毛利率還是存貨週轉率都是不斷提高的。其產品毛利率並不高，但是從 2011 年的 7.33%，提高到了 2013 年的9.79%，而存貨週轉率也從2011年的11.99，提高到了2013年的13.8。

通威股份近幾年業績的增長是因為將精力放回到了主業——飼料業務上。公司之前將精力、資源放到新能源業務上，飼料業務增速緩慢。從2010年開始，公司將精力重新放回到飼料業務上來。

(四) 資本保值增值率

資本保值增值率=(扣除客觀因素後的年末所有者權益÷年初所有者權益)×100%

資本保值增值率是根據"資本保全"原則設計的指標，更加謹慎、穩健地反應了企業資本保全和增值狀況，也充分體現了經營者的主觀努力程度和利潤分配中的累積情況。

該指標越高，表明企業的資本保全狀況越好，所有者的權益增長越快。當該指標小於100%時，表明企業資本受到侵蝕，沒有實現資本保全，損害了所有者權益，妨礙了企業進一步發展壯大，企業應予以充分重視。

(五) 盈餘現金保障倍數

盈餘現金保障倍數=（經營現金淨流量÷淨利潤）×100%

該指標反應企業當期淨利潤中現金收現的保障程度，真實反應了企業盈餘的質量，從現金流入和流出的動態角度，對企業收益的質量進行評價，對企業的實際收益能力進行再次修正。

該指標在收付實現制基礎上，充分反應出企業當期淨收益中有多少是有現金保障的，擠掉了收益中的水分，體現出企業當期收益的質量狀況，同時，減少了權責發生制會計對利潤的操縱。

一般而言，當企業當期淨利潤大於0時，該指標應當大於1。該指標越大，表明企業經營活動產生的淨利潤對現金的貢獻越大。但是，由於指標分母變動較大，致使該指標的數值變動也較大，故該指標應根據企業實際效益狀況有針對性地進行分析。

(六) 成本費用利潤率

成本費用利潤率=（利潤總額÷成本費用總額）×100%

該指標表示企業為取得利潤而付出的代價，從企業支出方面補充評價企業的收益能力，有利於促進企業加強內部管理，節約支出，提高經營效益。該指標越高，表明企業為取得收益所付出的代價越小，企業成本費用控制得越好，企業的獲利能力越強。

四、發展能力分析

發展能力是企業在生存的基礎上，擴大規模、壯大實力的潛在能力。分析發展能力主要有以下五個比率：

(一) 銷售 (營業) 增長率

銷售增長率=（本年主營業務收入增長額÷上年主營業務收入額）×100%
本年主營業務收入增長額=本年主營業務收入額-上年主營業務收入額

本指標是衡量企業經營狀況和市場佔有能力、預測企業經營業務拓展趨勢的重要指標，也是企業擴張增量和存量資本的重要前提。不斷增加主營業務收入，是企業生存的基礎和發展的條件。

該指標若大於 0，表示企業本年的銷售收入有所增長，指標值越高，表明增長速度越快，企業市場前景越好；若該指標小於 0，則表明企業或是產品不適銷對路、質次價高，或是在售後服務等方面存在問題，產品銷售不出去，市場份額萎縮。該指標在實際操作時，應結合企業歷年的主營業務水平、企業市場佔有情況、行業未來發展及其他影響企業發展的潛在因素進行前瞻性預測，或者結合企業主營業務收入增長率做出趨勢性分析判斷。

(二) 資本累積率

$$資本累積率 = （本年所有者權益增長額 \div 年初所有者權益）\times 100\%$$

$$本年所有者權益增長額 = 所有者權益年末數 - 所有者權益年初數$$

該指標體現了企業資本的累積情況，是企業發展強盛的標誌，也是企業擴大再生產的源泉，展示了企業的發展潛力，還反應了投資者投入企業資本的保全性和增長性。該指標越高，表明企業的資本累積越多，企業資本保全性越強，應付風險、持續發展的能力越大。該指標如為負值，表明企業資本受到侵蝕，所有者利益受到損害，應予充分重視。

(三) 三年資產平均增長率

$$三年資產平均增長率 = \left(\sqrt[3]{\frac{當年年末資產總額}{三年前年末資產總額}}\right)\times 100\%$$

如評價 2015 年的企業績效狀況，三年前指 2012 年。

一般增長率指標在分析時具有"滯後"性，且僅反應當期情況，而該指標卻能夠反應企業資本累積或資本擴張的歷史發展狀況，以及企業穩步發展的趨勢。該指標越高，表明企業所有者權益得到的保障程度越大，企業可以長期使用的資金越充足，抗風險和持續發展的能力越強。

(四) 三年銷售平均增長率

$$三年銷售平均增長率 = \left(\sqrt[3]{\frac{當年主營業務收入總額}{三年前主營業務收入總額}}\right)\times 100\%$$

該指標能夠反應企業的主營業務增長趨勢和穩定程度，體現企業的連續發展狀況和發展能力，避免因少數年份業務波動而對企業發展潛力的錯誤判斷。該指標越高，表明企業主營業務持續增長勢頭越好，市場擴張能力越強。

(五) 技術投入比率

$$技術投入比率 = \frac{當年技術轉讓費支出與研究投入}{當年主營業務收入淨額} \times 100\%$$

該指標從企業的技術創新方面反應企業的發展潛力和可持續發展能力。

五、上市公司特殊財務比率

(一) 每股盈餘

$$每股盈餘 = 可供普通股股東分配的淨收益 \div 年末普通股股份總數$$

每股盈餘指標越高，在利潤質量較好的情況下，表明股東的投資效益越好，股東獲取較高股利的可能性也越大。

（二）每股股利

$$每股股利 = 股利總額 \div 年末普通股股份總額$$

該指標表明實際回到股東手中的每股投資回報額。

（三）股票收益率

$$股票收益率 = （普通股每股股利 \div 普通股每股市價） \times 100\%$$

股票價格的波動和股利水平的任何變化均會導致股票收益率的變化，它粗略地計量了如果當年投資當年收回的情況下收益的比率。

（四）市盈率

$$市盈率 = 普通股每股市價 \div 普通股每股盈餘$$

市盈率反應市場對公司的期望的指標，比率越高，市場對公司的未來越看好。但由於市盈率與公司的增長率相關，不同行業的增長率不同，在不同行業的公司之間比較這個比率沒有意義。同時，會計利潤受到各種公認會計政策的影響，又使市盈率在公司間的比較產生困難。

案例：瘋狂市盈率

2015年1月以來，創業板指數從1,600點飆升至如今的3,500點，平均市盈率高達125.27倍。這已經將2000年的納斯達克互聯網泡沫遠遠拋在身後。

在創業板瘋牛狂奔的同時，產業資本正以前所未有的速度逃離。2015年以來，創業板總共有229家公司發生了重要股東的淨減持，淨減持金額合計為459億元。大股東的行為實際上是用腳投票，表明了他們並不認同市場估價，創業板風險正在積聚，或許投資者及時撤出才是理性的。

（五）股利支付率

$$股利支付率 = （普通股每股股利 \div 普通股每股盈餘） \times 100\%$$

該指標反應普通股股東從全部獲利中實際可獲取的股利份額，單純從股東眼前利益講，此比率越高，股東所獲取的回報越多。我們可以通過該指標分析公司的股利政策。中國的情況比較特殊，通常支付現金股利的公司股票不會迅速增長，配股或者送股的公司股票反而會上漲很多，這與其他國家的情況有很大不同。

（六）每股淨資產

$$每股淨資產 = 年末淨資產 \div 年末普通股股數$$

每股淨資產在理論上提供了企業普通股每股的最低價格。

（七）股利保障倍數

$$股利保障倍數 = 普通股每股盈餘 \div 普通股每股股利$$

這是對安全性的一種計量，可以分析在什麼條件下公司的盈利仍能保障目前股利的分配。此比率越大，表明公司留存的利潤越多。如果資產質量比較好，公司有好的投資項目，將利潤更多地留作投資資金，則有利於公司將來的發展，而公司未來的發展潛力越大，越有利於公司股東。

第四節　綜合分析法

綜合分析就是將營運能力、償債能力、盈利能力和發展能力等諸方面的分析納入一個有機整體之中，全面地對企業經營狀況、財務狀況進行解剖和分析，從而對企業經濟效益的優劣做出準確的評價與判斷。

一、綜合分析法的基本思路

綜合分析一般分為三步：

(一) 綜合瀏覽

首先進行綜合瀏覽，應當主要關注下列方面：

1. 企業所處的行業以及生產經營的特點

這些特點很大程度上決定了企業的資產結構、資本結構、收益的確認方式、費用的結構、盈利模式以及現金流量的特徵等，也為企業間財務狀況的比較奠定了基礎。

2. 企業的主要股東，特別是控制性股東

掌握股東"背景"或者"後盾"，我們要判斷他們對企業的支持是什麼，除資本投入外對企業的發展是否有其他貢獻，其控制企業的目的是什麼，能否對企業長期健康發展起支持作用。

3. 企業的發展沿革

企業的發展沿革可以在一定程度上對企業未來的發展軌跡做出判斷。

4. 企業高級管理人員的結構及其變化情況

我們可以對高級管理人員的背景、能力以及協作性等方面展開分析。

(二) 比率分析

我們重點考察獲利能力比率和財務狀況比率，計算主要比率後，可對年度間的相同比率進行比較。

(三) 結合報表附註中關於報表主要項目的詳細披露材料，對主表進行比較分析

1. 對利潤表進行分析

對利潤表的分析包括：毛利率的走向；各項費用的絕對額在年度間的走向以及各項費用對營業收入相對比的百分比走勢；營業利潤與投資收益之間是否出現了互補性變化趨勢；企業現金股利分配政策。

2. 對現金流量表進行分析

對現金流量表的分析包括：經營活動現金流量的充分程度；投資活動的現金流出量與企業投資計劃的吻合程度；籌資活動的現金流量與經營活動；投資活動現金流量之和的適應程度。

3. 對資產結構、變化、資產質量以及資本結構進行分析

對資產結構、變化、資產質量以及資本結構的分析包括：企業資產與企業經營特點的吻合程度；企業資產負債表中重大變化項目、變化原因以及變化結構對企業財務狀況的影響；企業的稅務環境、融資環境等內容。

二、杜邦財務分析法

杜邦財務分析法由美國杜邦公司在20世紀20年代首創，經過多次改進，逐漸把各種財務比率結合成一個體系。

杜邦財務分析法的基本結構如圖12.1所示。

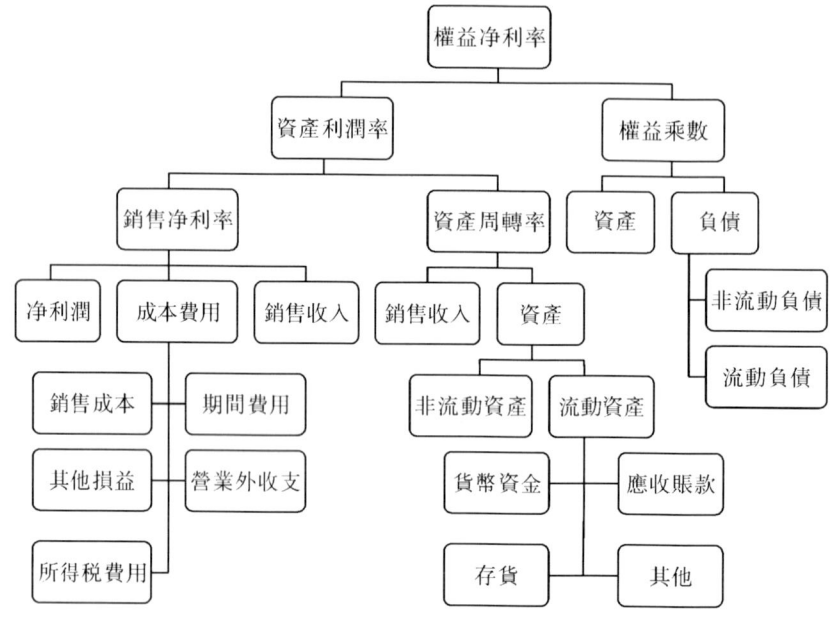

圖 12.1　杜邦財務分析法基本結構圖

該體系是一個多層次的財務比率分解體系。各項財務比率，在每個層次上與本企業歷史或同業的財務比率比較，比較之後向下一級分解。各項財務比率逐級向下分解，逐步覆蓋企業經營活動的每一個環節，可以實現系統、全面評價企業經營成果和財務狀況的目的。

(一) 杜邦財務分析法的核心比率

權益淨利率是分析體系的核心比率，它有很好的可比性，可以用於不同企業之間的比較。由於資本具有逐利性，總是流向投資報酬率高的行業和企業，使得各企業的權益淨利率趨於接近。如果一個企業的權益淨利率經常高於其他企業，就會引來競爭者，迫使該企業的權益淨利率回到平均水平。如果一個企業的權益淨利率經常低於其他企業，就得不到資金，會被市場驅逐，使得幸存企業的股東權益淨利率提升到平均水平。

權益淨利率不僅有很好的可比性，而且有很強的綜合性。為了提高股東權益淨利率，管理者有三個可以使用的槓桿：

$$權益淨利率 = \frac{淨利潤}{銷售收入} \times \frac{銷售收入}{總資產} \times \frac{總資產}{股東權益}$$

$$= 銷售淨利率 \times 總資產週轉率 \times 權益乘數$$

無論提高其中的哪一個比率，權益淨利率都會提升。其中，"銷售淨利率"是利潤表的概括，"銷售收入"在利潤表的第一行，"淨利潤"在利潤表的最後一行，兩者相除可以概括全部經營成果；"權益乘數"是資產負債表的概括，表明資產、負債和股東權益的比例關係，可以反應最基本的財務狀況；"總資產週轉率"把利潤表和資產負債表聯繫起來，使權益淨利率可以綜合整個企業的經營活動和財務活動的業績。

(二) 財務比率的比較和分解

該分析體系要求在每一個層次上進行財務比率的比較和分解。通過與上年比較，我們可以識別變動的趨勢，通過同業的比較可以識別存在的差距。分解的目的是識別引起變動（或產生差距）的原因，並計量其重要性，為後續分析指明方向。

(三) 杜邦財務分析法的局限性

傳統財務分析體系雖然被廣泛使用，但是也存在某些局限性。

(1) 計算總資產利潤率的"總資產"與"淨利潤"不匹配。首先被質疑的是資產利潤率的計算公式。總資產是全部資產提供者享有的權利，而淨利潤是專門屬於股東的，兩者不匹配。由於總資產淨利率的"投入與產出"不匹配，該指標不能反應實際的回報率。為了改善該比率的配比，要重新調整其分子和分母。

為公司提供資產的人包括股東、有息負債的債權人和無息負債的債權人，後者不要求分享收益。因此，我們需要計量股東和有息負債債權人投入的資本，並且計量這些資本產生的收益，兩者相除才是合乎邏輯的資產報酬率，才能準確反應企業的基礎盈利能力。

(2) 沒有區分經營活動損益和金融活動損益。傳統財務分析體系沒有區分經營活動和金融活動。對於多數企業來說金融活動是淨籌資，它們從金融市場上主要是籌資，而不是投資。籌資活動沒有產生淨利潤，而是支出淨費用。這種籌資費用是否屬於經營活動的費用，即使在會計規範的制定中也存在爭議，各國的會計規範對此的處理也不盡相同。從財務管理的基本理念看，企業的金融資產是投資活動的剩餘，是尚未投入實際經營活動的資產，應將其從經營資產中剔除。與此相適應，金融費用也應從經營收益中剔除，才能使經營資產和經營收益匹配。因此，正確計量基礎盈利能力的前提是區分經營資產和金融資產，區分經營收益與金融收益（費用）。

(3) 沒有區分有息負債與無息負債。既然我們要把金融（籌資）活動分離出來單獨考察，就會涉及單獨計量籌資活動的成本。負債的成本（利息支出）僅僅是有息負債的成本。因此，我們必須區分有息負債與無息負債，利息與有息負債相除，才是實際的平均利息率。此外，區分有息負債與無息負債後，有息負債與股東權益相除，可以得到更符合實際的財務槓桿。無息負債沒有固定成本，本來就沒有槓桿作用，將其計入財務槓桿，會歪曲槓桿的實際作用。

針對上述問題，人們對傳統的財務分析體系做了一系列的改進，逐步形成了一個新的分析體系。

三、改進的財務綜合分析體系

(一) 改進的財務分析體系的主要概念

1. 資產負債表的有關概念

基本等式：

$$淨經營資產＝淨金融負債＋股東權益$$

其中：

$$淨經營資產＝經營資產－經營負債$$
$$淨金融負債＝金融負債－金融資產$$

改進的財務分析體系與傳統分析體系相比，主要的區別是：

（1）區分經營資產和金融資產。經營資產是指用於生產經營活動的資產。與總資產相比，它不包括沒有被用於生產經營活動的金融資產。嚴格說來，保持一定數額的現金是企業生產經營活動所必需的，但是外部分析人無法區分哪些金融資產是必需的，哪些是投資的剩餘，為了簡化都將其列入金融資產，視為未投入營運的資產。應收項目大部分是無息的，應將其列入經營資產。區分經營資產和金融資產的主要標誌是有無利息，如果能夠取得利息則列為金融資產。例如，短期應收票據如果以市場利率計息就屬於金融資產；否則應歸入經營資產，它們只是促進銷售的手段。只有短期權益性投資是個例外，它是暫時利用多餘現金的一種手段，所以是金融資產，應以市價計價。至於長期權益性投資，則屬於經營資產。

（2）區分經營負債和金融負債。經營負債是指在生產經營中形成的短期和長期無息負債。這些負債不要求利息回報，是伴隨經營活動出現的，而非金融活動的結果。金融負債是企業籌資活動形成的有息負債。劃分經營負債與金融負債的一般標準是有無利息要求。應付項目的大部分是無息的，故將其列入經營負債；如果是有息的，則屬於金融活動，應列為金融負債。

金融負債減去金融資產，是企業的"淨金融負債"，簡稱"淨負債"。這裡有一個重要的概念，就是金融資產是"負"的金融負債，它可以立即償債並使金融負債減少。企業真正背負的償債壓力是借入後已經用掉的錢，即淨負債。淨負債是債權人實際上已投入生產經營的債務資本。

2. 利潤表的有關概念

基本等式：

$$淨利潤＝經營利潤－淨利息費用$$

其中：

$$經營利潤＝稅前經營利潤×（1－所得稅稅率）$$
$$淨利息費用＝利息費用×（1－所得稅稅率）$$

改進的財務分析體系對收益分類的主要特點是：

（1）區分經營活動損益和金融活動損益。金融活動的損益是淨利息費用，即利息收支的淨額。金融活動收益和成本，不應列入經營活動損益，兩者應加以區分。利息支出包括借款和其他有息負債的利息。從理論上說，利息支出應包括會計上已經資本化的利息，但是實務上很難這樣去處理，因為分析時找不到有關的數據。資本化利息不但計入了資產成本，而且通過折舊的形式列入費用，進行調整極其困難。利息收入包括銀行存款利息收入和債權投資利息收入。如果沒有債權投資利息收入，則可以用"財務費用"作為稅前"利息費用"的估計值。金融活動損益以外的損益，全部視為經營活動損益。經營活動損益與金融活動損益的劃分，應與資產負債表對經營資產與金融資產的劃分對應。

（2）經營活動損益內部，可以進一步區分主要經營利潤、其他營業利潤和營業外收支。主要經營利潤是指企業日常活動產生的利潤，它等於銷售收入減去銷售成本及有關的期間費用，是最具持續性和預測性的收益；其他營業利潤，包括資產減值、公允價值變動和投資收益，它們的持續性不易判定，但肯定低於主要經營利潤；營業外收支不具持續性，沒有預測價值。這樣的區分，有利於評價企業的盈利能力。

（3）法定利潤表的所得稅是統一扣除的。為了便於分析，我們需要將其分攤給經營利潤和利息費用。分攤的簡便方法是根據實際的所得稅稅率比例分攤。嚴格的辦法是分別根據適用的稅率計算應負擔的所得稅。後面的舉例採用簡單辦法處理。

(二) 調整資產負債表和利潤表

根據上述概念，我們重新編製經調整的資產負債表和利潤表。

(三) 改進的財務分析體系的核心公式

該體系的核心公式如下：

$$
\begin{aligned}
\text{權益淨利率} &= \frac{\text{經營利潤}}{\text{股東權益}} - \frac{\text{淨利息}}{\text{股東權益}} \\
&= \frac{\text{經營利潤}}{\text{淨經營資產}} \times \frac{\text{淨經營資產}}{\text{股東權益}} - \frac{\text{淨利息}}{\text{淨負債}} \times \frac{\text{淨負債}}{\text{股東權益}} \\
&= \frac{\text{經營利潤}}{\text{淨經營資產}} \times \left(1 + \frac{\text{淨負債}}{\text{股東權益}}\right) - \frac{\text{淨利息}}{\text{淨負債}} \times \frac{\text{淨負債}}{\text{股東權益}} \\
&= \text{經營資產利潤率} + (\text{經營資產利潤率} - \text{淨利息率}) \times \text{產權比率}
\end{aligned}
$$

根據該公式，權益淨利率的高低取決於三個驅動因素：淨經營資產利潤率（可進一步分解為銷售經營利潤率和淨經營資產週轉率）、淨利息率和產權比率。

(四) 權益淨利率的驅動因素分解

各影響因素對權益淨利率變動的影響程度，可使用連環代替法測定。

(五) 槓桿貢獻率的分析

權益淨利率被分解為淨經營資產利潤率和槓桿貢獻率兩部分，為分析財務槓桿提供了方便。影響槓桿貢獻率的因素是淨債務的利息率、淨經營資產利潤率和淨財務槓桿：

$$\text{槓桿貢獻率} = (\text{淨經營資產利潤率} - \text{淨利息率}) \times \text{淨財務槓桿}$$

1. 淨利息率的分析

淨利息率的分析，需要使用報表附註的明細資料。

2. 經營差異率的分析

經營差異率是淨經營資產利潤率和淨利息率的差額，他表示每借入1元債務資本投資與經營資產產生的收益，償還利息後剩餘的部分。該剩餘歸股東享有。利息越低，經營利潤越高，剩餘的部分越多。

經營差異率是衡量借款是否合理的重要依據之一。如果經營差異率為正值，借款可以增加股東收益；如果它為負值，借款會減少股東收益。從增加股東收益來看，淨經營資產利潤率是企業可以承擔的借款淨利息率上限。

3. 槓桿貢獻率的分析

槓桿貢獻率是經營差異率和淨財務槓桿的乘積。如果經營差異率不能提高，是否可以進一步提高財務槓桿呢？

以"淨負債/股東權益"衡量的財務槓桿，表示每1元權益資本配置的淨債務。如果公司有比較高的負債比率，再進一步增加借款，會增加財務風險，推動利息率上升，使經營差異率進一步縮小。因此，進一步加大財務槓桿可能不是明智之舉。依靠財務槓桿提高槓桿貢獻率是有限度的。

四、財務比率綜合分析法

在進行財務分析時，人們遇到的一個主要困難就是計算出財務比率之後，無法判斷它是偏高或是偏低。與本企業的歷史比較，也只能看出自身的變化，難以評價其在市場競爭中的優劣地位。

亞歷山大・沃爾選擇了7個財務比率，並賦予各自的權重，然後確定指標比率，並與實際比率相比較，評出每項指標的得分，最後得出總評分。但沃爾評分法有兩個缺陷：一是所選定的7項指標缺乏證明力，二是當某項指標嚴重異常時，會對總評分產生不合邏輯的重大影響。

現在一般認為，企業財務評價的內容主要是盈利能力，其次是償債能力、營運能力和成長能力，它們之間的比重大致為3：1：1：1。盈利能力主要用3個常用指標，償債能力用2個指標，營運能力用2個指標，成長能力用3個指標。如果以100分為總評分，則評分的標準分配如表12.5所示。

表 12.5　　　　　　　　　綜合評分的標準

指標	評分值（標準）	標準比率（％）	行業最高比率（％）	最高評分	最低評分	每分比率的差
盈利能力：						
總資產淨利率	20	10	20	30	10	1
銷售淨利率	20	4	20	30	10	1.6
淨資產收益率	10	16	20	15	5	0.8
償債能力：						
自有資本比率	8	40	100	12	4	15
流動比率	8	150	400	12	4	75
營運能力：						
應收帳款週轉率	8	600	1,200	12	4	150
存貨週轉率	8	800	1,200	12	4	100
成長能力：						
銷售增長率	6	15	30	9	3	5
淨利潤增長率	6	10	20	9	3	3.3
人均淨利增長率	6	10	20	9	3	3.3
合計	100			150	50	

標準比率應以本行業平均數為基礎，適當進行理論修正。

我們在給每個指標評分時，應規定上限與下限，以減少個別指標異常對總分造成不合理的影響。上限可定為正常評分值的1.5倍，下限定為正常評分值的1/2。此外，給分時不採用"乘"的關係，而採用"加"或"減"的關係處理。例如，銷售淨利率的標準值為4%，標準評分為20分，行業最高比率為20%，最高評分為30分，則每分的財務比率差為1.6%〔（20%-4%）÷（30-20）〕。銷售淨利率每提高1.6%，多給1

分，但該項得分不超過 30 分。

課後思考與練習

一、思考題

1. 財務指標自身存在滯後性、不完全性、主觀性，如何克服？或者說有什麼更加科學合理的方法來反應企業的發展狀況？

2. 財務報表分析方法主要有哪些？其優缺點、適用條件是什麼？

3. 截至目前，滬深兩市（按照申銀萬國行業分類）142 家上市房企 2015 年中報已經披露完畢。據 Wind 資訊統計數據顯示，142 家上市房企上半年負債合計接近 3.4 萬億元，同比增長幅度約達 13%。不過，這 142 家上市房企的資產總計為 4.41 萬億元，同比增長幅度約達 14%，與負債增長水平持平。根據 Wind 資訊統計數據計算，2015 年上半年，142 家上市房企的平均負債率為 76.8%。截至 2015 年中期，資產負債率大於 80% 的房企占 22.54%，在 70%~80% 的房企占比為 20.42%，在 60%~70% 的房企占比為 20.4%。

如何看待房地產企業如此高的資產負債率？

4. 某公司近三年主要財務數據如表 12.6 所示：

表 12.6　　　　　　　　某公司三年主要財務數據

	20×3 年	20×4 年	20×5 年
銷售額（萬元）	4,000	4,300	3,800
總資產（萬元）	1,430	1,560	1,695
所有者權益合計（萬元）	600	650	650
流動比率	1.19	1.25	1.2
平均收現期（天）	18	22	27
存貨週轉率	8.0	7.5	5.5
債務/所有者權益	1.38	1.40	1.61
長期債務/所有者權益	0.5	0.46	0.46
銷售毛利率	20.0%	16.3%	13.2%
銷售淨利率	7.5%	4.7%	2.65%
總資產週轉率	2.80	2.76	2.24
總資產淨利率	21%	13%	6%

思考：(1) 分析該公司總資產淨利率的變化原因。

(2) 分析該公司資產、負債和所有者權益的變化及原因。

(3) 在下一年應從哪些方面改善公司的財務狀況和經營業績。

二、練習題

1. 某公司有關財務資料如表 12.7 所示：

表 12.7　　　　　　　　　　　某公司財務資料　　　　　　　　　　單位：萬元

項目	2012 年	2013 年	2014 年
年末資產總額	1,000	1,200	2,000
年末負債總額	600	1,000	1,500
營業收入	1,200	1,600	2,500
淨利潤	100	160	300

要求：(1) 分別計算 2013 年、2014 年該公司的權益淨利率、銷售淨利率、總資產週轉率、權益乘數。

(2) 用差額分析法和連環替代法分析該公司的銷售淨利率、總資產週轉率、權益乘數對權益淨利率的影響。

2. 某公司有關財務報表資料如表 12.8 所示：

表 12.8　　　　　　　　　　　　資產負債表
　　　　　　　　　　　　　　2014 年 12 月 31 日　　　　　　　　　　　單位：萬元

資產	年初數	年末數	負債及所有者權益	年初數	年末數
貨幣資金	50	40	應付帳款	70	90
應收帳款	60	80	應付票據	70	60
存貨	95	120	其他流動負債	90	95
待攤費用	45	40	長期負債	220	230
流動資產合計	250	280	負債合計	450	475
固定資產淨值	500	520	實收資本	300	300
			所有者權益合計	300	325
總計	750	800	總計	750	800

該公司 2013 年度的銷售淨利率為 18%，總資產週轉率為 0.8，權益乘數為 2.6，資產利潤率為 14.4%，2014 年的銷售收入為 300 萬元，淨利潤為 50 萬元。

(1) 計算該公司 2014 年度的資產週轉率、銷售淨利率、資產利潤率、權益乘數、權益淨利率。

(2) 運用改進後的杜邦分析體系分析該公司權益淨利率變化的原因。

3. 青島啤酒相關財務資料如表 12.9、表 12.10 所示。

表12.9

資產負債表

2014年12月31日

單位：元

資產	年末餘額	年初餘額	負債及股東權益	年末餘額	年初餘額
流動資產：			流動負債：		
貨幣資金	6,388,650,779.00	8,531,720,086.00	短期借款	432,952,595.00	101,080,110.00
交易性金額資產			交易性金融負債		
應收票據	41,600,000.00	84,760,000.00	應付票據	91,748,125.00	138,382,882.00
應收帳款	125,421,629.00	152,292,736.00	應付帳款	2,494,168,939.00	2,707,070,770.00
預付款項	191,672,927.00	132,345,527.00	預收款項	787,924,958.00	980,497,616.00
其他應收款	163,583,950.00	183,395,467.00	應付職工薪酬	866,668,648.00	823,317,140.00
應收關聯公司款			應交稅費	249,195,538.00	332,033,368.00
應收利息	171,660,445.00	188,461,377.00	應付利息	4,739,860.00	1,202,929.00
應收股利			應付股利		
存貨	2,486,827,106.00	2,534,551,935.00	其他應付款	4,299,312,050.00	4,231,981,495.00
其中：消耗性生物資產			應付關聯公司款		
一年內到期的非流動資產			一年內到期的非流動負債	1,561,421.00	1,797,167,198.00
其他流動資產	782,631,150.00	466,863,422.00	其他流動負債		
流動資產合計	10,352,047,986.00	12,274,390,550.00	流動負債合計	9,228,272,134.00	11,113,753,508.00
非流動資產：			非流動負債：		
可供出售金融資產	308,642.00		長期借款	2,784,731.00	4,881,294.00
持有至到期投資			應付債券		
長期應收款			長期應付款		

表12.9（續）

資產	年末餘額	年初餘額	負債及股東權益	年末餘額	年初餘額
長期股權投資	1,536,262,375.00	1,271,947,380.00	專項應付款	324,837,574.00	450,935,656.00
投資性房地產	10,960,292.00	7,924,988.00	預計負債		
固定資產	9,118,776,190.00	8,740,310,277.00	遞延所得稅負債	158,467,740.00	173,745,333.00
在建工程	1,051,916,065.00	506,624,256.00	其他非流動負債	491,150,976.00	1,748,079,711.00
工程物資			非流動負債合計	2,488,358,554.00	2,377,641,994.00
固定資產清理	17,965,978.00	5,368,759.00	負債合計	11,716,630,688.00	13,491,395,502.00
			股東權益：		
生產性生物資產			實收資本（或股本）	1,350,982,795.00	1,350,982,795.00
油氣資產			資本公積	4,079,399,151.00	4,078,793,635.00
無形資產	2,780,584,276.00	2,533,027,393.00	盈餘公積	1,216,339,469.00	1,059,469,127.00
開發支出			減：庫存股		
商譽	1,307,103,982.00	1,079,925,496.00	未分配利潤	8,663,818,498.00	7,505,514,981.00
長期待攤費用	32,574,517.00	21,525,082.00	少數股東權益	-100,279,746.00	-147,088,008.00
遞延所得稅資產	718,786,072.00	700,162,187.00	外幣報表折算價差	25,798,505.00	25,798,505.00
其他非流動資產	76,626,751.00	223,660,169.00	非正常經營項目收益調整		
非流動資產合計	16,651,865,140.00	15,090,475,987.00	股東權益合計	15,287,282,438.00	13,873,035.00
資產總計	27,003,913,126.00	27,364,866,537.00	負債和股東權益合計	27,003,913,126.00	27,364,866,537.00

表 12.10　　　　　　　　　　　　　　利潤表
2014 年度　　　　　　　　　　　　　　單位：元

項目	本年金額	上年金額
一、營業收入	29,049,321,166.00	28,290,978,428.00
減：營業成本	17,899,291,275.00	17,007,893,969.00
營業稅金及附加	2,182,624,248.00	2,227,776,340.00
銷售費用	5,682,981,368.00	5,610,693,817.00
管理費用	1,362,297,511.00	1,572,544,494.00
勘探費用		
財務費用	-334,652,990.00	-251,391,313.00
資產減值損失	-3,513,780.00	1,744,922.00
加：公允價值變動淨收益		
投資收益	23,959,509.00	229,225,467.00
其中：對聯營企業和合營企業的投資權益	23,840,743.00	9,465,953.00
影響營業利潤的其他科目		
二、營業利潤	2,284,253,043.00	2,350,941,666.00
加：補貼收入		
營業外收入	469,416,868.00	563,993,284.00
減：營業外支出	70,671,089.00	248,401,282.00
其中：非流動資產處置淨損失	62,932,536.00	104,922,138.00
加：影響利潤總額的其他科目		
三、利潤總額	2,682,998,822.00	2,666,533,668.00
減：所得稅	663,466,755.00	691,609,875.00
加：影響淨利潤的其他科目		
四、淨利潤	2,019,532,067.00	1,974,923,793.00
歸屬於母公司所有者的淨利潤	1,990,098,044.00	1,973,372,097.00
少數股東損益	29,434,023.00	1,551,696.00

要求：

① 基於青島啤酒管理用財務報表有關數據，計算表 12.11 列出的財務比率。

表 12.11　　　　　　　　　主要財務比率變動表

財務比率	2014 年	2013 年	變動
銷售淨利率			
淨經營資產週轉次數			
淨經營資產淨利率			
稅後利息率			

表12.11(續)

財務比率	2014年	2013年	變動
經營差異率			
淨財務槓桿			
槓桿貢獻率			
權益淨利率			

②計算青島啤酒2014年權益淨利率與2013年權益淨利率的差異，並使用因素分析法對差異進行定量分析。

附　表

附表一　　　　　　　　　　　一元終值（FVIF$_{i,n}$）

N	0.5%	1%	1.5%	2%	2.5%	3%	3.5%	4%	5%
1	1.005	1.010	1.051	1.020	1.025	1.030	1.035	1.040	1.050
2	1.010	1.020	1.030	1.040	1.050	1.060	1.071	1.081	1.102
3	1.015	1.030	1.045	1.061	1.076	1.092	1.108	1.124	1.157
4	1.020	1.041	1.061	1.082	1.103	1.125	1.147	1.169	1.125
5	1.025	1.051	1.077	1.104	1.131	1.159	1.187	1.216	1.276
6	1.030	1.061	1.093	1.126	1.159	1.194	1.229	1.265	1.340
7	1.035	1.072	1.109	1.148	1.188	1.229	1.272	1.315	1.407
8	1.040	1.082	1.126	1.171	1.213	1.266	1.316	1.368	1.477
9	1.045	1.093	1.143	1.195	1.248	1.304	1.362	1.423	1.551
10	1.051	1.104	1.160	1.218	1.280	1.343	1.410	1.480	1.628
11	1.056	1.115	1.177	1.243	1.312	1.384	1.459	1.539	1.710
12	1.061	1.126	1.195	1.268	1.344	1.425	1.511	1.601	1.795
13	1.066	1.138	1.213	1.293	1.378	1.468	1.563	1.665	1.885
14	1.072	1.149	1.231	1.319	1.412	1.512	1.618	1.731	1.979
15	1.077	1.160	1.250	1.345	1.448	1.557	1.675	1.800	2.078
16	1.083	1.172	1.268	1.372	1.484	1.604	1.733	1.872	2.182
17	1.088	1.184	1.288	1.400	1.521	1.652	1.794	1.947	2.292
18	1.093	1.190	1.307	1.428	1.559	1.702	1.857	2.025	2.406
19	1.099	1.208	1.326	1.456	1.598	1.753	1.922	2.106	2.526
20	1.104	1.220	1.346	1.485	1.638	1.806	1.989	2.191	2.653
21	1.110	1.232	1.367	1.515	1.679	1.860	2.059	2.278	2.785
22	1.115	1.244	1.387	1.545	1.721	1.916	2.131	2.369	2.925
23	1.121	1.257	1.408	1.576	1.764	1.973	2.206	2.464	3.071
24	1.127	1.269	1.429	1.608	1.808	2.032	2.283	2.563	3.225
25	1.132	1.282	1.450	1.640	1.853	2.093	2.363	2.665	3.386
26	1.138	1.295	1.472	1.673	1.900	2.156	2.445	2.772	3.555
27	1.144	1.308	1.494	1.706	1.947	2.221	2.531	2.883	3.733
28	1.149	1.321	1.517	1.741	1.996	2.287	2.620	2.998	3.920
29	1.155	1.334	1.539	1.775	2.046	2.356	2.711	3.118	4.116
30	1.161	1.347	1.563	1.811	2.097	2.427	2.806	3.243	4.321
31	1.167	1.361	1.586	1.847	2.150	2.500	2.905	3.373	4.538
32	1.173	1.374	1.610	1.884	2.203	2.575	3.006	3.508	4.764
33	1.178	1.388	1.634	1.922	2.258	2.625	3.111	3.648	5.003
34	1.184	1.402	1.658	1.960	2.315	2.731	3.220	3.794	5.253
35	1.190	1.416	1.683	1.999	2.373	2.813	3.333	3.946	5.516

附表一（續1）

N	0.5%	1%	1.5%	2%	2.5%	3%	3.5%	4%	5%
36	1.196	1.430	1.709	2.039	2.432	2.898	3.450	4.103	5.791
37	1.202	1.445	1.734	2.080	2.493	2.985	3.571	4.268	6.081
38	1.208	1.459	1.760	2.122	2.555	3.074	3.696	4.438	6.385
39	1.214	1.474	1.787	2.164	2.619	3.167	3.825	4.616	6.704
40	1.220	1.488	1.814	2.208	2.685	3.262	3.959	4.801	7.039
41	1.226	1.503	1.841	2.252	2.752	3.359	4.097	4.993	7.391
42	1.233	1.518	1.868	2.297	2.820	3.460	4.241	5.192	7.761
43	1.239	1.533	1.896	2.343	2.891	3.564	4.389	5.400	8.149
44	1.245	1.545	1.925	2.390	2.963	3.671	4.543	5.616	8.557
45	1.251	1.564	1.954	2.437	3.037	3.781	4.702	5.841	8.985
46	1.257	1.580	1.983	2.486	3.113	3.895	4.866	6.074	9.340
47	1.264	1.596	2.013	2.536	3.191	4.011	5.037	6.317	9.905
48	1.270	1.612	2.043	2.587	3.271	4.132	5.213	6.570	10.401
49	1.276	1.628	2.075	2.638	3.353	4.256	5.896	6.833	10.921
50	1.283	1.644	2.105	2.691	3.437	4.383	5.584	7.106	11.467
51	1.289	1.661	2.136	2.745	3.523	4.515	5.780	7.390	12.040
52	1.296	1.677	2.168	2.800	3.611	4.650	5.982	7.686	12.642
53	1.302	1.694	2.201	2.856	3.701	4.790	6.192	7.994	13.274
54	1.309	1.711	2.234	2.913	3.973	4.934	6.408	8.313	13.938
55	1.315	1.728	2.267	2.971	3.888	5.082	6.633	8.646	14.645
56	1.322	1.745	2.301	3.031	3.985	5.231	6.865	8.992	15.367
57	1.328	1.763	2.336	3.091	4.085	5.391	7.105	9.351	16.135
58	1.335	1.780	2.371	3.153	4.187	5.553	7.354	9.725	16.942
59	1.342	1.798	2.407	3.216	4.292	5.720	7.611	10.115	17.789
60	1.348	1.861	2.443	3.281	4.399	5.891	7.878	10.518	18.679
61	1.355	1.834	2.479	3.346	4.509	6.068	8.153	10.940	19.613
62	1.362	1.853	2.517	3.413	4.622	6.250	8.439	11.378	20.593
63	1.369	1.871	2.554	3.481	4.738	6.437	8.734	11.833	21.623
64	1.376	1.890	2.593	3.551	4.856	6.631	9.040	12.306	22.704
65	1.382	1.909	2.632	3.622	4.977	6.829	9.356	12.798	23.839
70	1.417	2.006	2.835	3.999	5.632	7.917	11.112	15.571	30.426
75	1.453	2.109	3.054	4.415	6.372	9.178	13.198	18.945	38.832
80	1.490	2.216	3.290	4.875	7.209	10.640	15.675	23.094	49.561
90	1.566	2.448	3.818	5.943	9.228	14.300	22.112	34.119	80.730
100	1.646	2.704	4.432	7.244	11.813	19.218	31.191	50.504	131.50

附表一（續2）

N	6%	7%	8%	9%	10%	15%	20%	25%	30%
1	1.060	1.070	1.080	1.090	1.100	1.150	1.200	1.250	1.300
2	1.123	1.144	1.166	1.188	1.210	1.322	1.440	1.562	1.690
3	1.191	1.225	1.259	1.295	1.331	1.520	1.728	1.593	2.197
4	1.262	1.310	1.360	1.411	1.464	1.749	2.073	2.441	2.856
5	1.338	1.402	1.469	1.538	1.610	2.011	2.488	3.051	3.712
6	1.418	1.500	1.586	1.677	1.771	2.313	2.985	3.814	4.826
7	1.503	1.605	1.713	1.828	1.948	2.660	3.583	4.768	6.274
8	1.593	1.718	1.850	1.992	2.143	3.059	4.299	5.960	8.157
9	1.689	1.838	1.990	2.171	2.357	3.517	5.159	7.450	10.604
10	1.790	1.967	2.158	2.367	2.593	4.045	6.191	9.131	13.785
11	1.898	2.104	2.331	2.580	2.853	4.652	7.430	11.641	17.921
12	2.012	2.252	2.518	2.812	3.138	5.350	8.916	14.551	23.298
13	2.132	2.409	2.719	3.065	3.452	6.152	10.699	18.189	30.287
14	2.260	2.578	2.937	3.341	3.797	7.075	12.839	22.737	39.373
15	2.396	2.759	3.127	3.642	4.177	8.137	15.407	28.421	51.185
16	2.540	2.952	3.425	3.970	4.594	9.357	18.488	35.527	66.541
17	2.692	3.158	3.700	4.327	5.054	10.761	22.186	44.408	86.504
18	2.854	3.379	3.996	4.717	5.559	12.375	26.623	55.511	112.45
19	3.025	3.616	4.315	5.141	6.116	14.231	31.947	69.388	146.19
20	3.207	3.869	4.660	5.604	6.727	16.366	38.337	86.736	190.04
21	3.399	4.140	5.033	6.108	7.400	18.821	46.005	108.42	247.06
22	3.603	4.430	5.436	6.658	8.140	21.644	55.206	135.52	321.18
23	3.819	4.740	5.871	7.257	8.954	24.891	66.247	169.40	417.53
24	4.048	5.072	6.341	7.911	9.849	28.625	79.246	211.75	542.80
25	4.291	5.427	6.848	8.623	10.834	32.918	95.396	264.69	705.64
26	4.549	5.807	7.396	9.399	11.918	37.856	114.47	330.87	917.33
27	4.822	6.213	7.988	10.245	13.109	43.535	137.37	413.59	1,192.5
28	5.111	6.648	8.627	11.167	14.420	50.605	164.84	516.98	1,550.2
29	5.418	7.114	9.317	12.172	15.863	57.575	197.81	646.23	2,015.3
30	5.743	7.612	10.062	13.267	17.449	66.211	237.37	807.79	2,619.9
31	6.088	8.145	10.867	14.461	19.194	76.143	284.85	1,009.7	3,405.9
32	6.453	8.715	11.737	15.763	21.113	87.565	341.82	1,262.1	4,427.7
33	6.840	9.325	12.676	17.182	23.225	100.69	410.18	1,577.7	5,756.1
34	7.251	9.978	13.690	18.728	25.547	115.80	492.22	1,972.1	7,482.9
35	7.686	10.676	14.785	20.413	28.102	133.17	590.68	2,465.1	9,727.8

附表一（續3）

N	6%	7%	8%	9%	10%	15%	20%	25%	30%
36	8.143	11.423	15.968	22.251	30.912	153.15	708.801	308.487	12,646.218
37	8.636	11.223	17.245	24.253	34.003	176.12	850.562	3,851.859	16,440.084
38	9.154	13.079	18.625	26.436	37.404	202.54	1,020.674	4,814.824	21,372.109
39	9.703	13.994	20.115	28.815	41.144	232.92	1,224.809	6,018.531	27,783.742
40	10.258	14.974	21.724	31.409	45.259	267.86	1,469.771	7,623.163	36,118.864
41	10.902	16.022	23.462	34.236	49.785	308.04	1,763.725	9,403.95	46,954.524
42	11.557	17.144	25.339	37.313	54.763	354.24	2,116.471	11,754.94	61,040.881
43	12.250	18.344	27.366	40.676	60.240	407.38	2,539.765	14,693.67	79,353.145
44	12.985	19.628	29.555	44.336	66.264	468.49	3,047.718	18,367.09	103,159.08
45	13.764	21.002	31.920	48.327	72.890	538.76	3,657.261	22,958.87	134,106.81
46	14.590	22.472	34.474	52.676	80.179	619.58	4,388.714	28,698.59	174,338.86
47	15.465	24.045	37.232	57.417	88.179	712.52	5,266.457	35,873.24	226,640.52
48	16.393	25.728	40.210	62.858	97.017	819.40	6,319.748	44,841.55	294,632.67
49	17.377	27.529	43.427	68.217	106.71	942.31	7,538.698	56,051.93	383,022.47
50	18.420	29.457	46.901	74.357	117.39	1,083.6	9,100.438	70,064.92	497,929.22
51	19.525	31.519	50.635	81.094	129.12	1,246.2	10,920.525	87,581.15	647,307.98
52	20.696	33.725	54.706	88.344	142.04	1,433.1	13,104.630	109,476.44	841,500.38
53	21.938	36.086	59.082	96.295	156.24	1,648.1	15,725.557	136,845.55	1.09×10^6
54	23.255	38.612	63.809	104.96	171.87	1,895.3	18,870.688	171,056.94	1.42×10^6
55	24.650	41.315	68.913	114.40	189.05	2,179.6	22,644.802	213,821.17	1.84×10^6
56	21.129	44.207	74.426	124.70	207.96	2,506.5	27,173.762	267,276.47	2.40×10^6
57	27.697	47.301	80.381	135.92	228.76	2,882.5	32,608.515	334,095.58	3.12×10^6
58	29.358	50.612	86.811	148.16	251.63	3,314.9	39,130.218	417,619.48	4.06×10^6
59	31.120	54.155	93.756	161.49	276.80	3,812.1	46,956.261	522,024.35	5.28×10^6
60	32.987	57.946	101.25	176.03	304.48	4,383.9	56,347.514	652,530.44	6.86×10^6
61	34.966	62.002	109.35	191.87	334.92	5,041.5	67,617.017	815,663.05	8.92×10^6
62	37.064	66.342	118.10	209.14	368.42	5,797.8	81,140.420	1.01×10^6	1.16×10^7
63	39.288	70.986	127.55	227.96	405.26	6,667.5	97,368.504	1.27×10^6	1.50×10^7
64	41.646	75.955	137.75	248.46	445.79	7,667.6	116,842.20	1.59×10^6	1.96×10^7
65	44.144	81.272	148.77	270.84	490.37	8,817.7	140,210.64	1.99×10^6	2.54×10^7
70	59.075	113.98	218.60	416.73	789.74	17,736	348,888.95	6.07×10^6	9.46×10^7
75	79.056	159.87	321.20	641.19	1,271.8	35,673	868,147.36	1.85×10^7	3.51×10^8
80	105.79	224.23	471.95	986.55	2,048.4	71,751	2,160,228.4	5.65×10^7	1.30×10^9
90	189.46	441.10	1,018.9	2,335.5	5,313.0	290,272	1.33×10^7	5.27×10^8	1.79×10^{10}
100	339.30	876.71	2,199.7	5,529.1	13,780	1,174,313	8.28×10^7	4.90×10^9	2.47×10^{11}

附表二　　　　　　　　　　一元現值（PVIF$_{i,n}$）

N	1%	2%	3%	4%	5%	6%	8%	10%	12%	14%	15%
1	0.990	0.980	0.970	0.962	0.952	0.943	0.926	0.909	0.893	0.877	0.870
2	0.980	0.961	0.942	0.925	0.907	0.890	0.857	0.826	0.797	0.769	0.756
3	0.971	0.942	0.915	0.889	0.863	0.840	0.794	0.751	0.712	0.675	0.658
4	0.961	0.924	0.888	0.855	0.822	0.792	0.735	0.683	0.636	0.592	0.572
5	0.951	0.906	0.862	0.822	0.783	0.747	0.681	0.621	0.567	0.519	0.407
6	0.942	0.888	0.837	0.790	0.740	0.705	0.630	0.564	0.507	0.450	0.432
7	0.933	0.871	0.813	0.760	0.710	0.665	0.583	0.513	0.452	0.400	0.376
8	0.923	0.853	0.789	0.731	0.676	0.627	0.540	0.467	0.404	0.351	0.327
9	0.914	0.837	0.766	0.703	0.644	0.592	0.500	0.424	0.361	0.308	0.284
10	0.905	0.820	0.744	0.676	0.613	0.558	0.463	0.386	0.322	0.271	0.247
11	0.896	0.804	0.722	0.650	0.584	0.527	0.429	0.350	0.287	0.237	0.215
12	0.887	0.788	0.701	0.625	0.556	0.497	0.397	0.319	0.257	0.208	0.187
13	0.879	0.773	0.680	0.601	0.530	0.469	0.368	0.290	0.220	0.182	0.163
14	0.870	0.758	0.661	0.577	0.505	0.442	0.340	0.263	0.205	0.160	0.141
15	0.861	0.743	0.641	0.555	0.481	0.417	0.315	0.239	0.183	0.140	0.123
16	0.853	0.728	0.623	0.534	0.458	0.394	0.292	0.218	0.163	0.123	0.107
17	0.844	0.714	0.605	0.513	0.436	0.371	0.270	0.198	0.146	0.108	0.093
18	0.836	0.700	0.587	0.494	0.415	0.350	0.250	0.180	0.130	0.095	0.081
19	0.828	0.686	0.570	0.476	0.395	0.331	0.232	0.164	0.116	0.083	0.070
20	0.820	0.673	0.553	0.465	0.376	0.312	0.215	0.149	0.104	0.073	0.061
21	0.811	0.660	0.537	0.439	0.358	0.294	0.199	0.135	0.093	0.064	0.053
22	0.803	0.647	0.521	0.422	0.341	0.278	0.184	0.123	0.083	0.056	0.046
23	0.795	0.643	0.506	0.406	0.325	0.262	0.170	0.112	0.074	0.049	0.040
24	0.788	0.622	0.491	0.390	0.310	0.247	0.158	0.102	0.066	0.043	0.035
25	0.780	0.610	0.477	0.375	0.295	0.233	0.146	0.092	0.059	0.038	0.030
26	0.772	0.598	0.463	0.361	0.281	0.220	0.135	0.084	0.053	0.033	0.026
27	0.764	0.586	0.450	0.347	0.267	0.207	0.125	0.076	0.047	0.029	0.023
28	0.757	0.574	0.437	0.333	0.255	0.196	0.116	0.069	0.042	0.026	0.020
29	0.749	0.563	0.424	0.321	0.242	0.185	0.107	0.063	0.037	0.022	0.017
30	0.742	0.552	0.411	0.308	0.231	0.174	0.099	0.057	0.033	0.020	0.015
40	0.672	0.453	0.306	0.208	0.142	0.097	0.046	0.022	0.011	0.005	0.004
50	0.608	0.372	0.228	0.141	0.087	0.054	0.021	0.009	0.003	0.001	0.001

附表二（續）

N	16%	18%	20%	22%	24%	25%	30%	35%	40%	45%	50%
1	0.862	0.847	0.833	0.802	0.806	0.800	0.769	0.741	0.714	0.690	0.667
2	0.743	0.718	0.694	0.672	0.650	0.640	0.592	0.549	0.510	0.476	0.444
3	0.641	0.609	0.579	0.551	0.524	0.512	0.455	0.406	0.364	0.328	0.296
4	0.552	0.516	0.482	0.451	0.423	0.410	0.350	0.301	0.260	0.226	0.198
5	0.476	0.437	0.402	0.370	0.341	0.328	0.269	0.223	0.186	0.156	0.132
6	0.410	0.370	0.335	0.303	0.275	0.262	0.207	0.165	0.133	0.108	0.088
7	0.354	0.314	0.279	0.249	0.222	0.210	0.159	0.122	0.095	0.074	0.059
8	0.305	0.266	0.233	0.204	0.179	0.168	0.123	0.091	0.068	0.051	0.039
9	0.263	0.225	0.194	0.167	0.144	0.134	0.094	0.067	0.048	0.035	0.026
10	0.227	0.191	0.162	0.137	0.116	0.107	0.073	0.050	0.035	0.024	0.017
11	0.195	0.162	0.135	0.112	0.094	0.086	0.056	0.037	0.025	0.017	0.012
12	0.168	0.137	0.112	0.092	0.076	0.069	0.043	0.027	0.018	0.012	0.008
13	0.145	0.116	0.093	0.075	0.061	0.055	0.033	0.020	0.013	0.008	0.005
14	0.125	0.099	0.078	0.062	0.049	0.044	0.025	0.015	0.009	0.006	0.003
15	0.108	0.084	0.065	0.051	0.040	0.035	0.020	0.011	0.006	0.004	0.002
16	0.093	0.071	0.054	0.042	0.032	0.028	0.015	0.008	0.005	0.003	0.002
17	0.080	0.060	0.045	0.034	0.026	0.023	0.012	0.006	0.003	0.002	0.001
18	0.069	0.051	0.038	0.028	0.021	0.018	0.009	0.005	0.002	0.001	0.001
19	0.060	0.043	0.031	0.023	0.017	0.014	0.007	0.003	0.002	0.001	
20	0.051	0.037	0.026	0.019	0.014	0.012	0.005	0.002	0.001	0.001	
21	0.044	0.031	0.022	0.015	0.011	0.009	0.004	0.002			
22	0.038	0.026	0.018	0.013	0.009	0.007	0.003	0.001	0.001		
23	0.033	0.022	0.015	0.010	0.007	0.006	0.002	0.001	0.001		
24	0.028	0.019	0.013	0.008	0.006	0.005	0.002	0.001			
25	0.024	0.014	0.010	0.007	0.005	0.004	0.001	0.001			
26	0.021	0.014	0.009	0.006	0.003	0.003	0.001				
27	0.018	0.011	0.007	0.005	0.003	0.002	0.001				
28	0.016	0.010	0.006	0.004	0.002	0.002	0.001				
29	0.014	0.008	0.005	0.003	0.002	0.002	0.001				
30	0.012	0.007	0.004	0.003	0.002	0.001					
40	0.003	0.001	0.001								
50	0.001										

附表三　　　　　　　　　　一元年金終值（FVIFA$_{i,n}$）

N	0.5%	1%	1.5%	2%	2.5%	3%	3.5%	4%	5%
1	1.000	1.000	1.000	1.000	1.000	1.000	1.000	1.000	1.000
2	2.005	2.010	2.015	2.020	2.025	2.030	2.035	1.040	2.050
3	3.015	3.030	3.045	3.060	3.075	3.090	3.106	3.121	3.152
4	4.030	4.060	4.090	4.120	4.152	4.183	4.214	4.426	4.310
5	5.050	5.101	5.152	5.204	5.256	5.309	5.362	5.416	5.525
6	6.075	6.152	6.229	6.308	6.387	6.468	6.550	6.682	6.801
7	7.105	7.213	7.322	7.434	7.547	7.662	7.779	7.808	8.142
8	8.141	8.285	8.432	8.582	8.736	8.892	9.051	9.214	9.549
9	9.182	9.368	9.559	9.754	9.954	10.159	10.368	10.532	11.206
10	10.228	10.462	10.702	10.949	11.203	11.463	11.731	12.006	12.577
11	11.279	11.566	11.836	12.168	12.483	12.807	13.141	13.486	14.206
12	12.335	12.682	13.041	13.412	13.795	14.192	14.601	15.025	15.917
13	13.397	13.809	14.236	14.680	15.140	15.617	16.113	16.626	17.712
14	14.464	14.947	15.450	15.937	16.518	17.030	17.676	18.291	19.598
15	15.536	16.096	16.682	17.293	17.931	18.598	19.295	20.023	21.578
16	16.614	17.257	17.932	18.639	19.380	20.156	20.971	21.824	23.657
17	17.697	18.430	19.201	20.012	20.864	21.761	22.705	23.697	25.810
18	18.785	19.614	20.489	21.412	22.386	23.414	24.499	25.645	28.132
19	19.879	20.810	21.796	22.840	23.946	25.116	26.357	27.671	30.539
20	20.979	22.019	23.123	24.297	25.544	26.870	28.279	29.778	33.065
21	22.084	23.239	24.470	25.783	27.183	28.676	30.269	31.969	35.715
22	23.194	24.471	25.873	27.298	28.862	30.536	32.328	34.247	38.505
23	24.310	25.716	27.225	28.844	30.584	32.452	34.460	36.617	41.430
24	25.431	26.973	28.633	30.421	32.349	34.426	36.668	39.083	44.501
25	26.559	28.243	30.063	32.030	34.157	36.450	38.949	41.654	47.727
26	27.691	29.525	31.513	33.670	36.011	38.553	41.313	44.311	51.113
27	28.830	30.820	32.986	35.344	37.912	40.709	43.759	47.084	54.669
28	29.974	32.129	34.481	37.051	39.859	42.930	46.290	49.976	58.402
29	31.124	33.450	35.998	38.792	41.856	45.218	48.910	52.966	62.322
30	32.280	34.784	37.538	40.568	43.902	47.575	51.622	56.084	66.438
31	33.441	36.132	39.101	42.397	46.000	50.002	54.592	59.328	70.760
32	34.608	37.494	40.688	44.227	48.150	52.502	57.334	62.701	75.298
33	35.781	38.869	42.298	46.111	50.354	55.077	60.341	66.209	80.063
34	36.960	40.257	43.933	48.033	52.612	57.730	63.453	69.807	85.066
35	38.145	41.660	45.592	49.994	54.928	60.462	66.674	73.602	90.320

附表三（續1）

N	0.5%	1%	1.5%	2%	2.5%	3%	3.5%	4%	5%
36	39.336	43.076	47.575	51.994	57.301	63.275	70.007	77.598	95.836
37	40.532	44.507	48.985	54.034	59.733	66.174	73.457	81.702	101.628
38	41.735	45.952	50.719	56.114	62.227	69.159	77.028	85.970	107.709
39	42.944	47.412	52.480	58.237	64.782	72.234	80.724	90.409	114.095
40	44.158	48.886	54.267	60.401	67.402	75.401	84.550	95.025	120.799
41	45.379	50.375	56.081	62.610	70.087	78.663	88.509	99.826	127.839
42	46.606	51.878	57.923	64.862	72.839	82.023	92.607	104.819	135.231
43	47.839	53.397	59.791	67.159	75.660	85.483	96.848	110.012	142.993
44	49.078	54.931	61.688	69.502	78.552	89.048	101.238	115.412	151.143
45	50.324	56.481	63.614	71.892	81.516	92.719	105.781	121.092	159.700
46	51.575	58.045	65.568	74.330	84.554	96.501	110.484	126.870	168.685
47	52.883	59.626	67.551	76.817	87.667	100.396	115.350	132.945	178.119
48	54.097	61.222	69.565	79.353	90.859	104.408	120.388	139.263	188.025
49	55.368	62.834	71.608	81.940	94.131	108.540	125.001	145.833	198.426
50	56.645	64.463	73.682	84.579	97.484	112.796	130.997	152.667	209.347
51	57.928	66.107	75.788	87.720	100.921	117.180	126.582	159.773	220.815
52	59.218	67.768	77.924	90.016	104.444	121.696	142.363	167.164	232.865
53	60.514	69.446	80.093	92.816	108.055	126.347	148.345	174.851	245.498
54	61.816	71.141	82.295	95.673	111.756	131.137	154.538	182.845	258.773
55	63.125	72.852	84.529	98.586	115.550	135.071	160.946	191.159	272.712
56	64.441	74.580	86.797	101.558	119.439	141.153	167.580	199.805	287.346
57	65.763	76.326	89.099	104.589	123.425	146.388	174.445	208.797	302.745
58	67.092	78.090	91.435	107.631	127.511	151.780	181.550	218.149	318.851
59	68.427	79.870	93.807	110.834	131.699	157.333	188.905	227.875	335.794
60	69.770	81.669	96.214	114.051	135.991	163.053	196.516	237.990	353.583
61	71.118	83.486	98.657	117.332	140.391	168.945	204.394	248.510	372.262
62	72.474	85.321	101.137	120.679	144.901	175.013	212.548	259.450	391.876
63	73.836	87.174	103.654	124.092	149.523	181.263	220.988	270.828	412.469
64	75.206	89.046	106.209	127.574	154.261	187.701	229.722	282.661	434.093
65	76.582	90.936	108.802	131.126	159.118	194.332	238.762	294.968	456.798
70	83.566	100.676	122.363	149.977	185.284	230.594	288.937	364.290	588.528
75	90.726	110.912	136.972	170.791	214.888	272.630	348.530	448.631	756.653
80	98.007	121.671	152.710	193.771	248.382	321.363	419.306	551.244	971.228
90	113.310	184.863	187.929	247.156	329.154	443.348	603.205	827.983	1,594.61
100	129.333	207.481	228.803	312.232	432.548	607.287	862.611	1,237.62	2,610.02

附表三（續2）

N	6%	7%	8%	9%	10%	15%	20%	25%	30%
1	1.000	1.000	1.000	1.000	1.000	1.000	1.000	1.000	1.000
2	2.060	2.070	2.080	2.090	2.100	2.150	2.200	2.250	2.030
3	3.183	3.214	3.246	3.278	3.310	3.472	3.640	3.812	3.990
4	4.374	4.439	4.506	4.573	4.461	4.993	5.668	7.765	6.187
5	5.637	5.750	5.866	5.984	6.105	6.742	7.440	8.207	9.043
6	6.975	7.153	7.355	7.532	7.715	8.753	9.929	11.258	12.756
7	8.393	8.654	8.922	9.200	9.487	11.066	12.915	15.073	17.582
8	9.897	10.259	10.636	11.028	11.435	13.726	16.499	19.841	23.857
9	11.491	11.977	12.487	13.021	13.579	16.785	20.798	25.802	32.014
10	13.180	13.816	14.486	15.192	15.937	20.303	25.958	33.252	42.619
11	14.971	15.783	16.645	17.500	18.351	24.349	32.150	42.566	56.405
12	16.869	17.888	18.977	20.140	21.384	29.011	39.580	54.207	74.326
13	18.882	20.140	21.495	22.953	24.522	34.351	43.496	68.759	97.625
14	21.015	22.550	24.214	26.019	27.947	44.504	59.195	86.949	127.912
15	23.275	25.129	27.152	29.360	31.772	47.580	72.035	109.686	167.286
16	25.672	27.888	30.324	33.003	35.949	55.717	87.442	138.108	218.472
17	28.212	30.840	33.750	36.973	40.544	65.075	105.930	173.635	285.013
18	30.905	33.999	37.450	41.301	45.599	75.836	128.116	218.044	371.518
19	33.759	37.378	41.446	46.081	51.159	88.211	154.739	273.555	483.973
20	36.885	40.995	45.761	51.160	57.274	102.443	186.687	342.944	630.165
21	39.992	44.865	50.442	56.764	64.002	118.810	225.025	429.680	820.215
22	43.392	49.005	55.546	62.873	71.402	137.631	271.030	538.101	1,067.27
23	46.995	53.436	60.893	69.531	79.543	159.276	326.236	673.626	1,388.46
24	50.815	58.176	66.764	76.789	88.497	184.167	392.484	843.032	1,806.00
25	54.864	63.249	73.105	84.700	98.347	212.793	471.981	1,054.79	2,348.80
26	59.156	68.676	79.954	93.323	109.181	245.711	567.377	1,319.48	3,054.44
27	63.705	74.483	87.350	102.733	121.099	283.568	681.852	1,650.36	3,971.77
28	68.525	80.697	95.338	112.968	134.209	327.104	819.223	2,063.95	5,164.31
29	73.639	87.346	103.965	124.935	148.630	377.169	984.067	2,580.93	6,714.60
30	79.058	94.460	113.283	136.307	164.494	434.745	1,181.88	3,227.17	8,729.98
31	84.801	102.073	123.345	149.575	181.943	500.956	1,419.25	4,043.96	11,349.9
32	90.889	110.218	134.213	164.036	201.137	577.100	1,704.10	5,044.70	14,755.9
33	97.343	118.933	145.950	179.800	222.251	664.665	2,045.93	6,306.88	19,183.7
34	104.183	128.258	158.626	196.982	245.467	765.365	2,456.11	7,884.60	24,939.8
35	111.434	138.236	172.316	215.710	271.024	881.170	2,948.34	9,856.76	32,422.8

附表三（續3）

N	6%	7%	8%	9%	10%	15%	20%	25%	30%
36	119.120	148.913	187.102	236.124	299.126	1,014.34	3,539.01	12,321.95	42,150.72
37	127.268	160.337	203.070	258.375	330.039	1,167.49	4,247.81	15,403.44	54,796.94
38	135.904	172.561	220.315	282.629	364.043	1,343.62	5,098.37	19,255.29	71,237.03
39	145.058	185.640	238.941	309.006	401.447	1,546.16	6,119.04	24,072.12	92,609.14
40	154.761	199.635	259.056	337.882	442.592	1,779.09	7,343.85	30,088.65	120,392.88
41	165.047	214.609	280.781	369.291	487.851	2,046.95	8,813.62	37,611.81	156,511.74
42	175.950	230.632	304.243	403.528	537.636	2,354.99	10,577.35	47,015.77	203,466.27
43	187.507	247.776	329.538	440.845	592.400	2,709.24	12,693.82	58,770.71	264,507.15
44	199.758	266.120	356.949	481.521	652.640	3,116.63	15,233.59	73,464.39	343,860.29
45	212.743	285.749	386.505	525.858	718.904	3,585.12	18,281.31	91,381.49	447,019.38
46	226.508	306.751	418.426	574.186	791.795	4,123.89	21,938.57	114,790.4	581,126.20
47	241.098	329.224	452.990	626.862	871.947	4,743.48	26,327.28	143,488.9	755,465.06
48	256.564	353.270	490.132	684.280	960.172	5,456.00	31,593.74	179,362.2	982,105.58
49	272.958	378.998	530.342	746.865	1,057.18	6,275.40	37,913.49	224,203.7	1,276,738.2
50	290.335	406.528	573.770	815.083	1,163.98	7,217.71	45,497.19	280,225.7	1,659,760.7
51	308.756	435.985	620.671	889.441	1,281.19	8,301.37	54,597.62	350,320.6	2,157,689.9
52	328.281	467.504	671.325	970.490	1,410.42	9,547.57	65,518.15	437,901.7	2,804,997.9
53	348.978	501.230	726.031	1,058.83	1,552.47	10,980.7	78,622.78	547,378.2	3,646,498.3
54	370.917	537.316	785.114	1,155.13	1,780.71	12,628.8	94,348.34	684,223.7	4,740,448.8
55	394.172	575.928	848.923	1,263.09	1,880.59	14,524.1	113,219.0	855,280.7	6,162,584.4
56	418.822	617.243	917.837	1,374.50	2,069.65	16,703.7	135,864.8	1,069,102	8,011,360.8
57	444.951	661.450	992.264	1,499.20	2,277.61	19,210.3	163,375.5	1,336,378	10,414,770
58	472.048	708.752	1,072.64	1,635.13	2,586.37	22,092.8	195,646.1	1,670,474	13,539,202
59	502.007	759.364	1,159.45	1,783.29	2,758.01	25,407.8	234,776.3	2,088,093	17,600,963
60	533.128	813.520	1,253.21	1,944.79	3,034.81	29,219.9	281,732.5	2,610,117	22,881,253
61	566.115	871.466	1,354.47	2,120.82	3,339.29	33,603.9	338,080.0	3,262,648	29,745,631
62	601.082	933.469	1,463.82	2,312.69	3,674.22	38,645.5	405,697.1	4,078,311	38,669,321
63	638.147	999.812	1,581.93	2,521.84	4,042.65	44,443.4	486,837.5	5,097,890	50,270,118
64	677.436	1,070.79	1,709.48	2,749.80	4,447.91	51,110.9	584,206.0	6,372,363	65,351,155
65	719.082	1,146.75	1,847.24	2,998.28	4,893.70	58,778.5	701,048.2	7,965,455	84,956,503
70	967.932	1,614.13	2,720.08	4,619.22	7,887.46	118,231	1,744,439	24,308,649	3.15×10^8
75	1,300.94	2,269.65	4,002.55	7,113.23	12,708.9	237,812	4,340,731	74,184,112	1.17×10^9
80	1,746.59	3,189.06	5,886.93	10,950.5	20,474.0	478,332	10,801,137	2.26×10^8	4.34×10^9
90	3,141.07	6,287.18	12,723.9	25,939.1	53,120.0	1,935,142	66,877,821	2.10×10^9	5.99×10^{10}
100	5,638.36	12,381.6	27,484.5	61,422.6	137,796	7,828,749	4.14×10^8	1.96×10^{10}	8.26×10^{11}

附表四　　　　　　　　一元年金现值（PVIFA$_{i,n}$）

N	1%	2%	3%	4%	5%	6%	8%	10%	12%	14%	15%
1	0.990	0.980	0.970	0.962	0.952	0.943	0.926	0.909	0.893	0.877	0.870
2	1.970	1.942	1.913	1.886	1.859	1.833	1.783	1.736	1.690	1.647	1.626
3	2.941	2.884	2.328	2.775	2.723	2.673	2.577	2.487	2.402	2.332	2.283
4	3.092	3.808	3.717	3.630	3.545	3.465	3.312	3.170	3.037	2.914	2.855
5	4.353	4.713	4.579	4.452	4.329	4.212	3.993	3.791	3.605	3.443	3.352
6	5.795	5.601	5.417	5.242	5.075	4.917	4.623	4.355	4.111	3.889	3.784
7	6.278	6.472	6.230	6.002	5.786	5.582	5.206	4.868	4.564	4.288	4.160
8	7.652	7.352	7.019	6.733	6.463	6.210	5.747	5.335	4.968	4.639	4.487
9	8.566	8.162	7.786	7.435	7.107	6.802	6.247	5.759	5.328	4.946	4.772
10	9.471	8.983	8.530	8.111	7.721	7.360	6.710	6.145	5.650	5.210	5.019
11	10.368	9.787	9.252	8.760	8.306	7.887	7.139	6.495	5.937	5.453	5.233
12	11.255	10.575	9.954	9.385	8.863	8.384	7.536	6.814	6.194	5.660	5.421
13	12.134	11.343	10.634	9.986	9.393	8.853	7.904	7.103	6.424	5.842	5.583
14	13.004	12.106	11.296	10.563	9.989	9.295	8.244	7.367	6.628	6.002	5.724
15	13.865	12.849	11.937	11.118	10.379	9.712	8.559	7.606	6.811	6.142	5.847
16	14.718	13.578	12.561	11.652	10.837	10.106	8.851	7.824	6.974	6.265	5.954
17	15.562	14.292	13.166	12.166	11.274	10.477	9.122	8.002	7.120	6.373	6.047
18	16.398	14.992	13.753	12.659	11.689	10.828	9.372	8.201	7.250	6.467	6.128
19	17.226	15.678	14.323	13.134	12.085	11.158	9.604	8.365	7.366	6.550	6.198
20	18.046	16.351	14.877	13.590	12.462	11.470	9.818	8.514	7.469	6.623	6.230
21	18.857	17.001	15.415	14.029	12.821	110.764	10.017	8.649	7.562	6.687	6.310
22	19.660	17.658	15.936	14.451	13.163	12.042	10.201	8.772	7.615	6.743	6.320
23	20.456	18.292	16.443	14.857	13.488	12.303	10.371	8.883	7.718	6.792	6.380
24	21.243	18.914	16.935	15.247	13.798	12.550	10.529	8.985	7.784	6.839	6.434
25	22.023	19.523	17.413	15.622	14.093	12.783	10.675	9.077	7.843	6.873	6.461
26	22.795	20.121	17.876	15.982	14.375	13.003	10.810	9.161	7.896	6.906	6.491
27	23.560	20.707	18.327	16.330	14.643	13.211	10.935	9.237	7.943	6.935	6.514
28	24.316	21.281	18.764	16.663	14.989	13.406	11.051	9.307	7.984	6.961	6.534
29	25.066	21.844	19.188	16.984	15.141	13.591	11.158	9.370	8.022	6.983	6.551
30	25.808	22.396	19.600	17.292	15.372	13.765	11.258	9.427	8.055	7.003	6.566
40	32.835	27.355	23.114	19.793	17.159	15.046	11.925	9.779	8.244	7.105	6.642
50	39.196	31.424	25.729	21.482	18.255	15.762	12.234	9.915	8.304	7.133	6.661

附表四（續）

N	16%	18%	20%	22%	24%	25%	30%	35%	40%	45%	50%
1	0.862	0.847	0.833	0.820	0.806	0.800	0.769	0.741	0.714	0.690	0.667
2	1.605	1.566	1.528	1.492	1.457	1.440	1.361	1.289	1.224	1.165	1.111
3	2.246	2.174	2.106	2.042	1.981	1.952	1.816	1.696	1.589	1.493	1.407
4	2.798	2.690	2.589	2.494	2.404	2.362	2.166	1.997	1.849	1.720	1.605
5	3.274	3.127	2.991	2.864	2.745	2.689	2.436	2.220	2.035	1.876	1.737
6	3.685	3.498	3.326	3.167	3.020	2.951	2.643	2.385	2.168	1.983	1.824
7	4.039	3.812	3.605	3.416	3.242	3.161	2.802	2.508	2.263	2.057	1.883
8	4.344	4.078	3.837	3.619	3.421	3.329	2.925	2.598	2.331	2.108	1.922
9	4.607	4.303	4.031	3.786	3.566	3.463	3.019	2.665	2.379	2.144	1.948
10	4.833	4.494	4.192	3.923	3.682	3.571	3.092	2.715	2.414	2.168	1.965
11	5.029	4.656	4.327	4.035	3.776	3.656	3.147	2.752	2.438	2.185	1.977
12	5.197	4.793	4.439	4.127	3.851	3.725	3.190	2.779	2.456	2.196	1.985
13	5.342	4.910	4.533	4.203	3.912	3.780	3.223	2.799	2.468	2.204	1.990
14	5.468	5.008	4.611	4.265	3.962	3.824	3.249	2.814	2.477	2.210	1.993
15	5.575	5.902	4.675	4.315	4.001	3.859	3.268	2.825	2.484	2.214	1.995
16	5.669	5.162	4.730	4.357	4.003	3.887	3.286	2.834	2.489	2.216	1.997
17	5.749	5.222	4.775	4.391	4.059	3.910	3.295	2.840	2.492	2.218	1.998
18	5.818	5.273	4.812	4.419	4.080	3.928	3.304	2.844	2.494	2.219	1.999
19	5.877	5.316	4.844	4.442	4.097	3.942	3.311	2.848	2.496	2.220	1.999
20	5.929	5.353	4.870	4.460	4.110	3.954	3.316	2.850	2.497	2.221	1.999
21	5.973	5.384	4.891	4.476	4.121	3.963	3.320	2.852	2.498	2.221	2.000
22	6.011	5.410	4.909	4.488	4.130	3.970	3.323	2.853	2.498	2.222	2.000
23	6.044	5.432	4.925	4.499	4.137	3.976	3.325	2.854	2.499	2.222	2.000
24	6.073	5.451	4.937	4.507	4.143	3.981	3.327	2.855	2.499	2.222	2.000
25	6.097	5.467	4.948	4.514	4.147	3.985	3.329	2.856	2.499	2.222	2.000
26	6.118	5.480	4.956	4.520	4.151	3.988	3.330	2.856	2.500	2.222	2.000
27	6.136	5.492	4.964	4.524	4.154	3.990	3.331	2.856	2.500	2.222	2.000
28	6.152	5.502	4.970	4.528	4.157	3.992	3.331	2.857	2.500	2.222	2.000
29	6.166	5.510	4.975	4.531	4.159	3.994	3.332	2.857	2.500	2.222	2.000
30	6.177	5.517	4.979	4.534	4.160	3.995	3.332	2.857	2.500	2.222	2.000
40	6.234	5.548	4.997	4.544	4.166	3.999	3.333	2.857	2.500	2.222	2.000
50	6.246	5.554	4.999	4.545	4.167	4.000	3.333	2.857	2.500	2.222	2.000